计算机在渔业研究中的应用
(原著第2版)
Computers in Fisheries Research
(Second Edition)

〔美〕伯纳德·A. 梅格瑞姿(Bernard A. Megrey)
〔挪威〕厄兰·莫克斯尼斯(Erlend Moksness) 主编
欧阳海鹰 孙英泽 胡 婧等 译

海洋出版社

2018年·北京

图书在版编目（CIP）数据

计算机在渔业研究中的应用／（美）伯纳德·A. 梅格瑞姿（Bernard A. Megrey），（挪威）厄兰·莫克斯尼斯（Erlend Moksness）主编；欧阳海鹰等译．—北京：海洋出版社，2018. 12

书名原文：Computers in Fisheries Research（Second Edition）

ISBN 978-7-5027-9640-2

Ⅰ. ①计… Ⅱ. ①伯… ②厄… ③欧… Ⅲ. ①计算机技术-应用-渔业-研究
Ⅳ. ①S9-39

中国版本图书馆 CIP 数据核字（2016）第 316415 号

图字：01-2016-5776

责任编辑：赵　武　黄新峰
责任印制：赵麟苏
海洋出版社　出版发行
http：//www. oceanpress. com. cn
北京市海淀区大慧寺路 8 号　邮编：100081
北京朝阳印刷厂有限责任公司印刷　新华书店发行所经销
2018 年 12 月第 1 版　2018 年 12 月北京第 1 次印刷
开本：787mm×1092mm　1/16　印张：22
字数：540 千字　定价：150. 00 元
发行部：62132549　邮购部：68038093　总编室：62114335

译　者

（按姓氏笔画为序）

丁　放	丁建乐	王　琳	王光花
巩沐歌	闫　雪	孙英泽	欧阳海鹰
陈柏松	孟菲良	胡　婧	蒋增杰
程锦祥	蔺　凡		

译者前言

本书是施普林格出版社出版的《计算机在渔业研究中的应用》（第2版）的中译本。

最初接触到这本书，是因为我一直在为国家农业图书馆做新书书评的工作，这件工作我已经做了六七年了，在水产科学研究领域仅仅接触到这一本计算机应用方面的书，对于我们从事渔业信息技术应用的人员来讲倍感亲切。我给这本书写书评的时候非常激动，当时就有翻译并在国内出版的想法。这本书大部分的内容都来自于国际的会议，涉及渔业科学研究和应用的各个方面，能为我们提供利用计算机进行渔业研究的多方位的视角和帮助。

因此，我们组织了中国水产科学研究院信息与经济研究中心科研人员对本书相关章节进行翻译。为使本书中专业性的内容能够翻译准确到位，我们也联合了其他研究单位（黄海水产研究所、渔业机械仪器研究所、青岛农业大学）具体从事专业性工作的科研人员参与了翻译 。为保证本书翻译的准确性和前后内容的一致性，在翻译的过程中还对所有专用名词建立了对照表。

我们相信，本书的出版能对从事渔业学习、科研和计算机应用的人员提供一定的帮助。由于译者水平有限，时间仓促，因此错误与不妥在所难免，恳请读者批评指正。

本书列选入“十三五”国家重点出版物出版规划项目，并得到朱瑾、赵武等多位编辑的指导，在此一并表示感谢！

欧阳海鹰

2016年11月　北京

原著前言

本书的第一版由查普曼和霍尔公司在 1996 年出版。第一版包含 9 章，原作者同意修改除某一章以外的其他章节。通过对比两个版本，读者会对十多年间现代渔业的发展有个整体的了解。在第二版的准备过程中，我们决定增加更多的章节，以呈现现代渔业在某些重要研究领域中的显著进展。这些新增的章节分别是：运用互联网搜集信息（第 2 章），遥感的现状及应用（第 5 章），生态系统模型（第 8 章）以及数据的可视化（第 10 章）。第二版提供了当前时期的一些有价值的应用案例，使科学家们有机会去评估不同的计算机技术在他们特定的研究状况下是否适用，并从其他人的研究经验中获益。正是基于这个目的，我们新增了这些章节。

本书的历史要追溯到 1989 年，维达博士（美国西雅图阿拉斯加渔业科学中心）请我们准备并召开一个在 1992 年希腊雅典世界渔业大会上关于计算机在渔业领域的应用主题会议。我们欣然接受了这个提议，而且会议成功举办。这项会议由三部分组成：一是训练课程；二是附有海报的非正式示范课；三是口头汇报科学论文。我们惊叹于同行高水准的表现以及论文报告的卓越成就。接下来在 1993 年，我们与约翰·拉姆斯特博士（英国洛斯托夫特瓷渔业实验室）在 ICES（海洋探索国际委员会）的法定会议上一起组织了以“计算机在渔业领域的应用研究”为主题的研讨，会议在爱尔兰都柏林如期举行。会上我们收到的论文数量远远超出了我们的预期，共收到 62 个研究摘要。之前参加过世界渔业大会的奈杰尔 . J. 巴尔姆福斯（查普曼和霍尔公司），请我们以这一主题准备一本书的目录大纲。鉴于最近的两次经验，我们意识到国际渔业联合会同行的高水平，并了解到目前确实没有这样一本既反映当前也规划未来的计算机在渔业科学方面应用趋势的书。因此，我们认为写这样一本书确实有必要。每个人都将很快意识到计算机在渔业科学领域的应用潜能，更多的科学家们也正从这些新的研究工具中获益。

我们相信这本书对任何定量资源管理课程、渔业课程，或是应用在渔业的计算机应用程序课程方面均有一定意义。本书也会为毕业生以及在校大学生修读以上课程提供相应的阅读背景帮助。本书对农业学术组织、渔业资源管理项目、国际渔业实验室、图书馆系统也是有用的。同时，此书也对行政管理者、经营管理者、科学研究者、生物领域专家、高校研究学者、高校学生、毕业以及在校大学生、咨询者、政府研究员，甚至参与到渔业或自然资源学科的外行们都十分有益。

最后，我们十分感谢所有章节的作者在编写本书期间的积极响应。

伯纳德·A. 梅格瑞姿
厄兰·莫克斯尼斯
美国，挪威
2008 年 10 月

参与编写者（Contributors）

Alida Bundy Fisheries and Oceans, Canada Bedford Institute
of Oceanography, Dartmouth, PO BOX 1006, N. S., B2Y 4A2, Canada

Marta Coll Institute of Marine Science (ICM-CSIC), Passeig Marítim de la Barceloneta, 37-49, 08003 Barcelona, Spain

Kenneth G. Foote Woods Hole Oceanographic Institution, Woods Hole, MA 02543, USA

Olav Rune Godø Institute of Marine Research, Nordnes, 5817 Bergen, Norway

Albert J. Hermann Joint Institute for the Study of the Atmosphere and Ocean, University of Washington, Seattle, WA 98115, USA

James N. Ianelli U. S. Department of Commerce, National Oceanic and Atmospheric Administration, National Marine Fisheries Service, Alaska Fisheries Science Center, REFM Div., 7600 Sand Point Way NE, Seattle, WA 98115-6349, USA

Ferren MacIntyre Expert-center for Taxonomic Identification, U. Amsterdam, NL-1090 GT Amsterdam, The Netherlands; National University of Ireland, University Road, Galway, Ireland

Mark N. Maunder Inter-American Tropical Tuna Commission, 8604 La Jolla Shores Drive, La Jolla, CA 92037-1508, USA

Geoff Meaden Department of Geographical and Life Sciences, Canterbury Christ Church University, North Holmes Road, Canterbury, Kent, CT1 1QU, UK

Bernard A. Megrey U. S. Department of Commerce, National Oceanic and Atmospheric Administration, National Marine Fisheries Service, Alaska Fisheries Science Center, 7600 Sand Point Way NE, Seattle, WA 98115, USA

Erlend Moksness Institute of Marine Research, Flødevigen Marine Research Station, 4817 His, Norway

Christopher W. Moore Joint Institute for the Study of the Atmosphere and Ocean, University of Washington, Seattle, WA 98115, USA

Thomas T. Noji U. S. Department of Commerce, National Oceanic and Atmospheric Administration, National Marine Fisheries Service, Northeast Fisheries Science Center, Sandy Hook, NJ 07732, USA

Pierre Petitgas IFREMER, Department Ecology and Models for Fisheries, BP. 21105, 44311 cdx 9, Nantes, France

Kenneth A. Rose Department of Oceanography and Coastal Sciences, Louisiana State University, Baton Rouge, LA 70803, USA

Shaye E. Sable Department of Oceanography and Coastal Sciences, Louisiana State University,

Baton Rouge, LA 70803, USA

Saul B. Saila 317 Switch Road, Hope Valley, RI 02832, USA

Jon T. Schnute Fisheries and Oceans Canada, Pacific Biological Station, 3190 Hammond Bay Road, Nanaimo, B. C., V9T 6N7, Canada

Lynne J. Shannon Marine and Coastal Management, Department of Environmental Affairs and Tourism, Private Bag X2, Rogge Bay 8012, South Africa; Marine Biology Research Centre, Department of Zoology, University of Cape Town, Private Bag, Rondebosch, 7701, South Africa

Eirik Tenningen Institute of Marine Research, Nordnes, 5817 Bergen, Norway

Eleanor Uhlinger Dudley Knox Library, Naval Postgraduate School, Monterey, CA 93943, USA

Carl J. Walters Fisheries Centre, University of British Columbia, Vancouver, B. C., V6T1Z4, Canada

Janet Webster Oregon State University Libraries, Hatfield Marine Science Center, 2030 Marine Science Drive, Newport, OR 97365, USA

目　录

第1章 过去、现在和未来计算机在渔业研究中的应用趋势

Bernard A. Megrey 和 Erlend Moksness

公平地讲，个人计算机已经成为人类发明的最强大的工具。它们是交流的工具，创造力的工具并且被使用者打造。

比尔·盖茨（Bill Gates）共同创始人，微软公司

在苹果机之前，我们的一个工程师向我建议英特尔应该构造一个家用计算机。我就问他："什么样的傻瓜愿意在家里有一个计算机呢?"这似乎很可笑!

戈登·摩尔（Gordon Moore）前董事长和CEO，英特尔集团

1.1 引言

1996年，当准备出版第一版《计算机在渔业研究中的应用》时，我们开篇就声明："在过去20年间科学计算的本质已经显著改变了"。我们坚信这一声明自1996年起一直是有效的。正如赫拉克利特在公元前4世纪所说的，"没有什么是永久的，只有改变是永恒的!"。20世纪80年代个人计算机的出现彻底地改变了计算的形式。今天的科学计算环境持续以惊人的速度在改变着。

在本书的上一个版本，我们指出个人计算机在渔业科学的大规模使用，是落后于商业领域的。1996年以前，计算机是稀缺的，一般多个使用者共同使用一台，计算机通常被放置在一个公共的区域。今天，在许多现代化的渔业实验室里，科学家使用多台计算机用于个人办公是普遍的。台式机和便携式笔记本电脑通常是最小配置。类似的，在许多实验室，有几台电脑，每台电脑负责一个特定的计算任务，如大规模的模拟计算。我们认为，由于计算机性能的改进和可移植性及小型化的发展，使用计算机和计算机应用程序支持渔业和资源管理活动仍在迅速扩大，与此同时，它应用的研究领域也越来越丰富多样。电脑对现代渔业研究的重要作用是毋庸置疑的。我们描述的趋势，不断发生在全球渔业研究社区。它显著地提高工作效率，增加我们对自然系统的基本了解，帮助渔业专业人士检测模式和开发工作假设，提供关键的工具理性管理稀缺的自然资源，提高我们的组织、检索文档数据和数据源的能力，鼓励我们更清晰地思考和更周到地分析渔业问题。我们可能想知道著名的理论家和渔业杰出人物，像路德维希·冯·贝塔朗菲等名人，以及威廉·雷克或雷·贝沃顿和西德尼·霍尔特，如果他们有一台笔记本电脑会有什么进展和发现。

出版此书的目的是为渔业专业人士了解计算机在他们特定的研究领域中的应用情况提供一个工具，并且使他们熟悉新技术和应用领域的发展。我们希望通过对比1996年第一版和今天的版本内容实现这一点。希望这种比较将有助于解释为什么计算工具和硬件对管理我们的自然资源是如此重要。与前一版一样，我们实现目标的方式是，让来自世界各地的专家概述论文，而这些论文代表当前和未来应用计算机技术进行渔业研究的趋势。我们的目标是为最新且最重要的，而这些选题是关于计算机在渔业研究的应用前沿，以及计算机在保护和管理水生资源方面的应用。在许多情况下，这些内容都是第一版的相同作者完成的，所以从10年的角度看他们的贡献是独特而深刻的。

这本书中的许多主题在1989年即被预测到未来的重要性（沃尔特斯，1989）并且成为持续推动我们科学前进的应用前沿：图像处理、股票评估、模拟、游戏和网络。章节安排是更新这些领域以及引入几个新的主题领域篇章。虽然我们意识到电脑的快速变化使得呈现数据信息的挑战加大，也使得出版书籍所花费的时间变长，但是我们希望这本书所建议的新兴趋势和未来的发展方向以及计算机的影响作用对渔业研究是有价值的。

1.2　硬件的发展

人们不得不惊叹计算机技术进步的速度有多快。当前典型的台式机或笔记本电脑，相比于原来的单色8 KB随机存取内存（RAM），4 MHz的8088微机或原始Apple II，在许多领域提高了几个数量级。

其中最引人注目的是硬件处理能力、彩色图形分辨率和显示技术、硬盘存储和内存数量的发展。最值得注意的是，自1982年以来，高端微机系统的成本一直在3 000美元左右。这句话是真实的，在1982年以及1996年印刷的最后一版如此，且在今天也适用。

1.2.1　中央处理器和内存

虽然我们可以认识到，计算机技术迅速变化，但是这句话似乎并没有充分描述任何电子计算引擎——中央处理器（CPU）的飞速进步。晶体管是1947年在贝尔实验室发明的，是CPU芯片的基本电子元件。高性能CPU需要更多的集成电路，这由稳步上升的晶体管密度得以反映。简单地说，CPU上的晶体管数量是每秒浮点运算次数（FLOPS）的计算能力的体现。晶体管越多的CPU或硅引擎，它可以做的工作更多。

晶体管密度的趋势随着时间的推移，约每隔18个月便会增加一倍的公理被称为摩尔定律。这个命题是英特尔创始人之一戈登·摩尔（1965）通过观察和市场营销作出的预言。1965年，摩尔时任仙童半导体公司的研发主管，该公司也是第一代大规模商业集成电路生产商。他仅用5点画了一条线代表1959年和1964年之间以最低成本组件开发的每个集成电路的组件数量（来源：http：// www.computerhistory.org/semiconductor/timeline/1965-Moore.html，2008年1月12日访问）。这一通过观察产生的预测成为一个自我实现的预言，成为半导体产业的推动主体之一。摩尔定律指出，计算机CPU（集成电路），可容纳的晶体管数量每18~24个月就会增加一倍。

图1.1支持这一说法。1979年，8088 CPU集成了2.9万个晶体管。1997年，奔腾II

集成了750万个晶体管，2000年奔腾4集成了4.2亿个晶体管，延续这一趋势到2007年，这样，双核安腾2处理器集成了17亿个晶体管。除了晶体管密度、数据处理功能（即处理8位、16位、32位到64位指令信息每条），甚至运算速度都在不断增加（图1.2），每秒执行的指令数持续提升。

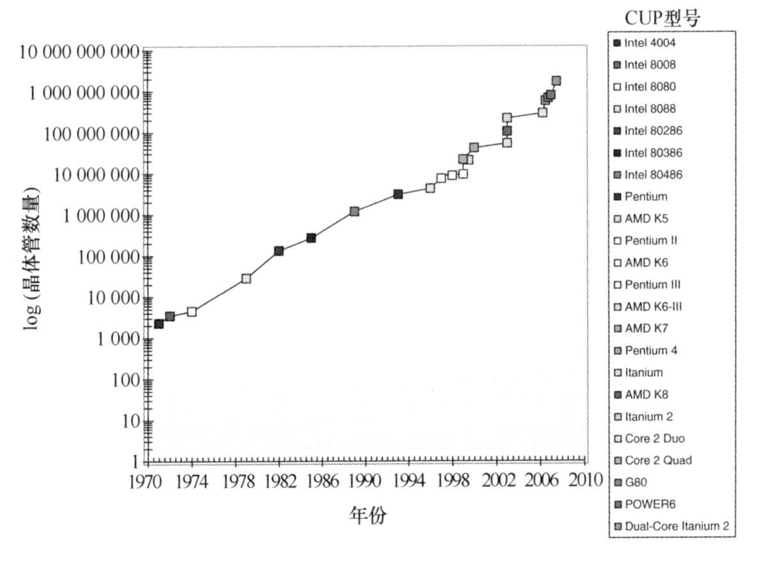

图1.1

不同的CPU芯片上晶体管数量的趋势注意纵轴是对数尺度（来源：http：//download.intel.com/pressroom/kits/lnteIProcessorHistory.pdf.2008年1月2日访问）。

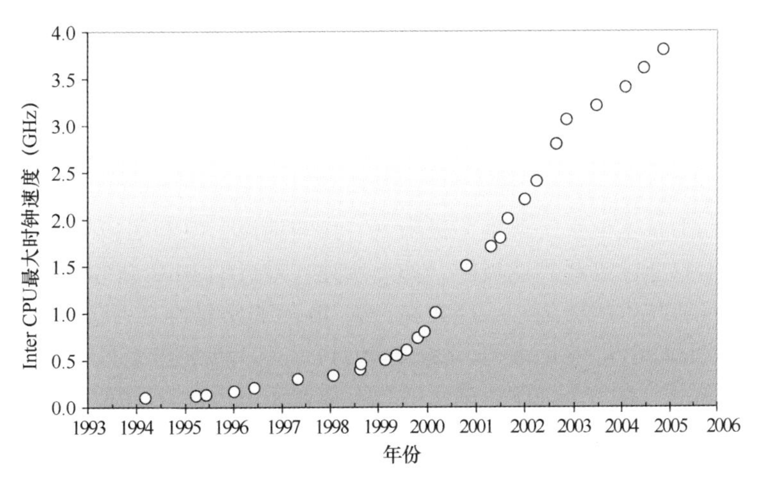

图1.2

CPU时钟速度趋势（来源：http：//wi-fizzle.com/compsci/cpu_ speed_ page_ 3.png，2008年1月12日访问）。

值得注意的是，在过去的26年间，虽然每个CPU芯片上的晶体管数量增加了1 000

倍，但与自 1996 年以来另一个（每秒数以百万计的指令，MIPS）1 000 倍增长相比，计算机性能自 8088 问世以来增加了 1 万倍（来源：http：//www. jcmit. com/cpu - erformance. htm，2008 年 1 月 12 日访问）。科学分析师会使用大型数据库、科学可视化、应用统计、建模和仿真，这些需要尽可能多的 MIPS。上面描述的更强大的计算平台将使我们能够执行那些早些时候我们无法执行的分析（参第 8、第 11 和第 12 章）。

我们在本书第一版时预测，“CPU 每 3 年会快 4 倍，多处理器设计将普及”。这种预测已经被证明是正确的。根据摩尔定律，在过去的 40 年间 CPU 性能持续增加，但这一趋势在不久的将来可能会改变。现有晶体管制造技术（光刻）构建更高要求的晶体管密度的现实空间越来越小。CPU 的制造过程由 20 世纪 70 年代早期使用 10 μm“光刻”技术到最新的芯片使用 45 nm 技术。由于这些进步，浮点运算性能衡量的单位成本大幅下降（图 1. 3）。

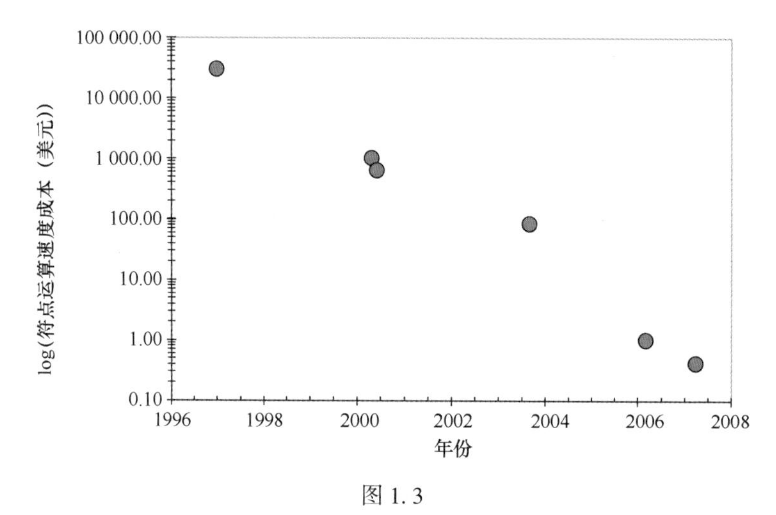

图 1. 3

CPU 性能符点运算速度成本（美元）趋势（每秒 10^9 浮点指令）　（来源：http：//en. wikipedia. org/wiki/Teraflop。2008 年 1 月 12 日访问）。

密集的硅片制造技术似乎是达到了极限——换句话说，CPU 可以容纳的晶体管数量和它们内部时钟的运行速度已经到达极限。如上所述，最近的 BBC 新闻，“这个行业现在认为，我们正接近经典技术的极限——经典在过去 40 年非常精准——怎么办。”（来源：http：//news. bbs. co. uk/2/hi/science/nature/4449711. stm，2008 年 1 月 12 日访问）。由于微处理器电路规模变小，有一个问题也随之产生。那就是电力泄漏的发生，电力或电子元件在电路之间更紧密地聚集在一起的泄漏。过热也已经成为一个问题，当处理器架构变得更小和时钟速度增加，使得这个问题变得更加的严重。

传统的处理器有一个芯片上的处理引擎。通过提高晶体管密度，不增加时钟速度来提高性能的一个方法是把多个 CPU 放到一个芯片上，并允许它们独立操作不同的任务（称为线程）。这些先进的芯片被称为多核心处理器。一个双核处理器是将两个 CPU 引擎集成在一个芯片中。四核处理器有 4 个引擎。多核心芯片都是 64 个，这意味着它们可以通过 64 位的数据每条指令工作。这是当前标准的 32 位处理器速度的两倍。一个双核处理器理论上使得计算能力加倍，因为一个双核处理器可以同时处理两个线程的数据。结果是减少等待任务完成的时间。同样四核芯片可以处理4个线程的数据。

勇往直前的进步。英特尔在2007年2月宣布它拥有一个包含80个核心处理器和能够具备1万亿次浮点（每秒10^{12}次浮点运算）处理能力的原型CPU。指甲盖大小的80核心芯片超级计算机性能的潜在用途开启了难以想象的机遇（来源：http：//www. intel. com/pressroon/archiv e/releases/20070204comp. htm，2008年1月12日访问）。

如果多个核心CPU还不够强大，新产品将开发动态可扩展的体系结构，这意味着几乎所有包含在处理器中的部分——核芯、缓存、线程、接口、电能——可以动态分配使用——基于性能、功率和热能的需求（来源：http：/ /www. hardwarecentral. com/hardwarecentral/reports/article. php/3668756，2008年1月12日访问）。假如IBM将硅纳米引入市场，超级计算机很快就会同笔记本电脑一样大小。采用这种新技术，芯片上的电线都换成细小光纤上的光脉冲以达到芯片上处理器核心之间更快、更高效的数据传输。这种新技术可以快100倍，消耗十分之一的电能，产生更少的热量（来源：http：//www. infoworld. com/article/07/12/06/IBM－researchers－build－supercomputer－on－a－chip_1. html，2008年1月12日访问）。

多核处理器提升了处理能力。还有一个问题：大多数软件项目滞后于硬件的改进。为了最大限度利用64位的处理器，需要一个操作系统和相应的应用程序支持它。不幸的是，在撰写本书时，大多数软件应用程序和操作系统的编程目的不是为了可以利用多核的能力。这将会慢慢地改变。目前，64位的操作系统有Linux、Solaris、Windows XP和Vista。然而，64位版本的驱动程序大部分是不可用的，所以现今的情况是64位操作系统会由于缺乏可用的驱动程序而令人感到沮丧。

另一个当前的发展趋势是使用计算机集群构建高性能计算环境，这是指一群松散耦合的计算机，通常通过高速局域网连接在一起。集群一起工作，以便可以使用多个处理器，仿佛它们是一台计算机。集群是通过部署的一台计算机提高性能，虽然价格会比使用单一的电脑便宜一些，但速度或可用性可以与之相媲美。

贝奥武夫是一种使用廉价的个人计算机硬件搭建高性能并行计算集群的设计。它最初起源于美国宇航局的托马斯·斯特林和唐纳德·贝克尔。这个名字来自于古英语史诗《贝奥武夫》的主要人物。

贝奥武夫（Beowulf）集群的工作站通常是一组相同的PC电脑，配置成多架构，运行一个开源类Unix操作系统，如BSD（http：//www. freebsd. org/，2008年1月12日访问），Linux（http：//www. linux. org/，2008年1月12日访问），或Solaris（http：//www. sun. com/software/solaris/index. jsp？cid－921933，1933年1月12日访问）。它们加入到一个小网络并有一个索引和安装程序允许在成员之间分享处理工作。服务器节点控制整个集群和面向客户机节点的服务文件。这也是集群的控制台和通往外面世界的网关。大贝奥武夫机器可能有多个服务器节点，也有负责特定任务的其他节点，例如主机或监测站。节点被服务器节点配置和控制，由于缺少客户端配置就只能做被告知的操作。

没有特定的软件定义一个集群作为贝奥武夫。常用的并行处理库包括消息传递接口（MPI，http：//www－unix. mcs. anl. gov/mpi/，2008年1月12日访问）和并行虚拟机

(PVM, http: //www. csm. ornl. gov/pvm/, 2008 年 1 月 12 日访问)。这两个都允许程序员分配任务给一组联网电脑和收回处理后的结果。软件必须修改后集群利用。具体地说，它必须能够执行多个独立的并行操作，这些操作可以分布在可利用的处理器中。微软也分发一个 2003 版本的计算集群（来源：http: //www. microsoft. com/windowsserver2003/ccs/default. aspx, 2008 年 1 月 12 日访问）以方便建立一个基于微软 Windows 平台的高性能计算资源。

一个贝奥武夫（Beowulf）和一个工作站集群之间的主要差异是，贝奥武夫的表现更像是一个单独的机器，而不是许多工作站。在大多数情况下，客户机节点没有键盘或显示器，只能通过远程登录访问或通过远程终端。贝奥武夫节点可以被认为是一个插在集群中的“处理器+记忆包”，就像一个可以插到主板上的处理器或内存模块（来源：http: //en. wikipedia. org/wiki/Beowulf_ （计算），2008 年 1 月 12 日访问）。贝奥武夫系统现在部署在世界范围内，主要是支持科学计算并在渔业应用程序中使用得越来越多。典型的配置由多台基于 64 位 AMD 皓龙处理器或 64 位 Athlon 速龙处理器的机器组成。

对于 CPU 的有效性来说，内存是最易获得的大容量存储。我们预计随着操作系统和应用软件变得更加功能齐全和更适合 RAM 的需要，RAM 配置标准将继续增加。例如，“推荐”配置 Windows Vista 家庭高级版和苹果新推出的雪豹操作系统是 2 GB 内存，1 GB 的操作系统，另 1GB 用于数据和应用程序代码。在前面的版本，我们预测在 3~5 年（1999—2001 年）64~256 MB 的动态随机存储器使用和 64 MB RAM 的机器将成为典型。这一预言是非常不准确的。多年来，半导体制造技术的进步使得 1 GB 内存配置不仅成为现实，而且司空见惯。

并不是所有的内存执行都是一样的。新类型，称为双数据速率 RAM（DDR），减少 CPU 与内存的运行时间，从而加快计算机执行力。DDR 有几种不同的版本。DDR 自 2000 年以来已经存在，那时被称为 DDR1。DDR2 是在 2003 年被引进的。DDR2 达到普及花了一段时间，今天你可以在大多数的新电脑中找到它。DDR3 在 2007 年中期开始出现。内存（RAM）只是为处理器存储数据。然而，有一个缓存的处理空间在处理器和缓存存储之间：L2 快速存储。处理器将数据发送给这个缓存。当缓存溢出，数据被发送到内存。当处理器需要数据，内存（RAM）将数据发送回 L2 高速缓存时，DDR 内存在每个时钟周期的传输数据两次。时钟速率，单位是周期每秒，或赫兹，就是执行操作的速率。DDR 时钟速率在200 MHz（DDR-200）和 400 MHz（DDR-400）范围之间。DDR-200 传输速率是16 000 Mbit/s（Mb s-1 :106 bits s-1），而 DDR-400 传输速率 3 200 Mbit/s。DDR2 内存是 DDR 内存的两倍。DDR2 内存总线数据速率也是后者的两倍。这意味着模块在每个时钟周期运行了两倍的数据。DDR2 内存也比 DDR 内存消耗更少的能量。DDR2 速度范围在 400 MHz（DDR2-400）到 800 MHz（DDR2-800）。DDR2-400 速率是 3. 200 MB/s。DDR2 -800 传输速率是 6 400 MB/s 的。DDR3 内存运行速率是 DDR2 内存运行速率的两倍，至少理论上如此。DDR3 内存功耗比 DDR2 内存低。DDR3 速度范围在 800 MHz（DDR3-800）到 1 600 MHz（DDR3-1600）。DDR3-800 传输速率 6 400 MB/s；DDR3-1600 传输速率是 12 800 MB/s。

随着芯片从 8 位到 64 位处理器性能增加，可寻址内存空间也增加了。处理器很容易获得的字节数据由一个内存地址标识，按照惯例从0开始到可寻址的处理器的范围上限。一个32位的处理器通常使用32位宽的内存地址。32位宽地址允许处理器处理2^{32}B的内存，这正是4 294 967 296 B或4 GB。台式机的GB内存是很常见的，或内置4 GB的物理内存都可以轻松做到。虽然4 GB看起来有很多内存，但是许多科学数据库所需内存更大。64位宽的地址在理论上允许1.8×10^{7} TB的可寻址内存（1.8×10^{19} B）。实际上在今后的5年，64位系统通常会访问大约64 GB的内存。

1.2.2　硬盘和其他存储媒体

自从我们最新的版本以来，硬盘存储的改善也愈加先进的。硬盘最奇妙的一件事是，它们的改变比大多数其他组件都少。今天硬盘的基本设计与20世纪80年代早期安装在IBM PC / XTs上原有的5.25英寸10 MB的硬盘没有什么不同。然而，在性能、存储、可靠性和其他特征等，硬盘也许比CPU背后的任何其他PC组件都有大幅改善。一个主要的硬盘制造商希捷，预计驱动能力每年增加约60%（来源：http：//news. zdnet. co. uk/communications/0，100，0000085，2067661，00. htm. 2008年1月12日访问）。

硬盘在各个重要特征上的一些趋势（来源：http：//www. PCGuide. com，2008年1月12日访问）描述如下。硬盘盘片的数据磁录密度以惊人的速度持续增加，甚至超过几年前的一些乐观的预测。密度现在接近100 G $bitin^{-2}$，且现代磁盘可包装多达75 GB的数据到一个3.5英寸盘片中（来源：http：//www. fujitsu. com/downloads/MAG/v0142-1/paper08. pdf，2008年1月12日访问）。硬盘容量不仅继续增加，而且增加速度也越来越快。科技发展的速度可以用数据磁录密度的增长率来衡量，后者是摩尔定律的半导体晶体管密度增长率的两倍（来源：http：//www. tomcoughlin. com/Techpapcrs/head&medium. pdf，2008年1月12日访问）。

台式机和笔记本电脑将继续延续越来越大容量硬盘的趋势。我们已经从1981年的10 MB发展到2000年的超过10 GB。多个TB（1 000 GB）驱动器已经可用。今天大多数现成的笔记本电脑的标准大约是120~160 GB。还有一个越来越快的转速。以提高主频转速来提高随机访问和序列性能的趋势将会延续。一旦在高端SCSI驱动器（小型计算机系统接口）领域，7 200 RPM主频成为台式机和笔记本硬盘主流标准，10 000和15 000 RPM型号将开始出现。大小和形状系数是向下的趋势：驱动器越来越小。随着3.5英寸驱动器称霸台式机和服务器，5.25英寸驱动器在主流个人电脑市场早已绝迹。在移动世界，2.5英寸驱动器与小尺寸的标准变得越来越普遍。IBM在1999年宣布其微驱动器是一个小的1 GB或只有1英寸厚直径小于0.25英寸的设备。它在小到24.2 mm直径包内可以持有相当于700张软盘的内容。台式机和服务器驱动器外形也过渡到2.5英寸，且广泛应用于存储集线器和路由器等网络设备，网络服务器和刀片服务器、小型磁盘阵列系统（廉价磁盘充足阵列）。2.5英寸（即“便携式”）高性能硬盘，容量250 GB，使用USB 2.0接口的配置越来越常见且价格也负担得起。这种“缩水趋势”的主要原因是磁盘体积不断变小而磁盘硬度不断增加。由于磁盘变得易于制造，磁盘重量减轻确保了更快的转速和不断改善的可靠性。定位和转移性能因素都有所改善。磁盘读取数据速度的增长远快于配置性能的改善，表明未来几年解决寻址和延迟时间将是硬盘工程师最为关注的问题。由于制造商改进流程和添加新的增强可靠性的特征，硬盘的可靠性改善缓慢，而且这个特征的改变是不像上面其他内容那样迅速。原因之一是技术在不断变化着，其性能的封装是处在被动地位。当产品变化很快时，产品可靠性的提升是很难的。

曾经，在高端服务器中，使用多个磁盘阵列（RAIDs）来提高性能和可靠性很普遍，而现在消费者经常使用多个硬盘配置为一个数组的台式计算机。最后，从一个硬盘接口传输数据的状态也有改变。尽管在 PC 世界中引进诸如 IEEE-1394（火线）和 USB（通用串行总线）等新接口，但 PC 世界的主流接口是一样的，即 20 世纪 90 年代的 IDE / ATA / SATA、SCSI。这些接口都是经过改进的。一个新的外部 SATA 接口（eSATA）的传输速率达 1.5~3.0 Gbit/s。USB 传输速率为 480 Mbit/s 和火线达到 400 Mbit/s 和 800 Mbit/s。USB 3.0 已经宣布，它将提供速度达到 4.8 Gbit/s。火线也提高增强到 3.2 G bit/s 的范围。随着较高的数据传输速率来匹配硬盘本身性能的提升，接口将继续创造新优化标准。

总之，自 1996 年以来，主频速度更快，外观更小，多个双面盘片上涂有高密度磁性涂料，以及更好的记录和数据接口技术，大幅度提高了硬盘的存储和性能。同时，硬盘存储的单位价格也在不断下降（图 1.4）。1990 年，一个典型的 GB 的存储成本约 20 000 美元（凯斯勒，2007）。今天它已经不到 1 美元。硬盘总容量自 2003 年（图 1.5）成指数式增加。今天，2.5 英寸 250 GB 的硬盘是常见的，多个 TB 硬盘集中在 RAID 配置提供前所未有的存储容量。随着最近希捷宣布致力于研究每平方英寸的几 TB 的纳米级硬盘，可能制出 7.5 TB 3.5 英寸的硬盘（来源：http：//www. dailytech. com/article. aspx？ newsid = 3122&ref=y. 2008 年 1 月 12 日访问），这一趋势得以延续下去。

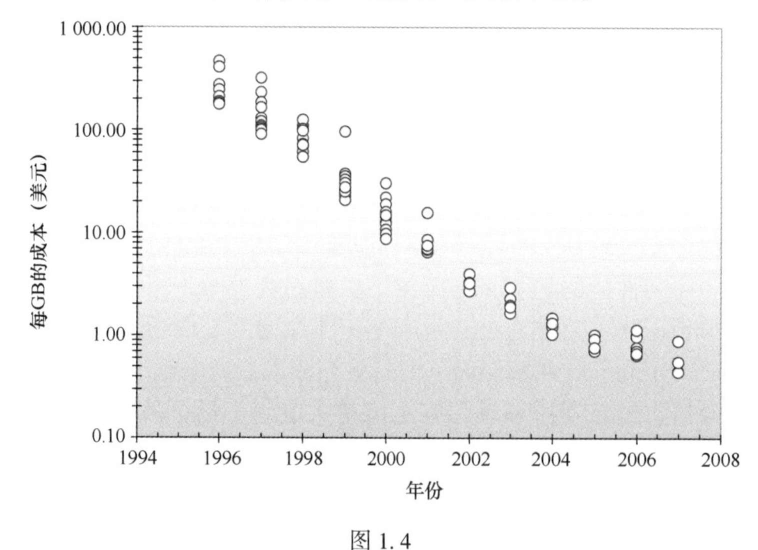

图 1.4

每 GB 的硬盘存储成本（美元）趋势（来源：http：//www. mattscomputertrends. com/harddiskdata. html. 2008 年 1 月 12 日访问）。

硬盘并不是唯一可用的存储介质。软盘，这个以前的支柱产品或便携式移动存储器，已成为过去。今天电脑很少附带软盘驱动器。曾经，艾美加便携式 ZIP 驱动器看起来前途无量，作为便携式设备存储大约 200 MB 的数据。1996 年，我们预计，“新的存储介质具

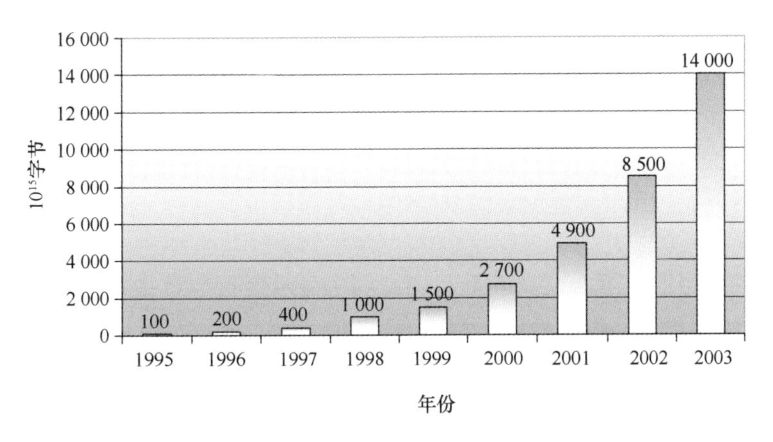

图 1.5

截至 2003 年电脑硬盘容量（PB-10^{15}B 或 1 000 TB）（数据来源于 1999 年硬盘驱动器的市场预测和检查表 C5、国际数据公司）（来源：http：//www2. sims. berkeley. edu/research/projects/how-muc+h-info / charts / charts. html. 2008 年 1 月 12 日访问）。

有读写能力的 CD-ROM 和 WORM（写一次读多次）最终将取代软盘存储介质的选择”。今天看来，我们的预测已经实现甚至对于 CD-ROM 也是如此。CD-ROM 在过去承载了大容量存储（700 MB）的希望，它已经被替换为无处不在的“拇指驱动器”记忆棒。这些小型化的奇迹能够配置到 8~16 个 GB 的数据，可以适应快速使用 USB 2.0 传输接口，方便连接到任何一台电脑的 USB 端口，且非常便宜。在撰写本书时 4 GB 2.0 USB 记忆棒的成本是 40 美元左右。双面可重写的 DVD 媒体越来越多地用于在 4~6 GB 的范围内轻松存储数据。

1.2.3 图形和显示技术

1996 年，我们预计在 3~5 年（1999—2001 年），支持 24-b 颜色、全三维加速度，广播质量级视频和全动态接近真实的虚拟现实功能将司空见惯。今天看来，这一预测是正确的。

第一代显卡，发布在第一代 IBM 个人电脑上，是由 IBM 于 1981 年开发的。MDA（单色显示适配器）只有在文本模式下工作，占 25×80 行屏幕。它有一个 4 KB 视频内存且只有一个颜色。今天的显卡的功能从根本上得到了改善。现代显卡有两个重要组成部分。第一个是 GPU（图形处理器）。它独立于主 CPU，负责分辨率和图像质量。它能够最优先浮点计算，而这 3D 图形绘制的基础。GPU 也控制许多原始的图形功能，比如画线、矩形、填充矩形、多边形和图形的渲染图像。最终由 GPU 决定显卡的性能。第二个重要组成部分是视频内存（vRAM）。在老的显卡上，系统内存用来存储图像和纹理。现在，显卡内置 vRAM 接管这个角色，为其他任务释放系统内存和大部分的 CPU。当谈到 vRAM，有各种各样的选项。如果你只是做简单的任务，64 MB 是足够的；如果你编辑视频，应当至少 128 MB，512 MB~1 GB 可用于更高要求的任务。作为一般规则，GPU 越强大，对 vRAM 的要求越高。

现代显卡还包括高速沟通渠道，让大量的图形数据快速通过系统总线。今天的显卡还包含多个输出选项，如超级视频，超级 VGA（SVGA），数字视频接口，高清晰度多媒体接口（HDMI），可选的32-b 和64-b 的颜色，以及在85 Hz 范围内快速刷新时，接近2560×1600 的分辨率都是常见的。最新的卡片包括电视调谐器。有些卡片甚至提供新兴高清标准。对于想要将他们的电脑变成一个个人录像机的人来说，这个功能主要与家用电脑系统相关。这个功能的科学应用在未来几年是很可观的。

绘制图形只是图形系统的一个功能，还有用于显示设备的其他功能。老式的和耗电大的模拟显示器慢慢被数字液晶显示器（LCD）取代，后者有时出现大型（19~22 英寸）格式。液晶显示器比笨重的阴极射线管传统显示器更时尚，更节能。一些液晶显示器使用1/2~2/3 传统显示器的能量。

自从 Windows XP 发布扩大桌面功能，双液晶显示器台式电脑已变得更加普遍。随着技术的进步和经济发展，日益流行的多重显示系统正在使用。尽管 Windows 98 首次允许双重显示配置，放在桌上和工作区的庞大的模拟显示器 CRTs 却不能适应多个显示器。平板显示器则解决这一空间问题。原本昂贵的它们被认为是奢侈品，价格往往超过 1 000 美元。液晶面板包含了更多的晶体管，使得分辨率能力增加。相比之下，今天的显示器仅仅是原来的成本的一小部分。今天一个质量好的 22 寸液晶显示器的成本约为 300 美元。这意味着添加第二个或第三个显示器与一些原始模型的成本可相提并论。研究表明，这对生产力几乎是有立竿见影的好处的。大量研究估算生产力提高了 10%到 45%（Russel and Wong 2005；来源：http：//www. hp. com/sbso/solutions/finance/expert - insights/dual - monitor. html，2008 年 1 月 12 日访问）。效能专家宣布使用两个液晶显示器可提高效率35%。微软的研究人员也发现了类似的结果，报告说，通过添加第二个或第三个显示器，工人提升了9%~50%的生产力（来源：http：//www. komando. com/columns/index. aspx？id =1488. 2008 年 1 月 12 日访问）。

1.2.4　便携式计算机

最近的另一个趋势是强大的便携式计算机系统的出现。第一个便携式计算机系统（即"便携式电脑"）太大、太重，而且经常是为可移植性付出了降低性能的代价。目前的轻型电脑，笔记本电脑和小型笔记本电脑的设计往往可媲美台式电脑的处理能力，硬盘和内存存储和图形显示功能。在 1996 年我们观察到，"这并不罕见，当参加科学或工作组会议，看到大多数参与者用到自己的手提电脑装载数据和科学软件应用程序。"今天，极少见到参加技术会议的科学家没有便携式计算机的。

自 1996 年以来，能够执行科学计算的笔记本电脑与台式机的性能和成本差距继续缩小，因此，现在笔记本电脑的单位增长率快于台式机。随着笔记本电脑和台式机之间的性能差距缩小，商业用户和消费者开始以越来越多的笔记本电脑替代台式电脑，这两者在可以完成什么工作的区别方面变得越来越模糊。此外，笔记本电脑"停靠"的出现使得笔记本电脑插入实验室网络资源成为功能，这样科学家们在一天结束的时候从他们的办公室拔掉电源把笔记本电脑带回家或在路上使用，所有的重要数据、软件、工作文档、参考文献、互联网电子邮件档案和书签同时保存在一个主要位置。

我们已经看到，小型化的大容量硬盘存储、记忆棒，打印机和普及电子邮件可通过无处不在的网络进行连接，连同手边的便携式计算机，使虚拟办公室成为现实。

1.3　处理海量的数据

信息爆炸是有据可查的。存储在硬盘上、纸、胶片、磁介质、光学媒介上的信息从 2000 年到 2003 年翻了一番多，增长了大约每年 5 EB（EB：超过 50×10^8 GB），或者说是每人每年约 800 MB 增长量（莱曼和瓦里安，2003）。这些学者提出，到 2003 年，一个关于全世界范围内产生的数字信息有趣的调查，无论它产自哪里，都随着时间产生有趣的趋势。例如，在美国我们平均每天发送 50 亿条即时消息和 310 亿封电子邮件（尼尔森，2006）。

科学追求的趋势是明确的；数据的增长是科学家今天面临的最大挑战之一。随着计算机软件和硬件的改善，我们放入生物圈的传感器越多，送入轨道的卫星越多，运行的模型越多，我们可以获取的数据也就越多。事实上，卡尔森（2006）告诉我们，“处理‘海量数据’，正如一些研究人员所说的，随着测试方法的应用，在 21 世纪控制、组织和记录数据将成为对科学家最大的挑战。”不幸的是，有更多的数据并不意味着我们能够进行更好的科学研究。事实上，大量的数据对于科学探索通常可能有害。来自不同数据源的数据有时会发生冲突，当然也需要不断增加资源、硬件和维护。有人曾经说过，“我们被淹没在了数据中，但是信息饥饿。”我们觉得对于渔业数据尤其如此。除了数量不断增加的数据，我们遇到的棘手问题还有在不同空间和时间尺度协调异构数据和因为元数据丢失（第 5 章）导致的数据使用不当的问题。通过写元数据记录数据是一项科学家都不愿意承担的任务，但又是必要的一步，对于持续增长的数据量而言这将是高效的数据发现方式。科学家们多年来一直在这个问题上争执不下，而且元数据的软件解决方案稀少而且往往是不足。元数据在未来 10 年将是一个重大问题。

下面我们展示一些当前我们需要适应的越来越多数据的例子。

目前，一般海洋环流模型使用区域海洋建模系统（ROMS，来源：https：//www. myroms. org/，2007 年 12 月 24 日访问），这些模型与低营养级有关（NPZ）生态系统模型相连接（见第 10 章）。在一个典型的海洋区域内，如中央阿拉斯加湾（赫尔曼，出版中，见第 10 章），使用典型的网格间距（3 km 水平和 30 垂直层，给 462×462 水平网格），模型每天产生 484 MB 的输出数据（在每个水平/垂直网格中的所有的物理和生物变量都被保存）。因此，根据日产量从这个模型生成了全年数据量为 484 MB×365 = 176 GB 数据（阿尔伯特・赫尔曼，珀耳斯。NOAA 委员会，太平洋海洋环境实验室）。如果一个相对较短的时间序列模型模拟（如 10 年）被永久存档，需要近 2 TB（1 TB = 1 000 GB）的存储。

典型的船载声学回声探测器系统的数据收集率（见第 5 章），如 Simrad EK60 使用 3 项频数（3 项频数是在 1 ms 脉冲频率达 250 m 包含 3131 声脉冲；1 频数 = 16. 7 MB）产生大约 50 MB 的数据。理论上一个设计测量 250 m 水深的声泊将产生约 4 MB/h 或约 50 MB/天的数量。对于一个典型的底栖鱼类调查，根据声脉冲频率，回声探测器将产生约 95 MB/h ~ 1. 2 GB/h 的数据，（Alex deRoberts，珀耳斯，NOAA 委员会，阿拉斯加渔业科学中心）。最后，更新的多波束系统，如 Simrad M E70 收集 10 ~ 15 GB/h 数据成为典型的应用程序（见 Ona et al.，2006）。

我们的许多“标准”字段数据采集设备（即测量板，尺度和净取样设备）现在都是数字的，与其他船载传感器（如 GPS）共同提供大量额外的质量控制信息。例如，在过去 10 年，随着深度传感器和底部接触传感器的使用，我们的旧范式的净计量方式（即传播和高度）被改善了。随着自动网络测量系统的使用，潜在的额外的网络信息将呈爆炸性增长，其能够提供高度、广度、底部接触、温度、深度、净对称、速度、几何编码、鱼密度、距离和相对于船的净角度，甚至伤害报告。此外，有一个迅速扩大的信息泛滥来自于声呐和增强的声呐设备，因为它们能够提供的许多关于海底条件、硬度、水流和其他海况的数据流。这意味着，即使是传统的数据源，也有可能在数量和元数据的需求上迅速扩大。

电缆海洋观测系统，如维纳斯（维多利亚海底网络实验）（来源：http：//www.martlet.ca/view.php？aid=38715，2008 年 1 月 12 日访问）和海神（东北太平洋时间序列海底网络实验）（来源：http：//www.neptunecanada.ca/documents/NC_Newsletter_2007Aug31F.pdf，2008 年 1 月 12 日访问），位于北美西海岸以外，是世界上第一代区域性的永久整体海洋观测站。海洋观测系统包含海底节点控制和电力分配，通过光纤电缆提供高带宽通信（4 GB/s），连接超过 200 台仪器和传感器，如摄像机、400 m 的垂直分析器（各海洋深处收集数据）和一个遥控车，实时从海面到海底收集数据和图像。现有的维纳斯同样配置节点且以每天 4 GB 的速度收集数据。约翰·道尔（珀耳斯，NOAA 委员会），任职于海神和维纳斯电缆观测系统，描述这一问题的解决类似于这些新连接系统试图采取“从消防水带喝水”的方式获取大量的来自“永远开启”数据流的数据。

政府间气候变化专门委员会（IPCC）协调科学家在全世界 17 个主要气候建模中心，依据不同气候标准规定运行一系列的气候模型检查预期影响气候变化的因素。然后他们准备气候评估报告，最新一期是第四次评估报告，即 AR4（联合国政府间气候变化专门委员会，2007 年）。大规模输出文件归档在劳伦斯利弗莫尔国家实验室（来源：http：//www-pcmdi.llnl.gov/，2008 年 1 月 12 日访问），提供给科学界进行分析。这些数据包括从不同的“实验场景/模式”输出 221 个文件和总计约 3 TB 的数据量。

遥感设备如阿尔法系统大约由 3 000 个自由漂流在全球各地的 ARGO 浮标组成（图 1.6）用于测量水深 2 000 m 的海洋的温度和盐度。浮标通过卫星发送实时数据到 ARGO 全球数据采集中心（GDAC）。GDAC 上的 380 472 个概要文件的数据立即可用，包括由延迟模块的质量控制过程所提供的 168 589 个高质量概要数据。谷歌地球可以用来实时追踪任一浮标（来源：http：//w3.jcommops.org/FTPRoot/Argo/Status/，2008 年 1 月 12 日访问）。这个惊人的资源第一次允许连续海洋上层的监测温度、盐度、速度，所有数据在收集后数小时内被传送和公开（来源：http：//www.argo.ucsd.edu/Acindex.html，2008 年 1 月 12 日访问）。

卫星提供了另一个宽波段大容量数据传输系统的例子。先进的高分辨率辐射计（AVHRR）数据集是由 AVHRR 传感器采集的数据组成并存档在美国地质调查局 EROS 数据中心。AVHRR 传感器，装载于极地轨道环境卫星系列上，由 4-或 5-频道宽频扫描辐射计组成，感知可见光、近红外、远红外部分的电磁波谱（来源：http：//edc.usgs.gov/

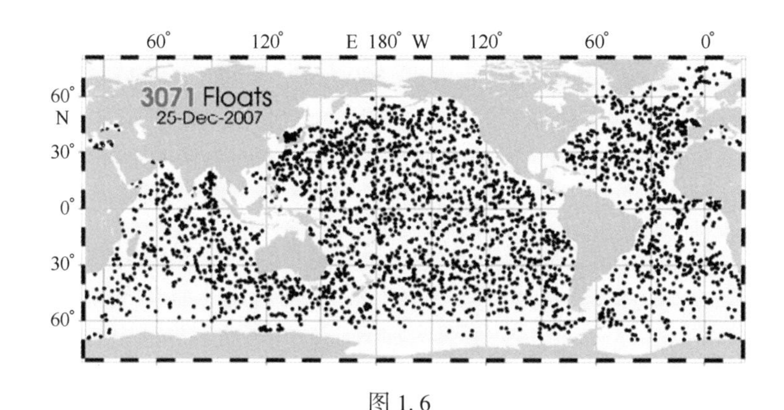

图 1.6
到 2007 年 12 月 25 日前 30 天传送数据的 3 071 个活动 ARGO 浮标的位置。(来源 http://www.argo.ucsd.edu/Acindex.html，2007 年 12 月 25 日访问)。

guides/avhrr.html，2008 年 1 月 12 日访问)。AVHRR 传感器提供了全球（南极到北极）从所有光谱通道上收集的数据。卫星每一次环绕地球提供了一个 2 399 km（1 491 英里）的数据切片。在距地 833 km（517 英里）的高度，卫星每天环绕地球 14 圈。AVHRR 仪器的目的是提供云团、地水边界、冰雪范围、融冰或融雪、日夜云分布的辐射数据；以及地表散热的温度和海洋表面温度数据。典型的数据文件大小大约是 64 MB/12 min（以经纬度坐标计每圈取样宽度)。

海洋观测宽视场传感器（Sea WiFS）是另一个卫星系统为地球科学社区提供全球海洋生物光学特性数据的例子（来源：http://oceancolor.gsfc.nasa.gov/SeaWiFS，2008 年 1 月 12 日访问)。海洋颜色的细微变化，特别是每一个波纹的表面发光度，表示各种类型和数量的海洋浮游生物（浮游植物)，而这是既有科学的也有实际应用的知识。因为一个轨道传感器每 48 h 可以查看每平方千米无云的海洋，所以卫星获取的海洋颜色数据提供一个有价值的工具，可以用于确定在全球范围内海洋生物的丰富程度，也可以用来评估海洋在全球碳循环中扮演的角色和其他重要元素和气体在大气和海洋之间的交换。浮游植物的浓度可以从卫星对海洋表面辐射和颜色量化的观测得出。这是因为在世界上大部分的海洋颜色在可见光区域，（波长 400~700 nm）随叶绿素和其他存在于水中植物色素的浓度而改变（即更多的浮游植物，植物色素的浓度越大，水越绿)。来自 MOSUS 传感器 1 天的典型 Sea WiFS SST 海洋表面温度文件可能多达 290 MB。

在线数据库编译和质量控制数据是另一个大量信息的来源。以生物数据库为例，(FishBase）鱼类综合信息数据库包括 29 400 种物种信息（来源：http://www.fishbase.org/，2008 年 1 月 12 日访问)，Cephbase 数据库收集所有现存的头足类动物数据（章鱼、鱿鱼、墨鱼和鹦鹉螺)（来源：http://www.cephbase.utmb.edu/，2008 年 1 月 12 日访问)。兰塞姆·迈尔博士的补充存量数据库包括来自世界各地超过 600 个鱼类种群的地图，平面图和数值数据（超过 100 物种)（来源：http://www.mscs.dal.ca/迈尔斯/welcome.html，2008 年 1 月 12 日访问)，幼鱼全球信息系统（LarvalBase)（来源：http://www.larvalbase.org/，2007 年 12 月 28 日访问)，粮农组织统计数据库由一个来自

210多个国家的超过100万时间序列记录的多语言数据库组成（来源：http：//www. fao. org/waicent/portal/statistics_ en. asp，2008年1月12日访问），更不用说大量的捕捞和饮食习惯数据库，通常有数以千万计的记录。

鉴于海量数据流势不可挡，发生在过去10年的一个明显趋势是数据从平的ASCII文件和短小的专门数据库（例如EXCEL电子表格）转移到基于实际数据关系和收集方法所设计的关系数据库。这是数据质量控制的非常重要和强大的一步。

希望本节开始时提到的问题可以通过如上所述的硬件的巨大进步和在下一节中讨论的软件的发展得以解决。

1.4 强大的软件

在上一次撰写这本书的时候，应用软件只可以通过商业来源购买。自1996年以来应用软件发生了显著的变化，开源软件（免费的源代码）被广泛用于任何用途和几乎任何CPU平台。开源软件是由一个感兴趣的开发者和用户共同体所开发的。正如Schnute et al（2007）清楚地指出，“开源软件可能是也可能不是免费的，但它不是没有费用产生。自由软件是一种自由，而不是价格。要理解这个概念，应该认为自由是言论自由，不是作为免费啤酒”。据我们所知，没有人试图评估开源软件的真实成本。

一些著名的开源或免费软件的例子包括操作系统，如Fedora Linux（来源：http：//fedoraproject. org/，2008年1月12日访问）；Apache web服务器软件（来源：http：//www. apache. org/，2008年1月12日访问）；高水平数值计算软件，如Octave（来源：http：//www. gnu. org/software/octave/，2008年1月12日访问）和SciLab（来源：http：//www. scilab. org/，2008年1月12日访问），类似于MATLAB；如R统计软件（来源：http：//www. r-project. org/，2008年1月12日访问）和WinBUGS（Lunn et al.，2000；来源：http：//www. mrc-bsu. cam. ac. uk/bugs/winbugs/contents. shtml，2008年1月12日访问）实现贝叶斯统计；编译工具如GNU家簇C语言编译器（来源：http：//gcc. gnu. org/，2008年1月12日访问）和FORTRAN（来源：http：//www. gnu. org/software/fortran/fortran. html，2008年1月12日访问）；绘图软件，也来自GNU开发团队（来源：http：//www. gnu. org/software/fortran/fortran. html，2008年1月12日访问和www. gnuplot. info 2008年1月12日访问）；数据库软件，如MySQL（来源：http：//www. mysql. com/，2008年1月12日访问）；企业生产率软件如OpenOffice（来源：http：//www. openoffice. org/，2008年1月12日访问）；生态系统建模软件，如Ecopath和Ecosim（来源：http：//www. ecopath. org/，2008年1月12日访问）和基于R的新发布的渔业图书馆（佛罗伦萨，凯尔等. 2007）（来源：http：// www. flr-project. org/，2008年1月12日访问）。许多其他产品可以从自由软件基金会的网站找到（来源：http：//www. fsf. org/，2008年1月12日访问）。

类似于我们之前的观察，我们仍然看到软件功能和生长特性集与计算机硬件性能的改进和硬盘容量扩大同步推进。今天的应用程序软件包是极其强大的。科学数据可视化工具和复杂的多维图形应用促进大型复杂的多维数据集的探索性分析，并允许科学家去调查、揭示系统模式及关联分析，而这些在几年前是很难被检验的。这一趋势使得用户能够将注意力集中在解释和假设检验，而不是分析的技术难题上。允许对渔业数据空间特征进行分析的软件变得越来越普遍。实现地理统计学算法（见第7章）和地理信息系统（GIS）软件（见第4章）程序已经有了显著发展，而这使得渔业生物学家能够考虑在海洋和淡水生态系统中的自然种群最重要的方面。图像分析软件（见第9章）还提供了渔业科学相关领域的模式识别，如分类单元的识别，鱼龄测定和增长率估计，以及从回声测深仪声呐记录识别物种。

高度专业化的软件，如神经网络和专家系统（见第3章），过去在渔业问题上的应用很有限，现在则变得司空见惯。非常高级的数据可视化工具（见第10章）向渔业科学家提供了令人兴奋的迄今为止难以获得的新的研究机会。整个生态系统分析工具（见第8章）允许同时考虑构成这些动态系统整体的生物组件。强大的计算机系统、遥感设备和其他电子仪器的结合仍然是一个活跃的研究和发展领域（见第5章）。我们也将持续关注计算机在渔业的种群动态、生产管理、生物量评估和统计方法软件中的应用。

1.5　更好的连接

万维网和互联网连续影响着我们生活的方方面面。互联网的爆炸式增长在过去的10年里已经使得对高速且随时随地的互联网接入的需求越来越高。互联网是发展最快的通信管道。对于科学用户而言，互联网的重要性不断上升，被誉为是一个独特的、不可替代的和必要的工具。没有它，我们怎么做我们的工作？

在1996年，我们预计，“互联网，其他网络和广域网络连接资源在带领全球进入一个巨大的和交互式的知识库方面将大有前途。此外，互联网将提供给用户一个与信息和重要之人快速的网络连接”。在很大程度上，这已经成真，而且与今天的互联网资源相比，似乎有些低估了。与1996年前相比，访问已经改善，速度增加，内容激增提供了网络上更多的可用资源。我们认为这是真的说，互联网被认为是科学界通信的首选方法。奥尼尔等（2003）在2003年很好地总结了网络的增长趋势。图1.7描述了网络主机服务器的在线数量稳步上升的趋势（来源：http：//www. isc. org/index. pl？/ops/ds/host - count - history. php，2008年1月12日访问）和大型用户社区的增长（图1.8）（来源：http：//www. esnips. com/doc/f3f45dae-33fa-4f1f-a780-6cfbce8be558/lnternet-Users，2008年1月12日访问，2007年统计数据：http：//www. internetworldstats. com/stats. htm，2008年1月12日访问）。这些数据表明，自1996年以来主机和用户的数量分别增加了5.071%和3.356%，莱曼和瓦里安（2003）估计网络占25~50 TB的信息。

大多数电子通信通过4个主要渠道：收音机、电视、电话和互联网。互联网是最新的电子信息媒介，能够包括其他3个沟通渠道。数字电视台基于IPTV播放节目（互联网协议电视是一个系统，数字电视服务互联网协议通过网络基础设施交付使用；见1.6节）。我们相信这相对快速的转型预示着不久的将来。

今天，有3种基本的选择上网方式：最古老的方法是拨号访问。早在1996年，拨号访问是许多科学家连接到互联网为数不多的选择之一，主要通过商业互联网提供商如美国在线。在那个时代，典型的渔业实验室没有宽带连接或重要的实验室内部互联网资源（即应用服务器、分布式电子数据库，网页等等），甚至以今天的标准来看电子邮件连接都很

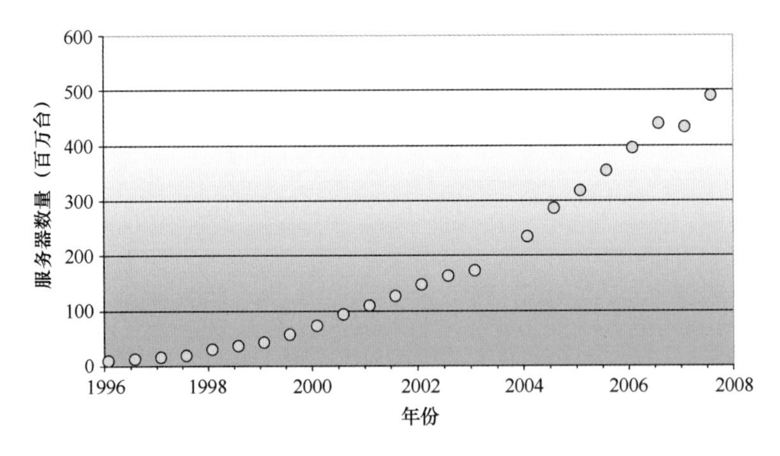

图 1.7

万维网服务器数量的趋势。（来源 http：//www. isc. org/index. pl? /ops/ds/host-count-history. php，2008 年 1 月 12 日访问）。

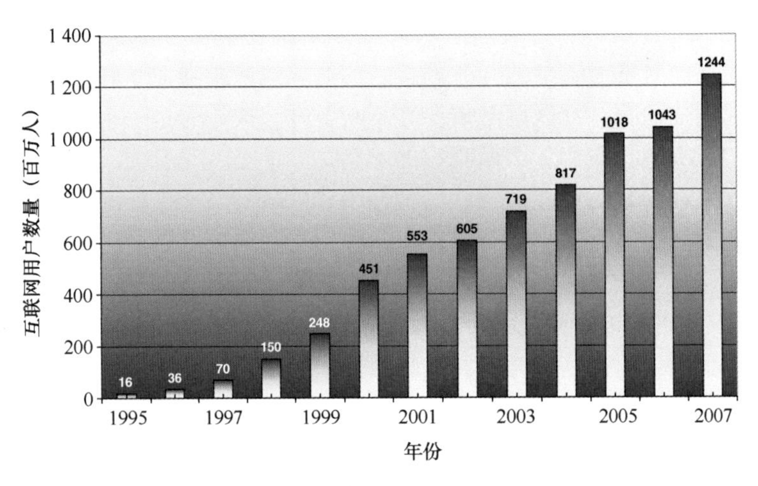

图 1.8

互联网用户数量的趋势。（来源 http：//www. esnips. com/doc/f3f45dae-33fa-4f1f-a780-6cfbce8be558/Internet-Users，2007 年 11 月 26 日访问；2007 年数据来源 http：//www. internetworldstats. com/stats. htm，2008 年 1 月 12 日访问）。

缓慢。随着互联网的发展，它日益重视视觉和多媒体交互，拨号上网遇到一个问题。以至于为了解决这个问题 web 页面提供“无图像”版本的内容加快访问其核心内容；具有讽刺意味的是，在当今的通信环境中，这是刚刚使用网络功能的手机、个人数字助理（PDA）的客户的确切情况。

最终，拨号上网的速度根本无法容纳网络用户所需的丰富的数字内容。调制解调器的发展速度令人印象深刻：1 200 bit/s，3 600 bit/s、9 600 bit/s。没有结束的迹象。但急速扩大的且消耗带宽的互联网内容使得调制解调器不断到达极限。最终，即使是快速的通信速度为 56 000 bit/s 的调制解调器还是太慢了。除了低质量以外，它传输诸如声音和视频多媒体还是不够快，在现代数字社会，拨号是最后的方法。如果您还在使用拨号上网，很明显，要么是宽带接入不可用，要么就是宽带接入太贵了。

我们建议，对于渔业和资源科学家的内部办公来说，今天通向网络和互联网的主要通信链路应通过 T1 或 T3 高速连接（通常是通过光缆连接）或利用高速电缆调制解调器和数字用户线（DSL）等技术。虽然视个人的情况不同，但我们有信心说，与 1996 年前相比，实验室内部互联网连接已经走了很长的路，可以预计它将继续以惊人的速度提高。

自 1996 年以来，网络互联发展的最重大改变就是几乎无处不在的无线上网。在今天，无线通信无处不在，使用速度令人兴奋并不断加快。1996 年前，如果我们有机会参加会议或工作场馆有无线连接到互联网，我们感受到这是作为科学家的特权。当时，这些服务通常由有远见的会议组织方提供。如果没有外部适配器连接到 USB 或者 PCMCIA 端口，我们的笔记本电脑是不能够访问无线信号的。

今天大多数笔记本电脑有已经内置的无线网卡。一旦打开笔记本的无线网络功能，软件通常可以检测一个接入点的名称——或“服务集标识符”——自动让笔记本电脑连接到无线信号，无需用户干预。今天的便携式笔记本电脑，几乎无一例外，基于英特尔迅驰 CPU 的一些改进，就是把无线移动芯片，无线接口和无线网络适配器直接嵌入到计算机的 CPU。因此，无线功能已经建成。无线超越有线网络连接。我们有无线电脑，无线网络、广域网和局域网、无线键盘和鼠标、寻呼机和 PDAs、无线打印机、扫描仪、相机和集线器。对我们的孩子说，“电缆是什么？”其潜在的含义是非常真实的。

今天，科学家预计在他们的实验室环境之外进行某种程度的网络连接时，我们不觉得这是一个夸张的说法。这包括会议地点，车间场地，其他工作地点，不包括位于机场、当地的热点区域、酒店等地的公共接入点。通过电子邮件帮助科学家实现与实验室或遥远的同事的最基本沟通，而这可以通过硬件和软件工具完成。更好的是，通过有线或无线连接实验室的文件来交互示范如何检查虚拟数据库，或获取仿真模型动画，或能够即时访问工作文件、PDF 出版物、图书馆资源。

自以本书上一版以来，无线连接不仅已成了司空见惯的事，而且经历了多次迭代的改进。电气和电子工程师协会（IEEE）标准或协议，称为 802. 11，开始于 802. 11 B 版本（数据传输速率约 11 Mbit/s，使用 2. 4 GHz 的波段，在 38 m 范围内），然后发展到 802. 1-1 G（54 Mbit/s 的数据传输速率，使用相同的 2. 4 GHz 的波段，在 802. 1-1 B 与类似的范围），现在新兴的标准是 802. 11 N（超过 248 Mbit/s 的数据传输速率，使用 2. 4 GHz 和 5 GHz 波段，在超过 70 m 的范围内）。这几乎和硬件连接的发展速度一样快，随着每一个新的迭代的 WiFi 标准，传输速度和范围都有所提升了。

莱曼和瓦里安（2003）报告无线连接的用户数量比 2002 年增加了一倍。现在他们估计 4%或大约 140 万用户无线访问互联网。1 年之后，预计超过 4 万个热点服务超过 2 000 万用户。热点是 WiFi 位置设置，其通过无线网络提供互联网接入到附近的电脑。

这种访问点和用户数量超凡的激增证明了 WiFi 上网需求和使用。据估计，目前有 10 万个全球 WiFi 热点（来源：http：//www. jiwire. com/about/announcements/press-lOOk-hotspots. htm，2008 年 1 月 12 日访问）。数据显示，欧洲有最快的 WiFi 热点数量年增长率（239%：来源：http：//ipass. com/pressroom/pressroom_ wifi. html，2008 年 1 月 12 日访

问)，大多数的年 WiFi 热点数量增长率（255%）发生在酒店场地（来源：http：//ipass. com/pressroom/pressroom_ wifi. html，2008 年 1 月 12 日访问）。

WiFi 的广泛采用及其快速增长帮助科学家们逐渐熟悉这个新的接入互联网方式。我们通常离开家庭或办公室时会寻找 WiFi 热点。现在许多机场、咖啡店，酒店和汽车旅馆经常提供这些收费的或免费的服务。据预测，超过 9 000 万台笔记本电脑和个人数字助理（pda）将能够访问无线局域网和当地的热点。

这种技术并非没有问题。有线宽带接入的主要问题是，它需要一个基于成本的订购和它不能覆盖所有区域。无线上网的主要问题是热点体量比较小，所以其覆盖率稀疏且空间非常的区域化。WiMAX（全球微波互联接入）旨在解决这些问题。WiMAX，基于 IEEE 802. 16 标准，是一种新的通信技术，旨在提供长距离无线数据。人们期望 WiMAX 将替代有线宽带电缆和 DSL，因为它将提供通用无线接入，几乎到处都是一个“热点”。实际上，WiMAX 操作将类似于 WiFi，但是速度更快，距离更远，用户接入更多。WiMAX 可以提供宽带无线接入 30 英里（50 km）外的固定基站，和 3~10 英里（5~15 km）外的移动站。相比之下，WiFi/802. 1-1 无线局域网标准在大多数情况下是有限的，只有100~300 英尺（30~100 m）。WiMAX 可以帮助目前没有宽带上网的郊区和农村盲区上网，即使电话和有线电视公司尚未铺设必要的电线到这样的偏远地区。

另一个开始影响科学活动的趋势是日益增长的连接到互联网和通信中的手机、其他便携设备、电脑。小型平板电脑、袖珍电脑、智能手机、甚至 GPS 设备现在能够利用网络，进一步推进实现真正的移动计算。从海洋观测系统输出实时数据流，如阿拉斯加海洋观测系统（来源：http：//ak. aoos. org/op/data. php？ region = AK，2008 年 1 月 12 日访问）现在可以用手持移动设备启用网络观测。

令人懊悔的是，更好地网络连接却也带来网络入侵的大规模增加。它们最近几年发展如此之快，愈演愈烈。最近的一份报告估计，2000 年，黑客攻击、计算机病毒造成全球业务成本每年约损失 4 万人的生产力，相当于 1.6 万亿美元（来源：http：//www. vnunet. com/vnunetnews2113080/hackers-viruses-cost-business-6tn，2008 年 1 月 12 日访问）。

本质上，互联网没有安全设计。它是遵循开放共享的民主哲学。因为一切都是相互关联的，一切都是脆弱的。例如，垃圾邮件（不请自来的垃圾邮件）被认为是一个威胁，因为垃圾邮件通常包含恶意附件。如果打开附件，可能会释放一种病毒。因为过于严格的垃圾邮件过滤器放在我们的电子邮件系统，以保护我们免受恶意滥发邮件干扰，电子邮件已经成为一种不可靠的通信。太多次合法邮件的未送达或未读，因为它们是被错误地识别为垃圾邮件。莱曼和瓦里安（2003）的报告显示，不请自来的垃圾邮件占所有在互联网上传输的电子邮件的 40%。

此外，还有其他通过电子邮件传播的严重袭击和威胁，如病毒，蠕虫（附加到的软件和控制一个正常程序然后传播到其他计算机）。攻击性很强的病毒能迅速蔓延。例如，蓝宝石/监狱蠕虫，2003 年 2 月发布，只需要大约 10 min 即传播到世界各地。在感染的早期阶段，每 8. 5 s 受损宿主的数量即翻了一番。约 3 min 后，感染率达到释放峰值，病毒每秒扫描 5 500 万个 IP 地址，每 12 个电子邮件就有 1 个被感染（来源：http：//

www. caida. org/research/security/sapphire/，2008 年 1 月 12 日访问）。其他威胁还包括：网络钓鱼（使用电子邮件寻找有价值的信息，如信用卡号码），特洛伊木马（软件似乎是有用的，但在现实中是恶意的）和系统监控（软件追踪用户的一切，然后回邮件给恶意软件作者）。来自广告软件（软件显示不必要的广告宣传）和间谍软件（软件偷偷地监测和记录一个用户的打字内容）的威胁可以很严重因为它们往往会降低系统性能。在过去，许多黑客工具需要深度知识才能实现。而现在，黑客工具已经自动化并更容易使用。

对于渔业计算机用户而言，真实的或者所感知到的系统安全威胁所带来的一个后果是信息技术管理员强加给使用电脑者的难以预料的约束或限制。我们需要更多地保护我们，我们的计算和我们所依赖的计算机网络资源。通常，通过物理和技术措施，如门户，警卫，密码，锁和防火墙，计算机安全努力专注于保持“局外人”角色。在今天的计算环境中，是绝对需要使用病毒防护软件与当前病毒定义文件。我们现在经常需要使用“强有力”的密码，这意味着密码必在一定时间内须频繁地改变，或使用虚拟专用网（VPN）软件远程获得防火墙后面的计算机网络资源的安全访问，或加密整个笔记本电脑硬盘。这是多么不幸的情况，然而极其严重的现实是电脑黑客与安全专家在玩一个猫捉老鼠的游戏。多年来我们期望的安全问题仍然遥不可及。

1.6　协作与交流

科学交流的旧范式是在同行评议的印刷出版媒体上（如期刊和书籍）出版研究成果。协作发生主要是通过面对面的会议，参加科学研讨会和会议。今天，这些可靠的和依旧无处不在的媒体仍然很重要，但是我们有很多其他的方式进行科学交流和协作。有人会说今天并不少见，一个科学家以几个不同的媒介和格式准备他们的研究结果，写论文发表在期刊或一个新的开放获取数字期刊上，发表一份演示文稿在网上，或个人或实验室的网页上。

电子邮件是目前最广泛和普遍的通信方法。从国际数据公司提供的数据外推，莱曼和瓦里安（2003）报道，据估计，目前全球邮件量相当于每天约 600 亿封电子邮件或相当于每天 1 829 TB 或每年 3. 35 PB（PB：10^{15} B）。莱曼和瓦里安（2003）提供更多有趣的统计数据，这些统计数据 4 年前还是有效：邮件是排名仅次于电话之后的最大的信息流；60%的上班族平均每天收到 10 封或更少的电子邮件，23%的上班族收到 20 多封电子邮件，6%的上班族超过 50 封电子邮件。他们估计，上班族每天花一个小时或更少的时间处理电子邮件。他们还报告说，78%的上班族平均每天发送 10 封或更少的邮件，11%的上班族发送超过 20 封。在 1996 版中，我们提到利用电子通信和互联网来帮助我们组织这本书，特别是电子邮件。我们目前的想法和期望是，假如没有电子邮件和互联网的帮助，要考虑组织和计划出这本书的第二版将是不可想象的。

视频采集和显示技术成本的降低以及高速网络连接的广泛使用促进了基于摄像头的个人视频电话会议系统，个人计算机系统和软件压缩的增长。视频会议的使用节省了宝贵的时间和降低了合作的成本，因为通常它不需要或减少了旅行费用的支出。这项技术使用的硬件质量持续改善，价格已经不断下降，而且可以建立免费视频会议访问的免费可用的（通常作为聊天程序的一部分）软件有许多。

互联网协议电话（VOIP）是一种常见的和广泛使用的基于互联网传输开发的语音协议。基于这种新技术的软件产品允许通过电脑连接到互联网的两人或多人瞬时之间的语音通信。通常这些电脑是内置或外部连接数码摄像头的便携笔记本。有很多软件程序通过VOIP使沟通和协作更加便利。今天在大多数免费的即时消息客户端使用VOIP视频会议服务是常见的，例如Yahoo！Messenger（来源：http：//messenger. yahoo. com/，2008年1月12日访问）和MSN Messenger（来源：http：//join. msn. com/messenger/overview2000，2008年1月12日访问）或较新的Windows Live Messenger（来源：http：//get. live. com/messenger/features，2008年1月12日访问）。Skype是另一个广泛使用的VOIP免费软件程序，允许用户从他们的电脑免费打电话给其他的Skype用户，或者固定电话和手机采用收费（来源：http：//www. skype. com/，2008年1月12日访问）。所有工具提供非常相似的特性功能包括视频会议、即时通信、短信，PC-mobile消息、文件传输、绕过防火墙的能力。

一个促进沟通新发展的方式是博客或在线笔记本，即放置一个特定主题的评论或新闻供用户阅读。沟通是重点，读者可以用交互格式留言。一个典型的博客结合了文字、图像、其他博客的链接，网页和其他媒体相关的话题。截至2007年12月，博客搜索引擎Technorati跟踪超过1. 12亿的博客（来源：http：//en. wikipedia. org/wiki/Technorati，2008年1月12日访问）。与水生科学相关的博客也存在。一些海洋和淡水博客的例子有："来自堪萨斯州的思考"（来源：http：//scienceblogs. com/tfk，2008年1月12日访问），海洋生物博客（来源：http：//marinebio. org/blog/？cat=2，2008年1月12日访问），关于渔业的博客（来源：http：//www. blogtoplist. com/rss/fisheries. html，2008年1月12日访问），什么是你的生态型（来源：http：//whatsyourecotype. blogspot. com/，2008年1月12日访问），和约翰的海洋和环境博客（来源：http：//jmcarroll-marinebio. blogspot. com/2007/10/letter-to-national-marine-fisheries. html，2008年1月12日访问）。

电子论坛，也是一个进行交流沟通的新媒介。最新的评估表明，其实一天大约有30万个讨论组发出3000万条信息（莱曼和瓦里安，2003）。

最后，我们提醒读者无处不在的幻灯片PowerPoint或类似的演示软件作为沟通的媒介。过去，在科学会议上陈述了主要使用35 mm幻灯片和透明胶片。现在，很少看到使用这些方法。几乎无一例外的是，科学成果交流使用PowerPoint等演示软件，在一台连接数字计算机投影仪的计算机上运行。在许多大学校园，开放演讲使用幻灯片投影演示。在科学会议上幻灯片演示会议记录和资源会经常发布到web给那些无法参加会议者。例如，北太平洋海洋科学组织（PICES）定期执行该服务（来源：www. pices. int/publications/presentations/default. aspx，2008年1月12日访问）。

1.7　总结

我们将看到计算机的进一步小型化，处理速度、内存和存储容量增加，价格保持相对稳定。我们可能永远不会满足，不断地期望尽早使用这些更新。这些性能将明显改善我们工作的复杂性，我们预计的数据集的大小，和我们的预期"最小系统配置"和"足够的性能"。对更快的机器，更好的图形和更大的硬盘的渴望永不消失。

计算机软件将继续为渔业专业人士提供强大的分析功能。我们现有的计算机操作系统，超越很多年前通常所用的大型计算机系统；通信工具，使全球通信不仅可能而且有趣，具有极大的一致性、强大的生产应用；个人的数据库应用程序具备开发功能和数据管理工具；高度专业化的渔业分析程序具有更广阔的可用性。

更好的网络连接使得渔业科学家在科学交流上更容易与业内同行沟通，而渔业科学家可能不会有机会在外部碰到业内同行。计算机连接的增加为科研合作和综合活动提供了广阔的前景。科学家与普通大众有效沟通他们研究成果的价值和相关事宜的机会显著增加。互联网是一个成熟的技术，旅行世界各地的数十亿用户已经在使用它，并且它将继续开拓今天难以想象的新领域。此外，它将提供扩展功能来实现，计算机程序和经验的共享。卡尔·沃尔特斯意识到计算机联网的扩张所带来的好处，并早在 1989 年预测了这一结果（Walters，1989）。

渔业数据库和历史信息产品的存储和共享促进了对过去渔业信息的系统分析和地区间渔业的比较。从科学的角度来看，数据集将随着时间长度的增长成为宝贵的资源，并且可将数据用于预测。环境数据经过长时间目标现象的多次取样是最有价值的。只有当我们开始更频繁更规范地收集数据，才能通过用各种不同的加工处理获得更多的理解。我们看到，当科学家将注意力集中在处理和分析大量的数据，他们提出更广泛问题的机会也越多。我们快节奏的理解能力和我们善于观察重要变化的能力给了我们一个处理复杂的多学科问题的明显优势。硬件和软件性能的改善将有助于调查人员筛选更强大的方式处理越来越多的数据或执行计算密集型统计模型参数，如 550 年股票评估模型，该模型包括一个贝叶斯马尔可夫链蒙特卡罗（McMc）分析（Lannelli et al.，2007）。通过这些活动，对数据的深入理解有利于我们优化研究设计，来寻找生物圈空间和时间组件之间的关联性，这也与生物和生态系统息息相关。新的和即将到来的技术将很快使我们获得建立真正综合渔业生态系统模型的能力。例如，精准生物地球化学-物理动态模型加上空间-显示多营养级的生态系统模型将很快普及，从而使得我们能够对生态系统和物种间相互关系，对人工管理和气候变化的响应进行整体考查。

随着数据集可以共享，常见的模式和趋势可能涌现，使得快速检索和分析变得可行，随之而来的是巨大的海洋和气象等数据库。面临的挑战之一是未来的工具能否提供处理大量的原始数据能力，同时使它在互联网上实时可用。

电脑、渔业研究和由此产生的合作的确是令人兴奋的。诚然，在任何科学分支中电脑是必不可少的。通常你可以通过学习和使用先进的计算工具（即超出使用基本的电脑应用程序）将自己变为一个有价值的科学家和研究人员。在未来，科学家的一个必要和有价值的技能将会是掌握如何解决问题的知识和能够看出问题，并提出一个计算机的解决方案。我们希望这本书的内容对这个技能的发展有所贡献。以下章节尽管并不追求全面，但是从广度和深度上分析了计算机在现代渔业中的应用，也梳理了计算机技术的进展及其在渔业资源管理问题上的应用。我们相信，这里的主题是未来新机会的前奏。我们热情地期待未来的挑战。

参考文献

C arlson S (2006) Lost in a sea of science data.The Chronicle of Higher Education,Information Technology Section

52(42):A35 (Source:http://chronicle.com/free/v52/i42/42a03501.htm,accessed 12 January 2008).

Hermann AJ, Hinckley S, Dobbins EL, Haidvogel DB, Mordy C (in press) Quantifying crossshelf and vertical nutrient flux in the Gulf of Alaska with a spatially nested,coupled biophysical model.Progress in Oceanography.

Iannelli JN,Barbeaux S,Honkalehto T,Kotwicki S,Aydin K,Williamson N (2007) Eastern bering sea pollock.In: National Marine Fisheries Service Stock Assessment and Fishery Evaluation Report for the Groundfish Resources of the Bering Sea/Aleutian Islands Region in 2007.North Pacific Fishery Management Council,Anchorage,AK.

IPCC (2007) Climate Change (2007) Synthesis Report.Intergovernmental Panel on Climate Change.

Kell LT,Mosqueira I,Grosjean P,Fromentin J-M,Garcia D,Hillary R,Jardim E,Mardle S,Pastoors MA,Poos JJ, Scott F,Scott RD (2007) FLR: an open-source framework for the evaluation and development of management strategies.ICES Journal of Marine Science 64:640-646.

Kessler M(2007) Days of officially drowning in data almost upon us.USAToday,Technology News,March,05,2007 (Source:http://www.usatoday.com/tech/news/2007-03-05-data_N.htm accessed 12 January 2008).

Lunn DJ,Thomas A,Best N,Spiegelhalter D (2000) WinBUGS - a Bayesian modelling framework:concepts,structure,and extensibility.Statistics and Computing 10:325-337.

Lyman P,Varian HR (2003) How much information? School of Information Management and Systems,University of California at Berkeley (Source:http://www2.sims.berkeley.edu/research/projects/how-much-info-2003/, accessed 12 January 2008).

Moore GE (1965) Cramming more components onto integrated circuits. Electronics Magazine 38(8) (April 19, 1965).

Nielsen JL (2006) Thoughts from Kansas.President's hook.Fisheries 31(10):480,514-515.

Ona E,Dalen J,Knudsen HP,Patel R,Andersen LN,Berg S (2006) First data from sea trials with the new MS70 multibeam sonar.Journal Acoustic Society of America 120:3017-3018.

O'Neill ET,Lavoie BF,Bennett R (2003) Trends in the evolution of the public web.D-Lib Magazine,9(4),April 2003 (Source: http://www.dlib.org/dlib/april03/lavoie/04lavoie.html, accessed 12 January 2008). DOI: 10.1045/april2003-lavoie.

Russell SE,Wong K (2005) Dual-Screen monitors: a qualitative analysis of their use in an academic library.The Journal of Academic Librarianship 31(6):574-577.

Schnute JT,Maunder MN,Ianelli JN (2007) Designing tools to evaluate fishery management strategies: can the scientific community deliver? ICES Journal of Marine Science 64:1077-1084.

Walters CJ (1989) Development of microcomputer use in fisheries research and management. In: Edwards EF, Megrey BA (eds.) *Mathematical Analysis of Fish Stock Dynamics*. American Fisheries Society Symposium 6:3-7.

第2章　数字时代渔业信息的生产和消费

Janet Webster 和 Eleanor Uhlinger

2.1　渔业信息生命周期

渔业科学家始终坚持生产、传播和利用信息。事实上，如果他们不这样做，渔业科学也就不复存在。科学必须具有连续性，从非正式的交流中、经过严格评审的文章中、记录的问题和解决方案中，持续地共享信息。相关信息对于渔业的基础研究和应用研究至关重要。在项目的初始阶段，识别出相关信息，并且找到其中的重要信息，是渔业信息生命周期的基础。在数字环境中，随着信息量的增大，寻找相关信息变得更难也更简单。获取信息变得更简单也更微妙。

作为信息的生产者和消费者，我们一直处于渔业信息生命周期中。作为学生，我们向教授学习如何消费信息。他们给我们一大堆资料去阅读，而这些文章成为了我们探索渔业科学的基础。或者我们从一篇关键文章开始，去研究它的被引文献和施引文献。当前，在信息的洪流中，一些新的工具可以帮助我们拓宽信息视野，丰富见解。信息消费可以变成一场令人愉悦的事实、理论、数据、研究结果的盛宴，或者是一场消化不良的狂欢。

信息环境的变化让科学家成为信息的生产者。曾几何时，只有少数几种期刊可供我们出版，而今却面临选择过多的问题。我们可以取一个专指的题名、发表在高影响力的主流期刊上，也可以发表在博客或网络上，还可以在会议上以声音的形式传播。信息的生产变得不再那么直接，我们需要有更多的思考和准备才能使得信息被充分利用，而不是作为半成品或者被遗忘在角落。

计算机、网络和数字资源的发明并没有使得信息生命周期发生根本性改变。而是让生产和消费信息的环境因素发生了变化。其中，主要因素是，数字网络的增长，以及其对信息发布、传播和获取方式的影响。当我们思考如何有效地消费和生产信息时，我们应该考虑更多的因素。因此，渔业科学不再仅仅是一门自然科学，还需要对社会科学的信息保持敏感。渔业科学家提出的问题常常对社会科学产生影响。渔业科学研究的范围不断扩大，这得益于我们能够接触到更长期的数据库，基因研究揭示了更精细的颗粒度，网络削弱了地理界限的阻碍。我们能获得更广阔的信息源，并且从非科学家那里获得信息的帮助。所有这些因素都决定了我们在工作中如何使用信息。信息的确变得更加丰富了，然而却没有变得更简单，因为这要求在科研过程中投入更多的判断。

下面这些尝试可以帮助人们进行相关决策，从获取信息的途径、多种选择和挑战，到消费、制造及传播相关信息等。在消费方面，将讨论如何识别、获取并且管理渔业信息。由于工具会不断更新，本书讨论的焦点将在于策略方面，并且给出特定的示例以及当前的一些工具。在生产方面，将解释关于目标受众、可行的出口、出版的选择、版权方面的考虑、信息获取点以及归档责任。最后，我们将回到电子信息环境，把消费策略和出版决定放在一个更大的背景中。在这里我们将接触出版和获取的经济学问题、可能遇到的法律问题、数字图书馆的概念以及信息的整合和保存。

2.2　消费信息

2.2.1　识别渔业信息

中国有句谚语“人无远虑，必有近忧”。这句谚语适用于项目的起始阶段。您需要考虑您的疑问，以及解答这个疑问的策略。如果检索策略没有覆盖切题的文献将是严重的问题。在谷歌里面输入关键词并返回大量的信息，这种随机性总是让人感觉丢失了一些正确信息。

在开始搜寻信息之前，有必要仔细地思考您需要何种类型的信息，它们由谁产生，会在哪里出现。然后，再解决如何找到它们的问题。以下示例，将帮助我们了解在研究初始阶段应该思考哪些问题。

（1）广义或狭义的主题

主题的专指性将决定我们从哪里开始以及去哪里寻找信息。通常，需要搜寻的问题越广义，则越需要识别出尽可能多的相关信息。比如，如果仅参考一些种群动态者的研究工作，则很难回答诸如全球变暖对三文鱼数量的影响这类广义的渔业问题。

（2）特定地域或全球范围

如果需要研究的课题是高度地域化的，则只需要关注特定地域的信息，了解其他人如何论述此类问题；如果是全球问题，则需要关注更多国家的信息源，包括多语种信息。

（3）基础研究或应用研究

随着研究从基础研究到应用研究的持续深入，信息也在不断地变化。当研究逐渐转向应用研究，一些多种类的信息源将变得越来越重要，比如贸易出版物、专利以及政府文件。

（4）科学或政策

许多渔业问题在政策方面有所应用，如果能够了解信息将在哪些非传统科学出版渠道进行传播是非常明智的。

（5）谁

了解谁在研究这个问题，谁可能资助这项研究，以及谁会对研究结果感兴趣。组织和个人都可能具有既得权利。

（6）哪

与“谁”相关的问题是这个主题可能在哪被讨论。这表明，这些讨论既可能存在于学术期刊中，也可能存在于会议中或电子讨论版中。思考在哪会讨论这些问题，将提示我们去哪寻找这些信息，以及未来可能的受众。

2.2.2　工具

中国还有一句谚语叫做“千里之行，始于足下”。当我们了解信息的类型后，则需要考虑要用到哪些有用的工具。包括，通用工具和专用工具，经典工具和当代工具，免费工具和昂贵的付费工具。所有工具都与信息收集工作相关，但是有一些被证明更好用，更相关或者更容易获得。工具一直在变化，随着一些新的工具产生，也将淘汰一些过时工具。下面，本书将从内容和获取方面，讨论一些特定工具的优缺点。本书将这些工具分组，便于读者识别特定工具并且了解如何在特定的环境下选择相关工具。

2.2.2.1　通用科学索引

内容广泛的科学索引通常能够覆盖渔业的核心文献，这是一个可靠的起点。因为，您可以在其中找到主流的渔业期刊以及相关领域的期刊，比如生态学、生物学和动物学。然而，它们也并非是绝对全面的渔业文献。此外，它们大多数都必须付费使用，价格取决于付费机构的规模（如科研人员数）以及数据库的规模（如数据覆盖的年限）。

（1）Web of science

ISI Science citation index（科学信息研究所科学引文索引）是其正式名称，目前提供广泛的多学科电子连续出版物（从汤森路透的网站上可以下载期刊列表 www. thomsonscientific. com）。其在 20 世纪 60 年代建立，优势在于提供引文相关关系，可以找到一篇文献的施引文献和被引文献，从而了解有哪些人在相似的领域工作，以及某主题的核心文献是哪些。另外一些资源，比如 CiteSeer，Google Schoolar 以及 Scopus 也正在尝试追踪引文模式，但目前还不够精确。（Roth，2005；Jacso，2006a）它最大的弱点在于，缺乏专题论文、会议文献以及报告文献。它是最昂贵的通用科学数据库因此使用范围非常有限，除非您所在的机构订阅了该数据库。订阅 web of science 的定价取决于以 5 年为单位记录的数量，访问年限越长定价越高。尽管该数据库很强大，但由于使用了过于专业的术语，其检索界面显得不够清楚，对于不熟悉的用户，检索结果的展示也不够清楚。Web of science 依然是最深入的、时序性最强的科学引文数据源。它的姊妹索引——web of social science，与其共用一个界面，并且在建设和目的方面也很相似，主要用于搜索渔业的社会问题和经济问题。

（2）BIOSIS

Biological Abstract 生物学文摘目前也提供电子访问，命名为 BIOSIS。这个经典的生物信息索引覆盖了超过 6 500 种期刊，包括渔业核心期刊。也覆盖了会议记录和报告。其优势在于时限长（纸质资源回溯至 1927 年，电子期刊回溯至 20 世纪 70 年代），且深度的索引功能使得读者很容易利用主题或关键词进行检索。其劣势在于，收录的非主流出版物连续性较差，比如非英语文献及贸易信息。该数据库价格非常昂贵，需要订阅才能访问。可以从多种数据商处购买使用权，而它们通常采用自己的搜索界面。

（3）Scopus

Scopus 是 Elsevier 公司在通用科学索引领域的一个尝试，附带有引文追踪功能。它是汤森路透的 web of science 的重要补充，但是可能在连续性上尚且不够，存在明显的年代断档（Jacso，2007）。它覆盖的文献类型是广泛的，包括期刊论文、会议记录、专利、图书和贸易期刊。期刊论文是它的核心。当代数据的覆盖深度取决于所处的学科领域，生命和健康科学的数据回溯至 1966 年，而社会科学的数据回溯到 1996 年往后。对于渔业科学，该数据库覆盖了主要期刊，但是并非所有的丛书及可能用到的贸易出版物。搜索界面直观，具有多功能的结果展示并且易读性强。Scopus 是 web of science 的竞争性产品，但是同样十分昂贵。

2.2.2.2 专业索引

渔业科学家可以拥有专业的主题索引提供对已发表文献的深度检索。通常，建议先泛检再精检。通过泛检获得与广义主题粗相关的文献，然后通过精检专注于特定的主题。这样做的结果是会产生很多的重复文献。下面两个数据库可以通过付费访问，虽然没有通用索引昂贵，但对于机构来讲仍然是一笔不小的支出。

（1）水产科学与渔业文摘（ASFA）

在 20 世纪 50 年代末，联合国粮农组织的渔业科学家开始编制文献的书目信息，主要关于海洋和内陆水域生物资源的知识。（1958，FAO）其目标始终是，通过国际合作，共同监测和录入相关文献，提供国际文献。这项工作由联合国粮农组织渔业部进行管理，该组织与致力于出版和加强数据库的商业出版商剑桥科学文摘合作。目前，数据库包括了自 20 世纪 70 年代以来以上文摘信息 100 万篇以上，同时，仍在选择性地添加以往的文献。

该索引覆盖了包括会议记录到国家文件在内的主流科学杂志。超过 50 家的合作单位包括国际组织（如亚洲太平洋海洋开发与水产养殖国际委员会）和国家机关（如 CSIRO 海洋研究会和 IFREMER）为数据库提供相关数据并使其内容更丰富。合作成员单位的官方列表由 AFSA 秘书处网站管理（ASFA 秘书处，2006）。ASFA 的优势在于其合作成员分布在不同地区并且拥有不同的研究焦点。但是对于一些人，这种多样性是会分散精力的，因为有大量的非英语语种的文献很难获得（如因分布范围有限）。传统研究主题主要分布在一些生物资源和应用观点。随着更多生态学期刊被收录，其范围已经被扩展。ASFA 在渔业和生物资源的社会科学研究方面连续性不够，管理类文献不足，因为其收录情况主要取决于合作成员单位的研究重点。CSA 通常不包括社会科学和发展的期刊，而是添加一些科学引文。ASFA 包括 5 个方面的子集：①生物科学和生物资源；②海洋技术、政策和非生物资源；③水产污染和环境质量；④水产文摘；⑤海洋生物技术文摘。

对于很多用户来说，这些子集是清晰易懂的。对于数据库商，这些子集非常有用，因为它们可以根据用户需求独立打包或者任意组合打包。CSA 将 ASFA 文献打包，允许用户选择单个子集检索。另一个数据库出版商国家信息服务组织（NISC），将生物科学和生物资源子集以及一些其他数据库打包形成了畅销产品——水产生物、水产养殖与渔业资源数据库。大多数机构以年付费的方式订购 CSA 或国家信息服务组织（NISC）的在线数据库。那些为数据库提供数据的合作单位可以获得网络免费访问权限以及来自 ASFA 秘书处的 CD 版本。低收入、食物不足的国家的机构也有资格获取免费访问权。ASFA 始终是一个卓越的渔业科学专业索引。

（2）Fish and Fisheries Worldwide

该库由国家信息服务组织（NISC）创建，它将多种现存数据库，既包括正在运行的也包括已经停止运行的，组织在一起。包括：FISHLIT（来自 J. L. B. Smith 技术组织）；美国鱼类和野生动物引文服务数据库；MedLine 鱼类子集；南非渔业产业研究数据库；卡斯特尔营养引文；美国国家海洋与大气局水产养殖数据库。

这种方式保留了部分不再维护的陈旧数据库的价值，并且通过增加新资源的方式加强它们的使用。

太多的时候，一些陈旧的索引变得无法访问，因为没有人能够看到将这些独立数据库或印刷书目做一些转换后的价值。国家信息服务组织（NISC）尝试保留这些历史引文数据并且利用它们创造新的价值。Fish and Fisheries Worldwide 比 ASFA 规模小（小于 600 万条），但是非常有用，因为它覆盖了分类学数据、亚热带淡水鱼以及美国本土和联邦政府的材料。同时，它尝试覆盖比 ASFA 更详尽的地理地区，特别是非洲地区。它更加专注于鱼和渔业而非水产养殖环境，因而它对于渔业科学家是非常有用的。其对于一些机构非常有吸引力，因为其并不像 ASFA 那般昂贵，并且对一些特定地区具有特别研究。其界面简单，并且对于所有任何级别的用户都是直观的。

2.2.2.3　万维网作为一种索引

快速发展的数字信息环境使得科研人员可以通过搜索引擎获取丰富的信息。网络依然是一片信息的沼泽，有好的、坏的甚至令人不愉快的信息。谷歌、雅虎、爱问这些搜索引擎对于大量数字信息的排序是有效的。随着这些搜索引擎的发展，它们之间的差异变得越来越明显，用户会看到它们在搜索方式以及信息展示方式的不同之处。科学家应该知道，它们正在搜索哪些信息。BIOSIS 和 ASFA 等索引能够清晰地说明其包括哪些数据源，但网络搜索引擎很少能够清晰地界定索引范围，并且不够专注。然而，它趋向于覆盖更广泛的网络内容，建立更广泛的项目范围以及通过更快更简洁的方式找到一些特定的信息。

无论使用网络搜索引擎的原因是什么，关键在于有多少搜索引擎激发了人们对信息的诉求并解决了这些诉求。它存在一些明显或不明显的问题，但也会得到一些令人满意的检索结果。渔业科学家应该认清网络搜索引擎的局限性，并且了解什么时候应使用专业索引去深入了解文献。因此，需要了解搜索引擎主页的“关于”选项。很少有公司能够清楚地说明它们如何检索以及对检索结果进行排序。然而，用户可以了解为什么不同的搜索引擎可以检索到不同的结果。谷歌是第一个建立在网页排名基础上的搜索排序系统，也是鼻祖（Page et al.，1998）。

这种算法考虑了一共有多少个页面与一个特定页面相关，以及相关页面的相对重要性。“ASK”搜索引擎对网页排名算法进行微调，尝试将页面进行聚类并且分析这些页面的关系，所以它返回的并非随机页面而是带有一个主题的一组页面。另一些搜索引擎，比如雅虎，将付费用户或赞助商的信息整合在搜索排名中，这应该不会影响渔业科学信息的检索结果，但可能会影响渔业贸易信息的检索。相比之下，之前讲到的在索引中进行检索，则是在一组带有特定标签（如作者、关键词、题名）的封闭数据集中检索，所以检索结果的排名与匹配度相关，而不与页面的重要性相关。相比于开放的互联网，它是一种可控的信息环境。

然而，检索界面的方便性以及可以直接链接至全文的这些优点使得搜索引擎非常具有吸引力。将其余的信息，包括数据库商以及图书馆的信息，打包并赋予一个简单的接口。他们也进行一些细致的研究，比如搜索内容以及如何为学术客户提供搜索工具来整合现有的工作模式以及计算机桌面。Elsevier 公司的 Scirus 搜索引擎以及谷歌学术就是免费的多学科索引以及摘要型数据库。

（1）谷歌学术搜索引擎（http：//scholar. google. com）

谷歌在 2004 年大张旗鼓地推出了这项服务。本质上，它是一个网络数据子集，提供“来自学术出版商、专业社区、预印本、各大学及其他学术组织的经同行评议的论文、图书、摘要、文章”（Google，2005）。但是，它并没有明确指出哪些出版商和机构参与，使得用户不得不去猜测或者相信覆盖广泛性（Jacsó，2005a）。此外，对于不同的网页被探索的频率和深度是不清楚的，即使出版商的网页被直接搜索出我们也无法了解其所揭露的信息的覆盖面（Jacsó，2005a）。关于覆盖面和实用性的一些研究，说明谷歌学术在自然科学问题的检索功能比社会科学更强大，且对英语语种具有偏好性（Neuhaus et al.，2006）。它的检索界面熟悉、简单并且带有高级检索选项，使得其实用性得以增强。链接全文的功能（如果用户所在机构购买了服务权限）使得检索和获取文献更有效率。它还具有引文功能，一些人认为它可以替代 web of science 或者更新的 Scopus（Pauly and Stergiou，2005），而另一些人则认为学者应该配合使用更加结构化的数据库（Bauer and Bakkalbasi，2005）。渔业科学家会发觉它是非常容易上手的，但是应该继续去探索专业索引中更加详细、覆盖更全的文献。

（2）Scirus（http：//www. scirus. com）

Elsevier 出版集团创建了这个免费的搜索服务，集中在其深入型文献数据库，随着时间的推移，还加入了专利数据、电子论文（Prunost et al.，2003）。与谷歌学术搜索引擎不同的是，Scirus 仅对它所覆盖的文献提供服务，并且直接链接到合作伙伴。搜索界面既包括熟悉的简单检索，也包括高级检索，可以帮助用户按照主题、年限、格式以及来源缩小检索范围。对于渔业科研人员来说，其优势在于覆盖了 Elsevier 公司的期刊，有一部分在本领域被广泛的引用。它的缺点在于过分的夸耀，就像 Elsevier 公司声明的那样“世界上最全面的专业科学索引”（Elservier Ltd.，2004）。另外，Scirus 比谷歌学术的结构性更强，并且可以更明确地说明它的可靠性。这是一个相当好的资源，因为它可以连接其他资源（译者注：该网站目前已经关闭，2015 年 12 月 15 日）。

2. 2. 3　检索效率

面对大量的可用工具，渔业科学家在识别信息时会感到迷惑。上面描述的这些代表了一些最常用或最有用的工具。在选择工具时，调查研究的内容决定了该参考哪个工具。当调研广泛的、多学科的问题时，需要选择时间、主题深入且多覆盖多地区、多学科的索引。一个工具并不足以进行详尽的分析。每一个都在覆盖面或者检索深度方面具有不同的优势。所有专业的检索人员都需要清楚数据库的内容范围或者网络搜索引擎的查询范围。此外，用户需要清楚，什么时候需要进一步深入检索，什么时候需要停留在现有的检索结果上。

在选择一个索引或者搜索引擎时，需要考虑的另一个因素是搜索界面和结果展示。所有的工具都在持续地改善功能，但是，有一些是确保其有用的基本功能（如进行题名检索），也有一些是增加附加价值的优化功能（如链接至全文）来增加工具的价值。一些人总是习惯采用简单检索的方式，从没有感受过不断优化检索或者用关键词以外的方式进行检索的优势。下面的文字，探讨了 3 种检索功能，它们将带来不同的检索结果。

2.2.3.1　检索选项

“简单检索”是一种普遍存在的检索框，即输入一个关键词就可得到检索结果。对于另一些系统，复杂检索就是增加了更多的关键词。任何数据库或者搜索引擎都应该有这种基本的检索选项，因为有时候一个简单的关键词或一个简单的词组就已经足够，更多的选项将使人迷惑。然而，也有一些时候，简单的关键词搜索不能生成任何检索结果或者相关的检索结果。这可能由于拼写错误，并非所有的检索系统都有拼写检查系统。另一种需要考虑的可能性是数据库的结构和范围，以及检索式的结构。

前面已经讨论过检索范围，然而，这里有必要同结构一起再重新简短地讨论一次。同样一个检索式，在不同的索引中会返回不同的检索结果。这反映了不同索引收录范围和内容的不同。不同的网络搜索引擎会返回不同的搜索结果是因为它们采用了不同的算法和相关因子（SPINK AND COLE，2006）。已有工具可以看到多个搜索引擎检出的重复检索结果（和不同检索结果）（JACSO，2005B）。解决检索结果重复的一个有效方法是跨资源检索，一些网络搜索引擎即利用了这种检索方法（如 dogpile）。在引文数据库中，一些数据库商允许在多个数据库中同时检索，所以，您能够进行扩检并得到更多的检索结果（虽然也可能得到更多的重复结果）。图书馆员们正在开发联合搜索引擎，可以利用一个简单的检索式在广泛的一组信息源中进行检索（Avrahami et al.，2006）。这个想法非常重要，因为网络搜索引擎不能进入“深度互联网”，那些被密码、许可或结构保护的内容无法被搜索到。举个例子，图书馆的目录信息可被检索，但是不能被传统的网络搜索引擎探测到。这个前提对于结构性数据库同样成立，比如 BIOSIS 或者 web of science。利用谷歌进行基本的搜索可以返回很多结果，但是无法深入检索到专业索引和资源。

检索式的结构是进行高效检索时需要考虑的另一个因素。简单的关键词检索可以构建一个多主题检索式。添加同义词或者相关词条可以增加检索结果。例如，如果在题名或者作者字段进行检索，则无法返回摘要中含有该检索词的文献。构建一个有效的检索式，需考虑以上因素以及正确的使用词组和布尔逻辑运算符（“与”、“或”、“非”）。一些网络搜索引擎，会假设多个关键词中间默认用“与”连接，而不是“或”连接，这种策略的目的是限制检索结果的数量。如果关键词之间需要紧密相连，比如“种群动态”或“淡水养殖”，多数搜索引擎利用引号作为运算符，表示检索词组而非检索单个单词。布尔逻辑运算符帮助用户构建检索式，去扩大或缩小检索范围，或者帮助他们找到最相关的信息。一个明显的例子是，渔业科学家想要利用布尔逻辑运算符及学名或俗名在所有相关文献中检索一个特定鱼种（图 2.1）。

一些搜索界面在高级检索选项里设置了布尔逻辑检索，利用多个检索框连接不同的词

图 2.1
简单布尔逻辑检索可以进行扩检（包括含任一关键词的文献）或缩检（包括每一个关键词的文献）。

组（图 2.2）多数搜索引擎都具备这样的功能，即使问题和连接词组都必须手动输入。

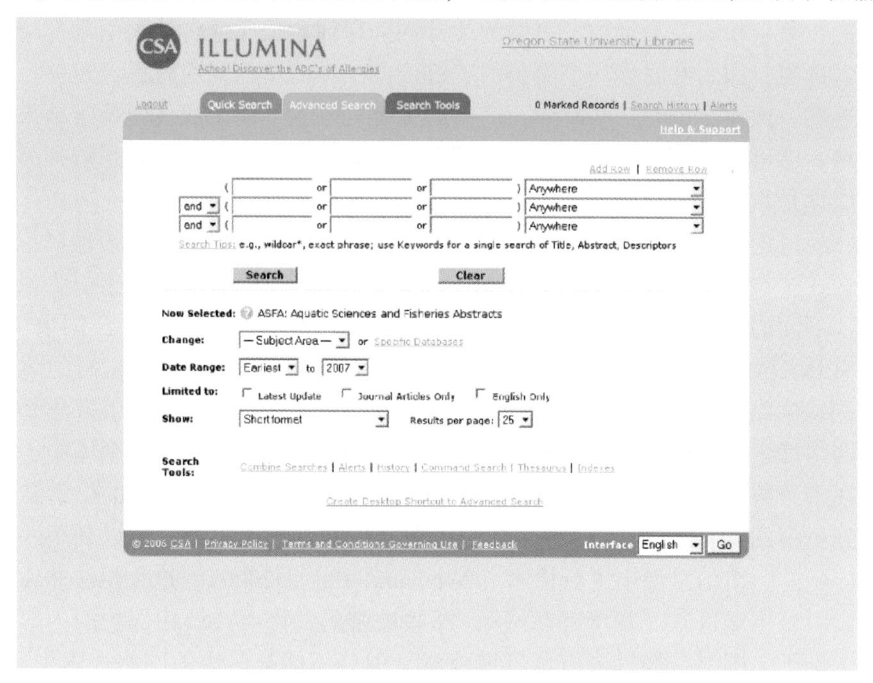

图 2.2
剑桥科学摘要的检索界面整合了布尔逻辑检索词。

图 2.3 说明了在连接不同词组的时候，布尔逻辑运算符的工作逻辑。利用基本检索，每个概念都被放在引号内或者作为一个词组，来检出一组文献。如果利用“或”作为连接符，将会扩大检索范围，检索结果将包括所有组的文献。如果利用“非”作为连接符，则可以排除一个干扰结果的概念。例如，如果想找海水的三文鱼，将先检索出一组三文鱼文献，再排除淡水。

经过仔细思考的基本检索可以有效地解决问题。然而，一个设计良好的高级检索才是关键，因为它可以设置更精确更高效的检索。除了一些经常检索的人以及规律地使用高级特征的图书馆员，大多数使用网络搜索引擎的人都很少探索过高级检索的巨大潜能（Jansen et al.，2000）。数据库和有价值的搜索引擎都提供高级检索功能。它们具有如下特征。

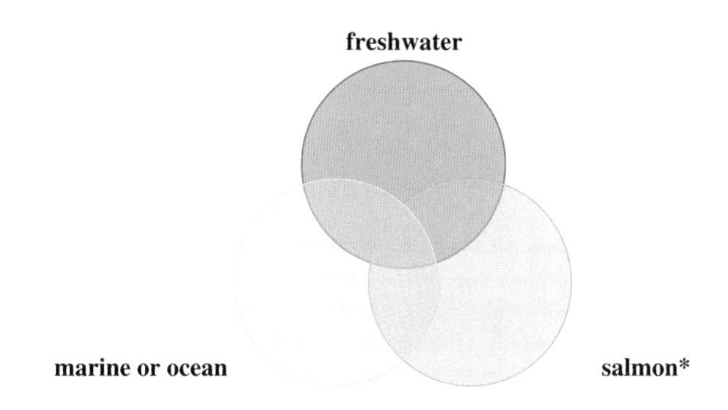

图 2.3

布尔检索说明了不同主题词进行组合的多种可能性（*是通用截词符，在这个检索式中我们可以检索以 salmon 为词根的单词，如 salmonids）。

（1）字段检索

例 1：如果您只想检索某个作者的文章，而不是作者引用的文章，则应该将检索限制在作者字段。

例 2：如果您想查找以某主题为焦点的文献，您可以将关键词限制在题名字段，而不是包含摘要的全记录。

（2）限制

例 1：如果您只想检索最近发表的文献，您需要将发表日期字段限制在最近的年份。

例 2：如果您只想检索特定期刊的文献，您可以在来源字段明确这本期刊，即可以限制出版物的范围。

例 3：如果您只想检索某个国家的作者发表的文献，您可以在作者所在国家字段添加这些国家名称。

（3）格式

例 1：如果您只想检索全文可查的文献，您可以做全文检索的限制。

例 2：如果您只想检索综述类文献，您可以用出版物类型去优化检索。

例 2：如果您只想检索图片，您可以限制文件扩展名，比如 jpeg 或 gif。

（4）同义词或关键词词表

例 1：如果您在查找一个学名，但是不清楚如何拼写它。

例 2：如果您用一个特定的关键词查不到任何文献，您想去查找更多的同义词。

（5）检索历史

例 1：如果您进行一个物种的复杂检索，想要与早前栖息地和生活史的检索结合起来。

例 2：经过了长时间检索，您想检索之前检索过的，但是已经忘记的一些文献。

建设者不断地整合用户反馈，并持续优化检索界面，而这利弊兼存。当您已经逐渐习惯了一些特定使用方式的时候也会让人感到困惑。太多花哨的功能分散了检索的注意力，而不是更加实用。所以，当决定使用某种工具时，通常认为要使用那些最易懂也最容易使用的界面。在基本检索中加入布尔逻辑运算符会极大优化检索结果。加入合理的字段限制并且利用控制词表可以提高检索效率和功效。

2.2.3.2　展示结果

检索结果的展示会影响到检索的实用性。展示过量的信息会降低检索文献的相关性，然而，展示过少将会带来疑问或者丢掉某些重要的文献。一个设计良好的界面允许用户定制，在一定程度上，用户可以根据需要决定展示多少条数据。例如，一个简单的题名列表可以很容易地扫描到感兴趣的文献，然而，展示包含摘要的更复杂信息方便查找特定信息。目前网络搜索引擎并非都具有管理展示结果的能力。一个好的界面允许用户按照日期、相关性或其他进行排序。网络搜索引擎目前不具备这样的功能，因为它们整合的并不是可控的、有限制的文献数据库。

结果展示包含一些明确的元素，如：标题；作者，如果没有全名则可以用名字首字母；基本的引用信息，如期刊名、卷、日期、页码或会议名称；摘要或简介。

结果展示中的最后一项——摘要，对于确定文献是否有用非常关键。一些引文数据库有作者或数据库编辑编写的完整摘要，还有一些网络搜索引擎会利用各种策略自动生成摘要。摘要能够帮助检索者确定文献是否有用或与检索主题相关。渔业科学家已经习惯于一种经典的、撰写良好的摘要，能够通过阅读摘要，把握研究问题、研究方法和结果。网络摘要存在一些问题，因为它们没有一个一致的结构并且很短，并不能提供足够的背景和信息（White et al.，2003）。积极的方面是，通常我们很容易点击文献本身或者一个更完整的描述去了解文献。

还有一些展示特征，虽然不是特别关键，但也是有用的。通常有两种类型：一类提供关于文献的更多信息；另一类提供与其他相关信息的联系。第一类以结构性数据形式在引文数据库中非常常见。由于提供了更完整的出版信息，包括出版商信息、引文信息、作者信息、作者机构信息及联系方式等，使得文献记录的价值被显著提高。通常都附有某个主题的标题或描述，因此，您可以用统一描述去检索其他相关记录，这是检索某一主题的重要策略。

后一种类型的要素——外部链接，是随着全文链接和其他资源的出现而新发展的一种服务形式。在网络搜索引擎中，最重要的特征就是提供条目的全文链接，虽然很多时候其链接到不完整的引文或者隐藏到其他文献中的引文。因为一些文章受到版权或授权的限制，全文链接并不保证能够获取全文。引文数据库有时可以与机构的期刊数据进行整合，当机构订阅了某本期刊时，即可以通过引文库的全文链接获取全文。这个可以通过 OPEN URL 解决方案实施，这个软件可以收集用户、机构授权、资源信息等，并且与访问权限相匹配。（MCDonald and Van de Velde，2004）即使受到访问限制，提供全文链接依然可以方便渔业科学家快速获取信息。另一种形式的链接是相关文献或者相似页面的。有时，这些链接是由于资源商给搜索引擎付费而产生关联，有些是因为资源具有共同的关键词或者来源。在科学信息数据库，相互关联可能是通过共同的引文或者共同的主题描述。

引文数据库的展示结果会为用户提供更完整的信息，并且允许对检索结果集合进行一定的操作。网络搜索引擎的检索结果会揭示引文数据库没有覆盖的一些信息，并且通常直接提供全文链接。所以，这种展示的差异再一次表明没有一种检索工具可以满足所有信息需求或者所有用户的期待。

2.2.3.3　利用结果

最后的问题是如何利用这些检索结果。链接至全文或其他资源是一种用途。另外，也可以对检索结果进行分析来产生更多的价值。高效地利用检索结果可以减少研究过程。追踪检索结果和相关文献帮助用户更有逻辑性地编译文献。网络搜索引擎并不十分有助于结构性信息的检索，用户无法标记引文列表并且统一处理，只能在检索页面间不断地向前、向后点选相关文献。当我们使用网络搜索引擎时，一种策略是记录检索日志，并且不断地剪切和粘贴相关网页地址和检索日期，这样就可以返回检索页面。引文数据库允许用户标记感兴趣的文献，将它们编纂成一个子集。用户可以打印、下载电子邮件或者回顾这个子集。

2.2.4　管理信息

中国有句成语叫做“骑虎难下”，搜索信息可能会上瘾，信息的消费者可能被任务所消耗。知道什么时候停止检索并且开始阅读和整合文献与知道如何开始检索同样重要。在这样一个信息快速转移和发展的时代，想要找到关于某一主题的所有信息几乎是不可能的。然而，如果用户进行了有逻辑性的、系统性的检索，则应该感到自信。这种逻辑可以是一段时间的，也可以是从某一个历史时刻向前或向后的；还可以是数据库的，在多个不同数据库中执行相似的检索。久而久之，您就可以设计您自己的方法和过程了。

记录检索日志对管理检索过程非常有用。这并不需要付出多少工作量即可以记录您检索了哪个数据库、什么时间、采取了哪种检索策略。如果您在研究一个长期的项目，您可以在稍晚的时间再次应用这些检索策略进行检索。当您被迫中断或者回到某一项目时，您也可以记住已经做了哪些工作。

将已经检索的资源组织起来是进行过程管理和信息收集过程的另一个重要组成部分。快速记录在纸上或邮箱中的随机文献很容易丢失，并且没有背景信息。我们不能复制或打印所有的文献，需要将它们很好地组织起来才能进行后续利用。一种方式是编纂清单，相关文献信息被重新印刷集结起来。随着书目管理软件如 endnote 或 zotero 的发明，编纂清单的方式已经过时并被更新替代。这些软件可以被看作是替代了旧的卡片文件，然而作为一种高效的研究工具其作用不止于此（Mattison，2005；Webster，2003）。大多数书目管理软件允许用户录入特定的字段，如，作者、题名、来源、添加人工注解的关键词，笔记、摘要，以及数字版本的链接。个人参考文献数据库是可以被检索的，是一种有效的工具并且可以服务于研究和管理。除此之外，书目软件最有价值的方面在于导入记录的功能，您可以在引文数据库中检索出的文献导入软件，并且按照论文需要的特定格式输出。有些人认为这个软件需要学习，所以拖延使用。而那些愿意付出努力去尝试某种书目管理软件的人会发现它是一种非常有价值的工具，用于管理从生产到消费过程中的信息。

2.2.5　获取信息

识别出信息是一回事，而阅读并且评论信息又是另一回事。随着数字信息的增多，引文数据库与网络中的全文信息不断整合，使得这一步变得更加容易。在科研、政府或高校中工作的人，能够获得广泛的数字信息以及丰富的印本资源，获取信息并不是一件困难的事。然而我们能够轻松获得这些信息，是由于这些电子资源要么属于开放存储的资源，要么是我们机构购买的资源。机构图书馆负责维护信息充足性的部门是图书馆。如果除去图书馆通过协商、购买或者维持等方式获取的信息资源，渔业科学家会发现想要无缝获取信息资源将是非常令人沮丧的。所以，图书馆是研究人员获取信息的第一途径，无论是虚拟的还是实体的。图书馆员的核心职能是连接用户和其信息需求（Ranganathan，1963），形式、主题、来源都不重要，获取最为重要。如果获取信息遇到困难，与您的图书馆员共同努力去获取电子访问权限或者去借阅或购买。

并非所有的渔业科学家都拥有图书馆或图书馆员。探究资料是否具有电子形式的免费访问权限是他们乐于采用的一种方式。这需要首先在网络中进行检索，去了解哪些相关机构具有该资料的电子版本。例如，联合国粮食与农业组织有大量的电子文献仓储信息并且对公众免费开放。然而，大多数的网络搜索都不能渗透到其丰富的全文资源中，因为其并没有将这些资料进行良好的结构化组织以供搜索引擎挖掘（FAO，2006）。一种访问电子资源的策略是，查看发表文章的机构，这些机构提出的问题或者资助的相关研究。机构仓储的趋势越来越强烈，其存储了机构出版的大量文献并且使得用户获取更容易。然后，通常这些仓储资料都独立存储，因而必须进入到机构网页中才能进行检索。

如果不能够免费获取信息的电子版本，就要考虑向作者或者出版机构索取。这曾经是一种常见的做法，因此，作者通常会获得一叠自己文章的复印版（虽然需要付费）。更多的作者提倡将电子版本（如 PDF）发布在机构主页上，以便与自己的同事交流。在将文稿公开发布前，作者需要确认与出版商间的版权事宜。如果情况不是这样，可以将电子版本放在 FTP 网页上，利用密码、访问时间等方式限制访问权限。

最后一种方式是为信息付费，图书馆每天都在做这样的事情，然而独立的研究人员则很少这样做。许多科学文章或报告的出版商有单篇文章的价格。有些时候，当我们访问引文数据库时，您可能会链接至一篇机构未订阅的文章，或者一篇出版商未识别订阅信息的文章。这个时候，大多数系统需要一个登录账号和密码，或者信息用卡账号。在感到失望之前，您需要与您的图书馆员确认，机构是否已经订阅。如果没有，则需要考虑是否值得为这篇文章花费金钱。

2.2.6　保持信息更新

在信息的洪流中，始终保持对科研、政策变化、管理决策等信息的实时跟进令人感到没有信心。很多工具可以帮助我们应对这种挑战。包括电子目录、个人提示器、讨论清单、RSS 订阅。每种工具都有自己的优缺点，但是它们都提供了保持信息更新的方式。

浏览相关期刊的内容目录是一种令人疲惫但是有用的方法。这是了解已经发表了哪些文章以及发现研究中忽视的信息的便捷方法。大多数出版商都在网络上更新电子目录和卷期。读者很容易浏览并且获得它们。另一种方式是通过出版商或者编纂商订阅电子邮件提醒。设定这种提醒，您需要进入出版商网页，注册并且选择您感兴趣的期刊，当有新期刊发表时就会收到邮件提醒。您需要去不同的出版商主页来覆盖所有您想订阅的期刊。另一种替代方式是，利用current contents或ingenta的服务，用户可以注册一个账号并且选择多个出版商的期刊。这种服务的优势是通过管理一个账号即可以订阅多个出版商的期刊。缺点就是花费大，上面说的两种服务都需要大量的年度订阅费用，取决于您的机构是否愿意为其付费。

此外，很多出版商或引文数据库提供搜索提醒。其基本思路是，您可能想要定期地搜索某一物种、某一作者或者引用您出版物的文献，搜索提醒提供了一种机制，定期按照某种搜索策略进行搜索，并且将搜索结果邮件给您。即使您偏爱的引文数据库或出版商不提供这种服务，您也可以存储您的搜索策略，然后在晚些时候很容易进行再次检索。这减轻了重复构建检索式的负担。一些提醒器会自动运行，即使没有新信息也保持每周发送结果。一些提醒器，仅在有信息更新时才发送结果。无论哪种，这都是一种跟进某一特定作者或主题的文献的简单方式。

另一种保持信息更新的方式是，订阅相关的电子讨论列表。一些使得您的邮箱产生过量的邮件，但是也有一些可能是了解相关领域最新发展的有价值的资料。关于新书或新报告的通告显得尤其有用，因为出版者或作者认为从出版物种发觉兴趣是一种有用的方式。LISTSERV是一种用于创建讨论清单的主要工具，维护可供搜索的清单，帮助识别合适的讨论列表（http：//www. isoft. com/list/listref. html）询问同事们订阅的列表信息是找到相关列表的最高效的方式。多数专业组织同样维护这个邮件清单，也是一种保持信息更新的有用方式。

RSS（简单信息聚合）订阅是当今值得一提的另一种工具。很多网页整合了这个工具方便为感兴趣的用户推送信息。一种常见的典型方式是，在许多新闻时常更新的网页的底端。RSS订阅帮助您监测某一网页上感兴趣的信息，比如一个海洋渔业管理的博客，或者提供渔业工作信息的特定网页。一种简单的方式是利用信息集合器，比如bloglines或者netvibes，其允许订阅者设置个人网页，监测特定博客或网站的网络信息服务。

2.2.7 信息消费

有效的搜索包括三个步骤：一是了解如何组织检索；二是探索展示和利用搜索结果的方式；三是选择最合适的信息源去搜索。

最后一项可能是最为重要的。如果信息内容与搜索者不相关，再好的搜索界面也无济于事。如果引文数据库没有覆盖研究的主要学科，再广泛的覆盖面也没有价值。万维网是多维的，搜索其最易获得的维度无法满足科学研究的需要。所以，请认真地选择搜索工具，并进行合理的搜索。在网络中，随着信息资源的逐渐丰富，计算技术不断改进，将有更多工具可以应用于信息消费。

2.3 制造信息

在完成对研究发现的分析后，科学过程的倒数第二步是交流研究结果。科学家将他们的发现展示出来，以获得认可、核实、讨论，最终以某一学科的文献发表。通过信息消费，科学家在它们的工作基础上生成新的信息。在这个过程中，通过有效的学术交流，您可以帮助形成一批科学文献。

2.3.1　受众

科学家可以选择多种模式进行交流，而选择一种合适的方式应从确定预期受众开始。预期受众决定了内容焦点、形式和地点。例如，解释一种科学发现的重要性和改变渔业政策的建议是不同的，一种需要更多的文字叙述，另一种则要求有大量的数据并以图表的方式展示。传统上，渔业科学家为其他科学家写作。在当代，他们也需要与外行人、政策制定者以及学生交流。只有当交流与他们的信息需求或使用方式直接相关时，才能获得好的反馈。例如，定期阅读科技期刊与浏览渔业网站相对。电子发布的出现，让我们很容易忽视目标。科学家可能会在网络上阅读研究摘要而不是去寻找经过同行评议的论文。当一个摘要或者简单的解释可以满足需要时，学生很容易在论文中犯错。这些模糊之处是由于时间和精力的实际问题导致的。即使与查看电子版本的同行评议期刊相比，通过网络寻找信息也仍然更加方便快捷。但是，这并不否认出版信息时应该考虑受众。这种模糊表明，信息一旦产生，将会被单一受众以外的更多人获得。所以，出版信息前应该深思熟虑。

科学家为其他科学家进行学术写作，他们倾向于遵循规定的写作结构来反映科学方法。其产出的经过同行评议的期刊论文或会议论文是最被信赖的交流材料。虽然不同的期刊对作者的写作风格具有不同要求，但它们具有的共同要素是介绍、对研究材料和方法的说明、对数据和结果的讨论和分析。此外，渔业科学家会用通用术语，比如国际认可的生物体科学二名法、国际度量单位、通常无需解释说明可以直接应用的技术缩写以及首字母缩写。由于阅读者熟悉这种通用结构和术语，因而，可以认为标准促进了渔业科学家之间的交流。

相比之下，与大众交流渔业科学问题则要求尽可能少地使用渔业科学术语，而应使用容易理解的方式描述主题，因为读者并不熟悉同行评议的通用术语。使用例证是解释问题和说明过程的核心方法。谈到生物体时应尽可能使用地方名或俗名，而不是使用科学二名法。这种常见的做法使得地方读者和不熟悉科学命名法的读者更容易了解文献。方法上，应根据受众的兴趣点，更加强调信息描述而不是新发现（如解释 PIT 标记如何工作）。交流的目的在于教育和提供信息，而不是在同行中交流并获得验证。

政策交流混合了通俗方式和科学方式。当渔业科学家与政策制定者交流时，他们容易提供专家观点或者科学发现。虽然许多政策制定者有过科学研究经验或资历，但他们毕竟不是科学家。所以，科学语言需要适应他们的观念和想法，以一种清晰的、可被理解的语言向外行人解释。当与政策制定者交流时，渔业科学家需要决定他们担当哪种角色，科学家还是建议者，这也将决定他们的写作方式（Lackey，2006）。有些人认为这样做有些独裁，但是交流包括了语言类型、语气和观点，这也使得政策交流富有挑战。

2.3.2　出版场所

一旦确定了受众，就需要选择一个出版场所，且要考虑其需求和信息搜索方式。随着网络的发展，出现了新的出版场所，并且也使得原先出版的信息更容易被获得。出版场所之间的界限变得模糊了。由于电子版本的出现，我们更容易获得同行评议期刊，政策观点也被定期发布在网络中，所以，那些感兴趣的及那些受到政策影响的公众可以及时监测正在编辑和修订的草案。电子信息环境使得信息交流在可获取性和时效性方面都得到增强。虽然出版场所变得模糊，渔业科学家在交流时依然需要关注一个主要出版物。出版场所受到那些投稿人、读者以及出版场所本身的影响。

2. 3. 2. 1　同行评议期刊

科学家更喜欢同行评议期刊，因为多数学术科学出版物可以被其主要的读者阅读并且作者可以获得更大的学术认可。同行评议是一种合作机制，论文被提交给编辑，编辑选择同领域的匿名评审。匿名评审通过评估材料、方法、研究结果的真实性和可重复性，以及对领域的贡献来进行质量控制。同行评审期刊的学科范围可以是广泛的（《Science》和《Nature》），也可以是更专业的（《Fisheries Oceanography》）。它们可以是由不同机构或组织出版，如商业出版商（Elsevier，WILEY），协会（美国渔业协会，世界农业协会），机构（英国海洋生物学期刊联合会），政府或非政府组织（加拿大国家研究委员会，国际捕鲸委员会）。

不同的同行评审期刊费用差异很大。商业出版物通常非常昂贵，政府出版物价格相对较低，甚至免费。在选择出版地点时，这是需要考虑的一个重要因素，相比于免费期刊，价格昂贵的期刊的受众范围会受到限制。需要再次强调，目标受众是选择出版场所的考虑之一。

科学家对于同行评议期刊的质量和影响存在争论。“影响因子”是一种确定期刊质量的方式，许多机构在商讨晋升、续聘、奖金的时候都会考虑发表高影响因子期刊论文的作者。“影响因子”这个概念由尤金·加菲尔德博士提出，只应用于那些被汤森路透的 web of science 平台收录的期刊（见 2. 2. 2. 1 节）。影响因子由一个简单的计算公式得出，其按照在两年内引用同一文章的引文数量将近两年的期刊进行划分。在渔业科学方面，影响因子存在争议，并被广泛的误解。原因有两方面：其一，有许多渔业相关出版物未被 web of science 平台索引；其二，有些渔业科学家在非渔业出版物上发表文献。所以渔业类别里的 40 本期刊无法反映一些重要文章的影响力，比如生物保护领域的文章。由于研究关注点的变化，web of science 平台无法及时地添加期刊，比如《Fisheries Oceanography》在 1992 年首次出版，但直到 1995 年第四卷的最后一期才被 web of science 收录，《Journal of Cetacean Research and Management（鲸类研究管理杂志）》在 1999 年首次出版，但在 2008 年还未被收录。因此同行评议期刊往往有特定的地点记录和传播渔业科学，但是很多时候人们会过于强调网络信息。

2. 3. 2. 2　专业期刊、贸易期刊和时事通讯

渔业科学的关键问题往往由科学协会或行业组织出版。它们通常发表应用型研究问题、股票分析结果、政策讨论、贸易信息及趋势。这些出版物可以以不同的形式出版，比如经过同行评议的专业期刊（《Fisheries》），贸易期刊（《National Fisherman》，《World Fishing》），或者流行杂志（《Blue Planet》，《Oceanus》）。这些出版物关注某一学科的专

业领域，或者尝试收集关于某一技术或政策的不同观点。因为，大多数渔业文献都是关于应用的而非自然实验，这些出版物对最佳实践经验，新装备或技术的描述，以及通过创造政策讨论平台，促进辩论等提供了重要的出口。

2.3.2.3　灰色文献

另一种常见的渔业出版物被称作“灰色文献”。正如其名称表明的那样，其出版场所通常是不明显的并且并不能被所有人获得。由于作者本身在发表文献时并没有足够的注意，所以消费灰色文献可能会遇到问题。一个典型的例子是，包含了数据观察值的技术报告可能未被提炼成格式化的、适合出版的数页文献。硕士论文和博士论文可以被作为灰色文献。灰色文献可以是独立报告，也可以是连续出版物的组成部分（如 FAO 的多种连续出版物）。它通常由政府组织、非政府组织以及国际组织出版。其分布是有限的，但是对于那些想要了解某一特定问题或者寻找某一专业数据集的人来说是非常重要的。其有限的传播也使得其缺乏同行评审，因此灰色文献通常不被许多文摘和索引收录。但是，专业数据库（如 ASFA 和 Fish and Fisheries World-wide）会收录这类文献，使得这些数据的价值和重要性在学者和政策制定者中得到更广泛的应用。这些灰色文献也可能被聚合型数据库收录，比如国家海洋图书馆（National sea grant library，2006）或者政府机构的收藏（Office or scientific and technical information（US，2006）），或者机构仓储（Food and agriculture organization of the UN，2006）。

虽然灰色文献分布不均并且难以找到，但其保存了渔业科学大量有价值的信息。一些经典的研究最初都发表于政府连续出版物中（Beverton and Holt，1957）。实用的操作规范也多产生于此。甚至，关于饲料问题的争论最初也出现于灰色文献中（FAO 1995；Pew Oceans Commission and Panetta 2003）。许多渔业科学家会发表这类文献，这可能由于其机构或组织要求他们撰写报告，但没有形成精雕细琢的期刊文献；也可能由于年度报告或者技术手册是与受众交流的更有效的途径。灰色文献有很多形式、风格和目的，应该认识并且利用这类文献。

2.3.3　版权

版权是科技文献发表的重要方面，但同时它也是敏感的、令人困惑的。在考虑出版时，它曾经并不是一个重要的因素。现在，版权问题可能成为影响文献是否能够被所有读者和作者利用的重要因素。因而，有必要了解版权的相关知识，使得作者能够做出明智的决策。

每个国家的版权法律政策都不同，但是所有的法律都致力于保护作者的知识产权。世界知识产权组织和条约，比如《伯尔尼公约》（从 1886 年建立起已有 162 个国家加入）都致力于对联盟国的版权法律加强合作和共识。在最基本的层面，版权授予版权拥有者的特权有：①复制作品的权利；②在现有版权作品的基础上准备或授权衍生品的权利；③发布印本并收取版税的权利；④展示版权作品的权利。

通常作品的创造者拥有版权。有一个例外，美国联邦政府雇员作品的版权可以被世界各国的人免费使用，属于公共领域。很多州政府的雇员也是如此，虽然州与州之间，机构与机构之间可能会有很大的不同。

近些年，学术科学出版物有一种令人困惑的趋势。出版商通常要求作者签署版权声明才能在科学期刊上发表其作品。出版者称这对其保护和负责任地管理知识财产的版权是必要的。在美国，版权保护期限为作者去世之后的 70 年，而看起来这么长的时间已经无需去额外地保护或者管理了。此外，这种现象在其他类型的出版物中也并不常见（比如小说或合法出版物）。

由于签署版权协议赋予了版权所有者唯一的权利，作者（也被称为作品的创造者）可能会被禁止以其他形式或在其他地方使用该作品，比如，在教室授课，分布式学习，在其他作品中包含该作品，或者把作品发布在自己的网页上。替代性的版权模型即对现行实践的约束目前正在出现并且被认可。例如，在英国作者可以将他们的版权签署给出版商，同时保留知识财产的精神权利（与经济权利相对）。精神权利包括：声明作品的作者权，反对对作品做有害于作者声誉的修改的权利（World Intellectual Property Organization，2006）。更多的作者在第一次出版作品的时候，会拒绝签署出卖版权的协议，取而代之的是，选择赋予出版商非排他性的权利，保留自己的其他权利（如教学或培训使用的权利）。还有一些版权模型，比如科学共享或者知识共享，允许作者保留自己的版权同时在不同层级上许可使用他们的作品（Creative Commons，1999；Creative Commons，2005）（图 2.4）。

SHERPA/RoMEO 服务提供关于不同出版商的版权政策的信息（SHERPA and University of Nottingham，2006）。它起源于 2002 年 3 月拉夫堡大学的英国信息系统联合委员会的 RoMEO 项目（开放归档的元数据权益）　（Joint Information System committee，2006）。项目准确地识别到了文档出版政策中对自存档的关注的增长。多数出版商允许作者将自己的作品发布到网上，然而许多则对如何做以及发布的内容做了限定。比如，预印本、印后本及文献 PDF 版本。这个服务可以帮助作者以及想要使用作品的人了解版权作品在出版前后有哪些权利（图 2.5）。

已经有大量的版权资料可供作者利用。有时，由于信息量过大，我们会忽视它们，所以，会面对一系列问题和后果。作为作者，您应该查阅您所在机构的指南（如果有的话），这样您就会知道有哪些权利。如果没有这样的指南，可以利用其他可供利用的资源，比如大学或政府的版权网站（表 2.1）。此外，阅读出版商的版权协定，依据自己存取需求去修正它们。在数字时代谈到版权问题时，忽视并不是一件好事。

表 2.1　版权资源

名称	网址	描述
作者权益（SPARK）	http：//www.arl.org/sparc/author/addendum.html	描述作者权益及版权附录
学者版权工程（科学共享）	http：//sciencecommons.org/projects/publishing	另一个版权附录的例子
版权管理中心（印第安纳大学）	http：//www.copyright.iupui.edu/	描述美国的版权，“正当使用”及其他的概念，
版权（世界知识产权组织）	http：//www.wipo.int/copyright/en/	国际视角关于版权的讨论

ADDENDUM TO PUBLICATION AGREEMENT

1. THIS ADDENDUM hereby modifies and supplements the attached Publication Agreement concerning the following Article:

____

(manuscript title)

____

(journal name)

2. The parties to the Publication Agreement as modified and supplemented by this Addendum are:

____________________(corresponding author)

(Individually or, if one than more author, collectively, Author) | (Publisher)

3. This Addendum and the Publication Agreement, taken together, allocate all rights under copyright with respect to all versions of the Article. The parties agree that wherever there is any conflict between this Addendum and the Publication Agreement, the provisions of this Addendum are paramount and the Publication Agreement shall be construed accordingly.

4. **Author's Retention of Rights.** Notwithstanding any terms in the Publication Agreement to the contrary, AUTHOR and PUBLISHER agree that in addition to any rights under copyright retained by Author in the Publication Agreement, Author retains: (i) the rights to reproduce, to distribute, to publicly perform, and to publicly display the Article in any medium for non-commercial purposes; (ii) the right to prepare derivative works from the Article; and (iii) the right to authorize others to make any non-commercial use of the Article so long as Author receives credit as author and the journal in which the Article has been published is cited as the source of first publication of the Article. For example, Author may make and distribute copies in the course of teaching and research and may post the Article on personal or institutional Web sites and in other open-access digital repositories.

5. **Publisher's Additional Commitments.** Publisher agrees to provide to Author within 14 days of first publication and at no charge an electronic copy of the published Article in a format, such as the Portable Document Format (.pdf), that preserves final page layout, formatting, and content. No technical restriction, such as security settings, will be imposed to prevent copying or printing of the document.

6. **Acknowledgment of Prior License Grants.** In addition, where applicable and without limiting the retention of rights above, Publisher acknowledges that Author's assignment of copyright or Author's grant of exclusive rights in the Publication Agreement is subject to Author's prior grant of a non-exclusive copyright license to Author's employing institution and/or to a funding entity that financially supported the research reflected in the Article as part of an agreement between Author or Author's employing institution and such funding entity, such as an agency of the United States government.

7. For record keeping purposes, Author requests that Publisher sign a copy of this Addendum and return it to Author. However, if Publisher publishes the Article in the journal or in any other form without signing a copy of this Addendum, such publication manifests Publisher's assent to the terms of this Addendum.

AUTHOR | PUBLISHER

(corresponding author on behalf of all authors)

____________________(Date) ____________________(Date)

Neither Creative Commons nor Science Commons are parties to this agreement or provide legal advice. Please visit www.sciencecommons.org for more information and specific disclaimers.

SPARC (the Scholarly Publishing and Academic Resources Coalition) and the Association of Research Libraries (ARL) are not parties to this Addendum or to the Publication Agreement. SPARC and ARL make no warranty whatsoever in connection with the Article. SPARC and ARL will not be liable to Author or Publisher on any legal theory for any damages whatsoever, including without limitation any general, special, incidental or consequential damages arising in connection with this Addendum or the Publication Agreement.

SPARC and ARL make no warranties regarding the information provided in this Addendum and disclaims liability for damages resulting from the use of this Addendum. This Addendum is provided on an "as-is" basis. No legal services are provided or intended to be provided in connection with this Addendum.

science commons
Access-Reuse 1.0
www.sciencecommons.org

SPARC
SPARC Author Addendum 3.0
www.arl.org/sparc/

图 2.4
一份科学共享的版权附录。

2.3.4 获取

由创造科学信息转化为提供对其的获取，这曾经并不是一件费周折的事情。但是，在电子信息环境中，获取问题表现出一系列作者的决策。正如我们所知，学术交流起始于17世纪，当时科学发现或观察以研究报告的形式供学者阅读，然后被科学协会的成员阅读。

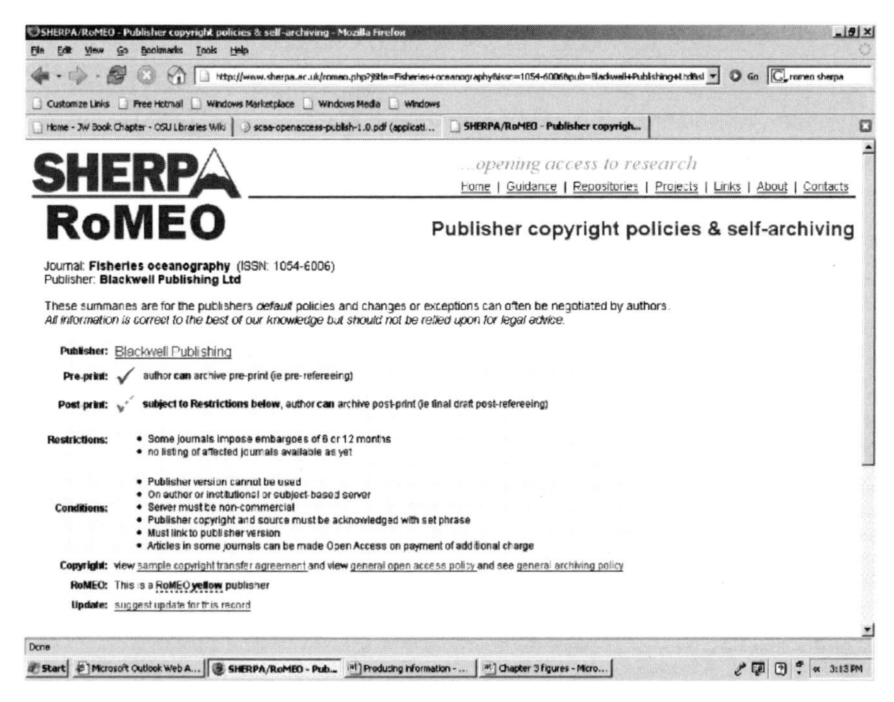

图 2.5

SHERPA/RoMEO 的出版简介。

结果论文被编印成汇编集，第一本是 1665 年伦敦的“皇家社会哲学学报”，然后出现了“科学期刊”（Vickery，2000）。几百年来，期刊都以此为规范，且出现了大量新学科以及科学发展的分支领域的期刊名称。学术协会和组织以及商业企业都是服务于不同读者和目标的出版商。协会更倾向于印刷在其会议中展示或评审过的论文，而其他出版商则把出版看成是一种在科学家中扩大交流群体的途径，而不是仅在组织内部交流（Henderson，2002）。

随着学术交流的增长，其读者在不断地扩大和多元化，出版、发行、存储科技信息的成本也在增加（Prosser，2005）。今天，我们希望科学期刊的出版者可以提供多种形式的获取方式（印刷版和电子版），更多的内容（如篇幅）并且存档所有内容。只需要点击一两次，就可以获得电子全文的过刊和现刊。更广泛的读者希望获得渔业科学出版物。他们希望以一种容易获取的方式得到容易理解的版本。他们并不订阅科学期刊，所以电子文献传递将发挥作用。

由于个人电脑、标准化软件和稳定的文件格式的广泛应用，几乎所有的科学出版物都是数字信息。数字化内容可以被轻松地转化成合适的风格或格式，并且在各类网站上发布，比如主流科学出版物、政府出版物、学术网站以及无数的其他网站。发布在互联网中的数字文件，已经极大地改变了科学文献的市场和潜在市场。事实上，很多人认为，我们所了解的自 17 世纪以来的印本期刊已经接近消失，或者至多被归档而已。

在线期刊从数字信息的扩张及网络科技的全球化发展而来。潜在的读者可以通过多种不同的形式和集合去访问其内容。有两种主要的类型：一种是传统期刊提供电子版本（如渔业科学综述)；另一种是开放获取期刊（如科学港）。印本期刊的电子版本仍然需要通过购买的方式获得。它们可以独立印发或由出版商集结成集，或者将多个出版商的论文捆绑。一种特定期刊甚至可以通过以上任何一种机制搜索到。这种汇编可能收录整本期刊的全文，也可能只收录期刊的某一部分（如仅收录研究论文，不收录新闻或者信件）。多种机制方便用户选择适合其预算的一种方式，然而，图书馆如果想采购所有内容仍然需要重复购买。作为作者，您想了解关于您的作品如何被营销，因为这将影响到人们获取其的效果。如果过去昂贵，或者收录在一个过于复杂、难于购买的集合中，您的作品就很可能会丢失部分读者。

一项新的行动正在科学文献中推行“开放获取”，借此，文献可以以开放获取期刊的形式出版，或者发布在一个电子存储中。在布达佩斯开放获取首倡计划中能够找到关于“开放获取”的清晰定义：

“通过“开放存取”，我们可以在公共因特网上自由地获取文献，允许任何用户阅读、下载、复制、发布、打印和查找，或者提供对这些论文文本的链接，对它们进行索引、将它们作为素材纳入软件，以及其他任何法律许可的应用。以上这些使用没有任何财务、法律或者技术方面的障碍，除非是因特网自身造成数据获取的障碍。在这一方面，有关复制和分发方面的唯一约束以及版权所起的唯一作用就是应该确保作者本人拥有保护其作品完整性的权利，如果他人引用此作品应该表达适当的致谢并注明出处。”（Chan et al，2002）

这个概念和计划孕育了对学术交流和获取前景的改变。作者可以保留对自己作品版权的控制，还可以对获取其作品的行为进行控制。这种根本性的改变是不易的、缓慢的，也是不稳定的。但是，改变确实在发生。在开放归档计划和柏林声明等各类行动计划的促进下，各个国家的努力不尽相同（Van de Sompel and Lagoze，2000；Gruss and German Research Organizations，2003）。开放获取运动要求作者拥有新的权利，比如确保他们保留将作品公布于众的权利，以及被作者妥善保存的权利。资助者和机构的新需求是促进开发获取增长的因素。例如，2008 年美国国立卫生研究院要求所有的受资助者将他们的研究发现存储在 PubMed Central 中。然而，作者遵从该要求的情况参差不齐也很缓慢。一些人发现，作者逐渐在将自己的材料放在公共网站上，随着时间的推移修改作品（Sale 2006）。需要注意的是，开放获取或公共获取是新近的一个现象，有研究表明，这类作品影响和引用比传统期刊论文持平或更高（Kousha and Thelwall，2006；Antelman，2004；Harnad and Brody，2004）。在出版信息方面，开放获取可以作为商业期刊和传统出版物的替代物，可以为目标受众提供更好的入口。

除了通过传统科技期刊和逐渐发展的开放获取运动，还有一些其他的方式分享我们的研究成果。

我们不再使用邮件或信件，就可以穿过极大距离及时地分享研究发现及开展合作，我们只需要简单地打几个字就可以参与网络现场辩论。科技进步及电子设备的相对便宜使得我们可以谈话（利用网络声音协议或者 VOIP）、参与视频会议或者举办在线研讨会。博客（网络日志或在线日记），维基百科以及其他合作作者工具已使得科学家的工作模式发生了巨大的改变。这种低成本的工具，可以帮助世界各地的科学家、学生、政策制定者快速地交流和发布信息。就像克里斯托弗·哥伦布在 1492 年所说，看起来世界真的是平的。

2.3.5　存档

在电子环境中，获取和存档是相互连接的。如果电子文档没有以一种符合逻辑的、稳定方式存储，则无法获取到它。科学辩论曾经存储在文件柜和图书架上，但是数字千年改变了这个范式。现在，您更倾向于将自己的文章以 PDF 的形式发布在自己的网页上，而不是像出版商索要一盒印本。或者，您会依赖出版商在其服务器上维护电子版本。两种方式都是合理的，但可能会涉及法律问题和资金限制。如果您保留了在公共网站发布作品 PDF 版本的权利，则第一种方式通常能够令人满意，而后一种方式则要更复杂。

通过获取许可去访问文献是不稳定的，因为人们可能会停止支付费用。通常，图书馆以与出版商签订协议的方式支付费用。出版商开放的电子版本，有些对于图书馆和研究机构来讲是非常昂贵的，有些则是无私的，仅收取很少的费用或免费。一个商业模式的例子是，Science direct，Elsevier 公司的在线期刊集。研究机构可以根据自己的经费情况及科研人员的需求，订购部分或全部期刊内容。美国国立卫生研究院的 Pub Med 则是一种不同的模式，其所有的文章都是免费对外开放的。当商业出版逐渐融合，随着企业所有者的更替，存储方式在改变，访问费用和权益也在变化。不稳定的预算可能导致图书馆访问订阅资源的不稳定。作者可能无法继续访问其作品。了解您的作品将以何种方式被存储也是出版周期中应该考虑的问题。这再一次说明，不同的选择将带来不同的结果并引发新的决定。

为了加强对学术过程中的存储和获取，许多机构会建立自己的机构知识库（IR）作为数字存储空间（University of Houston Libraries，Institutional Repository Task Force and Bailey，2006）。机构存储提供了一种收集、存储和提供获取信息的服务，这些信息由某一大学或某一学科等一些确定的团体提供（Lynch，2003）。它们为团体的数字产出创造了一种虚拟的、智慧的环境。它们尝试解决数字存储带来的挑战，校园和研究团体对更好地获取信息的期待，以及目前笨拙的学术交流模式的不适应性。随着更多的高校和机构在实施机构知识库，各种组织模型、软件和硬件也逐渐丰富起来。

2.3.6　信息生产

作为一个渔业科学家，我们想与同事、政策制定者和公众分享我们的作品。计算机帮助我们写作和编辑。通过网页，我们可以很容易地发表我们的作品并且让所有人可以获得它。然而，出版有质量的信息仍然需要多个步骤，它将影响到作品的可信度和用途。学术交流正在发生变化，您需要了解如何改变自己的行为来优化信息传播的前景。考虑您的潜在听众以及他们的信息行为，这些考虑将帮助您选择发表作品的地点，因为它决定着您的作品将如何被现在和未来的读者识别及获取。

2.4　渔业信息的未来

当前渔业信息的生命周期依然在消费和生产之间循环，然而，它的环境正在发生变化。多数变化都是由于新技术与科学研究方法的整合。这种变化是不可避免的，然而，作为渔业科学家，我们可以通过优化科学交流方式这种环境，使科学交流更及时更易获取，维护我们的可信度和诚实度。我们需要乐意并且付出努力来改变一些生产和消费信息的习惯。参加有关学术交流的讨论是必要的，并且需要采取行动。开放并且高效地获取渔业信息也要求我们为信息出版负担经费。这些围绕着关于期刊价格、开放获取原则以及科技期刊未来的争论，需要我们与设计和维护搜索系统、数据库和存储系统的人合作，使得系统符合我们的需求，以达到信息获取的方便和稳定。

2.4.1 渔业信息经济因素的变化

由于用户期待和经济因素不断变化，以前的学术出版系统无法持续。不同出版商的价格在不同程度上持续上升。比如，2004 年的一项研究表明，整本期刊的中间价格从 124 欧元（剑桥大学出版社）到 781 欧元（Elsevier）不等（White and Creaser，2004）。价格从 2000 年到 2004 年上升了 27%（剑桥大学出版社）到 94%（SAGE），超过任何一种通货膨胀因素（White and Creaser，2004）。但是我们始终在努力构建一种新的出版模型，来提升所有人获取和存储信息的能力。

商业出版商期待利润差额且必须给他们股东分红。专业团体从订阅中获取收入，并且利用这些收入为会员提供服务。所有出版都需要负担支出。问题在于如何以一种公平的方式解决问题并且促进学术交流的开放和高效（Edwards and Shulengurger，2003）。作者提供并且消费产品，然而，支出一般都由其出版商负责。

纸质订阅是卖给个人的（或者也可能是某一特定团体的会员），以供其个人使用。同样的期刊卖给图书馆的价格会更高，因为图书馆的期刊可以供更多人阅读。出版商已经发现科学期刊本身是分散的商品，可以以集合形式或者包的形式将不相关的期刊整体售卖，或者独立售卖。与纸质期刊不同的是，出版商有多种不同的市场模式来为电子期刊定价，比如，按照“FTE”（全日制工作人员），职员数量或学生的数量定价，按照收到的美金总量定价，按照某一机构从事某一特定研究主题的高级研究人员定价。出版社卖给一个小型海洋实验室的价格和卖给一个临近的高校的价格可能是不同的。价格标准的出现让协议定价的方式逐渐消失，并且变成一种规范（Frazier，2001）。通过多种可变化的形式以及支付方案，以文章为单位获取信息也是可行的，包括订阅整本期刊的方式或者单篇计费。

除了高额的科技期刊订阅费用以外，作者还需要负担其他费用。作者费用（通常被称作“版面费”或“印刷费”）在协会杂志很常见。收费弥补了印刷支出并且允许协会以一种补贴价格或较低价格售卖订阅权限。作者收费可能会有一些资助，也可能由一个机构代为支付。最近出现的“开放获取”模型可能要求作者或其机构负担费用。

同时，一些开放获取出版物比如“公共图书馆科学”已经获得资助，并且向读者提供免费获取权限。一些开放获取期刊提供机构订阅，并为作者减免版面费。即便如此，市场在持续发展，仅在一定程度上限制获取，比如过刊开放，现刊不开放，或者现刊的混合获取（如对于期刊 Limnology and Oceanography，如果作者支付额外版面费，则可以将文章开放获取）。

理论上讲，在线出版物应该降低成本因为其出版流程更简单，出版过程的消耗品（纸张和墨水）成本及以邮寄、处理成本在降低。然而，事实上转化成获取电子文献反而大大地增加了成本。出版商坚持认为在线出版提升了他们的生产成本，因为他们需要更新和维护服务器及在线订阅者的授权机制。所以，数字出版提高了可获取文献的年限，也混合了用户获取资料的方式以及出版商出售产品的方式（Quandt，2003）。当我们相信学术交流应该变得更简单、更快捷、更低价的时候，它反而变得更复杂了。

在技术和网络服务增长的驱动下，科学出版正在快速的发展和变化。几百年来，图书馆都是通过购买订阅期刊来保存科学记录，将零散的期刊按卷封装、分类和保存，并供目前和今后的研究人员和学生使用。但是，20世纪末，信息发展已不再停留在印刷时代，获取和存储已不再假定为对期刊或电子图书的购买和订阅。

一种解决问题的方式是为机构购买电子资源争取更多资助。但是，对于大多数机构来讲，这都不太容易。况且，还有许多渔业科学家并未加入一家拥有足够信息的图书馆或者机构以保证获取所需信息的全文。一个更加现实的方式是，要求政府资助的研究成果必须发表在公共可获取的地点（Edwards and Shulengurger，2003）。目前，作者可以采取将其作品存储在一个稳定的可以被检索和获取的电子仓储中（OhioLINK Governing Board，2006）。出版的前景正在迅速变化，而我们作为信息生产者和消费者的行为变化是相对较慢的，我们需要矫正我们的行为来保证有质量的渔业科学研究。

2.4.2　确保渔业信息的获取和保存

能否轻松和稳定地获取信息与出版前景的变化密切相关，也存在特定的问题。轻松地获取意味着要有良好的搜索接口和算法，以及对不同信息资源的整合。这种挑战令人感到困窘，但事实上已经在各种各样的领域以及一系列用户中实现了。在本地，科学家可以和图书馆员及计算机工程师合作，确保本地信息的创造、存储是容易被检索、查找和使用的。一个具体的例子是，检查一下您是如何存储自己作品的副本的，它们是否被存储在一个可以被检索到的安全的地方，还是只是存储在您自己的电脑上？另一个例子是，如何建立和管理一个研究项目的网页，其元数据是否符合标准使得其可以被网络搜索引擎索引到，或者您还没有考虑标准的问题。在专业学会中，您可以对组织的信息和出版物提出建议，主张一种简单和直接的界面。科学家应该愿意参加到检索系统使用、信息搜索行为以及信息利用行为的相关研究中来。信息系统越了解用户的搜索行为模式，越容易进行优化。

访问的稳定性决定了未来渔业科学家是否能够找到并且利用当今的信息资源。随着出版从仅印刷刊到印刷刊辅助网络出版，从“所有权模式”（每个图书馆或者个人购买每一个期刊的订阅）到“访问模式”（图书馆与出版者签订一个关于访问、利用在线内容协议）间有一个文化变迁（Quandt，2003）。在这样一个新的模式下，可以在特定条件、特定时间范围内获取访问内容的权限，而不是拥有期刊。在合约和许可的约束下，如果图书馆取消订阅，它们可能会失去对以往订阅的所有内容的访问权限，所以，过去的所有投入都不再显现。图书馆曾经代表的印版图书存储功能将不再显现。

所以，现在我们思考如何保存我们可能拥有或没有的学术信息，并且不是真的了解它的技术生命周期。只读光盘曾经被认为是一种很好的保存介质，但现在比预期出现了更多的问题。出版者曾经急于将过去的科技期刊数字化，转换成百万计的卫元和卫元组存储在计算机中。事实上，第一本科技期刊作为 JSTOR 行动的一部分被数字化，所以，自 1665 年起，其期刊的所有文献都可以被检索到，通过联网计算机订阅用户可以打印下载（JSTOR，2000—2006）。甚至包括其在什么时间数字化的、存储在哪里，以何种格式，以及当软件和硬件变化的时候我们能否更新它。

渔业科学家无需去解决数字化保存的问题。然而，清楚数字出版物的脆弱性使得我们更加积极地保存出版物或者数据。一些简单的步骤是非常关键的，比如利用标准化格式规范数字文档并且添加基本的元数据。更复杂的数据需要付出更多的努力以及专业的知识。它们包括建立强健的数据存储，以及尝试用新的方法存储和访问文件。改变的关键是参与和合作。等待出版商优化访问接口或者提供永久的存储是不稳定，也不持久的。

2.4.3 消费者和生产者的清单

最后，科学周期在持续。与新的观点和问题相关的信息持续地被生产和消费。在变化的环境中，保持渔业科学的活力，需要所有信息环节的参与者的注意。

当我们消费信息的时候：

- 在享用信息前仔细考虑您的问题。
- 根据您的需要选择合适的工具和搜索策略。
- 尝试多种工具和检索策略。不要相信关于这个主题没有任何信息。
- 记住并不是所有的信息都能够在 Google 中找到。科学早在计算机被发明前就存在了。
- 评估您的资料。您找到的所有信息都可能是不正确、不准确、不及时的。
- 追踪信息的来源，这样您可以准确并且合理地使用它们。
- 向专家寻求帮助——图书馆员或者同事。

当我们生产信息的时候：

- 在写作的时候考虑到读者。
- 在选择出版商的时候考虑如下因素：
  - 它们如何定价？
  - 它们对于将作品发表在公共访问网站的政策是什么？
  - 它们允许发展中国家免费访问自己的出版物吗？
  - 它们向您或者您所在的机构收费吗？
  - 它们将如何存储您的作品？
- 修改版权协议以保证自己的权利。
- 将您的作品存储在开放存取的知识库中。
- 作为一个评论者，考虑期刊会要求您投入时间和专业技能方面的一些业务。
- 作为一个专业协会的会员，了解您所在组织的政策，改变一些阻碍信息自由流动的政策。
- 作为同事或者老师，鼓励其他人加入讨论并且要求他们改变交流的方式。
- 在学术交流趋势中，检查当前信息的 SPARC 网页（Association of Research Libraries and Scholarly Publishing and Academic Resources Coalition，2006）。

参考文献

A ntelman K (2004) Do open access articles have a greater research impact? College & Research Libraries 65(5): 372-82

ASFA Secretariat (2006) List of ASFA partners [Web Page]. Located at: ftp://ftp.fao.org/FI/asfa/asfa_partner_list.pdf. Accessed 2006 Aug.

Association of Research Libraries, Scholarly Publishing and Academic Resources Coalition (2006) CreateChange: Change & you [Web Page]. Located at: http://www.createchange.org/changeandyou.html. Accessed 2006 Sep 7

Avrahami TT, Yau L, Si L, Callan J (2006) The FedLemur project: federated search in the realworld. Journal of the American Society for Information Science and Technology 57(3): 347-58.

Bauer K, Bakkalbasi N (2005). An examination of citation counts in a new scholarly communication environment. D-Lib Magazine 11(9): 1-7

Beverton RJH, Holt SJ (1957). On the dynamics of exploited fish populations. London, UK: Her Majesty's Stationery Office; (Great Britain. Ministry of Agriculture, Fisheries and Food. Fishery Investigations: ser.2, v.19)

Chan L, Cuplinskas D, Eisen M, Friend F, Genova Y, Guédon J-C, Hagemann M, Harnad S, Johnson R, Kupryte R, Ma Manna M, Rév I, Segbert M, Souza S, Suber P, Velterop J (2002) Budapest Open Access Initiative [Web Page].

Located at: http://www.soros.org/openaccess/read.shtml. Accessed 2006 Sep 7

Creative Commons (1999) About Creative Commons [Web Page]. Located at: http://creativecommons.org/. Accessed 2006 Sep 1

Creative Commons (2005) Scholar's copyright project [Web Page]. Located at: http://sciencecommons.org/literature/scholars_copyright. Accessed 2006 Sep 1

Crow, R (2004) A guide to institutional repository software. Second Edition. Open Society Institute: New York

Edwards R, Shulenburger D (2003) The high cost of scholarly journals (and what to do about it). Change 35(6): 10-9

Elsevier Ltd (2004) Scirus White Paper: how Scirus works. Amsterdam, Netherlands: Elsevier Ltd.

Food and Agriculture Organization of the U.N. (1958) Current Bibliography for Fisheries Science. Rome, Italy Vol.1

Food and Agriculture Organization of the U.N. (1995) Code of conduct for responsible fisheries. Rome, Italy: FAO

Food and Agriculture Organization of the U.N. (2006) FAO Corporate Document Repository [Web Page]. Located at: http://www.fao.org/documents/. Accessed 2006 Sep 1

Frazier K (2001) The librarian's dilemma: contemplating the costs of the "Big Deal". D-Lib Magazine 7(3): 10.1045/march2001-frazier

GarfieldE (1994) The ISI impact factor. Current Contents: Agriculture, Biology, & Environmental Sciences 25(25): 3-7

Google (2005) About Google Scholar™ [Web Page]. Located at: http://scholar.google.com/intl/en/scholar/about.html. Accessed 2006 Aug.

Gruss P, German Research Organizations (2003) Berlin Declaration on open access to knowledge in the sciences and the humanities [Web Page]. Located at: http://www.zim.mpg.de/openaccess-berlin/berlindeclaration.html. Accessed 2006 Sep 7.

Harnad S, Brody T (2004) Comparing the Impact of Open Access (OA) vs. Non-OA Articles in the same journals. D-Lib Magazine 10(6): doi: 10.1045/june2004-harnad

Henderson A (2002) Diversity and the growth of serious/scholarly/scientific journals. [in] Abel RE, Newlin LW, ed.Scholarly publishing: Books, journal, publishers, and libraries in the Twentieth Century. US: John Wiley & Sons, Inc.pp 133-62

Jacsó P (2005a) Google scholar: the pros and cons. Online Information Review 29(2):208-14

Jacsó P (2005b) Visualizing overlap and rank differences among web-wide search engines: some free tools and services. Online Information Review 29(5):554-60

Jacsó P (2006a) Savvy searching: deflated, inflated and phantom citation counts. Online Information Review 30(3): 297-309

Jacsó P (2007) Scopus. Péter's Digital Reference Shelf [Web Page]. Located at: http://www.gale.cengage.com/reference/peter/200711/scopus.htm. Accessed 2008 Oct 10

Jansen BJ, Spink A, Saracevic, T (2000) Real life, real users, and real needs: a study and analysis of user queries on the web. Information Processing and Management 36(2000):207-27

Joint Information Systems Committee (2006). About JISC - Joint Information Systems Committee [Web Page]. Located at: http://www.jisc.ac.uk/. Accessed 2006 Sep 1

JSTOR(2000) About JSTOR[WebPage]. Located at: http://www.jstor.org/about/. Accessed 2006 Jan

Kousha K, ThelwallM(2006) Google Scholar citations and Google Web/URL citations: Amultidiscipline exploratory analysis. [in] Proceedings International Workshop on Webometrics, Informetrics and Scientometrics & Seventh COLLNET Meeting Nancy, France. Located at: http://eprints. rclis. org/archive/00006416/01/google. pdf Accessed 2006 Sep 1

Lackey RT (2006) Axioms of ecological policy. Fisheries 31(6):286-90

Lange LL (2002) The impact factor as a phantom: is there a self-fulfilling prophecy effect of impact? The Journal of Documentation 58(2):175-84

Lynch CA (2003) Institutional repositories: essential infrastructure for scholarship in the digital age. ARL Bimonthly Report 226

Mattison D (2005) Bibliographic research tools round-Up. Searcher 13(9):10704795

McDonald J, Van de Velde EF (2004) The lure of linking. Library Journal 129(6):32-4

National Sea Grant Library (2006) National Sea Grant Library [Web Page]. Located at: http://nsgd.gso.uri.edu/. Accessed 2006 Sep 1

Neuhaus C, Neuhaus E, Asher A, Wrede C (2006) The depth and breadth of Google Scholar: an empirical study. Portal: Libraries and the Academy 6(2):127-41

Office of Scientific and Technical Information (U.S.) (2006) GrayLIT Network: A science portal to technical papers [Web Page]. Located at: http://www.osti.gov/graylit/. Accessed 2006 Sep 1

OhioLINK Governing Board (2006) OhioLINK Library Community recommendations on retention of intellectual property rights for works produced by Ohio faculty and students [Web Page]. Located at: http://www.ohiolink.edu/journalcrisis/intellproprecsaug06.pdf. Accessed 2006 Sep 7

Page L, Brin S, Montwani R, Winograd T (1998) The PageRank citation ranking: bringing order to the Web. Technical Report, Stanford University Database Group

Pauly D, Stergiou KI (2005) Equivalence of results from two citation analyses: Thomson ISI's Citation Index and Google's Scholar service. Ethics in Science and Environmental Politics December 2005:33-5

Pew Oceans Commission, Panetta LE (2003) America's living oceans: charting a course for sea change: a report to the nation: recommendations for a new ocean policy. Arlington, VA: Pew Oceans Commission

ProsserDC (2005) Fulfilling the promise of scholarly communication - a comparison between old and new access models. [in]: Nielsen EK, Saur KG, Veynowa K, eds. Die innovative Bibliothek: Elmar Mittler zum 65. Geburtstag.

K G Saur.pp 95-106

Pruvost C,Knibbs C,Hawkes R (2003) About Scirus [Web Page].Located at:http://www.scirus.com/srsapp/aboutus.Accessed 2006 Aug

Quandt RE (2003)Scholarly materials:Paper or digital? Library Trends 51(3):349-75

Ranganathan SR(1963) The five laws of library science. [Ed.2, reprintedwithminor amendments] Bombay, New York:Asia Publishing House

Roth DL (2005)The emergence of competitors to the *Science Citation Index and the Web of Science.* Current Science 89(9):1531-6

Sale A (2006)The acquisition of open access research articles.First Monday 11(10)[Web Page].Located at:http://eprints.utas.edu.au/388/

SHERPA,University of Nottingham.(2006)SHERPA/RoMEO Publisher copyright policies & self-archiving [Web Page].Located at:http://www.sherpa.ac.uk/romeo.php.Accessed 2006 Sep 1

Spink A,Vole C (2006)Human information behavior integrating diverse approaches and information use.Journal of the American Society for Information Science and Technology 57(1):25-35

University of Houston Libraries,Institutional Repository Task Force,Bailey CW (2006) Institutional repositories. Washington,DC:Association of Research Libraries,Office of Management Services

Van de Sompel H,Lagoze C (2000) The Santa Fe Convention of the Open Archives Initiative.D-Lib Magazine 6 (2):DOI:10.1045/february2000-vandesompel-oai

Vickery BC (2000)Scientific communication in history.Lanham,MD:Scarecrow Press

Webster JG (2003)How to create a bibliography.Journal of Extension 41(3)

Webster JG,Collins J (2005) Fisheries information in developing countries:support to the implementation of the 1995 FAO Code of Conduct for Responsible Fisheries.Rome,Italy:Food and Agriculture Organization of the U.N.; (FAO Fisheries Circular No.1006)

White RW,Jose JM,Ruthven I (2003) A task-oriented study on the influencing effects of query-biased summarisation in web searching.Information Processing and Management 39(2003):707-33

White S,Creaser C (2004) Scholarly journal prices:Selected trends and comparisons.Leicestershire,UK:Library and Information Statistics Unit,Loughborough University;(LISU Occasional Paper:34)

World Intellectual Property Organization [2006].Copyright FAQs:What rights does copyright provide? [Web Page].Located at:http://www.wipo.int/copyright/en/faq/faqs.htm#rights.Accessed 2006 Sep 1

第3章　一些计算机人工智能方法的应用扩展指南

Saul B. Saila

3.1　简介

本章对之前（1996年版本）提出的计算机人工智能方法进行了修订，重新评估和扩充了之前提出的概念和研究进展。这些变动来源于本学科领域近10年的学术发展。为了使内容不过于冗长，本书在内容上做了很多主观上的取舍。多数最新进展的实例仅限于有可能在渔业科学领域应用的，对在该领域比较有效的应用方法也做了详细讲解。

近10年，人工智能领域发展迅速，为了形成更为有效的混合系统，人们在人工智能例如模糊集理论、神经网络、遗传算法、粗糙集和案例推理等方法上开展了较多的研究。这些混合系统被称为软计算。在软计算中，多个任务协同运行，相互增强应用，而不是加剧竞争。综合软计算方法被用于开发灵活的信息处理系统，这些系统在一定限度内允许不精确、不确定、近似推理和部分真实的情况，以此来实现可追溯性和接近人类的决策方式，降低解决问题的成本。

软计算以智能预测为特征而区别于传统（硬）计算。传统（硬）计算对问题提供常规和系统的方案，但鉴于某些问题的复杂性、规模和（或者）不确定性，采用传统（硬）计算方式是不实际的，在此类问题上，软计算是一种替代。在一些无法用传统（硬）计算方法解决的问题上，软计算的使用被认可。软计算尝试模仿人类，充分和快速地处理复杂问题，寻找问题产生原因，在实现效果上类似人类的直觉。

然而由于概念发展得过快，软计算领域的一些术语被混淆（Corchado and Lees, 2001）。例如，尽管案例推理和粗糙集通常被应用于软计算，但一般被归类为数据挖掘的方法。数据挖掘的定义是采用诸如机器学习、各种统计方法从大量的数据中抽取未知的有效的信息和模式的过程。案例推理和粗糙集属于软计算技术，对于变量假设或从多个数据源分析数据的情况都有较好的使用效果。案例推理和粗糙集也同时用于或者包含于数据挖掘的通用术语中。

元分析是另外一个术语，与数据挖掘类似或者同义，频繁地被渔业学家和生态学家应用于描述数据挖掘的某些形式。维基百科（http：//en. wikipedia. org/wiki/metaanalysis）这样描述：“在统计学方面，元分析综合了多项研究结果，解决了一系列相关的研究假设”。数据挖掘被定义为隐含的非平凡延伸，是从数据源中获得隐含的有用的之前未知的信息。另一方面，在案例推理系统中，专业知识包含在案例库中，而不是以传统的规则形式出现。每一个案例通常是一个解决方案或解决问题的结果，这些案例对于解决新问题是有用的。

在渔业和生态领域中有很多采用元分析的案例。如 Myers 和 Mertz（1998），他们采用元分析来减少渔业管理中生物学基础的不确定性。Taylor 和 White（1992）使用了元分析方法研究了鳟鱼（nonanadromous trout）的挂钩死亡率。Englund 等（1999）建议考虑数据选择过程对元分析结果的影响。Myers 等（2001）阐述了允许同时分析多个数据集的统计方法。这些方法对数据提供了更深层次的分析方式。众多元分析的应用案例显示，更好更通用的技术（数据挖掘）或许在将来会被融合到各种方法中，用于更有效地分析复杂数据，通过统计与分析工具对复杂数据进行相关性研究。这个结论恰好与 Hastie 等（2001）的结论相同。同时，这些方法也被广泛应用于商业领域。

Walters 和 Martell（2004）的著作简明且明确地阐述了在水生生态系统的收获管理决策中使用或滥用各数学模型的情况。书中指出，大量的模型方法已经成为渔获管理和无脊椎动物种群管理的重要工具。

这些模型比较复杂，包含了反馈的动态复杂性，也包含了结构的多样性。作者的结论是采用数学模型方法不可能全面地捕捉生态系统的丰富的行为。然而，他们也提供了有力的证据说明将来仍然需要继续努力以构建有用的数学模型。

笔者尽管非常赞同上述观点，但仍然认为计算机人工智能的多种工具（软计算）不应该被忽视。现实地讲，在种群和系统层面，寻找有效的和自适应的渔业管理方法，软计算相对于硬计算是一种有效的替代。

3.2　处理某些形式的渔业数据

一些渔业数据是杂乱含糊的，通常不完整但又非常详细。这些数据包含了大量的信息，但并不精确。一般数据会采用方程式，算法，决策表和决策树来筛查。尽管很多准确和随机的模型存在，但数据的整体质量通常不满足要求，输入也不能充分地满足模型的假设和条件。可以明确的是在积极考虑渔业管理的其他方法的同时，这些模型值得仔细地思考验证和开展更深入的研究。

渔业科学和其他的科学领域一样，有这样一个趋势，即将问题归结为仅有某一个解决方案。著名科学家 Lotfi Zadeh 教授阐述了方法隧道视野的两个原则：一个是锤子原则，如果仅有一个锤子作为工具，那么任何事物看起来都像是一颗钉子；二是伏特加原则，不管是什么问题，伏特加都能解决！显而易见，在渔业科学领域存在大量的“一刀切”意识，遇到这种情形的时候找到合适的方法是很重要的。Zadeh 教授针对系统的数学复杂性同样给出了深刻的结论：“随着系统复杂性的增加，我们能做到的系统行为的准确性和相关性逐渐降低，直到准确性和相关性几乎成为仅存特点的临界值。”

最近，Ulanowicz（2005）强化了 Zadeh 教授的说法，提出复杂生命系统的紧急属性呈现出传统的牛顿假设，不适用于动态的生态系统。他在20年前建议采用网络分析来描述复杂系统（Ulanowicz，1986），但在数据层面并没有得到多少应用。尽管会降低表达的准确性，知识仍然越来越频繁地以逻辑规则的形式表达出来，经验法则就是一个例子。但这种方法更具有解释性。

我们并不总是需要详细数据或者数学模型来表达事实、时间和问题的缘由。例如，内科医生可以在常规数据的基础上来诊断病人的状态，如读取温度计的数据判断病人是否发烧。简单数据的使用来源于我们的日常经验。达到数据的有效组织的途径之一是简洁的描述。太多的数据有可能使我们困惑或者扰乱思路，而不能采用有效的模式组织数据。相对于在不切实际的假设基础上建立的函数模型，通过分析一些经验数据集从数据本身获得大量信息有时是更合理的。

3.3　粗糙集的概念、简介和举例

Pawlak（1982）提出了一个从不完善的数据中发现知识的新方式称为粗糙集。粗糙集为解决从不精确和模棱两可的数据中发现规则和进行数据分析提供了新工具。Pawlak（1999）提到粗糙集的一些优点如下：①可对数据提供定性和定量描述；②兼容数据的不一致性以及不同分布的问题；③允许选择多个重要的属性，产生“if…then…”规则，并对未来事件分类。

粗糙集有时会与模糊集产生混淆。两者都能够有效地处理不完善的数据，但是，模糊集强调信息的含糊程度，粗糙集则强调数据的不可辨别、不精确和模棱两可。

随后的内容包含了粗糙集的简要回顾和背景介绍，包括在渔业领域的一个应用案例。这仅是针对基本概念的一个简要案例，如果读者感兴趣建议阅读Pawlak（1991）和Slowinski（1992）的著作来获得关于粗糙集概念和应用的更深层次的细节。还可以参考Polkowski（2002）描述的粗糙集数学基础以及Orlowska（1998）描述的粗糙集理论和应用。

粗糙集理论已在科学界引起了超过10年的关注。尽管粗糙集为不确定和含糊的数据提供了数学上的解决方案，但笔者仍然无法确定在渔业科学领域粗糙集应有哪些直接应用。

渔业科学家们应用和拓展粗糙集方法的合理动机来源于粗糙集可以实现数据的定性和定量描述，而不需要特定的数据分布，且允许数据的不一致性。粗糙集理论的其他优点在于它可以选择数据集的重要属性，拥有易理解的”if…then…”规则，以及可以对未来事件进行分类。

粗糙集理论不需要关于数据的附加信息或先验知识（Grzymala-Busse，1998），如统计学上的概率分布，D-S证据理论的基本概率分配，以及模糊集理论的隶属度和可能性值。

粗糙集已经在多个科学领域开展了应用，如Slowinski（1995），Lin和Wildberger（1995），Ziarko（1995），Rossi等（1999），Chevre等（2003）。这些粗糙集的案例涵盖了从决策分析到工业和工程的多样化应用。在渔业科学领域，比较相关的应用是在水生生态系统的污染控制方面。接下来的很多内容来源于Rossi等（1999）和Pawlak等（1995）。笔者认为这些应用与渔业科学中的诸多问题相关。

简单地讲，粗糙集的理论建立的基础是假设每一个问题对象都与信息相关。关于对象的可用信息中，采用同样信息描述的对象特征是不可分辨的（也就是说，它们彼此不能区分）。在这种模式下的不可分辨组成了粗糙集理论的数学基础。

彼此不能区分的对象组成的集合被定义为基本集，是组成论域知识的颗粒。一些对象集可被表达为一些基本集组成的并集，这个对象集被称为准确集，否则被称为非精确集或粗糙集。每一个粗糙集都有一些处在临界的情况，这些对象不能被准确地分类为某一个集成员或者集成员的补集。

粗糙集理论将粗糙集的每一个对象替换为一对准确集，分别是下近似和上近似。下近似包含了能够准确划分属于集合的对象的最大集合；上近似包含了可能属于集合的对象组成的最小集合。

实际情况可以被表示为一个信息或者决策表。表的每一行表示一个对象（实例，站点，实体），每列表示对象的一个属性或者特征。属性分为两种，分别是条件属性（condition attributes）和决策属性（decision attributes）。显然，一个信息表包含了多个条件属性和一个决策属性。

以表 3.1 作简单举例，该信息表是描述溪红点鲑幼鱼时期栖息地的假设集合。表中有 6 个来自不同采样地点的对象。表中的条件属性是描述采样点的 3 个特征，决策属性指在每个相似维度采样点上溪红点鲑幼鱼预计被发现的可能性。

表 3.1　溪红点鲑幼鱼时期栖息地属性和密度预测信息

采样点	FN	VD	GS	JBT
s1	是	是	低	低
s2	是	是	中	高
s3	是	是	高	高
s4	否	是	低	低
s5	否	否	中	低
s6	否	是	高	高

注：FN 指弗劳德数<0.20；VD 指速度/深度<1.25；GS 指沙砾与沙子的比率；JBT 指单位面积溪红点鲑的相对密度。

粗糙集理论的一个重要概念是对于给定属性子集的不可分辨关系。假定一个数据集包含表 3.1 的两个条件属性 FN 和 VD，属性值是“是”。采样点 s1，s2 和 s3 在这两个属性上的值是完全相同的，因此，s1，s2，s3 在属性集 {FN，VD} 上是不可分辨的。同理，s4 和 s6 在 FN 和 VD 这两个属性上也是不可分辨的。显然不可分辨是一种等价关系。因此，基于 FN 和 VD 属性定义基本集：ES1 = {s1，s2，s3}，ES2 = {s4，s6}，ES3 = {S5}。ES3 是一个单元素的基本集。

任何基本集的有限并集称为可定义集。例如对象 {s1，s2，s3，s5} 组成的数据集在属性 {FN，VD} 上可以表示为 ES1 和 ES3 的并集。其他对象集 {s4，s6} 可表示为 FN 值为否，VD 值为是。

不可分辨关系的概念允许简单定义冗余属性，并将属性冗余概念引入其中。

如果任何属性集合及其超集定义了相同的不可分辨关系（也就是说，两个关系的基本集是相同的），那么超集比该集合多出的属性是冗余的。表 3.1 中，定义数据集包含属性 FN 和 GS，超集中包含 3 个属性：FN，VD 和 GS。由属性 FN 和 GS 定义的不可分辨关系基本集是单个对象的，也就是 {s1}，{s2}，{s3}，{s4}，{s5} 和 {s6}。与 3 个属性定义的基本集是相同的，因此，属性 VD 是冗余的。另一方面，由于 FN 和 GS 组成的集合，基本集不是单个对象，因此不包含任何冗余属性。不包含冗余属性的属性集合称为最小的或独立的。如果属性集 P 和属性集 Q 定义的不可分辨关系是相同的，且 P 是最小的，则 P 是 Q 的约简。也就是说，由属性集 P 和 Q 决定的不可分辨关系，基本集是相同的。

属性集（FN，GS）是初始属性集（FN，VD，GS）的约简。那么表 3.2 在此约简的基础上形成了新的信息表。

表 3.2　由表 3.1 得到的修订信息

采样点	FN	GS	JBT
s1	是	低	低
s2	是	中	高
s3	是	高	高
s4	否	低	低
s5	否	中	低
s6	否	高	高

到此为止，我们还没有讲到决策属性。具有相同决策属性值的对象集合被称为“概念”。这些概念是｛s1，s4，s5｝和｛s2，s3，s6｝。第一个概念对应的是高于平均幼鱼密度的样本，第二个概念则是低于平均密度的样本。重要的问题是，通过表 3.2 的属性值，是否能够决定鳟鱼密度高于或低于平均值。所有与 FN 和 GS 相关的不可分辨的基本集都是概念的子集，因此高于平均密度值的决策依赖于属性 FN 和 GS。从表 3.2 中可以归纳出以下规则：

［GS＝中］→ JBT＝低；

［FN＝否，GS＝高］→ JBT＝低；

［FN＝是，GS＝高］→ JBT＝高；

［GS＝非常高］→JBT＝高。

表 3.3 在表 3.2 的基础上添加了两个样本 s7 和 s8，那么由属性 FN 和 GS 定义的不可分辨关系的基本集有｛s1｝，｛s2｝，｛s3｝，｛s4｝，｛s5，s7｝和｛s6，s8｝。由决策属性 JBT 定义的概念有｛s1，s4，s5，s8｝和｛s2，s3，s6，s7｝。

由表 3.3 可知，由于｛s5，s7｝，｛s6，s8｝不是任一概念的子集，决策属性 JBT 明显不依赖于属性 FN 和 GS。样本 s5 和 s7 是矛盾的，这两个样本的属性值均相同，但决策值不同，同样，s6 和 s8 也是矛盾的。因此，表 3.3 被描述为“不一致”的。

表 3.3　从表 3.1 获得的不一致决策

采样点	FN	GS	JBT
s1	是	低	低
s2	是	中	高
s3	是	高	高
s4	否	低	低
s5	否	中	低

续表

采样点	FN	GS	JBT
s6	否	高	高
s7	否	中	高
s8	否	高	低

粗糙集提供了解决不一致问题的途径，对于 X 的任一概念，可获得包含于 X 的最大集合，以及包含 X 的最小集合。前者被称为 X 的下逼近，后者被称为 X 的上逼近。表 3.3 中，描述溪红点鲑幼鱼相对密度的概念 {s2，s3，s6，s7}，下逼近为 {s2，s3}，上逼近为 {s2，s3，s5，s6，s7，s8}。

对于任一概念，从下逼近获得的规则是确定有效的，被称为确定的；从上逼近获得的规则是可能有效的，被称为可能的。对于表 3.3，确定的规则有：

[GS=中] → JBT=低；

[FN=是] 且 [GS=中] → JBT=高；

[FN=是] 且 [GS=高] → JBT=高。

可能的规则有：

[FN=否] → JBT=低；

[GS=低] → JBT=低；

[GS=中] → JBT=高；

[GS=高] → JBT=高。

在粗糙集理论中，不确定的程度是可以被衡量的。一个常用的衡量方式是下逼近和上逼近质量。对于给定的对象集合 X，由属性集 P 不完全描述，下逼近质量为 X 的下逼近集合与总集合的对象数目的比值。类似的，上逼近质量为 X 的上逼近集合与总集合的对象数目的比值。在表 3.3 中，概念 X= {s1，s4，s5，s8}，下逼近的质量是 0.25，上逼近的质量是 0.75。

Grzymala-Busse（1992，1997）等阐述了从决策表归纳决策的步骤，归纳算法使用如下几种策略：①从决策表中生成一个包含所有对象值的最小集合；②生成一套详尽的规则，包含了决策表中所有可能的规则；③生成一套“强”决策规则，涵盖很多但并不需要覆盖决策表中所有的对象。

粗糙集方法的应用包含以下几个步骤：①获取数据，选择属性；②创建决策表；③连续数据离散化；④决策表降维；⑤决策规则归纳；⑥验证。

3.4 案例推理

本书之前的版本没有提到案例推理（CBR），当时这种软计算方法还没有被渔业科学或海洋科学家大量应用。然而，在本章之前简介中提到的多篇渔业科学家的文章均已经采用了数据挖掘方法从数据库中获得有用的信息。似乎在这些报告中没有充分使用某种形式的数据挖掘策略，如粗糙集或案例推理。Pal 和 Shiu（2004）清晰地论证了案例推理的可用性，并将其作为渔业科学领域的重要的潜在有价值的方法。

简单来讲，案例推理就是利用先验知识来解决当前问题的方法。可以被更精确地描述为一个推理模型，包括解决问题、理解与学习，并将其整体化为推理过程。上述概念涉及一些关于知识表达、推理和学习先验知识等基本问题。Pal 和 Shiu（2004）的一个重要贡献是将 CBR 进行了延伸，提出了软案例推理（SCBR）。SCBR 是将多种方法整合，从而为概念、设计以及智能系统的融合提供基础平台。

一般来说，一个基于案例的推理以一个问题或者由一位使用者、一个项目或系统来提出，随后查找与之相似的历史案例。案例推理以解决其他问题的方法来解决新问题。在很多 CBR 系统中，案例推理机制分为两部分：案例检索和案例推理。案例检索需要在案例数据库中检索到合适的案例，案例推理随后使用检索到的案例来形成当前问题的解决方案。这个过程通常包含了在检索到的案例和当前案例中寻求差别，并修正解决方案来适当地体现这些差别的过程。

CBR 系统包含几个重要部分：①检索历史案例；②案例重用，拷贝或从检索案例中整合解决方案；③修正或采纳检索到的解决方案，以解决新问题；④将新的有效的案例解决方案加入案例库。

除了 Pal 和 Shiu（2004）的著作，Main 等（2001）撰写了一部非常值得一读的 CBR 教程。最近，Chao（2006）出版了一部数据库开发与管理的专著，阐述了很多适用于在 PC 机上执行数据库处理系统的软件工具。另外一本在 CBR 方面值得一读的是 Kolodner（1993）的专著。这本书包含了一个广泛的书目和附录，附录提供了 47 页的 CBR 系统库及每个系统的简介。

应当说，CBR 对于某些特定类型的问题是不适用的。适用的情况主要有：①底层模型几乎没有可用的资料；②预先有大量可用的案例；③采用先前案例的解决方式确实有好处。

在很多实例中，CBR 系统相对基于规则的系统（专家系统）是一个很好的替代。基于规则的系统难点之一是知识的获取。基于案例的推理由于整合了一系列先验知识，不需要构建域模型，通常不涉及知识获取。

CBR 在渔业及海洋科学领域的文献中有多个应用案例。Cui 等（2003）采用 CBR 进行了柔鱼（*Ommastrepes bartrami*）的渔情预测分析。Yunyan 等（2004）采用 CBR 来分析并提取与海洋中尺度空间相似的信息。最后一个案例是 Corchado 等（2001）在书中描述的混合模型，将神经网络与 CBR 过程集成在单一问题解决机制中。

3.5　专家系统

3.5.1　简介

相比之前关于专家系统的文献检索，本次在文献数量上有了非常显著的增加。采用与之前相同的检索方式，1995—2005 年度共检索出 347 篇文献。同时，另一个现象也很明显，这些文献中包含了大量的专家系统与其他软计算方法相结合的混合系统，如神经网络、遗传算法。然而，大多数混合系统主要与物理科学相关，如气候学，气象学，物理海洋学。这些混合系统包含专家系统与神经网络、遗传算法、和（或）模拟退火算法的结合。通过对专家系统的充分了解认为（Saila，1996），一个集成专家系统（近期被称为混合系统）会在多个应用领域成为日益强大和灵活的工具。这个推测在当前越来越多的专家系统与其他人工智能工具的结合应用上获得证实。

3.5.2　专家系统的应用扩展

表 3.4 简单列举描述了一些近期专家系统与其他软计算方法相结合的应用。内容主要选择的是渔业和海洋科学相关的问题。这个缩减的列表筛选了一些渔业科学相关的案例，反映出来的只是很少的一部分。然而，将专家系统与其他软计算方法相结合用以改善系统整体性能的应用有明显增长的趋势，表 3.4 仅包含了很少一部分专家系统与其他方法相结合的新型混合系统案例。相信混合系统的应用还会呈持续增长的趋势，将模糊逻辑与专家系统相结合在渔业科学相关领域中将有非常好的应用效果。

表 3.4　渔业及海洋科学领域专家系统的应用扩展（1995—2005 年）

文献	是否为混合系统	概要
Maloney 等（2004）	否	基于水声学探测的鳀鱼资源补充强度预测
K nud-Hansen 等（2003）	否	确定鱼池受精率的专家系统
Fang（2003）	否	台湾海峡隧道相关的海洋群落分析
Chen，Mynett（2003）	是	将数据挖掘与启发式知识相结合的赤潮爆发预测
Newell，Richardson（2003）	否	将物理因素与软贝类生产相结合的专家系统
Li 等（2002）	否	鱼类疾病的网络智能诊断系统
Handee，Berkelmans（2002）	否	检测珊瑚白化的珊瑚礁早期预警专家系统
Miller，Field（2002）	否	基于规则模型的资源补充量预测
Mackinson（2000）	是	鲱鱼预测模糊逻辑专家系统
Hu，Chen（2001）	否	日本鲐市场预测专家系统
Zeldis，Prescott（2000）	是	鱼病诊断系统
Lee 等（2000）	是	脱硝分析控制系统
Hernandes-Llamas，Villereal-Colomares（1999）	否	对虾养殖专家系统
Chen 等（1999）	否	带鱼，日本鲐和豚鱼的渔业资源评估
Painting，Korrubel（1998）	否	鳀鱼资源补充量预测
Korrubel 等（1998）	是	成功预测南非鳀鱼产量
Handee（1998）	否	环境监测专家系统
Mackinson（2001）	是	模糊逻辑专家系统
Saila（1997）	是	神经网络与模糊逻辑相结合的基于配额的龙虾管理系统
Pawlak 等（1993）	否	专家系统的不确定性分析

3.5.3　专家系统小结

总体来讲，专家系统越来越多地与其他软计算方法相结合成为混合系统的一部分。这个趋势还将继续，但与各种软计算方法相结合的重要性不应被过分强调，单使用专家系统的方式也会被长期采用。在结合应用中，这种方法提供给科学家们一个更有效的工具箱来解决复杂的、动态的以及不确定的现实问题，如在渔业和生态系统管理中遇到的问题。

3.6　神经网络

3.6.1　背景

上一个版本（Saila，1996）对神经网络进行了简单的背景介绍，因此本部分将重点放在近10年来的新应用上。上版的回顾表明，神经网络在渔业和海洋学中存在巨大的应用潜力，这个预测显然已经被证实了。对水产科学和渔业文摘数据库的检索结果显示，在过去10年有超过1 000篇的引文与神经网络相关，这其中包含了单一的神经网络以及与其他软计算方法相结合的应用。

Saila（2005）阐述了在渔业和海洋学中将神经网络用于分类的应用。文献中对神经网络的分类进行了简单的描述，还列举了采用神经网络分类的32篇文献，因此这里不再赘述。

作者采用了大量的，主要是北美大陆之外的，与神经网络应用相关的文献。在笔者看来，亚洲和欧洲的科学家们在使用神经网络来解决复杂问题上更加活跃。

3.6.2　扩展举例

本书从大量文献中选择了一个小的实例，来代表过去10年人工神经网络在渔业和海洋学领域研究中的应用，希望能表明在过去10年所取得的进展。显而易见的是，不仅人工神经网络成为当前最受欢迎的软计算方法，神经网络与其他软计算方法相结合的应用也在迅速增加。目前神经网络的主要应用领域是物理学，对生命科学领域也有贡献。这被认为是一个异常情况，因为生物学数据与物理学数据相比，更加不精确和模糊，应该建议采用更多的软计算方法。

以下文献简单描述了一些在生物学领域的重点应用。M. wale等（2005）使用了神经网络遗传算法的分解模型将季节性气候与水文测量相结合，在没有构建降雨—径流模型的情况下预测每年径流量。Chua和Holz（2005）描述了一个有限元素的神经网络河流水流量模型，解决了构建二维浅水方程的问题。Salas等（2004）做了一个比较，结果显示回归神经网络与前馈神经网络相比在多个波参数预测方面具有更好的预测性能。在生物学方面，Leffaile等（2004）采用神经网络方法来区分生态概况，结果显示黄鳝密度与三个主要的影响因素密切相关。Hsieh（2004）借助于混合遗传模拟退火算法实现了最佳的生态修复设计。他对海洋和大气的数据分析表明，线性模型对于描述某些现实系统来讲过于简单。Hansen等（2004）采用参数判别函数分析与神经网络仿真的方法实现了鱼类育苗区的划分。耳石成分分析对于区分玳瑁石斑鱼（Mycteroperca microlepis）幼鱼的河口栖息地是一种有效的技术。Engelhard 和 Heino（2004）将判别函数与神经网络分析应用于鲱鱼的大规模数据来预测鱼龄的成熟度。Hernandez-Borges 等（2004）采用神经网络方法论证了类似帽贝这样的品种可以根据它们的正构烷烃水平来分类的结论。Pei 等（2004）论证了人工神经网络在预测叶绿素 a 的浓度和为湖泊富营养化提供控制基础方面是一个有效的方法。为了从一组通用的预测变量序列中预测某一个采样点上各个品种出现的可能性，Joy 和 Death（2004）采用了多响应神经网络来构建一个单一模型，在其中一个步骤中预测鱼和虾蟹出现的可能性。

3.6.3 小结

上文提到的文献是一小部分，但也是非常有用的一些实例，体现了在过去 10 年神经网络的应用价值和应用灵活性。这些回顾表明神经网络在科学研究中的应用有了大幅提高。可以预期的是，这个趋势还会继续，尤其是在以神经网络作为重要组成的混合系统中。

3.7 遗传算法

3.7.1 背景

相对于之前非常有限的应用（Saila，1996），遗传算法的应用在过去 10 年有了大幅提高。在上一版本中，笔者建议遗传算法应被更多的使用，尤其是在结合神经网络，专家系统以及其他软计算方法的混合系统中。这个预言在过去 10 年被证实了。

这里不再重复之前版本关于遗传算法的介绍，但会增加一些关于该算法在通常以及渔业背景下的使用内容。遗传算法是很重要的一种解决问题的方法，尤其对于具有多个独立变量和大量可能输出的复杂问题。

通常一个理想的解决复杂问题的方法是找到一个封闭形式的解决方案，如线性编程可以准确地解决某些特定的线性问题。然而，准确的解决方案有时是很难懂的。例如所谓的旅行商找最小距离的问题，找到一个封闭形式的解决方案是很艰巨的任务。假定在龙虾捕捞区有 16 个独立的龙虾浮标点，任务是经过但不重复经过每一个浮标点后返回出发点，要求走过的总距离最短，以节省时间和燃料。这个问题有些类似于排列船只的多条轨迹，直到形成船只可选择的最大数目的可能航线。这个数字是 1 307 174 368 000。显然，解决这个问题耗费的时间令人望而却步。然而，这种类型的问题可以采用遗传算法迅速解决。另一个获得封闭解决方案的难点是特定用途的算法需要问题本质满足特定的假设需求。实际的生态系统级的问题通常被简化为一个计算机模型，这个模型不再能完全真实地反映现实情况。

当获得一个封闭的解决方案不太可能的时候通常会使用模拟仿真。模拟仿真不是优化技术，然而，直觉和背景知识通常被用于尝试不同的解决方案来找到最佳方案。当一个搜索算法与仿真结合使用时，方案被逐步改变优化。这个过程允许计算机检索一系列方案，遗传算法被认为是在这个过程中最有效最灵活的方法，其优势在于能够同时检索大量的解决方案以结合最优者逐步获得更优的方案。这个过程能够在最优方案或接近最优时快速收敛。笔者认为在渔业相关领域的问题上，遗传算法应该有更频繁的应用。

3.7.2 应用实例

本节简要介绍一些与渔业科学和海洋学研究密切相关的文献。这些文献来源于水产科学和渔业科学的文摘数据库，与本节之前的版本采用了类似的检索方式，从检索得到的文献列表中挑选了一些遗传算法的应用实例。

从总体上讲，这些引文是不全面的，优先考虑了一些与渔业科学相关的引文。检索到的最新关于遗传算法在渔业领域的应用文章是由 Drake 和 Lodge（2006）在 Fisheries 上发表的。文章将遗传算法用于预测外来鱼类品种的潜在分布。Iguchi 等（2004）将生态位模型与遗传算法相结合来预测两种北美鲈鱼在日本的潜在分布。Perez-Lasada 等（2004）在启发式检索技术中使用遗传算法来分析围胸总目藤壶属物种的分子生物学和形态学的数据。Burrows 和 Tarling（2004）采用遗传算法构建了密度制约对磷虾昼夜垂直迁移的影响模型。Guinand 等（2004）阐述了遗传算法在发现多位点组合方面的效用，能够提供准确的个人建议，预测基于湖鳟可能性分类的混合物组成。Kristensen 等（2003）构建了浮游动植物模型，并使用遗传算法决定使目标函数最大化的参数值。Dagorn（1994）使用遗传算法在异构动态环境中找到合成金枪鱼种群的最优移动及集群行为。将这些数据与实际的集群行为比较，以建成与热带金枪鱼的实际集群行为的比较模型。在鱼类垂直迁移的研究中，Strand（2003）呈现了基于遗传算法的多个垂直迁移模型。

这些文献的启示是有普遍性的，但相信对于海洋学家和环保学家来讲他们会很有兴趣。Jesus 和 Caiti（1996）采用自适应遗传算法从阵列数据中预测海底地声参数。Rogers 等（1995）提出了一个非线性优化方法，即将人工神经网络与遗传算法相结合搜索有效的地下水污染整治策略。

从这些小的案例中可以看出，无论是与其他软计算方法结合，还是单独应用，遗传算法都具有较好的灵活性和有效性。

3.8 模拟退火（SA）

3.8.1 背景

之前版本关于模拟退火的简单介绍没有列举渔业或海洋学应用的案例，当时这种方法还难以利用，然而近期检索水产科学与渔业领域的文摘共列举出 122 条采用模拟退火方法的公开出版物。这些文献主要是在海洋物理学和水文学的应用，以及一小部分在渔业科学领域的应用。

3.8.2 SA 应用

以下内容为在这个领域内的 SA 应用文献举例，只有很少一部分摘要与渔业和海洋学相关。Watters 和 Deriso（2000）采用模拟退火算法总结了回归树的结果，获得了分渔场的单位捕捞努力量渔获量短期趋势，同时表明模拟退火算法对于将来采样方案的空间阶层设计会比较有效。Jager 和 Rose（2003）将模拟退火算法与进界模型相结合来发现流态，使在该流态下进界幼鲑迁出数量最少，或产卵时间变化最小。结论认为通过将人工优化方法与非参数生态模型相结合来实现种群的特殊保护，是种群管理的一种潜在方式。

以下是一些海洋学与环境学的应用案例。Shieh 和 Peralta（2005）将遗传算法与模拟退火算法相结合来进行成本效益分析，用于在新的设计中确定最优站点数量，其中最优数量由模拟退火方法确定。Failkowski 等（2003）使用了模拟退火最优算法与坐标旋转技术来表征地声学数据中的沉积物性质。Teegavarapu 和 Simonovic（2002）使用模拟退火算法来优化多储层的操作。结果表明模拟退火可以被用于难以计算的多阶段储层操作以获得接近最优的方案。Brus 等（2002）采用模拟退火来设计采样以实现固定预算的最小采样方差。Lawson 和 Godday（2001）开发了一个计算机设计工具，用于实现模拟退火算法。

过去 10 年明显证实了之前的说法（Saila，1996），模拟退火在难以解决的优化问题上的作用不应被渔业科学家们低估。相信这个领域会在将来使用这个灵活的软计算工具时获得可观的益处。

3.9　小结及展望

3.9.1　小结

相信有效的渔业管理必然包含一个由多个密切交互的组件和系统组成可理解的复杂系统。渔业学家关于渔业科学本质的复杂性似乎有一个共识。他们认为这些系统是非线性的，意味着起因和结果不成比例。确实，非线性（主要由于渔业数据包含大量噪声）使相同的捕捞能力由于环境的不同而获得不同的渔获量。研究非线性的目的是衡量影响渔业系统的各个因素，并由此来预测未来产量。

目前，在渔业管理方面与仿真模型的构建和应用相关的主要问题仅仅是总体的一部分。笔者认为，更大的挑战包括数据与模型参数的预测。渔业数据与模型参数通常被表征为嘈杂的。在有些情况下是与起因“模糊”的，如不确定的。模糊逻辑提供了一个从模糊、不确定，和（或）不精确信息中提取确定结论的解决方式。不精确指信息元素的内容缺少特征性。例如，品种 X 的年度成体自然死亡率被认为是 10%~25%，在渔业管理系统中，应存在可变的进界和生长率，以形成生长、拓展和衰减的非线性模型。共混系统可能会有一个以上的稳定状态，这个问题很难解决。Walters 和 Martell（2004）简明扼要地在生态系统水平上定义了单品种和多品种系统，并阐述了当前传统模式和参数的局限性，讨论的很多内容位于《Fisheries ecology and management》的第 286 页。他们认为真正的问题不在于假设质量，而是近似质量。笔者非常赞同他们的说法，而且认为在此方面仍有很大的改善空间。

3.9.2　一些展望

“人工生命”这个词在本章以及之前的版本中都没有提到，但是这个词语已经被科学界使用了几十年。Langton（1989）将人工生命定义为“能够表现出自然生命行为特征的人工系统。这个研究利用计算机和其他人造媒体，试图通过分析生物体模拟生物行为，是传统生物科学的补充。”

十几年前，法国的渔业学家们在渔业相关的科学研究中使用了人工生命这一概念，包括 Dagorn（1992，1994），以及 Le Page（1996）。

Le Page 认为人工生命模型是一个评估种群动态模型特征的有效途径。Dagorn 开发了用于学习金枪鱼洄游和其他行为的人工生命模型，并与实际观察到的金枪鱼行为做比较。

渔业管理方法研究通常被表示为代数或微分方程的系统。应该认识到方程模型是有很多局限性的。例如在很多模型中，通常会以求变量的导数来获得种群规模 N。这意味着要有非常大的种群规模的前提下，求导才有意义。这个前提使该方法不适用于如濒临灭绝的小规模种群的情况。笔者认为另外一个重要的难点在于，即使是将行为作为遗传和环境变量的函数的简单行为模型，也应该包含大量的方程组，似乎没有合适的工具来解决如此复杂的方程。并且，方程对于高度非线性的情况并不擅长，如 if-then-else 的情况。

人工生命提供了一个不需要构建方程的种群规模模型构建方式。与建方程对应的是，种群规模或系统由一系列程序按步骤组成。一般来讲，采用程序表达的生物表现即是定义人工生命行为模型的特征。

笔者认为人工生命在解决渔业科学与海洋学领域的基本问题时会非常有用。这些问题包括生态系统的进化和稳定性问题。在这个情形下，建议将人工生命系统中的参数与实际的观察值做比较。一些在自然系统中难以获得的参数在这个系统中可以被测量。Taylor 和 Jefferson（1994），以及 Adami（2002）明确地指出了人工生命系统在实时学习时的优点和局限性。软计算方法在人工生命中的应用可能性依然需要渔业和海洋学家们在将来不断地进行检验。Terzopoules 等（1995）建立了人工生命算法，在仿真物理空间中模仿鱼类个体与群体行为。在这些方面，未来的研究结果可能会大大超出我们现在的预期。重复地说，相信渔业科学家还没有充分地考虑这个事实：常规模型在复杂系统的应用中（如在生态系统水平上的管理）具有很大的局限性，甚至会产生误导。在笔者看来，未来的数学发展应该能够更明确地处理系统行为的组织和演变，而不仅仅是静态系统的说明。尽管计算导数和积分在描述连续变量及变化率的关系方面比较有效，然而使用的前提使这个数值的应用很有局限性。这个问题也适用于能够对大规模种群行为进行分析的统计学。

笔者认为，通常所使用的数学和统计学方法对于进一步理解复杂的生物系统方面具有局限性。相信软计算方法会对更好地理解上述复杂系统提供工具箱软件。深切希望这方面能够被进一步关注。

参考文献

A dami L (2002) Ab initio modeling of ecosystem with artificial life. Natural Resource Modeling 15(1):135-145

Brus DJ, Jansen MJW, de Gruijter JJ (2002) Optimizing two- and three-stage designs for spatial inventories of natural resources by simulated annealing. Environmental and Ecological Statistics 9(1):71-88

Burrows MJ, Tarling G (2004) Effects of density dependence on diel vertical migration of populations of northern krill: a genetic algorithm model. Marine Ecology Progress Series 277:209-220

Chao L (2006) Database development and management. Auerbach Publications, Boca Raton, Florida

Chen Q, Mynett RE (2003) Integration of data mining techniques and heuristic knowledge in fuzzy logic modeling of eurtrophication in Taibu Lake. Ecological Modeling 162 (1-2): 55-67

Chen W, Li C, Hu F, Cui X (1999) The design and development of the expert system for fish stock assessment. Journal of Fisheries in China 23(1): 343-349

CheèvreN, Gagni F, Gagnan P, Blaise C (2003) Application of rough sets to identify polluted sites based on a battery of biomakers: a comparisonwith classical methods. Chemosphere 51: 13-23

Chua LHC, Holz KP (2005) Hybrid neural network - finite element river flow model. Journal of Hydraulic Engineering 131(1): 52-59

Corchado J, Diken J, Rees N (2001) Artificial intelligence models for oceanographic forecasting. Plymouth Marine Laboratory, Plymouth, United Kingdom, 211 pp

Corchado JM, Lees B (2001) Adaptation of cases for case-based forecasting with neural network support. In: Pal SK, Dillon TS, Yenng DS (eds) Soft computing in case-based reasoning. Springer-Verlag, London, pp.253-319

Cui X, Fan W, Shen X (2003) Development of the fishing condition analysis and forecasting system of Ommastrephes bartrami in the Northeast Pacific Ocean. Journal of Fisheries of China 27(6): 600-605

Dagorn L (1992) The emergence of artificial intelligence: application to tuna populations. Collective volume of scientific papers. International Commission for the Conservation of Atlantic Tunas 39(1): 385-389

Dagorn L (1994) The behavior of tropical tuna. Modeling using the artificial-life concept. Ecole Nationale Superior d' Agrunomie, Rennes, France. Thesis 250 pp

Drake JM, Lodge DM (2006) Forecasting potential distributions of nonindigenous species with a genetic algorithm. Fisheries 31(1): 9-16

Engelhard GH, Heino M (2004) Maturity changes in Norwegian spring-spawning herring, before, during and after a major population collapse. Fish and Research 66(2-3): 299-310

EnglundG, SernalleO, Cooper SD (1999) The importance of data selection criteria: meta - analysis of stream production experiments. Ecology 80(4): 1132-1141

Failkowski LT, Dacol DK, Lingevitch JF, Kim E (2003) Rapid geoacustic inversion with a curved horizontal array. Journal of the Acoustical Society of America 113(4): 2216

Fang H-Y (2003) The ocean community. Marine Georesources and Geotechnology 21(3-4): 135-166

Grzymala-Busse JW (1988) Knowledge acquisition under uncertainty - a rough set approach. Journal of Intelligent Robotic Systems 1: 3-16

Grzymala-Busse JW (1992) LERS: a system for learning from examples based on rough sets In: Slowinski R (ed) Intelligent decision support, handbook of applications and advances of rough sets theory. Kluwer, Dordrecht, The Netherlands, pp.3-18

Grzymala-Busse JW (1997) A new version of the rule induction system LERS. Fundamata Informatica 31: 27-39

Guinand B, Scribner KT, Topchy A, Page KS, Punch W, Barnhem-Curtis MK (2004) Sampling issues affecting accuracy of likelihood - based classification using genetical data. Environmental Biology of Fishes 69 (1 - 4): 245-259

Handee JC (1998) An expert system for marine environmental monitoring in The Florida Keys National Marine Sanctuary and Florida Bay. Environmental Coastal Regions pp.56-66

Handee JC, eerkelmansR (2002) Expert system generated coral bleaching alerts for Myrmidon and Agincont reefs, Great Barrier Reef, Australia. Proceedings of the Ninth International and Reef Symposium, Bali 23-27 October 2: 1089-1104

Hansen PJ, Koenig CC, Zdanewicz US (2004) Elemental composition of otoliths used to trace estuarine habitats of juvenile gag Mycteroperca microlepis along the west coast of Florida. Marine Ecology Progress Series 267: 253-265

Hastie T, Tibshirani R, Friedman J (2001) The elements of statistical learning - data mining Inference and prediction. Springer-Verlag, New York

Hernandes-Llamas A, Villereal-Colomares H (1999) TEMA: a software reference to shrimp Litopenaeas vannami farming practice. Aquaculture Economics and Management 3(3): 267-280

Hernandez-Borges J, Corbella-Tena R, Rodrigues-Delgardo MA, Garcia-Montelongo FJ, Havel J (2004) Content of alephatic hydrocarbons in limpets as a new way for classification of species using artificial neural networks. Chemosphere 54(8) 1059-1069

HsiehWW (2004) Nonlinear multivariate and time series analysis by neural network methods. Reviews of Geophysics 42(1): 875-1209

Hu F, Chen W (2001) Catch prediction of chub mackerel in the East China Sea by using fish stock assessment expert system. Journal of Fisheries of China 25(5): 465-473

Iguchi K, Matsurra K, McNyset K, Kristina M, Peterson A, Scachetti-Pereira R, Powers, R, Vieglais D, Wiley E, Yudo T (2004) Predicting invasions of North America basses in Japan using native range data and a genetic algorithm. Transactions of the American Fisheries Society 133(4): 245-254

Jager HI, RoseKA (2003) Designing optimal flow patterns for fall Chinook salmon in a Central Valley, California, River. North American Journal of Fisheries Management 25(1): 1-21

Jesus SM, Caiti A (1996) Estimating geoacoustic bottom properties from towed array data. Journal of Computational Acoustics 4(3): 273-290

Joy MK, Death RG (2004) Predictive modeling and spatial mapping in freshwater fish and decapod assemblages using GIS and neural networks. Freshwater Biology 49(1): 1036-1052

Knud-Hansen CF, Hopkins KD, Guttman H (2003) A comparative analysis of the fixed input, computer modeling, and algal bioassay approaches for identifying pond fertilization requirements for semi-intensive aquaculture. Aquaculture 228(1-4): 189-214

Kolodner J (1993) Case-based reasoning. M. Kauffmann, San Mateo, California

Korrubel JL, Bloomer SF, Cochrane KL, Hutchings L, Field JG (1998) Forecasting in South African pelagic fisheries management: the use of expert and decision support systems. South African Journal of Marine Science 19: 415-423

Kristensen NP, Gabric A, Braddock R, Cropp R (2003) Is maximizing resilience compatible with established goal functions? Ecological Modeling 169(1): 61-71

Langton CG (1989) Artificial life. Proceedings of an interdisciplinary workshop on the synthesis and simulation of living systems. Addison-Wesley Publishing, Redwood City, New York

Lawson K, Godday P (2001) Marine reserves: designing cost effective options. Economics of marine protected areas: a conference held at the UBS Fisheries Centre, July 2000. Fisheries Research Report 9(8): 114-120

Le Page C (1996) Population dynamics and artificial life. Methodes d' etude des systemes halieutiques et aquacoles. Orstom, Paris (France) Colloques et seminares. Instat Francais de Researche Scientifigue pour de Developpement en Cooperation/Orstom, Paris, pp.205-209

Lee PG, Lee RN, Prebilsky W, Turk DE, Ying H, Whitson JL (2000) Denitrification in aquaculture systems: an example of a fuzzy logic control problem. Aquacultural Engineering 23(1-3): 37-59

Leffaile P, Baisez A, Rigend E, Feunteun E (2004) Habitat preferences of different European eel size classes in a reclaimed marsh: a combination to species and ecosystem conservation. Wetlands 24(3): 642-651

Li D, Fu Z, Duan Y (2002) Fish-Expert: a web-based expert system for fish disease diagnosis. Expert Systems with Applications 23(3): 311-320

Lin TY, Wildberger A (eds) (1995) Soft-computing: rough sets, fuzzy logic. neural networks, uncertainty management. Uncertainty Management Knowledge Discovery Simulation Councils, Inc., San Diego, California

Mackinson S (2000) An adaptive fuzzy expert system for predicting structure, dynamics, and distribution of herring shoals. Ecological Modelling 126(2-3): 155-178

Mackinson S (2001) Integrating local and scientific knowledge: an example in fisheries science. Environmental Management 27(4): 533-545

Main J, Dillon TS, Shiu SCR (2001) A tutorial on case-based reasoning. In: Pal SK, Dillon TS, Young DS (eds) Soft computing in case-based reasoning. Springer-Verlag, London, pp.2-27

Maloney CL, Vanderingen CD, Hutchings C, Field GJ (2004) Contributions of the Benguela ecology programme to pelagic fisheries management in South Africa (2004) South African Journal of Marine Science 26: 37-51

Miller DCM, Field JS (2002) Predicting recruitment in South African anchovy-an expert system approach. Southern African Marine Science Ssposium (SAMSS 2002)

Mwale D, Shen SSP, Gan JY (2005) Hilbert transforms, neural network genetic algorithms and disaggregation for the prediction of weekly annual streamflow from seasonal oceanic variability. American Meteorological Society Conference on Hydrology 19

Myers RA, MacKenzie BR, Bowen KC, Barrowman MJ (2001) What is the carrying capacity for fish in the ocean? A meta-analysis of population dynamics of North Atlantic cod (2001). Canadian Journal of Fisheries and Aquatic Sciences 58(7): 1464-1476

Myers RA, Mertz G (1998) Reducing uncertainty in the biological basis of fisheries management by meta-analysis of data from many populations: a synthesis. Fisheries Research 37(1-3): 51-60

Newell C, Richardson J (2003) An expert system for the optimization of shellfish raft culture. Journal of Shellfish Research 22(1): 347

Orlowska E (ed) (1998) Incomplete information: rough set analysis. Physica-Verlag, Heidelberg

Painting SJ, Korrubel JL (1998) Forecasts of recruitment in South African anchovy from SARP field data using a deterministic expert system. South African Journal of Marine Science 14: 245-261

Pal SK and Shiu SCK (2004) Foundations of soft case-based reasoning. Wiley, Hoboken, New Jersey

Pawlak Z (1982) Rough sets. International Journal of Informatics and Computer Science 11: 341-356

Pawlak Z (1991) Rough sets, theoretical aspects of reasoning about data. Kluwer, Dordrecht, The Netherlands

Pawlak Z (1999) Rough set theory for intelligent industrial applications. Proceedings of the second international conference on intelligent processing and manufacturing materials (IPM-95). IECF Press, Piscataway, New Jersey Vol.1, pp.37-44

Pawlak Z, Grzymala-Busse JM, Slowinski RM, Ziarko W (1993) Managing uncertainty in expert systems. Kluwer, Dordrecht, The Netherlands

Pawlak Z, Grzymala-Busse JM, Slowinski RM, Ziarkow W (1995) Rough Sets. Communications of the ACM 38(11): 89-95

Pei H, Lao N, Jiang Y (2004) Applications of back propagation neural network for predicting the concentrations of chlorophyll-a in West Lake. Acta Ecologica Sinica 24(2): 246-251

Perez-Lasada M, Hoeeg JT, Crandall KA (2004) Unraveling the evolutionary radiation of the Thoracican barnacles using molecular and morphological evidence: a comparison of several divergent time estimation approaches. Systematic Biology 33(2): 244-264

Polkowski L (2002) Rough sets. Physica-Verlag, Heidelberg

Rogers LL, Dowle FS, Johnson VM (1995) Optimal field-scale groundwater remediation using neural networks and the genetic algorithm. Environmental Science and Technology 29(5):1145-1155

Rossi L, Slowinski R, Susmaga R (1999) Rough set approach to the evaluation of stormwater pollution. International Journal of the Environment and Pollution 12(2/3):232-250

Saila, SB (1996) Guide to some computerized artificial intelligence methods. In: Megrey B, Moksness E (eds) Computers in fisheries research. Chapman and Hall, New York, pp. 8-40

Saila SB (1997) Fuzzy control theory applied to American lobster management. Developing and sustaining world fisheries resources, the state of science and management, 3rd World Fisheries Congress Proceedings, pp 204-208

Saila SB (2005) Neural networks used in classification with emphasis on biological populations. In: Cadrin S, Friedland KD, Waldman J (eds) Stock identification methods applications in fishery science. Elsevier, Amsterdam, pp. 553-569

Salas CF, Koc L, Bales L (2004) Predictions of missing wave data by recurrent neural nets. Journal of Waterway, Port, Coastal and Ocean Engineering 130(5):256-265

Shieh HI, Peralta RC (2005) Optimal insitu bioremediation design by hybrid genetic algorithmsimulated annealing. Journal of Water Resources Planning and Management 131(1):61-78

Slowinski R (ed) (1992) Intelligent decision support handbook of applications and advances of the rough set theory. Kluwer, Derdrecht, The Netherlands

Slowinski R (1995) Rough set approach to decision analysis. AI Expert 10(3):19-25

Strand E (2003) Adaptive models of vertical migration in fish. Dissertation, University of Bergen, Department of Fisheries and Marine Biology. Bergen, Norway, 213pp

Taylor C, Jefferson D (1994) Artificial life as a tool for biological inquiry. Artificial Life 1:1-13

Taylor MJ, White KR (1992) A meta-analysis of hooking mortality of nonanadramous trout. North American Journal of Fisheries Management 12(4):760-767

Teegavarapu RV, Simonovic SP (2002) Optimal operation of reservoir systems using simulated annealing. Water Resources Management 11(5):401-428

Terzopoules DK, Tu X, Grzeszczuk R (1995) Artificial fishes: autonomous locomotion, perception, behavior and learning in a simulated physical world. Artificial Life 1:327-351

Ulanowicz RE (1986) Growth and development: ecosystems phenomenology. Springer-Verlag, New York

Ulanowicz RE (2005) Ecological network analysis: an escape from the machine. In: Belgravo A, Schafer WM, Dunne J, Ulanowicz R (eds) Aquatic food webs, an ecosystem approach. Oxford University Press, New York

Walters CJ, Martell SJD (2004) Fisheries ecology and management. Princeton University Press, Princeton, New Jersey

Watters G, Deriso R (2000) Catches per unit of effort of bigeye tuna: a new analysis with regression trees and simulated annealing. Bulletin Inter-American Tropical Tuna Commission 21(8):531-552

Yunyan D, Le L, Su F, Tianyu Z, Xiaomei Y (2004) CBK spatial similarity analysis on mesoscale ocean eddies with remote sensing data. Indian Journal of Marine Sciences 33(4):319-338

Zeldis D, Prescott S (2000) Fish disease diagnostic program-problems and some solutions. Aquacultural Engineering 23(1-3):3-71

Ziarko W (ed) (1995) Rough sets, fuzzy sets, and knowledge discovery (RSKD '93). Workshop in Computing Series, Springer-Verlag, London

第4章　地理信息系统（GIS）在渔业管理和科研中的应用

Geoff Meaden

4.1　GIS介绍和早期的GIS

地理信息系统（GIS）是由计算机硬件、软件、数据以及个性化设计的收集、存储、更新、处理、分析和展示地理参考信息功能的集合（Rahel，2004）。具备地球空间分析功能的GIS工具首先在20世纪60年代出现在加拿大，它是各种需求和功能汇集在一起的成果。比如，一个大的空间区域内有丰富的资源数据；传统的地图方法在记录和展示资源分布方面功能不足；计算能力、计算机图形和计算机辅助设计的提升；再加上一些人们对如何才能进行自动化制图和进行应用方面的想象。20世纪70年代，类似哈佛大学这样的机构，发起的SYMAP、GRID和GEOMAP，是在计算机地图方面的深入研究，其中使用了相当多的资源（Tomlinson，1989）。20世纪80年代，GIS最大的特征是出现了开发第一个商业软件的开发者，他发现了这一技术的巨大潜力。从20世纪90年代早期开始，GIS销售额一直以每年14%的速度递增，如今世界范围内和GIS软硬件相关销售额达到数十亿美元，而以此为基础形成的相关商业额无法估量。

大多数的GIS在地图处理上取得了成功。随着人类从地球获取各种资源越来越多，在空间上表现出的“冲突”也比自由获取和利用更为突出，因此空间管理变得比以往更流行。有了冲突就需要管理，管理就需要做出决策，此时才是真正发挥GIS作用的时候。GIS目前几乎应用在人类活动的所有领域。早期的GIS应用多数在林业、应急服务、公共卫生和公共事业等公共领域和国防领域，但是现在，私人公司对GIS的使用已很可能等同或超过了公共领域。这主要得益于GIS价格的降低和对其积极的评价，根本原因是由于GIS已经成为类似车辆导航系统这样的新兴技术的内置组成部分。所以，全球范围内的机构、组织和公司在规划、管理、决策、预测、建模、报告、教育和科研中，GIS均扮演着重要角色。

GIS并非是横空出现。事实上正如表4.1所示，它是与同一系列的技术一样同步发展的。尽管这些技术的发展多是在计算机、IT或数字化领域，且这些领域不像虚拟化和地统计那样显眼。毫无疑问计算机相关费用的大幅降低促进了所有这些领域的显著进步，也同样与来自硅谷的大量激增的应用开发有关。

需要注意的是 GIS 作为一项具有突出操作性的技术并非横空出世。GIS 发展到今天，它的功能实现与一系列相关的技术和应用开发紧密相关，如表 4.1 所示。

表 4.1　与 GIS 同步发展的相关技术

技术名称	内容
互联网	需要从互联网获取信息、下载数据，GIS 的交互功能也越来越需要互联网
遥感	卫星和地球遥感数据为 GIS 提供了最多的数据资源
模型	模型输出结果为 GIS 提供了数据资源，而模型本身也可作为 GIS 的工具平台使用
软件开发	不仅是开发众多不同的 GIS 软件包，还有开发 GIS 同其他软件功能接口，对于许多工作任务都很重要
硬件	GIS 成为了电脑的基本功能，电脑的其他硬件也就成为了完整 GIS 的一部分，比如扫描仪、绘图仪、数字化仪、数据记录器、GPS、声呐仪等
可视化	地图信息如果要想更容易被人理解，需要在视觉上进行优化。因此可视化形式越来越广，比如动画、时间序列数据、3D、图形、多媒体等
地统计	许多渔业地理信息系统的结果，需要依靠地统计工具去建立规划和分布模型，比如估计水产产量，或者鱼种与环境间的关系等
计算机辅助设计（CAD）	它和 GIS 有着相似的输入输出，因此在方法上对 GIS 有显著的帮助
数字制图	大多数数字制图和分析功能没有关联，但 GIS 制图输出要满足数字制图专业要求
摄影测量	是通过摄影，电子图像，视频，遥感影像等来测量物体的一种技术，是空间信息的重要来源

如果 GIS 可以成功应用于解决陆地问题，那么为什么不能把它应用于海水领域呢？世界上面临渔业资源下降、利润下降等问题的渔业公司，应该从读过本书的读者受到启发（Caddy et al.，1998；Christensen et al.，2003；Garcia and de Leiva Moreno 2001；Mullon et al.，2005；Pauly et.，2002）。这些读者发现了渔业工业消退不断扩大的事实，在地理空间尺度上已表现出来，在所有主要大陆近海的资源量下降均有记录（FAO，2004）。他们也可能注意到这样一些问题，对于一些很受欢迎的鱼类，资源量几十年来一直受到威胁，还有渔业资源生产力的高低一直在循环，这些对渔业资源的持续供应拉响了警报。如此多资源很明显地受到威胁，以至于关注类似海洋保护区（MPAs）、禁渔区（NTZs）、海洋养护区（Agardy，1994；Allison et al.，1998；Dugan and Davis，1993；Lubchenco et al.，2003）的保护潜在海洋渔业资源的论文流行起来——运用空间方法解决空间问题！

渔业资源衰退原因的多面性和复杂性没有得到很好的认识。在这里不适宜讨论这些原因，但是一些自然学家和科学家，对这些原因却异常关注，对于捕捞技术来说是过度捕捞和管理缺乏，对于渔民来说是气候变化、不断变化的各种条件、污染、缺少科技支撑以及天敌的捕食。更为重要的是这些因素还要考虑空间和时间维度，所有这些都可以在地图上做时空相关性展示。没有一种简单的办法，可以把这种“资源衰退”的原因进行最基本的地图展示，而且没有便捷好用的方法去分析造成这些问题的原因。

4.2 地理信息系统软件在渔业管理和研究中的应用

地理信息系统软件从20世纪60年代开始研发，一直高速增长，到20世纪90年代初数量已经过百。显然这些软件的功能已经发生了很大的变化，其中许多是用于专门领域或者主题。虽然许多软件开始于欧洲但是大多数是在北美研发。地理信息系统软件的种类数量在20世纪90年代初达到峰值然后开始急剧下降。这种情况的出现是因为公司开始通过使自己的产品能适应多种需求来占领市场。显然也存在公司合并和大量软件没有竞争力而被迫终止的情况。现在的情况是，少数功能强大的地理信息系统在世界范围内统领市场，还有大量的在功能上更加专业的系统占据自己的领域，另外，更多的软件开发用于满足专门的需求或者某个市场，如导航软件。这里不宜就地理信息系统的功能进行详细的分析。

地理信息系统软件产品包括了一系列的GIS典型功能和空间分析模块。GIS功能是对数据进行处理，即对数据进行修改，以满足各种用途。这些功能包括了诸如聚合、分类、编辑、合并或者整合、投影变换、裁剪、溶解、结构转换、数据校验等，这些数据处理功能使得数据适应各种需求。更为复杂的GIS软件提供了一系列分析模块，以下是一些例子：

缓冲分析—围绕或沿着实体对象定义一定范围的区域；

叠加分析和数据融合—组合或连接各种专题地图图层生成特定区域；

网络分析—基于网络计算连通性或最优路径；

插值—在空间表面或一组数据中确定缺失点或线的位置；

距离分析—确定与临近实体对象的距离；

最优位置分析—确定特定活动的最佳位置；

数字高程模型—通常用不规则三角网络构建2.5D表面；

地统计分析—运用空间统计建立新数据或模型；

测量—既包括简单的距离测量，也包括复杂的平面或立体测量；

邻近分析—通过表面或空间自相关性确定邻近物关系度。

4.2.1 海洋渔业GIS（地理信息系统）软件

与陆地GIS领域的发展相比，海洋地理信息系统领域的情况迥然不同。直至20世纪80年代末，仍然没有任何针对海洋领域的应用。之后，人们逐渐将为陆地应用开发的专用GIS（诸如Meaden，2000；Meaden，2001；Wright，2000；Valavanis，2002）用于海洋领域，整个90年代一直如此。同一时期，少数工作人员自行开发了具有一定海洋/渔业功能的系统并将其投入使用，如Gill等（2001）以及由丹麦DHI Water和Environment开发的“Mike Marine GIS”等。还有部分人改写了一些小众软件来解决海洋问题，如在水深测量中实现2.5D可视呈现、对海洋数据执行插值处理、卫星信息处理，或通过绘图功能展示海洋和渔业数据库。近来，Wood和Dunn（2004）在他们的研究报告中介绍了一项有趣的工作：出于研究和管理的目的，他们将众多的常用工具“集成”到渔业数据中，用以分析和显示此类数据。这些工具包括操作系统、数据库、分析工具、绘图软件和传统的GIS

工具可视化软件，以及办公软件。他们在报告参考文献中完整列出了各种软件。同时，还有人开发了一些系统（Kemp and Meaden，2002；Barkai，2004；Mikol，2004），将渔业电子日志与 GIS 整合，从而将渔获量与空间坐标相关联。很明显，这些系统通过集成品种渔获量、时间、特定区域船只或船队情况等信息能够提供更多额外信息，然后再根据需要将它们与其他数据进行匹配。

然而，专门的海洋或渔业相关 GIS 的研发进度则相当缓慢，我们不难理解其中的原因。第一，任何海洋 GIS 要较好地运行，就必须具备 3D 功能。虽然 3D GIS 已出现，但是它们多被用于地质学领域。在地质学领域中，绘制结构是静态的，因此这些系统可能不具备处理“运动”的功能。第二，既然陆地系统已经能够实现大部分的必需功能，有什么必要费力地去开发专门的海洋 GIS？第三，当前，能够执行各种所需功能的商业 GIS 产品尚不具备相应的市场。换言之，由于利用渔业/海洋研究或管理的 GIS 需要满足众多条件，而目前渔业领域中占主体的小型研究机构都存在资源缺乏的问题，因而大部分都无力购买开发出的任何软件包。第四，几乎所有 GIS 系统都不得不处理空间/时间变异性极高的数据，因此，它极难有足够的产出。第五，海洋或渔业 GIS 的受众是谁？在 GIS 领域，面向的对象包括进行研究或管理的人数量很可能非常庞大，因此一个多功能海洋 GIS 软件的作用可能总是有限的。

尽管渔业 GIS 软件开发面临上述诸多限制，但还是有三项进步值得一提。

第一项进步是日本埼玉县的“环境模拟实验室”（Environmental Simulation Laboratory，ESL）推出一款重要的多功能海洋渔业软件，名为 Marine Explorer（参见 Itoh and Nishida，2001；Environmental Simulation Laboratory Inc.，2004 和 www.esl.co.jp）。此软件被作为公共部门/私营企业联合项目，经过 10 年时间开发出来。这个 GIS 的主要目标是将渔业领域和/或海洋学分析最常需求的功能集中到一个系统中，从而大幅缩减时空分析所花费的时间，并倡导“生态系统安全可持续渔业管理方法”（Itoh and Nishida，2001 第 429 页）。Marine Explorer 可用于以纵向和横向两种维度输入、存储、操控和显示大范围的渔业数据或海洋学数据，然后以绘图、图表或其他图形形式实现输出。此系统利用简单的集成式电子数据表格式来进行数据存储，但它可以链接到外部数据库以及卫星数据或声学数据等遥感数据。图 4.1 中显示了该软件的主要菜单项和一个典型的对话框。Marine Explorer 可能是迄今最为先进的渔业专用 GIS。

第二项进步是近期的 Arc Marine（或称 ArcGIS 海洋数据模型）开发方面的工作。引用开发人员网站（http：//dusk.geo.orst.edu/djl /arcgis/ArcMarine_ Tutorial）上的说法，“此地理数据库模型专为海洋 GIS 团体量身定制。该模型由来自俄勒冈州立大学、杜克大学、美国国家海洋和大气局（NOAA）、丹麦水文研究所及环境系统研究所（ESRI）的研究人员创建，从 2001 年开始着手开发数据模型，以响应海洋 GIS 团体的三大需求：一是提供一个应用程序专用的地理数据库结构，用于在 ArcGIS 8/9 中收集、管理、存储和查询海洋数据；二是提供标准化的地理数据库模板，用于开发和维护海洋应用程序；三是加深对于 ESRI 新地理数据库数据结构的理解。”Marine Data Model 的完整功能非常复杂，我们无法在此一一介绍，但是对于希望能够长久使用其数据的渔业科学家，我们推荐访问其网站并按照上面的教程进行操作。

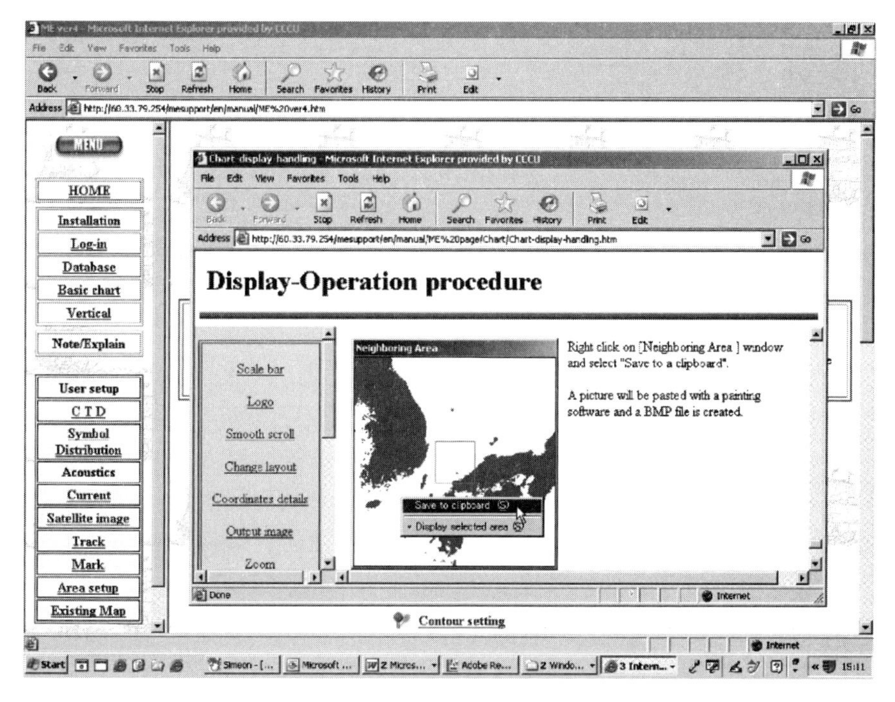

图 4.1

Marine Explorer 输出信息图例。Display-Operation Procedure：显示-操作程序。Right Click on [Neiboring Area] Window and Select “Save to a clipboard”：右键单击（附近区域）并选择“保存到剪贴板”。A picture will be pasted with a painting software and a BMP file is created：一张图片将粘贴到绘图软件中并创建一个 BMP 文件。Scale bar：比例尺；Logo：标识；smooth scroll：平滑移动；Change layout：更改布局；Coordinates details：坐标详细信息；Output image：输出图像；Zoom：缩放；Contour setting：等高线设置；Home：首页；Installation：安装；Log-in：登录；Database：数据库；Vertical：纵向；Note/Explain：注释/说明；User setup：用户设置；Symbol Distribution：符号分布；Acoustics：声学；Current：洋流；Satellite Image：卫星图；Track：跟踪；Mark：标记；Area Setup：区域设置；Existing Map：退出地图。

第三项重大进步是最新发布的 Fishery Analyst。引用经销商（www. mappamondogis. it/products. htm）的话：“这是 ArcGIS 9.1 的扩展程序，旨在有效分析渔业动态的时空模式并实现其可视化。其主要功能包括：渔获量和捕捞强度的量化估算和可视化及其空间和时间变化、渔船利用的分析、数据质量控制，以及推算得出重要经济鱼类和濒危鱼类的位置信息。此应用程序提供了易用的分析界面，用户可以轻松获得多种输出结果。通过这个界面，用户能够选择要执行的分析（捕捞强度、捕捞密度、单位捕捞努力量等），并能依据不同条件选择数据，例如年度、船名、尺寸等级和捕获鱼种。可以按年度、月度、季度或用户定义的日期间隔生成输出图表，生成结果可按照预定义的地图布局绘出，并存储为量化 GIS 数据文件格式（栅格图和矢量图）或静态地图。”

4.2.2　用于GIS的海洋或渔业数据

虽然对于成功的GIS功能及实施而言，软件至关重要，但有争议认为数据也同样重要（甚至更为重要）。原因有几个。对于大部分用户，有关软件的选择可能仅限于相对较小范围内，而且他们的选择通常会基于对系统的熟悉程度。软件购买可能是一次性的，发生的频率很低，时间间隔也相当长，但是数据的情况则全然不同。费用可能相当昂贵，一次收集数据的海洋考察的花费可能远远超出购买GIS软件的花费。然后，数据需要持续更新，即使是进行单个项目，也总是需要众多数据集。必要的数据可能已经存在，但是要建立这些数据则可能相当耗时。此外，还需要进行多项有关数据的其他考虑，如元数据的存在、数据标准、数据格式编排和结构、数据验证和编辑、版权问题等。实际上，依据笔者的经验，正是由于涉及这些诸多的有关数据的考虑，GIS项目的设计者通常都会绕过数据可用性的问题——对于大部分研究项目而言，这的确是个糟糕的理由！还有另一个因素进一步强化了数据的重要性，也就是我们之前说到的，GIS渔业研究通常是由较小规模的研究机构或组织在进行，他们的资金通常相对较少，无法购买相对较昂贵的数据。

大部分的渔业研究很可能会利用部分原始数据。对于渔业研究，这些数据通常会在海上进行收集（虽然并非都是这样的情况）。在陆地获取实用原始渔业数据的途径包括：鱼品上市量或销售数据、船只注册相关数据和从捕鱼者处获得的环境、社会或经济数据（Neis et al.，1999）。虽然仍有使用预先打印（纸质）调查表单收集的数据，但如今，几乎所有的原始数据都是通过多种数字设备收集的。由于篇幅限制，我们无法在此详细列出这些设备，但是不难想见这些设备包含了从简单到复杂、从便宜到昂贵各种等级的全系列产品。最低端的可能是一些测量仪表，如CTD记录仪，用于记录某一位置的温度、盐度、深度，或是其他水质参数。这些设备可能固定在船上或装在浮标上，也可能部署在行驶的测量船上记录读数。接下来是一系列中等费用的设备，如电子日志、定位系统（包括VMS和电子航海图系统）、声呐系统等；然后是数据收集体系中最精密的系统，如航空或卫星遥感系统，或是水下无人航行器，这些航行器通常会根据预先制定路线，在水下长距离航行并按照预编程序收集数据。

在渔业研究中，很难估量原始数据和二手数据之间的差异，在任何情况下，各个项目间的这种数据差异总是很大。二手数据一般会提供基本的绘图轮廓，无论是水文图、专题地图还是地形图等，而且如今大部分此类绘图都能以数字格式获得——即使有时非常昂贵！对于特定任务，研究人员可能仍须进行地图数字化，不过对于较小区域，使用扫描和数字化显示设备就能迅速实现数字化。其他二手数据大部分是表格数据，收集后存储在电子表格上或数据库中。毫无疑问，研究人员大都能获取大量涵盖了一系列专题区域的自有数据。但是，越来越多的海洋和渔业数据可以通过互联网，从似乎无穷尽种资讯来源获得。鉴于搜索引擎的高效，我们无需在此举例说明这些来源，大家可以从Meaden（2004），尤其是Valavanis（2002）找到更多信息。查找二手数据的管理人员或研究人员应谨慎核对可能使用数据的来源，因为笔者不得不承认自己仍在寻找一个适用的二手表格数据集。其原因与许多因素相关，例如集成水平、使用的采样技术、缺乏充足的元数据、不可靠的地理参考、版权问题、成本问题以及如何找到必不可少的数据。值得注意的是，已有人通过综合更多数据源、扩展专业数据源（如涵盖特定主题或地理区域的数据源）、降低价格和数据共享等方式，来尝试改进这一状况。

4.3　渔业 GIS 开发和支持的主要中心

4.3.1　与渔业相关的 GIS 开发工作中心

鉴于几乎没有大型研究机构培育和创建渔业学科的重点 GIS 研究中心，我们可以说 GIS 在渔业研究或管理中的使用确实是一个相对规模较小的工作。话虽如此，这项工作却仍然广泛开展，大量的涉及此项工作的机构和个人，其工作量也非常巨大。“渔业管理或研究”主题领域是一个在众多独立的小型研究机构中进行的工作，GIS 在这一领域的使用情况反映出这一趋势。如今的 GIS 能够轻松地嵌入到独立的应用程序中，就使得这样的情况更为普遍。在某种意义上，这既是有益的，又是不利的。说它有益，是因为这意味着有大量的人类智力资源致力于这个方向，这样的投入可以产生更具价值的产出；说它不利，则是因为这样必然会造成更多不必要的重复。在表 4.2 中，我们提供了一些将 GIS 用于渔业管理或研究的研究机构。

表 4.2　执行与渔业相关的 GIS 活动的研究机构示例

机构名称
英国坎特伯雷的坎特伯雷基督教会大学的“渔业 GIS 小组”（Fisheries GIS Unit）。这是一家承接应用研究和咨询工作的小型专业学术单位
IFREMER（法国）。这家法国政府研究机构拥有众多的 GIS 计划，其中很多极具创新精神
不列颠哥伦比亚大学（渔业中心）。可以说是渔业研究的首要学术机构，他们的多项研究结果都用到了 GIS。许多项目结合了 Ecopath 和 Ecosims 建模
环境模拟实验室（Environmental Simulation Laboratory，ESL）。这家日本私营公司与日本政府渔业研究机构合作研发出了一个先进的海洋渔业 GIS（见 4.2.1 节）
英国阿伯丁大学。该大学的动物学系有一支人数不多但相当活跃的渔业研究小组，他们在一系列的项目中，以更新颖的方法使用了 GIS
NOAA 的国家海洋渔业局（美国）。美国政府资助了许多利用 GIS 的研究计划，例如要求研究重要鱼类生活习性
大型 VIBES（本格拉生态系统中提升中上层鱼存活能力）项目利用 GIS 研究和管理非洲西南海岸这片极其高产的海洋区域。该项目主要是由法国政府和南非多所大学联合研究的综合性项目
希腊海洋研究中心。他们开展了众多渔业相关的研究，并且主要通过他们在克里特岛希腊克林的“海洋 GIS 实验室”在 GIS 方面获得了巨大的进展
迈阿密大学。在这所大学，“渔业生态系统建模”和“评估研究团队”正在开展非常先进的基于 GIS 的渔业和生态系统相关研究工作
英国 CEFAS。这是英国的一家政府渔业研究机构，他们在洛斯托夫特总部设有一个专门的 GIS 办公室
联合国粮农组织（FAO）。该组织在罗马的总部承接支持性工作，多个跨国项目利用 GIS 在一些欠发达地区作为优化渔业开发的手段。其支持性工作的范例包括 GISFish 和 COPEMED 项目

本列表内容仅作说明之用，尚不可能提供开展基于渔业的 GIS 工作的研究机构的确切范围或数量。

如表4.2中的案例所示，基于GIS的渔业工作在众多研究机构中开展。在各家大学中，从开发GIS软件用于空间和时间管理或渔业研究本身的意义上来说，大部分应用程序并非是不切实际。相反，他们几乎都关注在项目中运用专业GIS，而这些项目通常是对特定渔业或渔业领域方面的研究。这些研究机构通常会开展相类似的项目。国家或国际机构通常关注具体问题或领域，或是可能希望启动能与新的法律或帮助特定社会部门的特定项目。表4.2中列出的研究机构可能都雇用了若干GIS相关工作人员，不过人数可能仅有3~10人（因项目要求而异）。但全球范围内可能有数百家研究机构都正在进行一些基于渔业GIS的研究，其中绝大部分机构会聘用1~3名具备GIS开发能力的人员。在很多情况下，GIS都已被用作软件工具，而不是像几年前那样，“GIS”这个术语都不会出现在出版物（包括学术论文）的“关键字”列表中。

4.3.2 对与渔业相关的GIS工作的指导和支持

那些利用GIS进行渔业管理或研究的人总是需要指导和支持。这一需求很大程度上是因为ITC领域发生着日新月异的变化。另外我们也必须知道，从事该领域工作的任何人很大程度上也在从事表4.3中的部分领域或全部领域。只有具备熟练技能的操作员才能进行渔业GIS方面的工作！要改善这一情况，我们可以诉诸众多获得指导和支持的途径。Valavanis（2002）列出了一些在跨学科基础上推动和支持GIS工作的社团和组织。表4.3中列出了一小部分此类组织。

除了一些较普遍的支持，表4.3中还列出了许多专门提供有关渔业GIS指导和信息的来源。这些来源形式各异：会议、书籍、学术报告，还有一些专门的数据中心，而且提供纸质和数字内容。由于篇幅限制，我们只能在这里简单介绍几个比较重要的资源。

渔业GIS领域的会议一直到1999年才出现。那一年，第一次“渔业与水产科学地理信息系统国际会议”（International Symposium on G1S in Fishery Science）在西雅图召开，如今这一会议已发展为三年一届的会议（Nishida et a1.，2001）。第二次专题研讨会于2002年在英国苏塞克斯郡的布莱顿召开，第三次于2005年在中国上海召开，第四次则是2008年在巴西里约热内卢召开。有关这些会议的详细信息，可在www.esl.co.jp/Sympo/outline.htm上获取。还是在1999年，另一个类似的会议在安克雷奇召开，即第17届“洛厄尔·韦克菲尔德渔业研讨会：鱼类种群空间过程和管理”（Lowell Wakefield Fisheries Symposium on Spatial Processes and Management of Fish Populations）。从那之后，出现了多个专门研究渔业GIS的研讨会，但大部分都是很“低调”的活动。之所以必须提到这一点，是因为如今GIS多被用作渔业科学、管理和研究的工具，而这一事实则意味着很少有人组织专门研究GIS的会议。

渔业相关GIS的重要书籍主要由Meaden和Kapetsky（1991）、Meaden和Do Chi（1996）、Valavanis（2002）以及Fisher和Rahel（2004）撰写或编辑。还有多本书籍采用单独的章节专门介绍渔业GIS，另有个别涉及类似主题的书籍（如Kruse et al.，2001）。去罗列涉及或讨论GIS在渔业研究中使用的学术论文，哪怕只是其中的一小部分，也是很有意义的事情，况且我们可以利用众多现成的检索系统找到大部分此类论文。联合国粮农组织（FAO）是倡导在渔业相关（管理、研究、建模等）活动中应用GIS的主要机构，在相关信息的宣传中扮演着主导角色。FAO 在大约 20 年前首次涉足渔业 GIS 工作，从那之后，该机构一直努力推动这一工具的使用。他们的众多咨询工作都力图启用更具效果的粮食生产管理系统，而他们将 GIS 视为适用于该领域的一种极其重要的辅助工具。FAO 资助了许多 GIS 相关的研讨会和出版物，近期还推出了一本渔业 GIS 培训和技术专业手册（de Graff et a1. 2003），该手册成功地将渔业 GIS 应用程序与应用广泛的 ArcView（由 ESRI 开发）软件产品制作的 GIS 说明相结合。现在，该机构正在组建 GISFish，这将是一个汇集渔业 GIS 所有方面的“一站式”网站（Kapetsky and Aguilar-Manjarrez，2005）。其他一些国家和国际机构（如政府渔业研究机构），虽然可能没有积极宣传 GIS 的使用和价值，但他们也正在将 GIS 用于渔业研究。

表 4.3　一些 GIS 渔业信息和指导（根据 Valavanis（2002）改写和更新）

机构名称	信息指导	网址
地理信息协会（Association for Geographic Information，AGI）	在私营部门和公共领域提供多种支持	www. agi. org. uk
欧洲地理信息实验室协会（Association of Geographic Information Laboratories in Europe）	推动欧洲地理科学教学和研究	http：//www. agile-online. org/
国际地球科学信息网络中心（Centre for International Earth Science lnformation Network，CIESTN）	推广信息，帮助人们更好地了解日新月异的世界	www. ciesin. org
海洋发展领导联盟（Consortium for Ocean Leadership）	由 66 家美国研究机构组成的协会，代表了海洋研究和教育领域的核心力量	http：//oceanleadership. org/
加州鱼猎局（California Department of Fish & Game）	在收集、记录和分析空间数据方面提供协助，以制定有效的环保决策	www. dfg. ca. gov/biogeodata/gis/imaps _ about. asp
ESRI 环保计划-海洋和海岸	提供有关海洋领域的绘图/GIS、学术报告和 ESRI 会议事项相关信息的网站	www. conservationgis. org/links/marine. html
海洋研究机构和文件网络（Network of Marine Research Institutions and Documents，MareNet）	一个为全球海洋科学家提供有效交流的互联网网络	http：// marenet. unioldenburg. de/MareNet
欧洲海岸研究协调行动平台（European Platform for Coastal Research Coordination Action，ENCORA）	一个分享海岸科学政策和实践的欧洲平台	www. encora. org
Davey Jones Locker	一个提供有关海床测绘、海洋和海岸 GIS 咨询的门户网站	http：//seafloormapping. net/
FAO-渔业信息中心	提供多个渔业相关数据中心的直接访问	www. fao. org/fishery/topic/2017/en
FAO-渔业全球信息系统	一个综合性渔业信息网络	www. fao. orgjfishery/topic/3456/en

4.4 GIS 用于渔业研究的示例

由于如今 GIS 用于渔业研究（和管理）的示例为数颇众，因此即使只是列举其中的一小部分也比较困难。但是，我们在此仍会尝试说明 GIS 在渔业研究领域中的典型运用，并提供近期获得的一小部分可视化输出精选案例，以完善本章内容。我们根据渔业的多种不同类型、可视化的质量和特定的 GIS 功能选择了一些案例研究。下面列出了一些采纳和利用了 GIS 的主要专题领域。

GIS 可以以众多方式用于协助渔业研究，包括以下方式。

- 分布显示——这是简单的地图可视化，可显示任何海洋特产的分布，或海洋和渔业特产的综合分布。
- 海洋生物栖息地绘图和分析，如 Rubec 等（1998）的研究是确定弗罗里达州的“重要鱼类生活习性”，以及渔业海洋学方面的其他研究。
- 资源分析——量化和显示任何海洋资源或资源组合的分布。
- 建模，既包括阐释主题工作的功能，通常采用简单化或通用方法进行阐释，也可能是预测性建模，用以显示可能采取的决策或行动的结果。
- 监测管理策略，如通过电子日志或 VMS 跟踪数据，帮助优化捕鱼努力量的分配。
- 生态系统关系，如捕食关系，或是鱼类分布与任何环境参数之间的关系。
- 资源增殖，如人工放流的时机选择和地点选择，或是海产养殖活动的优化选址。
- 海洋保护区布局，即确定物种保护的合适区域并根据从这些区域获得的结果进行分析。由于涉及的相关方非常广泛，且各方目标通常存在冲突，再加上涉及各种各样的空间考虑因素，因此这项工作非常复杂。
- 经济面分析，即允许研究人员基于可供选择的管理和资源开采场景，对渔业产品可能带来的收入进行建模。
- 渔船编队安排和行为，也就是说，为了尽可能保持鱼类产量，需要在整个管理或生态系统领域内优化部署船只。

有关 GIS 在渔业研究中使用的更多信息，以及许多具体的案例研究，可通过前述 4.3.2 节中载明的阅读资源以及“渔业与水产科学地理信息系统国际会议”的众多会议记录获得。下面我们提供了 5 个案例研究的具体详细信息。

4.4.1 东英吉利海峡鱼类栖息地模型开发

Eastwood 和 Meaden（2004）描述了在确定东英吉利海峡适合欧洲鳎（*Solea solea*）生存栖息地的研究中是如何使用 GIS 的。图 4.2 说明了这次建模中所涉及各个阶段。他们使用渔业考察数据来获得考察区域的量化数值信息，这些信息显然能与任何鱼类种类的不同生命阶段相关联。同时，他们也获得了环境数据来确定所有可能会影响欧洲鳎栖息地偏好的重要变量。此模型的开发基于欧洲鳎渔获量密度上界的分位数回归估算值，从而得出最全面的栖息地可能承载能力信息。回归分位数参数估算值用于重新编码环境（栅格格式）数据，以生成各个环境参数的地图。最终的栖息地适宜度地图按不同环境输入层空间上重合的栅格像元几何方式计算。请注意，考察日期通常只涵盖一个时间段（如月份或季节），因此要生成一个时间上较完整的栖息地适宜度地图，将需要全年的考察数据。这一点在指定保护区的工作中可能非常重要。Eastwood 等（2001）提供了有关此项工作的更完整的说明。

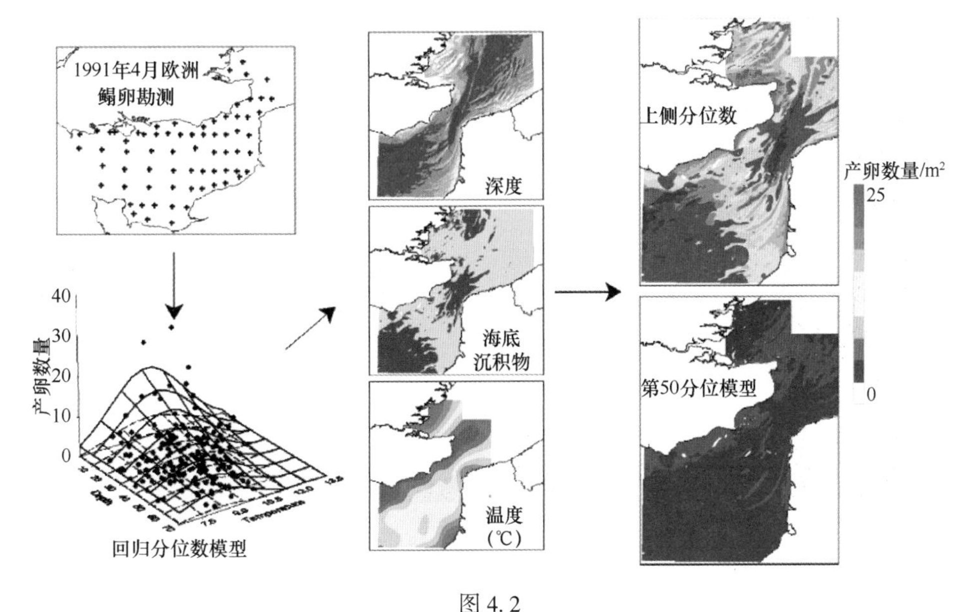

图 4.2
用于确定东英吉利海峡的欧洲鳎产卵栖息地所采用的建模程序。

4.4.2 绘制葡萄牙甲壳类动物拖网渔业捕捞努力量图

这里介绍一下 GeoCrust 2.0 的应用（Afonso-Diaz et a1.，2006）。这是由葡萄牙阿尔加维大学（University of Algarve）专门针对葡萄牙渔业而开发的 GIS，可对通过船舶监测系统（Vessel Monitoring Systems，VMS）获得的数据进行存储、分析和显示。图 4.3 显示了葡萄牙西南部甲壳类动物拖网渔业的捕捞努力量。捕捞努力量数据从葡萄牙国家 VMS 所提供的 GPS 数据获得。对于每艘船舶，每隔 10 min 读取其地理相关点定位数据。然后将整个船队一年（2003 年）的所有点定位数据进行整合，并以 0.2 海里×0.2 海里为单元绘制成图。可以看出，单个单元拖网捕捞的次数从 0 到大于 115 不等。有些情况下，单个拖网捕捞的路径是可识别的，因此拖网捕捞深度和频率之间的关系很容易建立。为了可视化捕捞努力量的分布，拖网区域被分成 7 个特定的地带，并记录相关的上岸数据。如有必要，可在 7 个主要的渔区基图上以比例圆的方式重叠显示每个地带不同渔获种类的比例以及每小时的渔获率。有关更详细的信息，请参阅 Afonso-Diaz 等（2004）。

4.4.3 阿曼海域皇帝鱼（裸颊鲷）捕捞丰度估计

由于各种资源的匮乏，包括缺乏适宜农作物生长的土壤和气候条件，海湾国家阿曼严重依赖渔业，渔业是当地就业、收入和食物的来源。图 4.4 显示了 1996—2004 年间皇帝

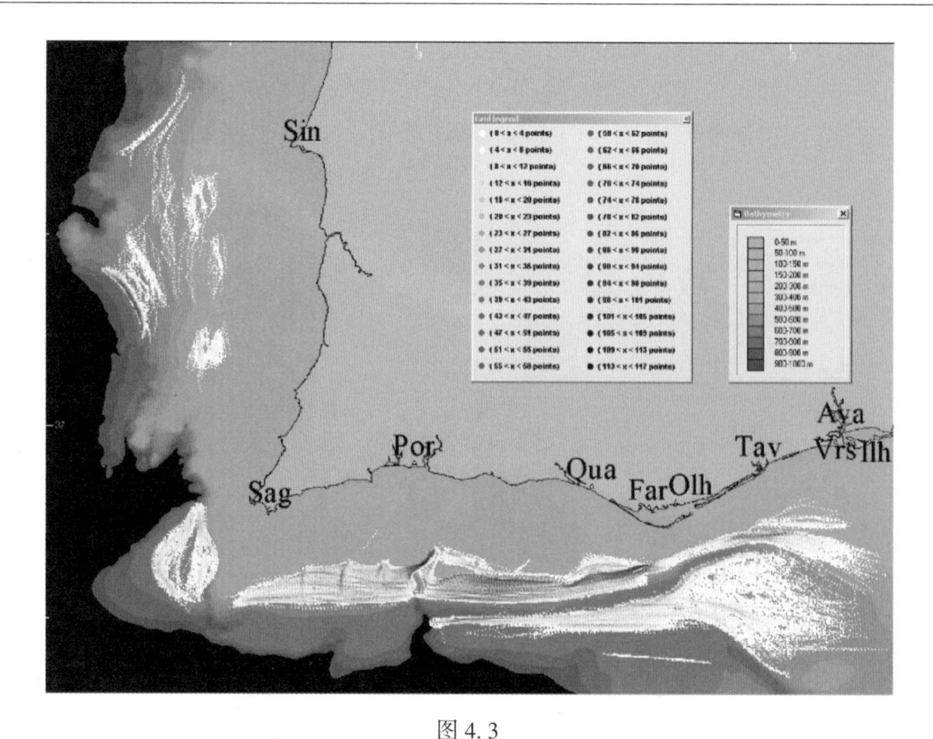

图 4.3
由 VMS 位置数据记录的 2003 年期间葡萄牙西南部甲壳类动物拖网渔业的捕捞努力量。

鱼（裸颊鲷）的总渔获量（传统和商业）与分布（Al-K harusi，2006）。将渔获量与测量深度关联时，很明显可以看出，渔获量高的区域主要分布在东南部海岸大陆架水域（水深>200 m）。这主要是因为索马里洋流上升的结果，一年中的大多数时间，尤其夏季西南季风季节，洋流的上升会给这些水域带来丰富的营养。作者使用 GIS 确定并绘制出不同物种的时间顺序图。这些图将渔获量或 CPUE 与其他变量（如海水表面温度或水深）相关联，从而显示渔获量随季节性空间而发生的“演化”。

4.4.4 巴西里约热内卢格兰德岛周围海参丰度初步估计

该案例研究仅针对当地范围，是典型的生计渔业。作者（Miceli and Scott，2005）试图建立巴西里约热内卢格兰德岛周围美国肉参（海参）丰度的初步估计。这项工作非常重要，由于远东亚洲市场的高需求，海参这一动物正面临着被非法捕捞的命运。美国肉参现已被巴西列为濒危物种。如果能够将捕捞进行规范，并正确管理存量，就有可能为当地大量自给自足的渔民提供良好的生计。在他们的研究中，两位作者使用了基于栅格的低成本地理信息系统“IDRISI Kilimanjaro”（由美国马萨诸塞州克拉克大学提供）。他们针对当地海参产品确定了以下控制参数：

- 生活在深度小于 20 m 的沿海水域；
- 生活在海岸线 300 m 以内；
- 生活在岩石居多的沿海区域；

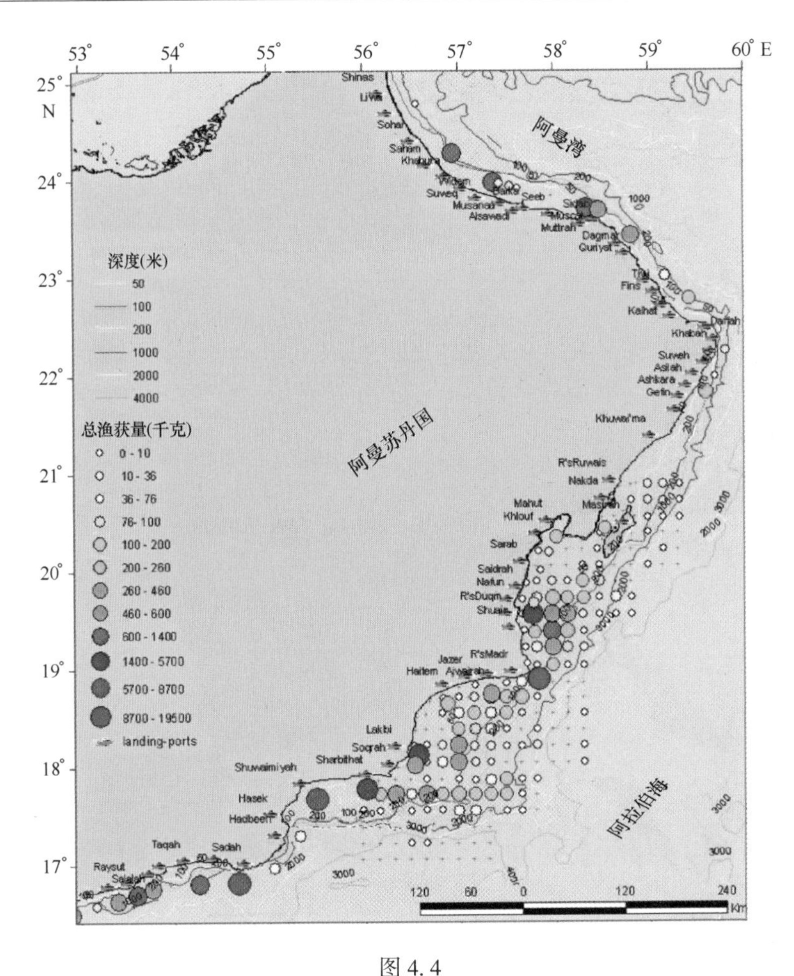

图 4.4
阿曼海域皇帝鱼总渔获量空间分布（1996—2004 年）。

- 偏好不受强烈西南风影响的区域；
- 均匀分布于一些适宜的区域。

图 4.5a 显示了格兰德岛周围区域的测量水深，图 4.5b 显示了西南风避风区域（绿色）和海岸线 300 m 以内水深不足 20 m 的区域（淡蓝色）。捕捞区域面积约 1 630 hm^2，假定该区域每 10 m^2 一个海参，这样该区域的产量应是 163 万只。

4.4.5　南非海域沙丁鱼和鳀鱼之间的定量相互作用

在该案例研究中，Drapeau 等（2004）“通过各种不同的信息源（商业和科学数据），获得了 13 种关键物种分布图，并利用从中得出基本指标来描述、呈现和量化几个物种对之间在时空上的相互作用”。图 4.6 显示了沙丁鱼和鳀鱼之间的相互作用。为了获取此图需要的信息，研究者将 6 种不同的数据资源通过 GIS 整合到 10′×10′的单元格中（ArcView 3.2），然后使用 5 种丰度分类将得出的每个物种的相对生物量绘制成图。在该案例中，所列举的物种相互作用是指这两种物种之间为争夺浮游生物而展开的竞争，不存在捕食与被

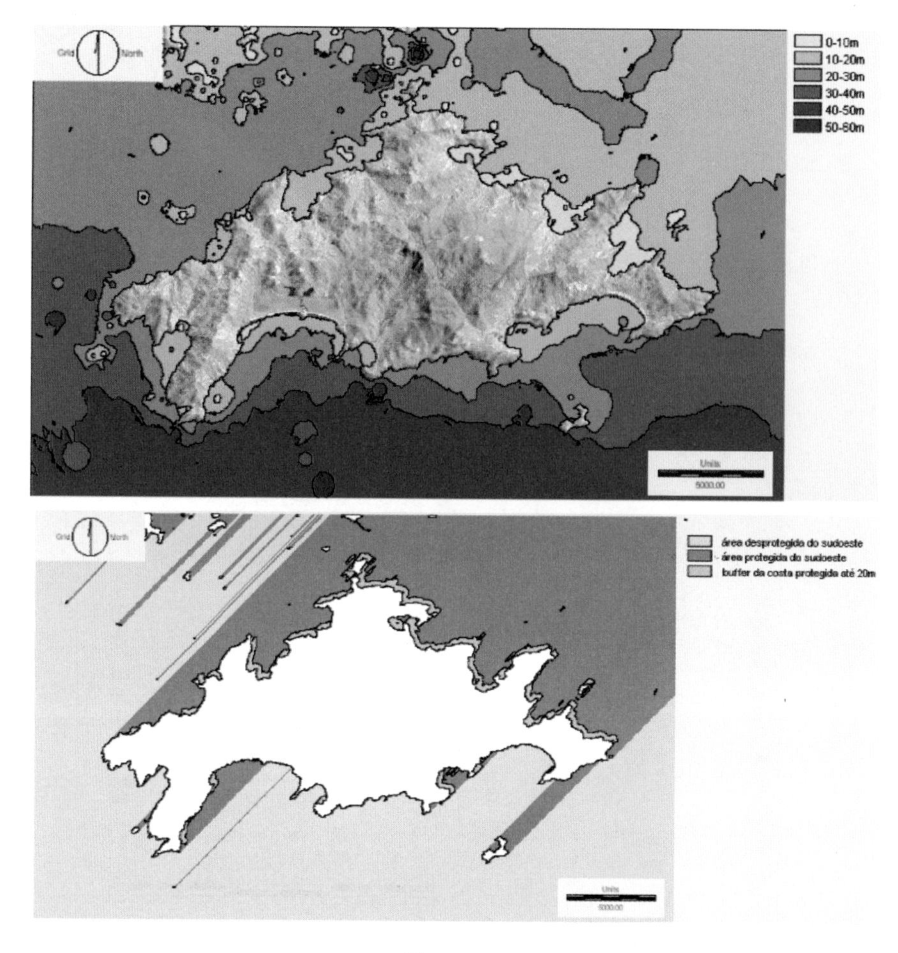

图 4.5

（a）巴西里约热内卢格兰德岛周围区域的测量水深；（b）格兰德岛西南风避风区域及海参捕捞的最佳产地。

捕食的关系。显然，独立（不存在相互作用）的每种物种占领的总面积基本相当，但这些领域的分布却明显不同。物种的重叠主要集中在从翁德克里普湾（Hondeklip Bay）到伊丽莎白港（Port Elizabeth）东部 100 km 的沿海地区。在该案例研究中，GIS 的利用明显成为了进一步开展生态系统观测和管理的基础。

4.5　利用 GIS 进行渔业管理和研究所面临的挑战

因为最近有出版物（Meaden，2004）已经就渔业相关领域内 GIS 的使用所面临的主要挑战进行了较详细的讨论，因此这里仅重点介绍其中的一部分。中肯地说，该领域内工作人员面临的挑战不仅包括了将 GIS 作为实用工具以发挥其最佳功效的直接相关因素，还包括与此工作环境密切相关的领域的因素，比如足够的资金、培训、建模、数据库管理、数据结构等。由于篇幅限制，在此不再赘述。另一个值得注意的地方是，存在挑战的一个

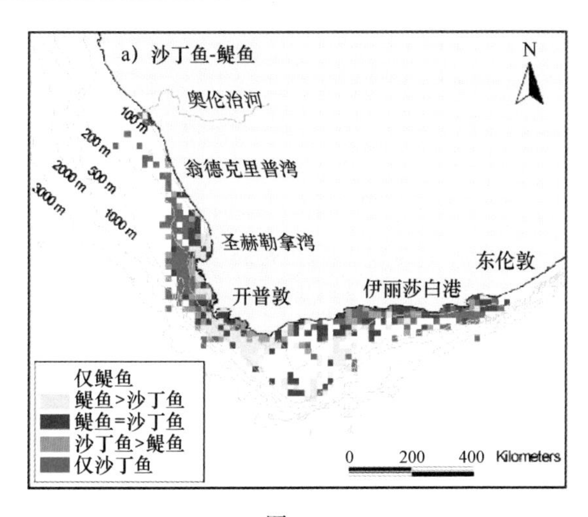

图 4.6
南非沿海水域沙丁鱼和鳀鱼贮量之间相互作用的程度。

重要原因是当特定渔业领域内发生问题时，通常是科学家，或从事渔业研究的人员会成为替罪羊。“科学家的责任是去证明自己能就各种问题提供合理答案，而渔业困境的责任重担应由用户和从政者承担，这一点至关重要”（Meaden，2004，第 14 页）。最后要指出，尽管这里对各种挑战进行了分门别类，但实际上它们很多都是相互联系的。

4.5.1　知识和理论的挑战

陆地领域内基于 GIS 的大多数工作主要是对空间上固定的对象进行分析并绘图，如公路、建筑物、森林、犯罪现场、零售店位置等。显然，尽管所绘制的地形地物的位置有时会发生改变，但这种改变通常是一次性、偶尔的变动。海洋环境却截然不同，几乎一切都是不断变化的，这不仅指绘制对象（如鱼群、渔船、龙虾、鲸鱼等）会自由的游弋，也指海洋环境本身。与之相关的地理特征，如水温、盐度、浊度、浮游植物等都会不断变化。尽管有些运动（如大的洋流）是相对可以预测的，但诸如浮游生物的大量繁殖、鱼类觅食运动等却变化无常，因此难以预测。这样，GI 分析家面临的第一个挑战就是——如何最好地绘制运动的对象？显然，这是必须要攻克的一大挑战，因为渔业 GIS 的基础建立在对海洋资源空间分布的了解之上。现在，人们已经开始部署大量的工作来研究这些因素，如动物的活动和鱼类迁徙等，人们也在积极开展运动建模等工作。另外，人们也正在应用 GIS 动画，以便能够通过时空域来实现运动分析的最佳化。

第二个知识挑战涉及比例和分辨率。很显然，渔业科学涉及了以从相对较小到庞大的各种比例控制的过程，并且涉及时间和空间两种维度。这带来诸多挑战：开展工作的最佳比例是多少？单一的研究如何整合发生在多个时间和空间尺度上的不同过程？数据采集点之间的空间/时间间隔应为多少？以正确的比例进行工作至关重要，因为许多分布形态仅能在适当的比例下进行识别。由于水体的运动（速度和方向）很少与动物群物种的运动一致，致使估计这样一个比例更为困难。分辨率则与比例密切相关，因为分辨率决定着采集数据时要使用的测量区间。St. Martin（2004）就数据采集和比例的关系提出了一些实用的评论，尤其解释了其中各种错综复杂的因素。

第三个知识挑战源于这样的事实：几乎所有渔业相关的 GIS 工作都发生在 3 个或 4 个维度。相比之下，陆地 GIS 则只需考虑 2 个或 2.5 个维度（后者是因为基于地面的现象也有高度属性）。可以说，正是需要至少在 3D 的环境下工作这一要求，构成了开发完全面向海洋的 GIS 软件的最大障碍。不过，人们正在这方面投入大量的工作，各种系统也正在慢慢出现（Varma，2000）。除了 GIS 必须具有在多维度环境下运行的功能之外，当然也必须存在能够在 3D 环境中高效运作的数据库结构、功能和存储功能。

第四个知识挑战与应用空间统计和建模相关，即如何将这些程序以最佳的方式集成到 GIS。这里需要考虑的是将 GIS 用作软件平台或展现工具，基于这一平台或工具来构建、评估或测试数值模型（通常采用方程式）。例如，通过水中温度梯度考虑多个物种的空间分布。通过该梯度，应有可能建立能够最好地描述此分布的方程式（以模型表达）。当然，这是一个非常简单的例子；在实际中，物种也会对其他分布做出反应，比如附近的捕食者、海底沉淀物类型、盐度水平等。可能需要整合所有这些因素来建立整体性模型。目前，很可能大多数海洋空间建模都是通过能够以某种方式集成到 GIS 的专门建模软件中执行的；有些作者指出，选用与 GIS 相独立、但在需要时又能预期整合的“空间分析工具包”软件是明智之举（Openshaw and Clarke，1996）。

以下内容（摘自 Meaden，2004）说明性地列出了在海洋渔业方面使用 GIS 建模的主要优势：

- 栅格数据结构为各种空间程序提供理想的平台；
- 大多数 GIS 具有可供使用的内置或自选方程式；
- 容易添加可能影响或改进模型的其他变量；
- 可添加多种类型的权重；
- 可针对动态建模实现时间迭代；
- 大多数 GIS 可结合到外部建模或统计软件；
- GIS 非常适合用于探测数据分析；
- GIS 易于适应比例、时间和区域的变化。

第五个知识挑战就是可视化方面的优化。在准确的同时，GIS 的输出必须保证尽量让更多的人群容易理解。对制图人员来说，一个不幸的事实是：每个人都有不同的知觉偏好，这意味着部分人很容易理解的东西对另一些人可能不尽然。为了尽可能优化可视化，必须考虑与制图相关的各种因素，包括字体大小、风格和布局、色彩组合、定量分类、数据表示（符号使用）等。另外，许多“地图对象”可归类为“模糊对象”，这意味着它们可能不精确，或者不同的个体可能会以不同的方式诠释它们。例如，什么是大陆架？或者墨西哥湾流的确切位置在哪里？“潮间带”每个月都不同。不同的作者对海洋生物群落的解释都有不同。海洋区域没有明确的划分界限，这人尽皆知。可视化面临的更大挑战在于通常要以 3D 方式来绘制极其复杂的表面并传达出其意义。试想一下绘制底栖生物群落或大范围的珊瑚礁。考虑一下绘制物种分布范围的难度。所有这些可能都是分布不均的，且表现出不同的密度，并会随着季节的变化而变化，且全都是三维变化。

4.5.2　实践和组织方面的挑战

对于应用 GIS 进行渔业研究或管理的人来说，最迫切的需求之一就是数据，数据可能耗资巨大、缺乏且难以找到。即便可以找到数据，又难免其中所涵盖的空间和时间段并非实际所需的确切信息；收集数据的分辨率可能不正确；可能存储于不便使用的结构中；可能缺乏足够的元数据信息；也可能是为其他用途而收集的数据，因而没有实际所需的参数。如果找不到所需的数据，只能将这些用作原始数据。这一般涉及对高成本的考虑、可能需要专门的设备、船只租赁时间安排、对于天气条件的依赖等。这造成取样数据显著性差异问题。在三维或四维运动海洋环境中，研究人员如何估计其数据的重要性？或者需要多大规模的取样？尽管现在网络上可供使用的数据快速增长，但收集数据的挑战仍会持久存在，这主要是因为项目可能会越来越专业化，因此需要更详细和更准确的数据。为了更好地方便数据的获取，一个主要的途径就是提高数据的互用性，将不同的数据和计算机系统联网，达到数据共享的目的。在 OpenGIS 协会的倡导下，技术人员开发了 OpenGIS，使得该领域的前沿技术取得了长足的发展。该开发产品的优势将会在广泛分散的渔业研究部门发挥重要的作用。

"主题组织"问题是渔业方面使用 GIS 的又一挑战。"渔业研究"本身可能与一些其他主题领域联合进行，例如海洋学、海洋生态系统、气候学、生物学以及各种技术领域。由于研究通常由独立且小规模的机构开展，研究人员无法访问所有必要的资源，毫无疑问，这会让分散的弊端凸显。这很可能造成计算或相关的软硬件在某些方面的力不从心，同时也很难得到相应的指导和支持。人们开始尝试通过研讨会、学术会议、互联网等方式克服主题碎片化问题，但是笔者注意到，仍然存在大量的重复工作或"重新发明轮子"的多余之举。

最后一个实际挑战涉及信息输出的传递。虽然研究人员可相对容易地将基于 GIS 的信息传递给所在组织内的相关人员，但实际上要将其传递到更广泛的受众却面临很大挑战。虽然我们已提到正在出现专题讨论会和一些支持及指导媒介，但不得不说，绝大多数有关 GIS 功能性的文献仍然局限于相对难以接近的灰色文献。一些知名渔业杂志上刊登的许多论文可能报道了利用 GIS 的相关研究，但鲜有强调说明，这些论文的"方法"部分总是很少谈及 GIS 如何被利用。互联网可能会通过让数据输入访问以及传递基于 GIS 研究的输出变得相对容易一些，从而逐渐会对基于 GIS 渔业信息的传播起到一定的影响作用。

4.5.3　经济、社会和文化的挑战

过去 20 年，计算领域在成本分配方面经历了重大转变。20 世纪 80 年代，计算机及其软件是主要的开支项目，相对而言，现在情况已非如此。目前来说，GIS 领域数据成本占据所有系统成本的 80% 左右，在渔业相关 GIS 领域，这个比例很可能更高。这种转变是由于尽管计算机和软件可以批量生产，而对于大多数数据来说，很难实现批量生产。另外，数据需求在详细程度、数量和质量方面变得更加严格。高的数据成本可能已成为渔业相关 GIS 发展相对缓慢的主要原因，这在大多数发展中国家尤为如此。在发展中国家，

GIS 的成本仍然很难证明正当性，这其中的部分原因是因为成本：效益分析很难执行，这导致优势不容易显现。另外，发展中国家为了自己的 GIS 相关需求通常要从“西方人”那里买单，这可能不仅包括计算设备和数据，还包括培训和其他支持。在发展中国家或地区，尽管现在有些地方（如斯里兰卡、菲律宾和一些波斯湾国家）正在积累当地的专门技术，但大多数与渔业相关的 GIS 工作仍然必须完全依赖捐助方的支持。

在渔业研究中采用 GIS 面临的社会和文化挑战与工作环境或制度规范及实践有关，这些因素与发展程度或主流文化密切相关。这意味着在渔业等领域，由于运营相对孤立且规模小，许多机构缺乏一个 GIS“拥护者”。正如 Campbell 和 Masser（1993）之前证实的一样，如果一个机构内没有人真正愿意推动 GIS 并努力促进它的发展，那么 GIS 被成功采用的机会非常渺茫。该领域内的其他挑战还包括少有人意识到渔业领域内的问题根源于空间分布差异性，而且许多管理者或研究人员也未能意识到地理角度的重要性。从渔民那里获取数据可能比较难，因为他们对于科学家或从政者如何利用这些数据存在极度不信任。许多国家发现，实施数据收集系统（如渔业日志）相当困难，然而这些却是潜在的重要资源或研究数据。有趣的是，英国主要的渔业研究机构 CEFAS 最近实施了一项计划，他们与商业渔船签订短期合约雇佣他们，旨在收集数据并向渔民展示此举是出于对他们的支持。这有望培养人们对“科学管理”的良好态度。最后，该领域内的一些其他挑战源于一些国际机构和捐赠组织对发展中国家使用复杂 IT 系统的了解不足。他们认为技术几乎与文化背景没有关系。另外，无论在发达国家还是发展中国家，研究人员都可能缺乏“地理认知”。这是对地理（空间）关系的固有认识，如果缺乏，会导致无法识别地理图像或相邻性、普遍存在性、邻近性以及异质性等方面的表象趋势。而这些技能对于 GIS 的成功至关重要。

4.6　结论与展望

自本书首次出版的 10 年间，GIS 方法和应用取得了空前的进展。仔细研读第一版对应章节会发现，该章节基本花费三分之一的篇幅描述什么是 GIS 及其功能（Meaden，1996）。现在，这些不再需要了——虽然在渔业及其管理领域 GIS 尚未普及，但在科研领域 GIS 已经无处不在。另外值得注意的是，如第一版书中描述的一样，渔业领域内几乎所有的 GIS 用户或多或少都与静态绘图有关，如创建航海图、海岸带管理、水产养殖最佳位置等，只有在一次有关 GIS 潜在使用的考察中提及了较复杂的问题。如今，GIS 在空间分析领域的使用已不存在什么不可以尝试的地方了。

GIS 现在“提供即便刚入门的新手都可使用的丰富功能”（Battista 和 Monaco，2004；第 202 页）。这极大地刺激了它的使用。随着 GIS 改进其分析功能范围，其潜能得到了更大的发挥，GIS 本身也得到了发展。通过援助、指导、支持和培训方面的投入，整个 GIS 运营基础架构目前得到了很好的支持。互联网数据门户网站提供了对海量数据资源的访问，这极大地便利了研究。Battista 和 Monaco（2004）进一步推断，GIS 将来在海洋领域相关工作中的应用将由三个相互依赖的因素共同决定：软件强化、数据访问，以及用户驱动的统计、光谱和空间数据探索技术。它们“将共同确保 GIS 持续支持研究人员较容易地对进行生物群、栖息地和海洋环境的物理机制之间复杂空间关系进行研究”。GIS 功能性将通过并行技术的发展得到进一步的提高。这其中最重要的将是数据供应，可以通过以下途径实现：遥感分辨率和图像传送系统的改进、水声数据收集的进步，尤其是实现地下地形和栖息地类型的快速原地绘图。改进的数据库将显著提高数据查询功能。随着不同系统之间标准化和互用性的提高，数据使用量将增长。

促进 GIS 在渔业管理和研究中进一步应用的重大激励因素将会来自于对生态系统管理（而非单一物种管理）的需求（St. Martin，2004）。该作者重点讲述了组成任何海洋生态系统的各个相互关联部分的极其复杂的空间布局。他也指出，渔业本身正在从管理系统中剥离，而行动（捕捞决策）将基于个人或远程渔业部门决策（如欧共体共同渔业政策做出的决策）。将来，决策很有可能将在当地社团层面做出。St. Martin（2004）进一步得出结论：与渔业及其管理相关的问题需要在空间上（而非在数值方面）进行重塑。例如，渔民很有可能会将他们的捕捞努力量分配在界定的空间区域，而不是按分配的定量捕捞指标分配捕捞努力量。这种不断变化的管理方案需要有高效的 GIS 来进行复杂的海洋管理和空间管理。随着渔业资源的减少，以及对基于空间的决策制定重要性的新认识，渔业管理及研究领域将迎来使用 GIS 的重要时刻。

参考文献

A fonso-Diaz M, Simoes J and Pinto C (2004) A dedicated GIS to estimate and map fishing effort and landings for the Portuguese crustacean trawl fleet. In Nishida T, Lailola PJ and Hollingworth CE (eds) GIS/Spatial Analyses in Fishery and Aquatic Sciences (vol 2), Fishery-Aquatic GIS Research Group, Saitama, Japan, pp 323-340

Afonso-Diaz M, Pinto C and Simoes J (2006) GeoCrust 2.0-A computer application for monitoring the Portuguese crustacean trawl fishery using VMS, landings and logbooks data. Poster presented at ICES Annual Science Conference, ICES CM 2006/ N: 19.19-23 September, 2006. Maastricht, Netherlands

Agardy T (1994) Advances in marine conservation: the role of marine protected areas. Trends in Ecology and Evolution 9: 267-270

Allison GW, Lubchenco J and Carr MH (1998) Marine reserves are necessary but not sufficient for marine conservation. Ecological Applications 8: S79-S92

Al-Kharusi L (2006) Analysis of space and time variation of emperor (Lethrinus) in Omani waters. Unpublished MSc thesis, Department of Geography, University of Leicester, UK

Barkai A (2004) An electronic fishery data management system: Ademonstration of a unique, wheelhouse, software solution for the collection, management and utilization of commercial fishing data. In Nishida T, Lailola PJ and Hollingworth CE (eds) GIS/Spatial Analyses in Fishery and Aquatic Sciences (vol 2), Fishery-Aquatic GIS Research Group, Saitama, Japan, pp 599-606

Battista TA and Monaco ME (2004) Geographic information systems applications in coastal marine fisheries. In Fisher WL and Rahel FJ (eds) Geographic Information Systems in Fisheries. American Fisheries Society, Bethesda, USA, pp 189-208

Caddy JF, Carocci F and Coppola S (1998) Have peak fishery production levels been passed in continental shelf areas? Some perspectives arising from historical trends in production per shelf area. Journal of Northwest Atlantic Fisheries Science 23: 191-219

Campbell H and Masser I (1993) Implementing GIS: The organisational dimension. Association for Geographic Information. Conference Papers for AGI93, Birmingham, UK

Christensen V, Guenette S, Heymans JJ, Walters CJ, Watson R, Zeller D and Pauly D (2003) Hundred-year decline of North Atlantic predatory fishes. Fish and Fisheries 4:1-24

de Graff G, Marttin F, Aguilar-Manjarrez J and Jenness J (2003) Geographic information systems in fisheries management and planning. FAO Fisheries Technical Paper No 449. FAO, Rome, Italy

Drapeau L, Pecquerie L, Freon P and Shannon LJ (2004) Quantification and representation of potential spatial interactions in the southern Benguela ecosystem. Ecosystem Approaches to Fisheries in the Southern Benguela, African Journal of Marine Science 26:141-159

Dugan JE and Davis GE (1993) Applications of marine refugia to coastal fisheries management. Canadian Journal of Fisheries and Aquatic Science 50:2029-2042

Eastwood PD, Meaden GJ and Grioche A (2001) Modelling spatial variations in spawning habitat suitability for the sole Solea solea using regression quantiles and GIS procedures. Marine Ecology Progress Series 224:251-266

Eastwood PD and Meaden GJ (2004) Introducing greater ecological realism to fish habitat models. In Nishida T, Lailola PJ and Hollingworth CE (eds) GIS/Spatial Analyses in Fishery and Aquatic Sciences (vol 2), Fishery-Aquatic GIS Research Group, Saitama, Japan, pp 181-198

Environmental Simulation Laboratory Inc. (2004) Introduction to Marine Explorer. In Nishida T, Lailola PJ and Hollingworth CE (eds) GIS/Spatial Analyses in Fishery and Aquatic Sciences (vol 2), Fishery-Aquatic GISResearch Group, Saitama, Japan, pp 615-623

FAO (2004) State of World Fisheries and Aquaculture (SOFIA) 2004. Food and Agriculture Organisation of the UN, Rome, Italy

Fisher WL and Rahel FJ (eds) (2004) Geographic Information Systems in Fisheries. American Fisheries Society, Bethesda, Maryland, USA

Garcia SM and de Leiva Moreno I (2001) Global overview of marine fisheries. Proceedings of Reykjavik Conference on Responsible Fisheries in the Marine Ecosystem, Reykjavik, Iceland. 1-4th October 2001. pp 1-24

Gill TA, Monaco ME, Brown SK and Orlando SP (2001) Three GIS tools for assessing or predicting distributions of species, habitats, and impacts: CORA, HSM, and CA&DS. In Nishida T, Kailola PJ and Hollingworth CE (eds) Proceedings of the First International Symposium on GIS in Fishery Science, Seattle, Washington, USA. 2-4 March 1999. pp 404-415

Itoh K and Nishida T (2001) Marine Explorer: Marine GIS software for fisheries and oceanographic information. In Nishida T, Kailola PJ and Hollingworth CE (eds) Proceedings of the First International Symposium on GIS in Fishery Science, Seattle, Washington, USA. 2-4 March 1999. pp 427-437

Kapetsky JM and Aguilar-Manjarrez J (2005) GISFish: The FAO global gateway to GIS, remote sensing and mapping for aquaculture and inland fisheries. In Nishida T, Shiba Y and Tanaka M (eds) Program and Abstracts for the Third International Symposium on GIS/Spatial Analyses in Fishery and Aquatic Sciences. Shanghai Fisheries University, Shanghai, China. 22-26 August 2005. p 5

Kemp Z and Meaden GJ (2002) Visualization for fisheries management from a spatiotemporal perspective. ICES Journal of Marine Science 59: (Part 1): 190-202

Kruse GH, Bez N, Booth A, Dorn MW, Hills S, Lipcius RN, Pelletier D, Roy C, Smith SJ and Witherell D (eds) (2001) Spatial Processes and Management of Marine Populations. University of Alaska Sea Grant AK-SG-01-02. Fairbanks, Alaska, USA

Lubchenco J, Palumbi SR, Gaines SD and Andelman S (2003) Plugging a hole in the ocean: the emerging science of marine reserves. Ecological Applications 13(1): S3-S7

Meaden GJ (1996) Potential for geographic information systems (GIS) in fisheries management. In Megrey BA and

Moksness E (eds) Computers in Fisheries Research.Chapman & Hall, London.pp 41-79

Meaden GJ (2000) Applications of GIS to fisheries management. In Wright DJ and Bartlett DJ (eds) Marine and Coastal Geographical Information Systems.Taylor and Francis, London.pp 205-226

Meaden GJ (2001) GIS in fisheries science: Foundations for the new millennium. In Nishida T, Kailola PJ and Hollingworth CE (eds) Proceedings of the First International Symposium on GIS in Fishery Science. Seattle, Washington, USA.2-4 March 1999.pp 3-29

Meaden GJ (2004) Challenges of using geographic information systems in aquatic environments. In Fisher WL and Rahel FJ (eds) Geographic Information Systems in Fisheries, American Fisheries Society, Bethesda, USA.pp 13-48

Meaden GJ and Kapetsky JM (1991) Geographical information systems and remote sensing in inland fisheries and aquaculture.FAO Fisheries Technical Paper No 318.FAO, Rome, Italy

Meaden GJ and Do Chi T (1996) Geographical information systems: Applications to marine fisheries.FAO Fisheries Technical Paper No 356.FAO, Rome, Italy

Miceli MFL and Scott PC (2005) Estimativa preliminar do estoque da holotúria Isostichopus badionotus no entorno da Ilha Grande, RJ apoiado em Sistemas de Informacão Geográfica e Sensoriamento Remoto, Anais XII Simpósio Brasileiro de Sensoriamento Remoto, Goiânia, Brasil.16-21 April 2005.pp 3659-3665

Mikol R (2004) Data collection methods and GIS uses to enhance catch and reduce bycatch in the north Pacific fisheries. In Nishida T, Lailola PJ and Hollingworth CE (eds) GIS/Spatial Analyses in Fishery and Aquatic Sciences (vol 2), Fishery-Aquatic GIS Research Group, Saitama, Japan.pp 607-614

Mullon C, Freon P and Cury P (2005) The dynamics of collapse in world fisheries. Fish and Fisheries 6: 111-120

Neis B, Schneider DC, Felt L, Haedrich RL, Fischer J and Hutchins JA (1999) Fisheries assessment: What can be learned from interviewing resource users. Canadian Journal of Fisheries and Aquatic Sciences 56: 1949-1963

Nishida T, Kailola PJ and Hollingworth CE (2001) Proceedings of the First International Symposium on GIS in Fishery Science. Seattle, Washington, USA.2-4 March 1999

Openshaw S and Clarke G (1996) Developing spatial analysis functions relevant to GIS environments. In Masser I and Salge F (eds) Spatial Analytical Perspectives on GIS: Gisdata4.Taylor and Francis, London.pp 21-37

Pauly D, Christensen V, Guenette S, Pitcher TJ, Sumaila UR, Walters CJ, Watson R and Zeller D (2002) Towards sustainability in world fisheries. Nature 418: 689-695

Rahel FJ (2004) Introduction to geographic information systems in fisheries. In Fisher WL and Rahel FJ (eds) Geographic Information Systems in Fisheries, American Fisheries Society, Bethesda, USA.pp 1-12

Rubec PJ, Coyne MS, McMichael RH and Monaco ME (1998) Spatial methods being developed in Florida to determine essential fish habitat. Fisheries 23: 21-25

St.Martin K (2004) Geographic information systems in marine fisheries science and decision making. In Fisher WL and Rahel FJ (eds) Geographic Information Systems in Fisheries, American Fisheries Society, Bethesda, USA.pp 237-258

Tomlinson RF (1989) Presidential address: Geographic information systems and geographers in the 1990s. The Canadian Geographer 33(4): 290-98

Valavanis VD (2002) Geographic Information Systems in Oceanography and Fisheries. Taylor and Francis, London, UK

Varma H (2000) Applying spatio-temporal concepts to correlative data analysis. In Wright DJ and Bartlett DJ (eds) Marine and Coastal Geographical Information Systems.Taylor and Francis, London, UK.pp 75-93

Wood BA (2004) Open-source and freely available geographic information system software and resources. In

Nishida T, Lailola PJ and Hollingworth CE (eds) GIS/Spatial Analyses in Fishery and Aquatic Sciences (vol 2), Fishery-Aquatic GIS Research Group, Saitama, Japan.pp 625-640

Wood BA and Dunn A (2004) Visualisation of fisheries data using free scientific visualisation software. In Nishida T, Lailola PJ and Hollingworth CE (eds) GIS/Spatial Analyses in Fishery and Aquatic Sciences (vol 2), Fishery-Aquatic GIS Research Group, Saitama, Japan.pp 641-648

Wright DJ (2000) Down to the sea in ships: the emergence of marine GIS. In Wright DJ and Bartlett DJ (eds) Marine and Coastal Geographical Information Systems, Taylor and Francis, London, UK.pp 1-10

第5章　遥　感

Olav Rune Godø 和 Eirik Tenningen

5.1　前言

基于生态系统方法的海洋环境与资源管理需要大量的高质量数据的支撑，这就需要我们建立起一整套能够及时掌握生态系统动态特征并理解其变化机制的方法体系，尤其是当这些特征与变化和人类活动相关时，该方法体系的建立将为精确评估生态系统各组成成分的现状和发展趋势提供必不可少的基本支持。实际上，只有当我们能够在第一时间对何种过程在何时何地发生做出精准描述时，才有可能为基于生态系统的管理方法提供充足的信息。这一目标在对数据时效性和全面性的要求上与现行的监测手段，即对特定时间步长的某种生态系统参数进行采样的标准调查方法形成了强烈对比。是否有可能通过调整现有监测方法以满足未来对海量数据的需求呢？这种做法是否现实可行？或者还有其他可选方案？

遥感技术的发展为我们提供了新的途径。采用遥感技术获取数据的原动力主要来自于减少成本开支和提升监测数据的分辨率（包括时间和空间两方面）。相比之下，传统数据采集方法则由于无法满足高时空分辨率下的充分采样需求，使数据扩展的目标变得不切实际。在这方面，遥感技术的优势得以充分体现，甚至能够提供更高质量的数据，而其业务化运行则主要基于该技术所提供的长时间序列数据获取能力。目前主要依靠这些长时间序列遥感数据分析所获取的变化趋势作为制定管理措施的依据，而对于更为现代的传感探测方法的探索当前仍处于停滞状态。因此，现阶段对于全面发展和充分利用新型遥感技术的最大限制主要来自于对所获取的信息从预处理，分析到合成的一整套业务化操作框架还未成熟。

以声学传感技术为代表的遥感技术将会在未来的应用中变得越来越重要。这类方法的显著特点是其非侵入性和非破坏性。具有远大前景的种群声学探测和分类技术的不断发展，使得渔民可在不使用昂贵且具有破坏性的渔具进行捕捞时，直接对可捕资源的种类及大小进行选择。

广义的遥感既可通过将传感器直接置于环境中完成监测，也可由安装在其他平台上的传感器并通过远程连接操作来实现。在本章节中，我们首先对现阶段新型遥感技术（包括传感器和平台）在海洋环境和资源观测中的主要应用成果进行概述。从洋流和鱼类运动观测，到鲸的密度或最小浮游动物等有机体丰度的估测等应用研究结果表明，遥感技术为应对基于生态系统方法的渔业评估和管理所带来的挑战提供了低成本高效益的解决方案。其次，本章也将针对遥感技术在各方面应用的优势和缺点展开讨论。另外，本章节中要探讨的一个更重要的问题是，由于现代传感技术的成功目前主要依赖于能够有效利用和收集信息的模拟和计算分析技术的发展，那么从更大的角度来看遥感传感器技术作为承接，替代或增强现有数据源获取的潜在能力究竟如何。

5.2　传感器

这里我们将对普遍认为是最重要的且在海洋环境与资源观测方面最具前途的遥感观测传感器类型进行阐述。按照传感器的运行波长和频率进行分类，常见的搭载平台和观测任务如图 5.1 所示。

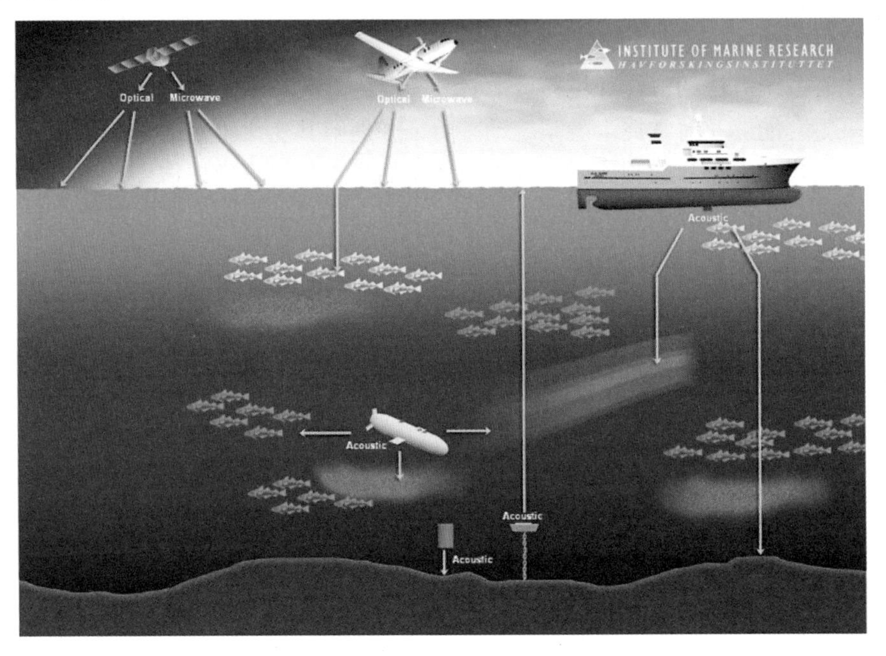

图 5.1
水体遥感传感器及常见的搭载平台和观测任务。图中黄线给出了采样范围和界限。

图 5.2 展示了不同平台上搭载的传感器的探测范围。

5.2.1　声学

声学传感器主要采用声音来探测海洋有机体及其环境的属性。其中，垂向声呐探测系统在渔业科学研究中最为常见，而水平声呐观测系统在远洋商业高效渔业捕捞上具有重要作用。同时，声学传感器也可被用来探测洋流方向和速度。然而在声学系统建立起来之前的几个世纪中，远距离感知和量化鱼群都是通过手钓来实现的（图 5.3）。更重要的是，当代声学技术的发展为满足基于生态系统管理方法的需求提供了新的解决方案，既包括个体层面的鱼类行为和相互作用观测，也包括群落层面的物种组成观测。同时，声学传感器

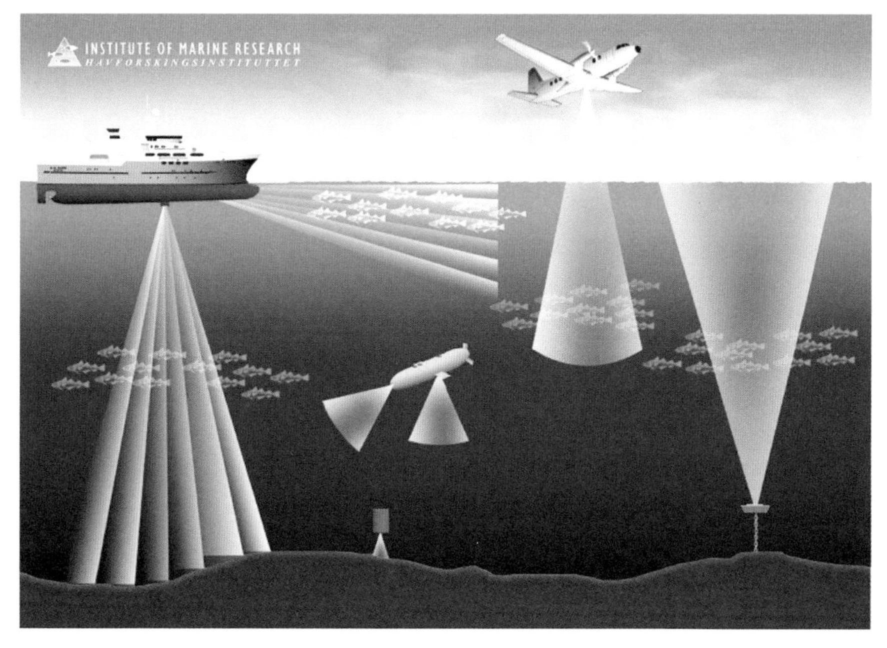

图 5.2

船载声学传感器与机载激光雷达的探测范围比较。船载声呐回声探测器的观测范围通常限于水体中上层，但可由水平方向声呐传感器进行表层信息补偿。另外，接近底部（底部盲区）区域的限制可由其他平台所获取的信息来弥补，既通过在水体底部放置水下机器人（AUV）或漂浮浮标，也可以通过安装在水体底部的固定向上的点状声学系统来扩大对中上层区域的覆盖范围，这同时能有效提高信息获取的时间分辨率。最后，可通过机载激光雷达扩展对中上层鱼类的探测范围，并为弥补船载声学传感器的水体表层盲区和船舶避障提供快捷有效的途径。

还可对相互作用的物种及与其相关的诸如水体底部地形、底质类型和洋流等属性同时进行采样。在后面的章节中，我们会展示使用不同平台所搭载的多种声学传感器，进行采样时所提供的整个水下信息的细节。在选择声学系统进行探测时，应根据具体需要在探测范围、分辨率和采样尺度上做出权衡，现阶段的发展趋势是通过提高波段和波束宽度来尽量避免信息损失。低频声学探测距离大但分辨率低于高频。宽波束的探测范围大但得到的数据空间分辨率低。低频换能器通常体积较大，昂贵且更难在小型船只上进行装载和操作。采用多波束声呐系统则可在不降低分辨率的前提下增加探测范围。针对特定目标可能有多种选择，而从中挑选最为符合需求且具有高成本效益的方法是个挑战，但总体上随着技术的进步，能够获取的有效数据量也在逐步增加。在商业性捕捞和监测操作调查中至关重要的同步实时处理技术，要求计算机能够对数据进行高效利用，这些关于数据加工和后处理的问题将会在本章后续内容中讨论。下节将首先对现阶段应用于渔业调查和渔业研究中最常见的传感器进行详细介绍。现代科考船通常均配备丰富的声学仪器（http：//www.uib.no/gosars/index.html），以支持大量的估算，生物行为学研究，底部生境制图，以及水体运动特征研究等。

图 5.3
渔夫用手钓探测和量化鲱鱼群的示意图。一个有经验的手钓者可通过该方法精确判断鱼群的大小、分布和所处深度，他往往是高效渔业捕捞的关键人物。图中的钓丝和铅坠被 Lauritz Haaland 稍加改动（由挪威渔业博物馆赠送）。

5.2.1.1　回声探测器

回声探测器自 20 世纪 30 年代被用来探测鱼类（Sund，1935），自 20 世纪 50 年代起（Cushing，1952）被用来勘测。采用回声计算（Cushing，1964）和回声集成（Dragesund and Olsen，1965）等算法所改进的定量方法可直接用来量化鱼群生物量。单波束，双波束以及分裂光束系统都在使用，但分裂光束系统是当代资源储量评估中最常采用的。单波束测量系统可接收大量回声反射信息但只能就个体目标提供有限的信息。在双波束和分裂波束系统中，波束分别由两部分和四部分组成，可通过不同深度和声波相位差以获得被探测目标更为准确的个体声学属性（Simmonds and Maclennan，2005）。进一步的，被个体标记的鱼类能够实现长时间跟踪监测以揭示其行为模式，该类模式将为我们深入理解资源种群之间（Onsrud et al.，2005），个体与环境之间（未出版材料，IMR，Bergen），以及渔业捕捞和资源储量之间的相互作用（Handegard et al.，2003；Ona et al.，2007）提供新的途径。开展调查时回声探测器一般安装在考察船上，用来收集大量的资源储量数据，同时配合使用拖网调查对声学记录属性进行识别（Toresen et al.，1998）。

渔业资源种群类型和生物量大小的采样识别程度是此类调查不确定性产生的主要来源之一，并在资源调查中占主体（见后面适用性中的章节）。因此，回声探测技术后期发展的主要目标都集中在提升声学遥感识别生物量和种类认知方面。通过双频或分裂波束回声探测的目标强度（TS）测量方法进行单一鱼群大小的探测得到了长足的发展（Brede et al.，1990；Clay and Horne，1994；Jorgensen，2003；图 5.5）。目标强度信息与鱼鳔背部区域面积有关，而鱼体该区域面积与其个体大小被认定具有高度相关关系（图 5.4）。然而，Ona（1990）和 Horne（2003）的研究显示这一关系同时也受到许多其他生理学因素的影响。另外，不同鱼类种群的自然习性将影响其所处方向，同时也会影响到其朝向回声探测换能器的方向，从而对最终的声学目标强度产生影响（Horne，2003；Huse and Ona，1996）。另一个测定鱼鳔大小的方法是寻找共振频率（Thompson and Love，1996；Holliday and Smith，1978；McClatchie et al.，1996），由于共振频率会随着鱼鳔尺寸的变化而变化，进而再根据鱼类个体与鱼鳔尺寸之间的关系推断出鱼体长度。这类方法目前还尚未被广泛利用，期望未来能够在监测调查业务化应用和商业捕捞中起到重要作用。同时，随着多波束和多频率分析数据的不断应用，远程种群识别技术将逐步成为现代声学的业务化功能之一（Horne，2000；Korneliussen and Ona，2002）。这类方法利用不同频率下的声学特性变化对观测记录进行分类，已被证实是一种区分有鱼鳔和无鱼鳔鱼类的有效方法，并且仍在不断向前发展。

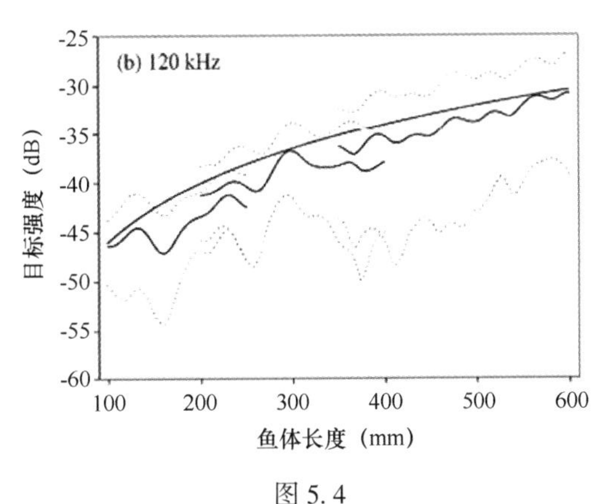

图 5.4
实际观测到的狭鳕鱼目标强度和鱼体长度的关系（Horne 2003）。

在限定配额捕捞渔业中，由于在某些鱼种（如鲭鱼）的低价季节的误捞，将轻易造成渔民高达数十万欧元的经济损失。

传统的回声探测仪其监测范围非常有限，通常仅能覆盖船只下方很浅的水域范围。而多波束回声探测仪则可满足水底制图的需求，从而大大提高了监测效率。这些探测器采用 3~6 倍于水体深度的横向带状扫描返回可靠的水底深度数据（http：//www.km.kongsberg.com，图 5.6），由多个狭窄波束共同拓展的宽波束使其在保持分辨率的同时提升了探测范围，因此多波束回声探测器同样可被用于水体底部生境分类（Roberts et al.，2005）。最近的多波束水生探测仪技术发展的前沿代表设备为 Simrad ME70，它拥有 500 个波束（Mazauric et al.，2006）。该探测仪通过采用 25×20 的波束系统扩展采样范围，使其能够在一个采样单元中探测到一个完整的鱼群，同时给出底栖鱼群的详细信息。

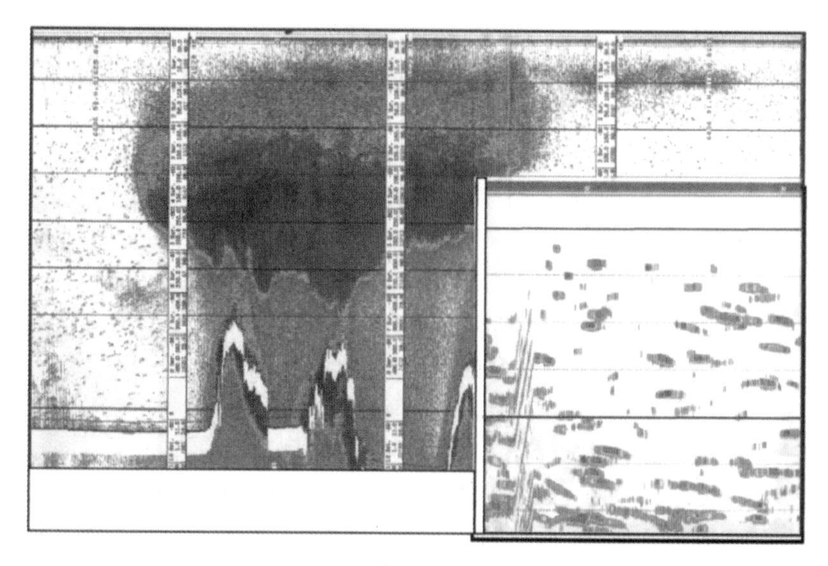

图 5.5
Vestfjorden 1997 年调查中的一个样本回声图，展示了一个大型鲱鱼鱼群（大约 25×10^4 t）。回声图位于长度 3.5 nmi，垂直深度为 0~500 m（每两条标志线间宽度为 50 m）。右侧底部插入的小图展示了由换能器探针位于 100 m 深度在鱼群中间获取的回声图像，该图像可用于对种群个体运动轨迹进行分析。通常，目标强度（TS）数据的收集范围设置为换能器所处位置上下 5~25 m 范围（图中红线表示其收集范围）。

图 5.6
多波束系统高效的底部生境制图（http：//www.kongsberg.com）。

5.2.1.2　声呐

船载回声探测器由于受波束带宽的限制，使其可采样范围非常有限。另外，还存在水体表层盲区，即当换能器置于水下一定深度并垂直向下观测时无法完全覆盖的区域。因此，水平向探测声呐在商业渔捞活动中被广泛地应用于渔业资源的搜寻和捕捞（Ferno and Olsen，1994）。近年来，商业声呐捕鱼技术的发展得到科学家在技术层面的关注，并成为研究远洋资源物种丰度和习性的重要工具（Brehmer et al.，2006）。声呐显著地提升了浅水区域的采样容量，但与回声探测仪相比关于鱼类分布密度信息的不确定性也增加了。对鱼群的水平向观测使其声学目标强度的可变性提高，并且如果鱼类受到船只的影响，这对远洋物种来说很常见，那么数据分析的难度就会进一步增加。另外，尽管一些解决方法似乎可行（Brehmer et al.，2006 中的引用），仪器的校准也是一个必须面临的问题。当前新一代的多波束声呐 Simrad MS70 仪器被引入，其所拥有的 25×20 波束系统与 ME70 多波束回声探测器相当，但是在估算远洋鱼类储量丰度方面具有一定优势（Ona et al.，2006）。

5.2.1.3　其他声学传感器

多波束声呐通过同时发射包含多个波束的单个脉冲来获取较大的观测范围，而扫描式声呐为了覆盖与多波束声呐相同的观测区域，则须采用随时间推扫的单波束且多次发射脉冲的方式来建立类似的扫描图像。当利用这类扫描式声呐进行移动目标检测时可能会引发一些问题，但许多应用结果表明它是一种低成本高效率的方法。例如，对浅水区域中的渔业资源进行探测和评估（Farmer et al.，1999），追踪带有声学传感器标记的鱼种（Harden Jones et al.，1977），以及开展拖网捕鱼监控（Ona，1994）和底栖生境制图等。

声学剖面流速仪是使用多普勒位移来检测和测量海洋中质点运动，继而测量水的流向和流速的声学系统。这类仪器大多应用于海洋学中，特别是在和其他测量仪器联合使用，以判断鱼类行为和洋流的相互作用关系上更为有效（Zedel et al.，2005；Wilson and Boehlert，2004）。

宽波段声学仪器类似于多频回声探测仪，可为物种区分提供有效信息，期望未来针对物种识别方面，宽波段技术及与之相关的软件产品能得到进一步开发与研制。

合成孔径声呐（SAS）采用了在雷达中被广泛使用的技术（见 5.2.2.1 节中相应内容）。同时，使用水下机器人作为传感器搭载平台在现代海洋声学中正逐步成为现实，它具备良好的测量稳定性，使其接收到多次脉冲的回波就如同接收来自于一个大型换能器的单次脉冲回波一样。Hagen（2006）的研究结果成功展示了其在远距离水体底部制图方面所获取的高分辨率数据成果（图 5.7）。该系统的应用是当前开展底栖生境制图和评估渔业捕捞对底栖环境影响中最理想的一项技术，它需要先进的计算机技术和信号处理技术的辅助，同时该技术应用的复杂度使得对如鱼类等运动目标的展示也变得更加错综复杂。

许多海洋有机生物均会发出声音，因此，记录和分析这些声音将有助于识别其音源物种；比如分辨它们是什么物种，以及它们正在做什么（Rountree et al.，2006）。但目前这类传感器和技术还尚未被渔业生产和渔业科学充分利用，特别是在更好地理解物种间相互作用和生态系统过程方面，这些信息的获取将会为科学家提供很大的帮助，这还有待于进

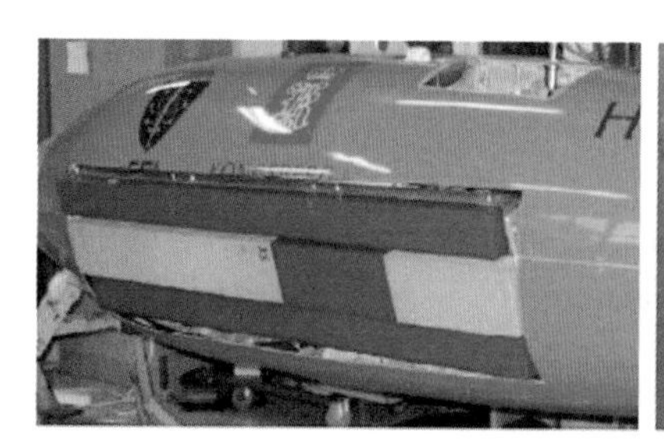

图 5.7

Hugin 水下机器人（AUV）和合成孔径声呐换能器。示例由合成孔径声呐测量获得的水底岩石区地形图（60 m×60 m），深度范围为 196.5~198.5 m，图中垂直轴坐标放大因子为 2。

一步发掘。

5.2.1.4　其他可选平台

传统声学系统是装载在科研或捕捞船只上开展测量的，而现代声学系统体积越来越小，越来越自动化，且满足分布式应用的需求。在渔船上安装先进的科学回声探测仪正在成为一个提高渔业资源储量监测的时空覆盖范围的重要方法。近年来，较为普遍采用的船底固定式或锚固定式回声探测系统（Farmer et al.，1999；Godo et al.，2005；Brierley et al.，2006；Trevorrow，2005），可在单个位置进行细致的观测，所获数据包含了丰富的时间动态信息，成为定量和模拟生态系统过程的重要数据源之一。诸如图 5.8 中的渔业资源垂直迁移（Wilson，1998；Onsrud et al.，2004）、种群相互作用（Traynor，1996；Onsrud et al.，2004），以及随时间而变化的种群密度（Brierley et al.，2006）等日动态特征。为应对某些特殊的挑战，一些新型平台被逐步设计出来，比如能够覆盖声学盲区的自治性浮标仪（Ona and Mitson，1996），可收集同步的渔业资源密度、行为，及物理环境数据的停泊式多传感器平台（The FAD buoy，Brehmer et al.，2006）。由特定目标所驱动，将可能带来传感器搭载平台技术的跃进式发展，使科学家能够获得关于生态系统前所未有的详细信息，使基于生态系统方法的资源储量评估和管理能够得以实现。

5.2.1.5　声学系统的计算需求

20 世纪 80 年代末期回声探测仪系统逐步实现了数字化，之后商业捕捞和科学研究中使用的大部分声学装置都是以计算机技术为基础的。其发展方向是波束量和频带宽的不断提升，以及适用于多种新型平台的传感器研制，因此造成所获数据量的激增，亟待发展高效的软件来详细分析这些多传感器的海量数据。声学信号先经过计算分析后以诸如声像图的方式展示出来，原始数据则为了后处理而进行存储。尽管目前这些后处理在渔业中的应用尚处于起步阶段，但声学数据的后处理程序已逐步实现标准化（Foote et al.，1991）。然而，随着可获得信息复杂性的不断增加，对船长基于重要基础信息处理并以此为依据做出决策的需求也在增长。与计算机有关的任务主要包括：①数据展示，筛选和存储；②数据处理和详查以提取重要基础信息；③数据整合和结果输出。

拥有 500 条波束的 MS/ME70 系统（Ona et al.，2006）清楚表明了其对计算领域发展的迫切需求：每一条声脉冲将产生 5～10 MB 的数据量，因此每天总的数据量大约在 250 GB。在计算能力上首先要满足对这些数据流的处理，另外存储能力也会成为限制因素。当声呐数据包含除鱼群记录之外的不必要信息时，可通过直接摒除那些不包含鱼群信息的声脉冲来压缩数据量，通过采用这类方法可辅助减少存储数据量。随着波束和频宽的扩张，以及更多的传感器和平台加入时，这类运算任务将变得越来越重要。另一个亟需解决的问题是数据的实时或近实时处理。

为了从复杂的数据集中提取重要信息，我们需要强大的后处理系统。目前已开发的这类系统，诸如 BEI、Movies、Echoview 和 SSS，即是针对回声探测器数据和一些声呐数据的后处理而设计的。未来一段时间，不断增加的传感器所获取的海量数据将会对这类软件的开发形成更大的需求，特别是对数据的可视化和统计评价尤为需要，最重要的分析任务还包括对物种或种群的后向散射信号的比例分配，鱼类个体和群体行为学分析，以及种间相互作用的定量化理解等。期望未来的海洋生态系统监测策略的制定上，这类工具的开发成为重中之重，因为这些技术在帮助我们理解生态系统过程的同时，还能够大大提升监测数据的质量，而这两者都是我们理解生态系统，并对其开展有效模拟所必需的基本要求（图 5.8）。

关于数据整合部分将在后续章节中进行讨论。

5.2.2　卫星

在接下来的章节中，我们的话题将从对声学传感器技术的探讨转移到对雷达和光学技术领域上，而波的传输途径则从声波转移到电磁波领域。声学中采用的频率一般在 kHz 范围，而接下来章节中讨论的传感器所采用的频率范围则是从 1 GHz 到 10^{15} Hz。雷达运行的波长范围为微波波段，可见光波段的激光运行波长范围为 400～700 nm，而热红外传感器则主要利用可见光谱之外的中-远红外波段范围。

航天平台搭载的传感器设备具备在短时间内进行大面积覆盖的能力，这使得它们更适合于监测大空间尺度的日变化和季节性变化以及气候变化等，为物理环境的模拟提供有重要意义的输入参数。合成孔径雷达（SAR）可用于监测地球表面波场和极地海冰情况，微波散射计数据可用于测量地球表面粗糙度，风速和风向。海表面温度（SST）参数可利用多通道微波扫描辐射计（SMMR）进行测量，另外，可见光和近红外传感器也可提供海洋水色和海表面温度信息。NASA 1978 年发射的 Seasat 卫星观测计划成功运行了 25 年，它是第一颗地球观测卫星，可同时承载 4 种微波互补实验。下节中将对不同传感器的发展情

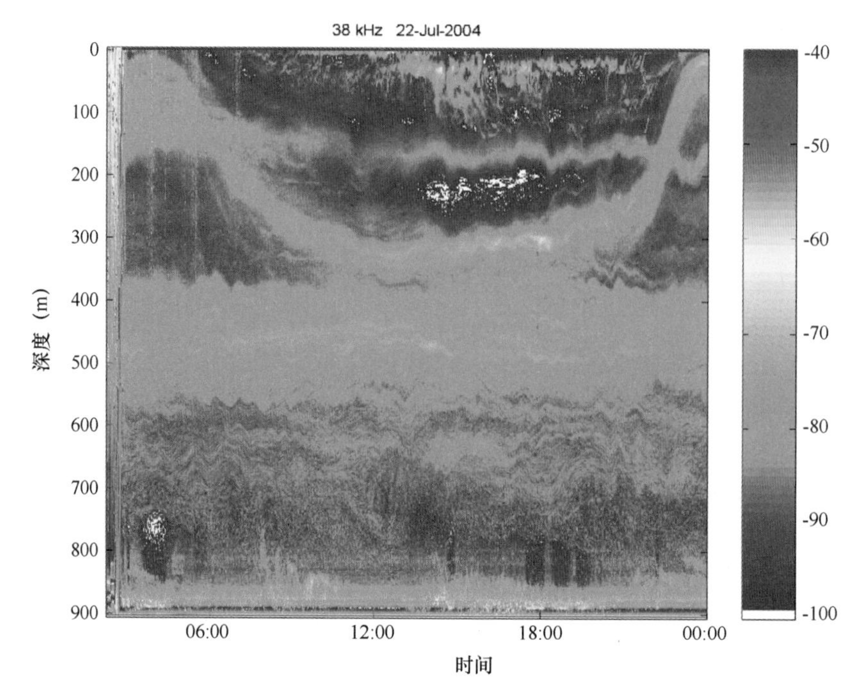

图 5.8

采用回声声呐探测仪获取的中大西洋山脊 950 m 深度的中尺度鱼群日变化图像部分生物量监测数据显示大范围垂直迁移活动的时间尺度为每天（UTC）。有些鱼群不受昼夜变化的影响，而另一些表层生物量探测则表现出明显的白天聚集和夜晚分散的行为方式。正午设定为 UTC 时间的 14：30。

况给出介绍，更多观测计划的详情和不同的传感器介绍见 Evans 等（2005）及其引文。

5.2.2.1　合成孔径雷达

合成孔径雷达（SAR）是一种采用复杂后处理程序以产生极窄有效波束的雷达系统。其移动天线通过合并沿着轨迹的看似是被同时创造的微波脉冲，从而创造了一个比实际天线的物理尺寸大得多的合成孔径。后处理程序包括需要大量计算资源的傅里叶分析，回波信号的相位和偏振特征提供了被测目标的其他附加信息。合成孔径雷达可用于地球表层表面波和内波，海流边界，中尺度涡旋（10~400 km），温度锋面，溢油，海洋浅水区水下地形，以及风速风向参数的观测。在极地区域，合成孔径雷达生成的高分辨率的图像可用于绘制海冰运动图，目前南极洲最细致的海冰运动图是在 1997 年和 2000 年由 RADARSAT 卫星获取的（Jezek，1999；Jezek et al.，2003）。最后，合成孔径雷达还可被用于渔船作业活动和非法船舶排污的监控等。Seasat 合成孔径雷达运行在 1.28 GHz 的频率上，这使它具备全天候全天时的特征，可避免对云和黑暗环境干扰的敏感性，其空间分辨率可达 25 m ×25 m（Jordan，1980）。

5.2.2.2　微波散射计

Seaset任务是第一个搭载用于观测风的微波散射计的卫星，在准确测量风速的同时，还可为业务化运行的数值天气预测和海洋预报提供100 km空间分辨率的海面风场图。如今，微波散射计已具备了6 h覆盖了全球60%和12 h覆盖了全球90%面积的制图能力，为解构促使大洋混合和传输过程的风场日变化和局地变化提供了基本信息（Liu，2003）。微波散射计可测量海洋表面由风摩擦速度产生的毛细波，这些波的波长大约在厘米级，它们的振幅则反映了局地风力，风向可从二维波浪谱图中获取（Moore and Fung，1979），矢量风场测量则可用于大洋环流模拟、海-气界面通量研究、天气预报和极地区域的季节性融化周期测量等（Liu，2002；Carsey，1985）。Seasat微波散射计的运行频率为14.6 GHz，可在全天时和全天候条件下提供数据。

5.2.2.3　微波雷达高度计

微波雷达高度计，比如Seasat雷达高度计（ALT），Geosat高度计和GEOS-3高度计等，可提供高分辨率的海表地形制图结果。它的应用使探测区域尺度的1 cm的海平面变化和全球尺度的2 mm/a的平均海平面变化成为可能（Chelton，2001）。这些数据可被用于监控海洋动力学，有效波高，涌浪传播，以及如厄尔尼诺现象之类的极端气候预报等。雷达高度计同样也是一个监测极地海冰和海冰出水高度（海冰超出海平面的部分）的重要工具（Laxon et al.，2003）。

5.2.2.4　多通道微波扫描辐射计

Seasat多通道微波扫描辐射计（SMMR）采用5个双极化同步测量通道，其频率分布为6.6~37 GHz。SMMR可测量包括海表温度和海表风速等在内的多个参数，还可为微波散射计提供波程长度修正和大气衰减校正功能。分别于2007年（Aquarius）和2008年（SMOS）计划发射的两颗卫星将会采用SMMR技术和带有3波束的推扫式辐射计来测量海洋盐度数据（Evans et al.，2005）。

5.2.2.5　其他传感器

利用电磁波谱中可见光部分的传感器可用于监测海洋藻华和海表叶绿素a浓度，而近红外传感器则可用于海表温度的测量。这类传感器的应用会受到特殊天气条件的限制，并且由于它们的运行频率相对较高，因此无法穿透云层。

5.2.2.6　卫星平台

上述NASA的Seasat任务主要用于收集海表面风，海表温度，波高，海洋地形，内波，大气水分，以及海冰等相关属性数据。Seasat卫星的运行轨道高度为800 km，介于435~1 336 km的其他地球轨道卫星的运行区域内（Evans et al.，2005）。

装载在卫星上的计算机必须是可靠的并被充分测试过的。在太空中一次计算机系统的崩溃将是致命的。遍及太空的辐射可能会引发毁掉数据的小故障，更糟糕时则可能毁掉计算机系统。当高速移动的粒子，如宇宙射线，与微电路或电脑芯片碰撞时，就可能引发错误。为了确保安全运行，绝大多数太空任务使用含有特殊晶体管的抗辐射电脑芯片，在它执行打开或关闭任务时，将需要更多的能量。这些芯片的缺点是昂贵并且运行速度很慢，通常只有 CPU 装置运行速度的 1/10。另外，在卫星上最受限制的资源之一是其频带宽度，收集到的数据通过普通无线电通信传送到地面接收站，其传输速度甚至比老式调制解调器拨号上网还慢（http：//www. nasa. gov/）。

5.2.2.7 用于模型模拟的卫星数据

在大洋环流模型中，诸如海表温度和海表风速之类的卫星数据通常被用作模型的输入参数。例如海洋混合协调模型（HYCOM），这是一个用于开阔大洋模拟以及盆地尺度和浅海区域评估的模型（Bleck，2002；Chassignet et al.，2003；Winther and Evensen，2006）。图 5.9 展示了基于卫星测量和 CTD 测量的温度模拟数据的对比，其中 CTD 数据是在月尺度上沿着多个断面进行收集的（如图 5.9 中由挪威海洋研究所收集的北海 Shetland-Feie 数据）。

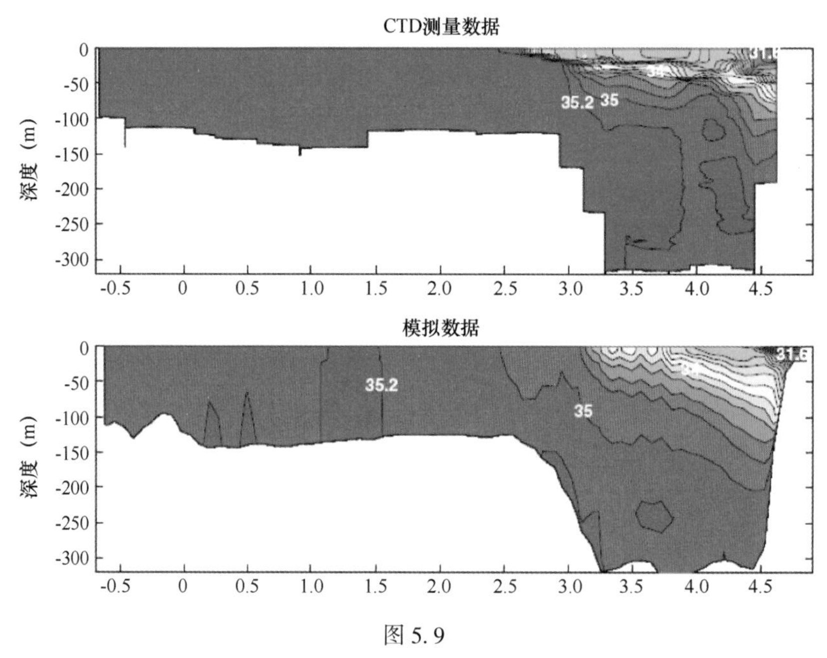

图 5.9

北海 Shetland 和 Feie 之间卫星观测数据及其深度扩展模拟数据（Winther and Evensen，2006）。

通过理解鱼类如何应对物理环境的变化，可建立基于卫星数据的鱼类迁移模型。Zagaglia 等（2004）应用卫星遥感数据对黄鳍金枪鱼开展的研究为我们提供了范例。他们的研究结果展示了单位捕捞努力量产量（CPUE）与风速，海表温度，叶绿素 a 浓度和海表高度之间的关系。

5.2.3　光学

5.2.3.1　激光雷达

激光雷达（Lidar）的名称来自于光探测和测距的首字母缩写。机载激光雷达使用激光脉冲方式探测鱼类和浮游生物，其原理和采用声脉冲的回声探测仪相似。在可见光中间谱段部分（532 nm），在不同天气和海况条件下，激光能够穿透大洋表面并传输至海表下 25~50 m 范围内。反射的激光辐射回波被接收器测量，可生成与渔业声学中使用的超声回波图相类似的激光回波图，图 5.10 展示了典型的激光雷达系统。

具有线性极化倍频的 Nd :YAG，运行在可见光绿光波段（532 nm）的，带有 130 mJ 脉冲能量的激光，其脉冲重复率通常为 30 Hz。当在 300 m 高度运行时，分离的激光束可创造一个直径 5 m 的足迹覆盖面。穿透清洁大气时，激光脉冲不会有明显损失，但是在雾天或雨天环境下，大气中的水蒸气会使其产生严重的散射。因此尽管激光以与垂直方向倾斜 15°的方向穿透海表，以减少镜面反射的影响，海表仍会对其产生较大的反射作用。而部分穿透海-气界面从海洋内部目标反射回来的光线，使应用该技术开展鱼类和浮游生物观测成为可能。反射信号被如图 5.10 中放置在激光器旁边的望远镜所收集，望远镜前面是一个可旋转偏振器，可在同向极化和交叉极化返回中做出选择。为了抑制不需要的背景光，收集的光将通过一个窄带干涉滤波器，得到的信号将被转变成光电倍增管中的电流。一个 50 Ω 载荷的电阻将电流在 400~1 000 MHz，8~12 bits 分辨率下，转变成模拟数字转换系统中数字化的电压，当在 1 GHz 时深度分辨率可达 0.11 m。激光光学装置和接收天线被固定在适合于大多数航空器的带有摄像窗口的安装架上。图 5.10 中还展示了激光装置的电源和冷却器，它们紧挨着直流/交流电转换器。所有的组件都与工业控制主机相连接，通过控制主机使用者可以对雷达系统进行操作。一次 6 h 的飞行调查中通常可收集到大约 5 GB 的原始数据。关于激光雷达的详细介绍参见 Churnside 等（2001）。

由于被探测表面和传播条件的极大差异性，使激光雷达数据的后处理成为一项极具挑战性的工作。在一次测量飞行中，当监测覆盖区域较大时，环境条件可能已发生了很多次变化。靠近海岸的静水中可能由于藻华的影响使水体的能见度很低，从而导致激光雷达的垂直穿透深度很低。而开阔海域则可能由于较大的海表粗糙度，使直接穿透海气交界面的光线比例减少。另外，由于雨和雾等导致的不可用数据需要剔除。在人工初始过滤数据之后，将启动更为系统的后处理过程。首先，海水表层以上的回波数据和激光雷达可达的穿透深度以下的数据被移除，这一步非常简单直接，因为海表很强的回声信号很容易被探测到，而有效深度以下的数据则可以通过信噪比（SNR）阈值来去除。之后，背景信号或净水反射进一步被移除，即可获得激光衰减系数。为简单起见，通常假设水体的光学性质不随深度而发生变化，当鱼群出现在某一深度时，鱼群对该深度段的信号就会产生额外贡献，这取决于鱼的后向散射特性。经过处理后的数据可进一步用于制作激光雷达回声图。图 5.11 展示了采用激光雷达在挪威海域夏季鱼类摄食期间探测到的鲭鱼鱼群制图结果。

与传统回声探测仪相比，机载激光雷达系统最主要的优势是不会由于鱼群躲避渔船而造成数据缺失，另外它还具备在短时间内同时覆盖大范围调查区域的能力。机载激光雷达

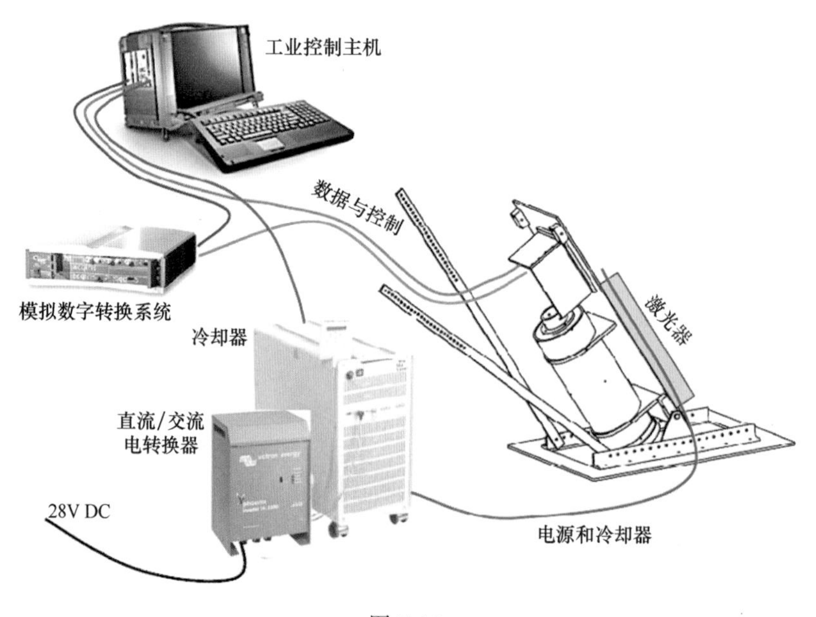

图 5.10
典型的机载激光雷达系统。

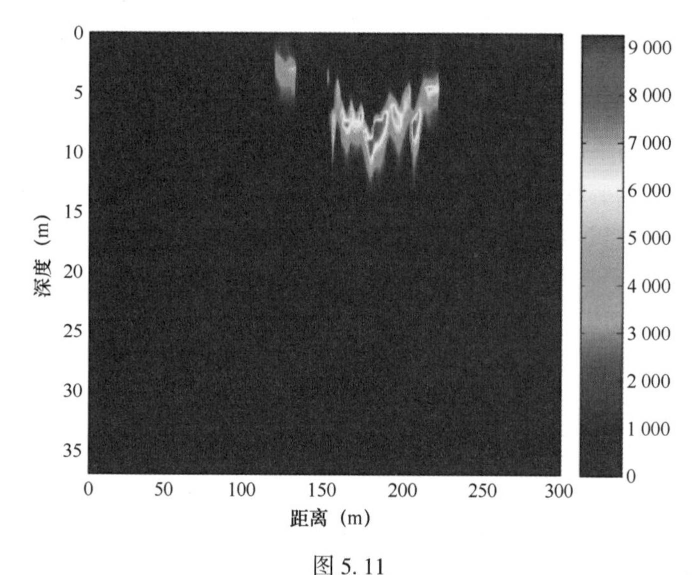

图 5.11
鲭鱼鱼群雷达影像。颜色尺度代表了激光雷达回波信号的强度。

同样可以用来探测浮游动物，远洋幼鱼和溢油。Tenningen 等（2006）展示了采用两个可测量雷达回波信号去极化程度的接收器开展目标分类方法的可能性。

5.2.3.2 视频与图像

视频有时是观察自然界中的行为和相互作用最有效的工具，然而在水下由于缺少光线它的作用被严重限制了，因此为目标提供足够的光照对获取视频就非常重要。我们都见过奇妙的大型鲸鱼，纷杂的鱼群或是捕鲨的镜头片段，这些镜头都是在接近海表，阳光仍能照射到的地方拍摄的，并且经常是以从底部向上的角度进行拍摄以获得与周围海水的对比。

在水下遥感中，视频主要被当作校验工具，用于观察声学目标强度测量中的鱼类个体，并研究它如何从拖网捕捞中逃脱（Kloser and Horne，2003；Ingolfsson and Jorgensen，2006）。在深水区域，由于可视距离很短使拍摄视频遇到麻烦，需要使用大量的人工光源。另外，也可在远程遥控操作潜水器上安装视频配设装置，用于监控个体自然行为的变化及其对大型捕食者的反应（Lorance and Trenkel，2006）。

5.2.3.3　航空平台

航空飞机在测算海洋哺乳动物数量中被广泛使用（Haug et al.，2006）。他们为目测法，视频和图像的拍摄提供了大型的安装平台。直到 20 世纪 90 年代末期，用作海洋研究目的的新型传感器被不断测试，至今航空摄影测量平台已可支持激光雷达、合成孔径雷达、近红外和目测等多种方法。对于单个传感器，如激光雷达，它可被搭载于小型双引擎飞机上来开展航拍调查，而要同时搭载多种传感器，就需要提供更多的空间和能源。

航空摄影测量能够快速覆盖调查区域，并创建研究区状况全景快照。机载激光雷达的飞行速度通常可达 180 kn，大大降低了单位面积的监测成本。

使用航空飞行平台的主要缺点包括受恶劣天气影响的局限性以及数据校验问题，目测法和可见光波段传感器的观测则同时依赖于大气的能见度条件。

5.3　数据管理、融合和同化

5.3.1　数据管理

在数据管理这一节中我们主要讨论关于数据存储，质量控制和数据可获得性方面的问题。现代科技的一个内在问题来自于新型传感器与不断提升的计算能力相结合将生产出更多的数据，必须对这些数据进行存储以备后用。所幸，不论是在存储容量还是质量方面，不断增加的数据可获得性和发展更高级的存储媒介之间的交互作用似乎永远不会终止。然而，信息量的提升同样也挑战着我们的组织能力，以及为用户提供可用数据的能力。渔业管理政策的制定是基于对可捕储量及其环境的科学评估所得出的建议，而这些评估则通常建立在对时间序列数据的分析上，因此，数据存储、数据质量及其可获得性在支撑行业研究上就显得非常重要。从这个角度出发则亟待发展基于生态系统的方法，而关于有效收集和管理行业信息方面的计算机技术的进步则是实现这一方法的关键。

通常，由于对生态系统中捕食者和被捕食者数据的需求不受它们在渔业中作为目标的重要性的限制，因此基于生态系统方法的渔业管理增加了对信息量的需求，而关于它们之间相互作用的信息处理也很必要。另外，相关物理和生物环境数据对未来生态系统建立模型工具的发展也很重要。而诸如拖网捕捞信息等传统数据，由于其收集成本很高，因此所获数据量不会增加到令人苦恼的程度，而遥感系统的自治数据采集方式由于不会有额外成本增加，往往可能产生过采样，特别是声学传感器使获取数据数量成倍增长。例如，新型MS/ME70多波束声呐/声学探测仪与传统回声探测仪相比，其获取的数据量要多几个数量级（GB/h，见Ona et al.，2006）。这些数据是否需要全部存储起来以供后用，从技术层面上讲是可能的，但并不总是最可取的方法。很多现代科学仪器均采用连续收集数据的方式，并常常过采样，多波束系统就是个很好的例子。在大多数情况下，只有5%以下的声脉冲中包含着我们感兴趣的有用信息，而剩下的都毫无意义，因此很可能需要我们在采样时就直接地，或在后续分析阶段中间接地采取措施提取有用的数据，并舍弃其他无用信息。该类程序几乎在所有现代数据管理中都需要考虑，它们将会缓解数据存储问题，并简化后续数据分析。

海洋数据收集的复杂性时常使行外人很容易受到数据处理和应用不当造成的影响，但我们仍期待未来会有更多来自不同领域和机构的科学家，为发展新模型和运行分析程序而经常使用这些数据。而海洋数据的现代存储和分布式处理系统也需要与全面的信息和指导相结合，以避免其不当使用。因此，基于计算机的信息管理系统必须同先进开放的复杂数据库整合起来，以满足渔业科学发展的未来需求。

5.3.2　多源多尺度数据利用

多传感器数据收集代表了渔业研究所面临的一个挑战，环境科学也有其自身的科学方法（Jobannessen et al.，2006）。然而，对于像如何将声学数据和底拖网调查数据进行结合这类简单并被多次尝试的问题，至今仍没有得到一个可被公认的科学方法（Goda，1994；Hjellvik et al.，2003）。随着遥感数据使用的不断增加，对多源数据的协同需求也会增加。目前现有的卫星数据处理方法主要有以下几种。

• 多传感器分析：开展基于多卫星遥感数据的多种地球表层属性参数的分类。在渔业中，可能是拖网和声学数据，或海表参数的卫星信息，以及从水团声学数据中所获取的生物量信息。

• 多尺度分析：结合多种空间分辨率的多源卫星遥感信息以发展模型。渔业领域中应用可参照上述多传感器分析。

• 多时相数据：正在不断发展的处理和分析时间序列数据的新方法，如来自卫星观测的时间序列植被长势图像。渔业行业中感兴趣的分析，如结合时间序列卫星遥感数据和激光雷达数据，以及声学数据等所开展的应用分析。

当然，如果没有计算机能力的支持，多源传感器和多尺度数据的收集是永远不可能实现的。特别是采用各种模型将这些数据转化成彼此可比较的信息则更加需要计算机能力的支持。遥感传感器产生了大量的数据，数据格式越来越复杂，类型越来越多样，而消除这些多源数据间产生的多尺度问题将需要更为复杂的分析方法的支持。

5.3.3　验证

如果没有适当的验证，不论在模型和评估系统中采用新型遥感系统的热情和本意多么好，都可能会在后续分析中引发混乱和失败。但是，恰当的验证海洋数据通常比较困难，因此在应用方法学中可能需要做一些假设。例如，当在方法论上不质疑其正确性时，恒定的声学目标强度和拖网捕捞能力将会使研究问题简化且可行。但是，当信息融合时，某个假设影响了传感器数据之间的关系，这很可能会使任何融合分析变得无效。因此，当应用和结合遥感数据，并将它们与传统数据进行关联时，开展验证是必不可少的。例如开展50 m水深以上的激光雷达、声学的生物量数据和鱼类、浮游生物的地面样方实测记录之间的比较验证。

5.3.4 同化

同化包含了为更明确地定义目标，从而对数据进行尺度转换、验证和分析的过程。在渔业中，包括储量和生态系统状态的评估以及预测其未来发展。同时，它还包括人为活动对海洋栖息环境的效应分析，如拖网捕鱼对底栖生境的影响（Hiddink et al.，2006）。基于生态系统方法的海洋环境和资源管理需要更多更好的更高时空分辨率数据的支持。遥感是唯一能在高异质性空间尺度上且成本可控的获取这类数据的方法。从这个角度来说，计算机能力和先进的数据模型将成为未来科学管理的重要基础。该领域一个显著的挑战是，如何提升观测能力，使其从目前的海洋表层观测信息获取拓展至海洋内部。也就是说，结合计算机能力的提升开发新型传感器技术，通过降低数据收集成本来提高成本效率（Malanotte-Rizzoli，1996）。强调生态系统方法的另一个挑战是，对生态系统动态特征信息获取的需求，如迁移，物种相互作用，环境与生物间相互作用等。遥感技术的引入和方法论/模型的发展，使获取这些信息的广度和深度都大大提升。同化技术的发展同时也带动了对计算机技术的其他需求的出现。与不断增加的数据量和信息相关联的处理和计算挑战很容易被低估，特别是在处理高异质性空间尺度的数据时。由于收集数据的高额成本，被用于获取最优数据的计算机和模型被不断发掘出来。未来我们期望会出现一个相反的状况：随着计算机能力和模型质量的不断提升，它将为预测和制定新的采样方案奠定基础，对提高地面采样的成本效率起到实质性的帮助。

参考文献

B leck R（2002）An Oceanic general circulation model framed in hybrid isopycnic－cartesian coordinates. Ocean Modelling 4:55－88

Brede R, Kristensen FH, Solli H, and Ona E（1990）Target tracking with a split－beam echo sounder. Rapports et Procés－Verbaux des Réunions Conseil International pour l' Exploration de la Mer 189:254－263

Brehmer P, Lafont T, Georgakarakos S, Josse E, Gerlotto F, and Collet C（2006）Omnidirectional multibeam sonar monitoring: applications in fisheries science. Fish and Fisheries 7:165－179

Brierley AS, Saunders RA, Bone DG, Murphy EJ, Enderlein P, Conti SG, and Demer DA（2006）Use of moored acoustic instruments to measure short－term variability in abundance of antarctic krill. Limnology and Oceanography －Methods 4:18－29

Carsey FD（1985）Summer Arctic sea ice characteristics from satellite microwave data. Journal of Geophysical Research 90(NC3):5015－5034

Chassignet E, Smith L, Halliwell G, and Bleck R（2003）North Atlantic simulation with the hybrid coordinate ocean model (HYCOM): impact of the vertical coordinate choice, reference density, and thermobaricity. Journal of Physical Oceanography 33:2504-2526

Chelton DB (2001) Report of the High-Resolution Ocean Topography Science Working Group Meeting. Corvallis OR: College of Oceanic and Atmospheric Sciences Oregon State University Ref.2001-4

Churnside JH, Wilson JJ, and Tatarskii VV (2001) Airborne lidar for fisheries application. Optical Engineering 40: 406-414

Clay CS and Horne JK (1994) Acoustic models of fish - the Atlantic cod (*Gadus morhua*). Journal of the Acoustical Society of America 96:1661-1668

Cushing DH (1952) Echo surveys of fish. J Cons CIEM 18:45-60

Cushing DH (1964) The counting of fish with an echo sounder. Rapp P.-V.Réun CIEM 155:190-195

Dragesund O, Olsen S (1965) On the possibility of estimating yearclass strength by measuring echo abundance of O-group fish. Fiskeridir Skr ser Havunders 13:47-71

Evans DL, Alpers W, Cazenave A, Elachi C, Farr T, Glackin D, Holt B, Jones L, Liu WT, McCandless W, Menard Y, Moore R, and Njoku E (2005) Seasat - A 25-year legacy of success. Remote Sensing of Environment 94:384-404

Farmer DM, Trevorrow MV, and Pedersen B (1999) Intermediate range fish detection with a 12-kHz sidescan sonar. Journal of the Acoustical Society of America 106(5):2481-2490

Fernoe A and Olsen S (1994) Marine Fish Behaviour in Capture and Abundance Estimation. Fishing News Books, Oxford

Foote KG, Knudsen HP, and Korneliussen RJ (1991) Postprocessing system for echo sounder data. The Journal of the Acoustical Society of America 90:37-47

Godø OR (1994) Factors Affecting the Reliability of Groundfish Abundance Estimates from Bottom Trawl Surveys. FernoöA and Olsen S, Fishing News Books. A division of Blackwell Science Ltd

Godø OR, Patel R, Torkelsen T, and Vagle S (2005) Observatory Technology in Fish Resources Monitoring. Proceedings of the International Conference "Underwater Acoustic Measurements: Technologies & Results" 28th June - 1st July 2005. Heraklion, Crete, Greece

Hagen PE, Hansen RE, and Langli B (2006) Interferometric Synthetic Aperture Sonar for the HUGIN 1000-MR AUV. UDT Pacific 2006, San Diego, CA, USA, November 2006:1-8

Handegard NO, Michalsen K, and Tjostheim D (2003) Avoidance behaviour in cod (*Gadus Morhua*) to a bottom-trawling vessel. Aquatic Living Resources 16:265-270

Harden Jones FR, Margetts AR, Greer WM, and Arnold GP (1977) The efficiency of the Granton otter trawl determined by sector-scanning sonar and acoustic transponding tags: a preliminary report. ICES Symposium on Acoustic Methods in Fishery Research 32:1-15

Haug T, Stenson GB, Corkeron PJ, and Nilssen KT (2006) Estimation of harp seal (Pagophilus groenlandicus) pup production in the North Atlantic completed: results from survey in the Greenland Sea in 2002. ICES Journal of Marine Science 63:95-104

Hiddink JG, Jennings S, and Kaiser MJ (2006) Indicators of the ecological impact of bottomtrawl disturbance on seabed communities. Ecosystems 9:1190-1199

Hjellvik V, Michalsen K, Aglen A, and Nakken O (2003) An attempt at estimating the effective fishing height of the bottom trawl using acoustic survey recordings. ICES Journal of Marine Science 60:967-979

Holliday DV and Smith PE (1978) Seasonal-changes in fish size distributions as detected by acoustic-resonance survey and by conventional sampling. Journal of the Acoustical Society of America 64: S95. Notes: Supplement:

Suppl 1

Horne JK (2000) Acoustic approaches to remote species identification: a review. Fisheries Oceanography 9:356–371

Horne JK (2003) The influence of ontogeny, physiology, and behaviour on the target strength of walleye pollock (*Theragra chalcogramma*). ICES Journal of Marine Science 60:1063–1074

Huse I and Ona E (1996) Tilt angle distribution and swimming speed of overwintering Norwegian spring spawning herring. ICES Journal of Marine Science 53:863–873

Ingolfsson OA and Jørgensen T (2006) Escapement of gadoid fish beneath a commercial bottom trawl: relevance to the overall trawl selectivity. Fisheries Research 79:303–312

Jezek KC (1999) Glaciological properties of the Antarctic ice sheet from RADARSAT-1 synthetic aperture radar imagery. Annals of Glaciology 29:286–290

Jezek KC, Farness K, Carande R, Wu X, and Labelle-Hamer N (2003) RADARSAT 1 synthetic aperture radar observations of Antarctica: modified Antarctic Mapping Mission 2000. Radio Science 38(4) (art no 8067)

Johannessen JA, Le Traon PY, Robinson I, Nittis K, Bell MJ, Pinardi N, and Bahurel P (2006) Marine environment and security for the European area – toward operational oceanography. Bulletin of the American Meteorological Society 87:1081–+

Jordan RL (1980) The Seasat-A synthetic aperture radar system. IEEE Journal of Oceanic Engineering OE-5(2): 154–163

Jorgensen R (2003) The effects of swimbladder size, condition and gonads on the acoustic target strength of mature capelin. ICES Journal of Marine Science 60:1056–1062

KloserRand Horne JK (2003) Characterizing uncertainty in target-strength measurements of a deepwater fish: orange roughy (Hoplostethus atlanticus). ICES Journal of Marine Science 60:516–523

Korneliussen RJ and Ona E (2002) An operational system for processing and visualizing multi-frequency acoustic data. ICES Journal of Marine Science 59:291–313

Laxon S, Peacock N, and Smith D (2003) High interannual variability of sea ice thickness in the Arctic region. Nature 425(6961):947–950

Liu WT (2002) Progress in scatterometer application. Journal of Oceanography 58:121–136

Liu WT (2003) Scientific Opportunities Provided by Seawinds in Tandem. JPL Publication 03-12, Jet Propulsion Laboratory, Pasadena, 38 pp

Lorance P and TrenkelVM (2006) Variability in natural behaviour, and observed reactions to an ROV, by mid-slope fish species. Journal of Experimental Marine Biology and Ecology 332:106–119

Malanotte-Rizzoli, P (ed.), (1996) Modern Approaches to Data Assimilation in Ocean Modeling. Elsevier Oceanography Series, 455 pp

Mazauric V, Berger L, and Trenkel V (2006) Biomass estimation using the new scientific multibeam echo sounder ME70. ICES CM 2006/I:18

McClatchie S, Alsop J, and Coombs RF (1996) A re-evaluation of relationships between fish size, acoustic frequency, and target strength. ICES Journal of Marine Science 53:780–791

Moore RK, and Fung AK (1979) Radar determination of winds at sea. Proceedings of the IEEE 67:1504–1521

Ona E (1990) Physiological factors causing natural variations in acoustic target strength of fish. Journal of Marine Biological Association of the United Kingdom 70:107–127

Ona E (1994) Recent Developments of Acoustic Instrumentation in Connection with Fish Capture and Abundance Estimation. Fernö A and Olsen S, Marine Fish Behaviour in Capture and Abundance Estimation 200–216. Oxford, Fishing News Books, BlackwellScience Ltd

Ona E (2003) An expanded target-strength relationship for herring. ICES Journal of Marine Science 60:493-499

Ona E and Mitson RB (1996) Acoustic sampling and signal processing near the seabed: the deadzone revisited. ICES Journal of Marine Science 53:677-690

Ona E, Dalen J, Knudsen HP, Patel R, Andersen LN, and Berg S (2006) First data from sea trials with the new MS70 multibeam sonar. Journal Acoustic Society of America 120:3017-3018

Ona E, Godo OR, Handegard NO, Hjellvik V, Patel R, Pedersen G (2007) Silent research vessels are not quiet. Journal of the Acoustical Society of America 121:EL145-EL150

Onsrud MSR, Kaartvedt S, Rostad A, and Klevjer TA (2004) Vertical distribution and feeding patterns in fish foraging on the krill Meganyctiphanes norvegica. ICES Journal of Marine Science 61:1278-1290

Onsrud MSR, Kaartvedt S, and Breien MT (2005) In situ swimming speed and swimming behaviour of fish feeding on the krill Meganyctiphanes norvegica. Canadian Journal of Fisheries and Aquatic Sciences 62:1822-1832

Roberts JM, Brown CJ, Long D, and Bates CR (2005) Acoustic mapping using a multibeam echosounder reveals cold-water coral reefs and surrounding habitats. Coral Reefs 24:654-669

Rountree RA, Gilmore RG, Goudey CA, Hawkins AD, Luczkovich JJ, and Mann DA (2006) Listening to fish: applications of passive acoustics to fisheries science. Fisheries 31:433-+

Simmonds J and MacLennan DN (2005) Fisheries Acoustics. Blackwell Science, Oxford Sund O (1935) Letters to the editor. Nature 135:953

Tenningen E, Churnside JH, Slotte A, and Wilson JJ (2006) Lidar target-strength measurements on Northeast Atlantic mackerel (Scomber scombrus). ICES Journal of Marine Science 63:677-682

Thompson CH and Love RH (1996) Determination of fish size distributions and areal densities using broadband low-frequency measurements. ICES Journal of Marine Science 53:197-201

Toresen R, Gjøsæter H, and Barros de P (1998) The acoustic method as used in the abundance estimation of capelin (Mallotus villosus Müller) and herring (Clupea harengus Linné) in the Barents Sea. Fisheries Research 34:27-37

Traynor JJ (1996) Target-strength measurements of walleye pollock (Theragra chalcogramma) and Pacific whiting (Merluccius productus). ICES Journal of Marine Science 53:253-258

Trevorrow MV (2005) The use of moored inverted echo sounders for monitoring meso-zooplankton and fish near the ocean surface. Canadian Journal of Fisheries and Aquatic Sciences 62:1004-1018

Wilson CD (1998) Field trials using an acoustic buoy to measure fish response to vessel and trawl noise. The Journal of the Acoustical Society of America 103:3036

Wilson CD and Boehlert GW (2004) interaction of ocean currents and resident micronekton at a seamount in the central North Pacific. Journal of Marine Systems 50:39-60

Winther NG and Evensen G (2006) Ahybrid coordinate model for shelf sea simulation. Ocean Modelling 13:221-237

Zagaglia CR, Lorenzzetti JA, and Stech JL (2004) Remote sensing data and longline catches of yellowfin tuna (*Thunnus albacares*) in the equatorial Atlantic. Remote Sensing of Environment 93:267-281

Zedel L, Patro R, and Knutsen T (2005) Fish behaviour and orientation-dependent backscatter in acoustic Doppler profiler data. Ices Journal of Marine Science 62:1191-1201

第 6 章　鱼类资源量化研究调查

Kenneth G. Foote

6.1　简介

设计和开展渔业研究调查的目的各不相同。其中一些是为了界定鱼类分布的地区界限、描述鱼类的昼夜运动或季节性迁移以及确定其丰度。本研究调查（章）所考虑的主要目的就是测定鱼类丰度。

进行鱼类资源丰度的量化研究调查是为了避免依赖渔业的资源调研方法存在的众所周知的缺点。文中描述了 5 种常用的调查方法：鱼卵和幼鱼调查、标志重捕实验、捕鱼调查、声学调查和光学调查。并且本文重点强调的则是直接观察法（Godø，1998）。

除了总体目的有所不同之外，此类调查中各种方法的共同点是对计算资源的利用。这会因为各种调查所执行的操作形式以及所处理的数据量等的不同而有所差异。由于执行操作类型和数据处理的不同，不同类型的调查对计算机的使用也各不相同。文中列出了涉及计算机的一些典型的操作。

①数据收集。原始数据通常通过可进行快速，重复和复杂的控制与操作的仪器来收集。一般会使用到专用处理机或者专门制造的计算机等设备，比如，科学回声探测仪。

②数据处理。收集到的某种数据，尤其是光学和声学数据，可能会很庞大，因此有必要对其进行即时预处理。

③数据显示。图像如何呈现由计算机控制，并在电子屏幕加以体现。

④数据记录。而进行数据后处理或分析时对数据的提取，同样需通过数字计算机实现。

⑤数据的后处理和可视化。需要执行这些任务的理由可能有一个或多个。通过汇总频次分布，计算统计数据，识别异常数据，以及数据可视化等，可加速在进行数据分析前对收集的数据所做的质量控制。其中的每一项工作均需要计算机承担。所有的操作都通过计算机来完成。

⑥数据分析。丰度评估估算的推导有可能涉及像在鱼卵和稚鱼调查或标志重捕实验中那样使用建模进行的相对简单的操作，或者像在减少沿样线横切线的鱼类密度测量点的同时估算一个区域鱼类丰度中所进行的较为复杂的操作。数字计算机的使用无疑是简化了数字运算的难度，并且由于数据量庞大，所以数字计算机的使用很有必要。

涉及空间数据的案例中，地球统计分析可能很有用（Cressie，1991；Petitgas，1993；

Rivoirard，1994；Rivoirard et al.，2000）。针对实验数据，首先算出协方差函数或方差函数，然后建模来描述观测到的空间分布特征。这些结果可在插值法或外推法中加以使用，比如在无法进行直接测量的地区绘制分布情况图。它也可能会用在计算丰度估算值的方差中。绘制空间分布和方差的估算，都是计算密集型操作。

5 种鱼类资源丰度调查对处理器型号和计算能力有不同的要求。但对于每一种资源调查数字计算机都是必不可少的。

数据量。数据传输率会随着调查和季节而发生变化。1990 年，称为科学回声探测仪的先进的声学仪器用于鱼类调查，其数据传输率达到了 1～10 kb/s 级。如今，科学多波束回声探测仪的数据传输率为 1 MB/s 级。这与以图片形式收集数据的操作性光学系统的数据传输率不相上下。处理器拥有如此强大的能力，因此数据量和数据传输率一般来说已不是限制因素，但考虑到数据处理早期阶段的最终目标是从数据中提取信息，为加速这一处理过程而着力于数据的预处理。质量保证是所有处理操作中需要考虑的因素，当附属数据影响主要数据的解释时，可能会导致后处理阶段的延期。

生态系统环境。随着渔业研究调查所采用的工具和方法最终应用于生态系统的监测和管理，渔业研究调查对理解生态系统所做的贡献也得到了认可。因此，此类研究调查所使用的工具和方法可以用于对生态系统中其他物种的研究调查，如浮游动物、贝壳类动物、乌贼以及微藻类，可以探测它们的栖息地，包括水体和水体底部。渔业研究调查的参考结果通常所指向的只是鱼类，但它在更普遍的意义上被理解为包含了一系列的水生生物。

术语。一开始就注意到了丰度这一术语用在渔业声学领域和浮游生物声学领域会存在一些差异，在渔业声学探测领域，丰度指的是对数量的总体测量，如个别鱼群的总体数量或该鱼群在特定年份的数量，或该鱼群某种大小结构数量，以及对应的生物量。在浮游生物声学探测领域，丰度通常指的是对数量的局部测量，如每个单位体积的生物数量，某一物种每个单位体积的生物数量以及发育阶段的生物数量，或每个单位体积对应的生物量。在渔业声学探测术语中，丰度测量与浮游生物声学中一样，是对目标生物数密度的一个度量。有一个假设，这种度量是较大水体所特有的，当乘以该水体的体积就可得出与所调查的地理区域中的浮游生物资源量相对应的丰度或生物质量的总估算量。

6.2 鱼卵和幼鱼调查

倘若相关物种的生殖生物学和早期生命阶段方面的信息充足，可通过对鱼卵和稚鱼的调查估算许多种鱼类资源的产卵个体的丰度，在存在鱼卵和幼鱼的整个区域内通过物理捕捞鱼卵和幼鱼进行采样，进行实验室测量以确定尤其是与具有繁殖力的成年鱼类相关的生物数量，以及通过将测量出的生物数量在方程式中进行替代对产卵种群规模作简单估算。Lo 等（出版中）最近撰写了有关此方面的综述。

进行一项调查时对取样的要求有：①确定产卵期以及鱼卵和幼鱼出现的区域；②足够的空间和时间采样；③与每一种样本相关的采样量方面的定量知识。

分析样本时，对目标鱼种的鱼卵和幼鱼，包括其发育阶段的认定至关重要。必须可以确定鱼卵的死亡率、孵化率和发育阶段的持续时间。设定成年鱼类的繁殖能力。通常必须计算出鱼卵和幼鱼因海洋平流效应而减少的数量。

Ellertsen 等（1989）、Fossum 和 Moksness（1993）、Hempel（1971）、Munk 和 Christensen（1990）、Sundby（1991）、Sundbyet 等（1989）、Talbot（1977）以及 Westgard（1989）等对旨在阐明执行鱼卵和稚鱼调查的关键因素的一些代表性研究做了介绍。例如，Fossum 和 Moksness（1993）对孵化期做了估算。Munk（1988）重点阐述了对鲱鱼（大西洋鲱鱼）进行幼鱼取样时渔具效率，同时 Suthers 和 Frank（1989）也强调了对鳕鱼（大西洋鳕）进行幼鱼取样时的渔具效率。

最近的一项技术进展是连续航行鱼卵采集器（CUFES）（Checkley et al.，1997）。在这个操作运行系统中，鱼卵和其他小的生物通过连接到船身上的大容量潜水泵来取样。生物体集中在甲板上并且穿过浮游生物光学计数器（OPC）（Herman，1988，1992）（见 6.6.1 节）来计算。通过 OPC 从下游收集到的次级样本能够确定出物种的组成，并且解释 OPC 的输出信息。激光浮游生物光学计数器（LOPC）（Herman et al.，2004）（见 6.6.2 节）可以替代 OPC 的使用，并且可以使影像自动完成分类。在早期的研究中，CUFES 曾用于绘制映射大西洋鲱鱼卵在北卡罗来纳州海岸的分布，以及分别评估加利福尼亚和南非海域的产卵北方沙丁鱼和产卵鳀鱼的资源量（Checkley et al.，1997）。美洲鳀和太平洋沙丁鱼的鱼卵已经成为了加利福尼亚中部和南部海域的研究对象（Checkley et al.，2000）。

根据三种方法中的一种就能计算出群体的大小。这些方法分别取决于年产卵量的测定、生殖能力的日降量，以及鱼卵日产量。对应的方程式很简单。关于这些方法的具体细节、浮性鱼卵调查和沉性鱼卵调查的成功案例已列举在 Gunderson（1993）中。关于鱼卵日产量法的具体例子已经列举在 Hamplton 等（1990）的海角鳀鱼（好望角鳀鱼）中。已经测量和计算过鳕鱼和比目鱼的受精卵总产量（Heessen and Rijinsdorp，1989）。安东尼和华林（1980）、伯德和福德（1971）、亨佩尔和施纳克（1971）、洛等（1985）以及史蒂文森（1989）都列举过关于鲱鱼的幼鱼丰度调查的实例。

数据量适度。然而随着涉及空间采样的其他调查种类的应用，地球统计分析（Petitigas，1993，Rivoirard et al.，2000）可能是计算密集型的。这类分析的具体目的在于通过各向异性的背景场误差协方差函数或变差函数来确定结构，并将其用于鱼卵和幼鱼的分布映射和估测所观测区域覆盖范围内的丰度均值方差。

6.3　标志重捕实验

关于对鱼进行的标志重捕实验，在人口统计中就有过历史先例，引用者为雷克（1975）。标志性重捕实验通常被用于确定开发率和总的鱼类种群。

标志重捕本质上就是将一定数量的鱼做标记，如打上标签，然后释放。经适当的融合时间后，随即进行捕捞并对渔获作记录，确定重新捕获的数量。根据某些简单假设，种群丰度等于总捕获量与开发率之比，而开发率可以通过重捕数量和被做了标记的鱼的数量的比率来估算。这种所谓的彼得森法在雷克（1948）和赛贝尔（1973）的著作中有详细的描述。

雷克和赛贝尔每个人提出了应用所提及的简单公式必须满足的 6 个假设。这些假设本质相同，最大的区别在于对死亡率假设的明确程度（雷克，1948）以及对样本一和样本二的等概率抽样（赛贝尔，1973）。根据冈德森 1993 年从生物学角度对调查设计给出的总结性建议，应证明对实用性、取样工具、弱点分析和选择性等所作出的假设。在彼得森法中，研究过程中必须确定（雷克，1975）：①因做记号所导致的自然死亡率；②标记丢失消失程度；③做过标记的鱼对捕捉行为的易损伤性；④被做过标记的鱼和未做过标记的鱼群的混杂度，或者捕捞努力量与密度成正比的程度；⑤在重新捕获的鱼中可探测到标志的比率；⑥重捕期间，可忽略不计的可捕捞种群的增殖程度。

引文作者考虑过违背假设的影响，因为这在对鱼群的推理中很常见。尤其考虑了下列的一般情况：存活率常数及变量、所释放的单次标记和多次被释放的封闭性群体、抽样前或抽样过程中做过标记的开放性群体。

琼斯 1976 年对标记重捕数据在估算丰度和确定存活率、生长以及运行参数中的使用给出了一个易于理解的具体解释。

有关标记重捕在鱼群丰度估算中所起重要作用的具体例子可以在 Aasen（1958）、Dragesund 和 Jakobsson（1963）、Dragesund 和 Haraldsvik（1968）中找到。关于标记和做记号的过程可以在 Nakashima 和 Winters（1984）、Parker 等（1990）、Wetherall（1982）以及其他文献中找到。

6.4　捕鱼调查

捕鱼调查的目的在于估算出鱼群或某一部分的丰度。捕鱼的方式有很多种，但是没有一种是无偏差的（Godø，1998；Freon and Misund，1999）。假如是浮游生物，偏差会小些，因为这类生物的运动能力低，这经不起像磷虾（Kasatkina，1997）和小生物体例子中那样的严格检验。比如，对浮游动物原本就系附在视频浮游生物记录仪上的一个网纱记录仪的反应所做的观察（戴维斯等，1992a）（见 6.6.3 节）。大量物理取样设备——Wiebe 和 Benfield（2003）列出了 150 多种——证明了通过群体来提升样本的特征值。尽管承认在捕获过程中存在选择性，但是这些设备对于浮游生物分布和丰度的相关探测发挥了重要作用。一些最长的时间数列源自于，比如用浮游生物连续记录器进行调查（哈代，1926；沃纳和海耶斯，1994；Planque 和 Batten，2000）；用 Hensen 浮游生物网调查冰岛浮游动物，开孔直径 73 cm，调查时间从 1961 年到 1991 年，以及 WP-2 网调查，开孔直径 57 cm，调查时间在 1992 年和 1993 年，两种网的网眼都是 200 μm（Astthorsen and Gislason，1995）；以及海洋资源、监测、评估和预测（MARMAP）抽样方案（谢尔曼等，1987，1996；凯恩，1993，1997）采用了网眼为 333 μm 和 505 μm 的 bongo 网对网。

接下来的重点是拖网捕鱼调查，简称拖网调查。目的在于通过一系列的拖网捕获来估测特定地理区域的鱼群丰度。在该地理区域中拖网捕鱼的具体位置按多种模式进行分布。最基本的例子都是均匀统一或随机的网格分布，两者均可分为分层和不分层的方式。

拖网调查中主要关心的问题是取样的代表性以及有选择性地避开偏差或将偏差降低到最小限度以及认识偏差（Fréon and Misund，1999）。对拖网样本具有的代表性进行确定所涉及的辅助性研究往往需要投入比鱼类丰度调研更多的精力。这类研究检验了网目选择性、易损性和以及鱼类的包括躲避渔船和网具等的行为，因为这一类研究通常取决于鱼种、大小、生物状态、季节、深度以及光照度，在其他影响要素中，对基本抽样过程作量化是一项很艰巨的任务。集中于本文所提及的底部拖网问题上典型研究在 Engäs 和 Godø

(1986, 1989a, b)、Godø 和 Engäs (1989)、Godø 和 Sunnanä (1992)、Godø 和 Walsh (1992)、Harden Jones 等 (1997) 以及 Ona 和 Godø (1990) 等文献中可以找到具体描述。Godø 和 Wespestad (1993) 强调了垂直及水平分布变化的问题，例如，所引用的 Godø 和 Walsh (1992) 的研究已经导致了拖网类型的改变，触底渔具从橡胶套环改为重型跳跃式滚轮。

在一定条件下，拖网调查可获得能充当一项指标的鱼类丰度的一个相对度量值。如果能对拖网的性能另作量化，因而知道每一次拖网时底拖网扫过的海底有效面积或中上层拖网扫过的有效水体量，于是就能知道相应的捕鱼效率。那么，拖网调查就应该有能力得出资源丰度的绝对估算值。Godø (1994) 总结了底部鱼群丰度估算可靠性的影响因素。Hjellvik 等 (2004) 解释了如何通过对底部拖网调查数据实质性变化的精确检测来提高可靠性。

拖网表现性能的重要数据由诸如 SCANMAR 400 系统以及 SIMRAD 集成拖网仪器系统 (ITI) 等无线仪器提供。这类仪器包含传输渔具深度，包括拖网下降或上升速度在内的拖网速度，网板或网袖的间距，网口高度，作业水深温度，网囊渔获量等数据，以及其他数据的传感器。所谓的网眼也是系统的一部分；它监测鱼群在拖网开口附近以及底部的聚集度，同时提供数据以便在彩色图形显示器上以超声波回声图的形式进行即时显示。无线仪器按指令运作以节省电池电能，同时采用传声通道接收指令和传输数据。

拖网调查传统上的调查对象是底层鱼类，但在合适的条件下也可以用于对中上层鱼类的调查。声学探测中对中上层鱼类的拖网捕捞很重要，因此通过两种拖网渔具进行采样的过程中强调了对代表性的关注。Hylen 等 (1995) 阐述了在中上层拖网的情况下捕捞效率方面的关键问题。就声学指数 (Haug and Nakken, 1977) 和捕获率指数 (Randa, 1984 和 Nakken 等人, 1995) 做了进一步讨论。Astthorsen 等 (1994) 研究中描述了通过中上层拖网对冰岛海域大西洋鳕稚鱼的丰度进行推导，并以 1972—1992 年间的时间序列给出了研究结果。

正像拖网调查的设计可以有均匀采样模式和随机性采样之变化，拖网调查数据的精确分析也存在如此的变化。直接使用拖网空间定位时，通过地球统计学，其结果可以根据结构函数、分布映射以及估计方差对丰度进行整体估算获得。忽略空间信息时，总的丰度计算只涉及对捕集数量的求和，并且有可能被各层面积或调查的总面积加权。

1991 年纽芬兰约翰斯召开的关于调查拖网测定法的国际研讨会上（沃尔森等，1993)，已经列出了影响拖网性能和捕鱼效率的 76 个因素。如果将来对其中较为重要的且足够数量的因素进行量化并为它们开发补偿模型，那么就可用于改善鱼群密度的局部评估。Hiellvik 等 2004 年举例说明可以相对改进丰度估算。

6.5 声学定量调查

声学定量调查已被广泛接受，而电子学，传感器，以及运算能力方面的提高正推动这类调查发生质的变化。列举的例子中，增加带宽的科学回声测深仪、多波束声呐定位仪的发展与使用为海底生物探测提供了校准水体信号以及水平扫描声呐。除量化之外，声波法一般具有非侵入性、远程、迅速、全局性以及能够感应多重尺度等特点。取决于具体的声呐，这些仪器可以观测水体、底部、底部水层，包括生物有机体和栖息地。

6.5.1　一般方法

传统的声学调查的必备设备有用于控制传输和接受的传感器或声呐，电子设备，实施平台，也就是船舶或拖曳系统，以及数字计算机。这些仪器的本质功能是回声探测、数据显示、数据处理和数据存储。有关的回声测深器或声呐系统通常在校准状态下操作。下文中包含了声学和数据处理的细节。

一系列样线横跨调查区域。该设计的主要目的在于能够从选择的样条中尽可能多地获得有关鱼类的空间分布信息（Foote and Stefännson，1993）。所考虑到的典型限制因素主要是已知或可疑的鱼群资源的边界、鱼群在调查过程中所出现的大规模运动、鱼群每日运动的动态、可用船时、与调查同步地用于完成拖网及进行水文或海洋测量的潜在需求。预先知道鱼群的有关信息通常很有用，如在分层抽样分配中。当前的操作已经被 Simmonds 等（1992）和 Rivoirard 等（2000）评估过。

一个特定案例就是对在海湾生境中越冬的挪威春季产卵的鲱鱼的调查，一般使用科学回声探测仪分两个或更多的阶段对鲱鱼进行调查。起初，海峡区域覆盖以大规模的 Z 字形设计穿越线（图 6.1）。主要目的是为更进一步地较为精细地测量而定位有效数量。随后，按照在最大化特定鱼群密度信息的一个特殊设计，对确定的子区域或有效洋层作调查。例如，1993 年 12 月，鲱鱼主要集中在奥福特峡湾中部。第二次调查通过有规则且精细的网格来完成（图 6.2）。

最基础的测量在于对特定位置的回声信号进行记录。它包含了密度分布信息，并且作为声源和接收者之间的距离函数，同时此处的假设与收集到的数据一致。收到的信息一般按不同形式处理之后再显示。

科学回声探测仪（见 6.5.2.1 节）和多波束声呐（见 6.5.2.2 节）上的连续或相邻的回声信号各自成直线，所产生的超声波回声图像展示了分布或横穿样线的声像。图 6.3 对科学回声探测仪采集的数据做了图像说明。

相同信息的量化处理可能通过位置功能强调特定声像的声能密度或散射中心，包括一般的回声探测仪垂向波束例子中的深度，或者所有方向的声呐波束例子中的范围。由于考虑到鱼群丰度估算的总体目标，因此对声波探测仪采集的数据进行了系统处理。

后续处理中最重要的一部分就是把回声记录按具体的散射体类别进行归类。对回声声波按鱼种类别和鱼体大小类别作分配。分配过程中的有效辅助信息包括拖网的合成、海洋传感器中获得的数据等，例如，盐分-水温-水深（STD）探头（见 6.8.1 节）、超声多普勒流速仪（见 6.8.2 节）、超声波回声图像外观以及鱼类生物学知识等。分配结果通常与数据收集位置和时间等元数据以可检索的格式存储到数据库中。

基于鱼种和鱼体大小方面的知识，以及传感器和回声探测仪系统的特性，在数据分析期间，将鱼群密度的声学测量结果转换成生物测量结果。用这种方法，可算出鱼的数值密度，当投射到水平面上时，就可得出单位水体或单位水面鱼的密度。在广泛使用的回声积分法通用算法情况下，则通过将区域反向散射系数除以平均反向散射横截面而得到（Foote，1993；Foote et al.，Stanton，2000）。这种方法可能会用到其他的操作，比如取样

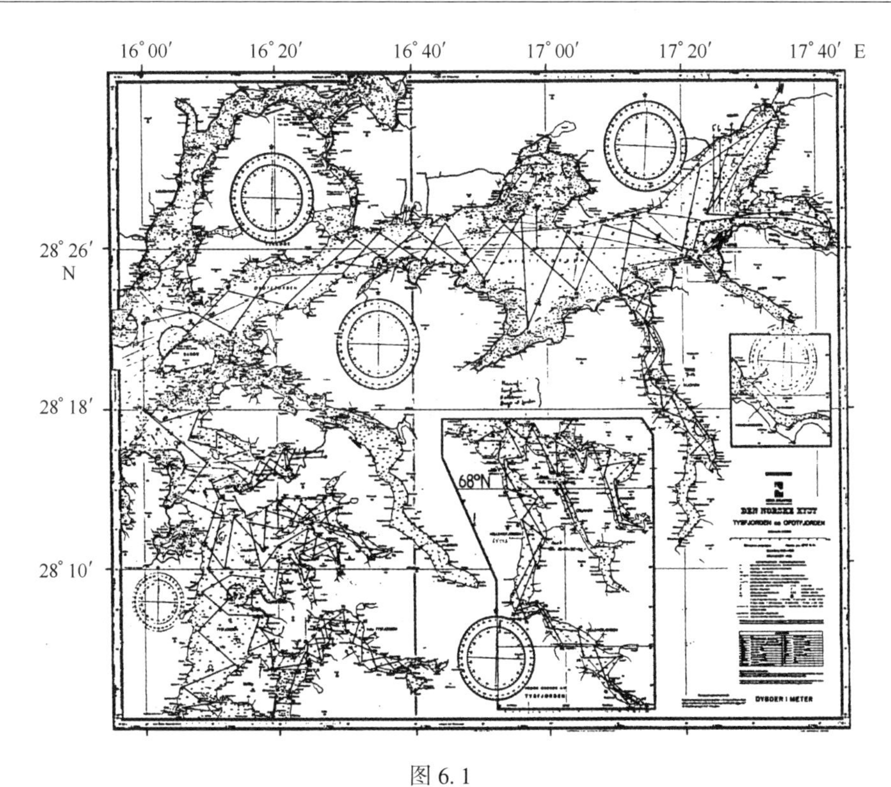

图 6.1
用于调查在奥福特峡湾越冬且春季产卵的挪威鲱鱼初始丰度的大规模 Z 字形调查——20 世纪 90 年代的图斯峡湾系统。

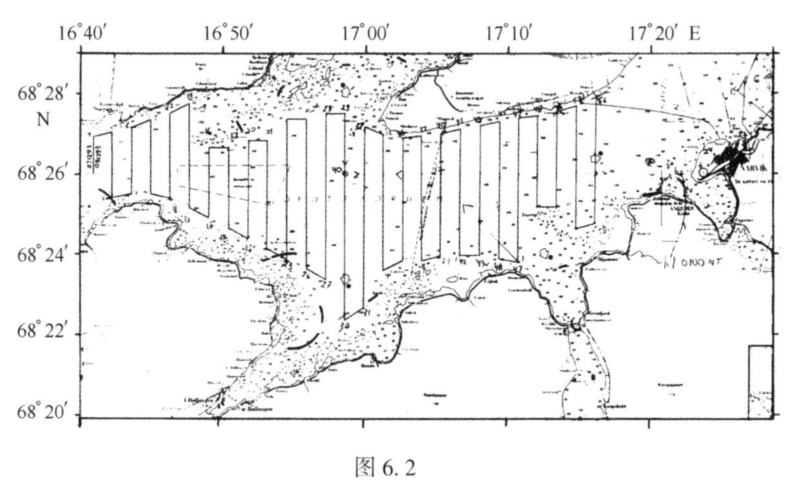

图 6.2
由贯穿南北的等距离平行穿越线组成的用于探测奥福特峡湾中部鲱鱼集中度的精细规模调查（1993 年 12 月）。

容积不同于常值（Foote，1991）或者重要的回声消失的情况下（Foote，1990，1999；Foote et al.，1992）。

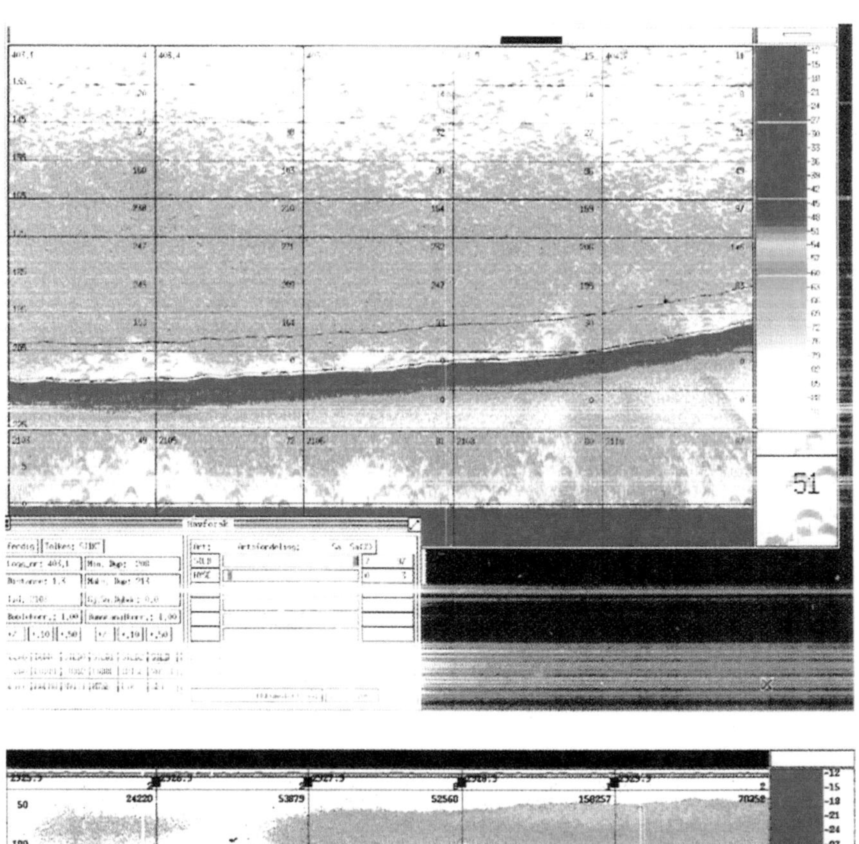

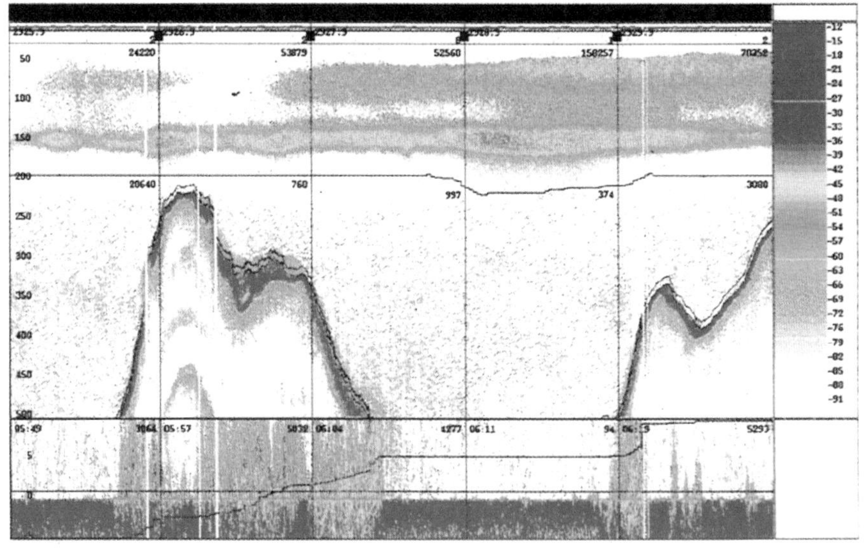

图 6.3

来源于 Simrad Ek500/39 kHz 科学回声探测仪并由 Bergen 回声积分仪显示的挪威春季产卵的鲱鱼在越冬期间的典型回声图。上图：1988 年 12 月，鲱鱼聚集在 Vinjefjord 海峡，深度范围 125 ~ 225 m，总航行距离约 1.4 nm（海里）。下图：1992 年 12 月，鲱鱼聚集在 Ofoffjordon 海峡，深度范围 0 ~ 500 m，总航行距离 5 nm。

一旦沿着调查区域范围内的穿越线的鱼群密度被确定，就可以计算总丰度（Foote and Stefännson，1993）。这是所调查面积或容积数值密度的积分。当沿船跟踪收集的信息只有个别可以通用时，有必要对其进行插值。这可以通过假设每一次的密度测量能代表其他测量的平均值来暗中进行处理。鱼群密度通常通过密度测量的积分计算来进行估值。该数字通常按年龄和大小类别来划分，因此一系列的丰度估算结果中包含了不同类别的鱼群丰度。

在 Grelotton 和 Stéquert（1983）的专著中对通用技术作了阐述。它以列举的空间分布出现高度同质性和异质性的调查情况为根据，Johannersson 和 Mitson（1983）描述了许多种各样的调查类型，同时还采用启发式的方法对基本方法作了介绍。Rivoirard 等（2000）的鲱鱼调查中有具体实例。

大概的测量值、信号处理、数据储存、检索、数据后处理以及数据分析属于计算密集型操作。

6.5.2　声呐系统

鱼类和其他水生生物数值密度的样线法测量通常采用科学回声测深器来完成。尽管声呐早期就被用于计算鱼群，但是在使用范围仍存在限制或禁止的情况下也会运用其他的声学系统（Hewitte et al.，1976）。为了理解这些系统以及潜在应用，本章会对一些基本的操作原理进行描述。

6.5.2.1　科学回声测深仪

最简单形式的回声测深器是一个电子元件盒，它通过传感器控制水下声学信号的传输，并使用同一设备接收回声。回声测深器的主要目的在于确定所关注的，如水底或鱼群等散射体或目标的范围，它一般通过一种叫声脉冲的短时信号传输来完成，它将回声压力波动转化成电子信号，这些信号能够被放大和过滤，并且可以像在纸海图和电子屏幕上那样，显示电子回声信号。当采用亮度或颜色反映回声波幅，随时间或范围显示每一时序的回声波幅，并不断与前面时序的波幅排列成行时，所显示的图形被称为回声图。（见 6.5.1 节）（图 6.3）。

科学回声探测器和普通回声探测器完成的功能相同，但是前者具有高敏感度和大动态范围，能避免接收机饱和，它可以在传送和接收中通过电子元件控制整个通道的信号且操作稳定。辅助传感器具有类似的敏感性和坚固性，而且具有特殊的定向特性。这样的回声探测仪提供了高质量的定量回声信号，历史上被称为校正输出信号。这些信号使回声信息在回声积分法中能够被重复量化使用，下面的章节会有进一步的描述。

设计原理可以在 Bodholt（1989）、Frurusawa（1991）、Frurusawaet al.（1993）以及 Andersen（2001）的文献中找到记录。第 6.5.4 节强调了科学回声探测器的校准。

校正输出信号通常会包含用于数据收集过程中的模拟或电子放大（Mitson，1983；Medwin and Clay，1998）或数据收集之后进行数位范围补偿的特定形式的时变增益（TVG）。实际上，回声强度可以通过函数 $r^2 10^{\alpha r/5}$ 来扩大，式中的 r 表示范围，$r=ct/2$，c 是声音的速度，t 表示与信号开始传输相关的回声时间，α 是用分贝表示的每单位距离的回声吸收系数。在对数域中，*TVG* 函数为 $20\log r+2\alpha r$。这个 TVG 函数通过混合层补偿散射，所以回声强度独立于混合层深度，数值密度和其他因素保持不变。

回声积分。回波强度的值随着上述补偿范围变化，并且与体积反向散射系数成正比（Medwin and Clay，1998）；比例常数一般通过校准确定（见 6.5.4 节）。当横跨一个范围对体积反向散射系数进行积分时，结果值为区域反向散射系数。这通常是与一段航行距离相对应的若干个声脉冲的平均值，根据回声积分的基本方程，区域反向散射系数等于散射体的数值密度与其平均反向散射截面之积。

TVG 的第二种常见形式是强度域下的 $r^4 10^{2\alpha r/10}$ 或对数域下的 $40\log r+2\alpha r$。该时变增益函数有助于消除来自分辨出的散射体的回声中的空间距离依赖。

最简单形式的科学回声探测器中，传感器被认为是运行单波束的一个集成装置。但是，回声探测仪中的传感器通常由一系列非常小的元件组成。这些元件在电学上可被分成多个部分，允许在接收器中形成不同的波束。有时通过将传感器分成中央圆芯和围绕圆芯的外圈，可形成双波束。使用中央圆芯部分发射声波，并使用中央圆芯和外圈两个部分同时接收回声声波，就有可能在不知道一个孤立的单一目标的具体角度位置的情况下对目标强度进行直接测量（Ehrenberg，1974，1979）。

分裂波束可通过把传感器划分为象限的方式生成并且在接收器内形成相应的波束。四个半波束成对形成于：左舷及右舷、首尾。相对应的半波束之间的电相位差可被转化为可以从中确定目标强度的物理角度由此获得目标方位上的波束方向图参数值。已测量的回声强度可以通过波束图形来弥补，并且目标强度可以在没有进行另外处理的情况下直接确定（Ehrenberg，1979；Foote et al.，1986）。

以研究为目的，组装了一个特别组合的双波束和分裂波束系统（Traynor and Ehrenberg，1990）。声波换能器阵列总共分为 5 部分，包括小型内核以及划分到象限中的大外环。

科学回声测深所使用的传感器通常有很好的方向性。典型的波束宽度可以测量单向角灵敏度，中部是传感器波束最灵敏的部分，其最典型的范围在 2°～12°之间，其中 7°代表的是许多鱼群丰度调查系统的共同标准。

传统的科学回声探测器通过窄带操作运行，并且带宽只占中心运行频率的一个很小的百分比通常为 10%或更低。像针对一个运行频率在 0.5～3 MHz（Holliday and Piper，1980）之间的四频制系统所阐述的那样，在较早期就已经实现了频率分隔或频宽，可能还包括波束分类（Holliday 1980）所带来的益处。

科学回声探测系统目前可以同时运行 6 个以上的窄带传感器，从而可以通过多重频率收集回声数据如 18 kHz、28 kHz、30 kHz、38 kHz、50 kHz、70 kHz、88 kHz、105 kHz、120 kHz、200 kHz、208 kHz、420 kHz、714 kHz 以及 720 kHz。利用增加带宽是为了在没有捕鱼数据或其他数据作为参考的情况下完成声学分类（Korneliussen and Ona，2002；Jech and Michael，2006）。相同的科学回声探测器也可以在相同的频率下同步，但并不是同时运行传感器。

在特定的研究系统，即多声波性能分析系统中（MAPS）（Holliday et al.，1989），21 个窄带传感器被激活。它们的频率在总波段 100 kHz～10 MHz 间将被以对数形式间隔开来。

在另一个研究系统中，即宽带声波散射信号系统（BASS）（Foote et al.，2005a），7 个倍频程带宽传感器连续跨越总波段为 25 kHz～3.2 MHz。在第三个研究系统中，也就是生物多频声波物理环境记录器（BIOMAPER Ⅱ）（Wiebe et al.，2002），由宽带传感器和窄带传感器混合组成，间隔的大致总范围在 24 kHz～1.4 MHz。

Haug 和 Nakken（1977）描述过采用科学回声探测器完成的声学丰度调查，其目的主要是为了调查巴伦支海的 0-群体鱼类，包括鳕鱼、绿鳕 、黑线鳕、北极鳕、鲑、毛鳞鱼和鲱鱼；Johannesson 和 Robles（1977）的秘鲁鳀调查；Mais（1977）沿着加州海岸的北部鳀鱼调查；Mathisen 等（1997）湖泊中的红大马哈鱼幼鱼调查；Midttun 和 Nakken（1977）的大不列颠群岛西北部蓝鳕鱼和巴伦支海毛鳞鱼调查；Thorne（1977）的太平洋狗鳕、普吉特海湾鲱鱼以及阿拉斯加东南部凯尔水湾的鲱鱼丰度调查。除了 Mais（1977）早期调查中以 12 kHz 频率完成之外，调查中的频率大多数属于超声波，最近的调查都以 38 kHz 的频率来进行。Jakobsson（1983）描述了冰岛夏天产卵鲱鱼的一些额外例子；Traynor 和 Nelson（1985）白令海峡东部狭鳕（明太鱼）丰度调查；Bailey 和 Simmonds（1990）在北海的鲱鱼调查；Hampton 等（1990）在南非的产卵角鳀鱼调查；Wespestad 和 Megrey（1990）对白令海峡东部和阿拉斯加海湾的狭鳕调查；以及缅因湾和乔治浅滩的鲱鱼调查（Overholtz et al.，2006）。沿智利中部海岸的蛏和蛤蜊已被科学回声探测器进行过估测（Tarifö o，1990）。磷虾同样也通过科学回声探测器来调查。其他被科学回声探测器的物种还包括乔治浅滩北方磷虾（Greene et al.，1988）和南大洋的南极磷虾等物种（Hewitt and Demer，2000，Lawson et al.，2004）。

6.5.2.2　多波束声呐

配以窄波传感器的科学回声探测仪的一个主要缺点是其采样量很少：回声统计量资料稀少、评估鱼类行为反应会有困难，而这可能会对鱼群密度的测量造成偏差。随着电子学和计算能力的进展，已经有可能形成跨越宽角扇面的许多波束，这有助于对目标的空间分辨率以及同时对于行为效果的评估，而且可以对其进行量化。

通过数台提供水体信号的多波束声呐的标称规格可看出多波束声呐的能力。Simrad SM2000 多波束回声探测器依靠特殊的传感器装置在双频上分别形成 128 个波束，频率分别为 90～200 kHz，角度为 90°至 150°。RESON SeaBat 8101 多波束测深系统形成频率为 240 kHz 的 101 个波束，且跨越了 150°象限。这类系统的波束标称宽度为 1.5°×1.5°，带宽很窄。多波束回声探测器可以被校准（见 6.5.4 节）。

多波束声呐早期就已经用于对鱼群的量化（Misund，1992）以及观察船舶诱导效应对鱼类行为的影响（Misund and Aglen，1992；Misund，1993；Gerlotto et al.，1999；Soria et al.，1996）。多波束声呐可以探测鱼群游动的速度（Misund，1993；Hafsteinsson and Misund，1995）。已观测到拖网期间的中上层鱼类的行为（Misund 和 Aglen，1992）。已观察到捕食与被捕食之间的互动（Nottestad and Axelsen，1999；Axelsen et al.，2001；Benoit-Bird Au，2003）。对于其他测量及其局限性已经进行了描述（Reid，2000）。

最近设计并建造了运行在名义频率为 70～120 kHz 的宽带上的两台多波束声呐系统。Simrad ME70 多波束回声探测器（Trenkel et al.，2006）可以在波束宽度大致为 2°～7°的范围内形成1~45个扇形分裂波束。Simrad MS70多波束回声探测器（Ona et al.，2006）形成500个波束的二维数组，25×20，在水平面覆盖的角度为60°，垂直面上覆盖的角度为45°。第二个声呐使鱼群聚集的三维结构通过单个声脉冲成像。已介绍过两个系统的设计原理（Andersen et al.，2006）。

6.5.2.3　侧向扫描声呐

侧向扫描声呐的声学精华部分体现在其传感器内：一个很长的线性阵列。它通常与水平面上的长轴拖在一起。从几何形状和方向来看，水平面上的扇形波束很窄，而垂直面上横穿数纵轴的波束却很宽。Edgetech 272-TD双频模拟拖航潜水器传感器频率为105 kHz时，波束宽度在水平面上的角度为1.2°，垂直面角度为50°。频率为390 kHz的时候，波束宽度在水平面的角度为0.5°，垂直面上为50°。总共有4个阵列，左舷与右舷各有2个。

侧向扫描声呐在离底部的某一固定高度上拖曳。普通水平扫描探测中，当频率为390 kHz时，如果探测范围在25~50 m之间，那么探测的高度为5~10 m，假如被探测的对象是海底或海底构造，垂直波束的方向与水平面呈20°角。声呐激活之后，在指定的扇形区域内会由阵列产生含声能的直达脉冲。它由底部向外侧扫描，并生成回波时间序列。受底部控制时，其他表面、结构和水体的散射体受阻之后会产生回声。

水平扫描声呐可用于探测鱼群和贝类（Fish and Carr，1990，2001），包括斑马贻贝（斑马贝）海床。1995年9月，通过侧向扫描声呐探测到不列颠哥伦比亚Mission附近的弗雷泽河中的鲑鱼出现了迁移，探测过程中的数据采集通过频率为100 kHz的侧向扫描声呐来完成（Trevorrow，1998）。水深4~12 m时，声呐的最大探测范围为200 m。1996年5月，水平扫描声呐以100 kHz和330 kHz的频率扫射到新不伦瑞克省附近水下3~4 m的位置有鲱鱼产卵。水平扫描声呐的最大的探测范围为150 m。渔船故障和破碎波产生的气泡容易影响这一类的探测，因此水平扫描声呐很少用于鱼群探测。1998年9月，操作频率为300 kHz的拖航侧扫描声呐的探测到大不列颠哥伦比亚省温哥华附近的乔治亚海峡有鲑鱼在迁徙，该海峡靠近弗雷泽河口（Treorrow，2001）。侧向扫描声呐的扇形波束为1.8°×18°，并且可以通过机械旋转来控制。可旋转的传感器通常放置于拖航潜水器内18 m深处。探测结果与拖网探测和河岸擒纵器的数据基本一致。

在对加利福尼亚蒙特利湾的底栖鱿鱼（枪乌贼鱼属）水底鱼卵的造影和定量调研中运用了最新的侧向扫描声呐（Foote，2006）。探测过程中沿采样带收集的数据100%连续覆盖左舷或右舷样带。该调研不仅对鱼卵和海床进行探测，而且还整合了所有的相关数据。测量结果显示，鱼群卵囊的平均直径为16 mm，每个卵囊中平均装有150粒鱼卵，根据这些数值可以估算出所探测区域内一孤形样方中的鱼卵总数。根据计算结果，该区域内生物的增殖量为3 650万颗卵。当下，这是计算生物增殖数量的唯一客观方法。如果不是受动态范围的限制，侧向扫描声呐可以用于其他的造影和定量探测。然而在底栖生物群的探测中，侧向扫描声呐占据着独特的优势，即可以同时绘制出鱼群栖息地。

高端的侧向扫描声呐可以用相同频率的处于拖航潜水器同侧的多波束数组来完成干扰测量法探测，同时还能确定返回信号的相位和入射角。获得底部高度和拖航深度之后即可知道底部深度，从而确定底部深度。干涉测量法侧向扫描声呐也被称作多波束扫描声呐。

测深数据和反向散射图像的结合有助于对处在水底栖息地的海底鱼群的调研。

水平扫描声呐可以安装在各种自主式潜水器上，如远程环境测量装置（REMUS）（Allen et al.，1997；Purcellet al.，2000），可以实现对底栖生物及其栖息地的联合探测。

6.5.2.4 声透镜声呐

除了声音与光线这个主要区别之外，声透镜和光学镜片大致相似。精制的声透镜可以像光学透镜那样把入射到上面的能量进行聚合，当透镜大于波长时的聚焦效率更高。声音穿过镜片的速度完全不同于在介质中的速度，从而产生了折射。镜片上的声阻抗或质量密度与纵波声速等的聚合度与周围介质相似，从而减少了折射和外来散射造成的损耗。

如果透镜材料中的声速小于水中的声速，那么镜头应该是凸透镜。许多液体具有这样的属性，如四氯化碳（Clay and Medwin，1977）、乙醇和其他醇类（Greenspan，1972）以及氟碳液体（Wade et al.，1975），如同硅氧橡胶，通用电气RTV-602的折射率为1.4.（Folds and Hanlin，1975）一样。假如透镜材料中的声速大于水中的声速，那么镜头所使用的应该是凹透镜。这类透镜通常由聚苯乙烯和复合泡沫塑料制成（Fold and Hanlin，1975）。

与光学透镜一样，像差可以影响声透镜（Jenkins and White，1957），其中影响最为明显的是球面像差，因为声透镜中用的是窄带信号。一般可以用多元化法弥补这种影响。而且该途径可以用于减弱微分变元对声速、折射率和温度等造成的影响。

声透镜通常被用于探测和显示图像的主动声呐系统中，因为焦距会影响波束形成。此外，波束形成中特定的延迟叠加法（Kamgar Parsi et al.，1997）不耗费功率。

基于透镜的声呐可以采集到高分辨率的水下图像（Kamgar-Paris，1997）。并且可以将其极好地用于探测栖息在岩石中的鱼群。操作频率为1.1 MHz和1.8 MHz的双频识别声呐（DIDSON）探测力极强。操作频率为1.1 MHz时，它可以形成间隔0.6°双向波宽的48个波束，即频率为1.8 MHz时，则可以形成间隔波束宽度为0.3°的96个波束。在14°双向贯轴波束宽度上的两个频率的总的水平成孤矢可视范围为29°。水电站附近的鱼类行为探测（Moursund，2003）以及阿拉斯加河的鲑鱼（Burwen et al.，2004）计算中运用了质量堪比照片的这类图像。典型的探测范围为1~30 m。

如今，DIDSON的远程版本已经可以使用，而其操作频率为700 kHz和1.2 MHz。

DIDSON可以通过图片的形式存储大量数据。自动化对于多重图像的连续相关记录来说至关重要。目前，这样的数据衔接已经可以通过软件来完成（Kim et al.，2005）。

6.5.3 数据可视化及后处理

大概到1990年，几乎大型海洋研究机构都开始用内部数字计算机系统来完成对鱼类资源声学调查数据的后处理。这通常包括用于特定的计算机硬件配置中的软件，并且针对处理器类型和制造商来研发。电脑和软件必须同时更换。此外，不论操作范围如何，只要有选择项或分支点，软件通常都按低级编程语言写成，装配到单片程序的同时要求整个程序循序运转。

为了弥补上述情况以便更灵活地对调查数据进行后处理。卑尔根海洋研究所在1988

年研发了一个称为卑尔根回声积分器（BEI）（Foote et al.，1991）的新系统。目前该系统已经有了全球使用的商业版本。BEI的设计原理很普通，并且为其他新系统提供了范例。文中描述了BEI的基本开发，并把它设计成调查船数据网络的组成部分（Knudsen，1990）（图6.4）。

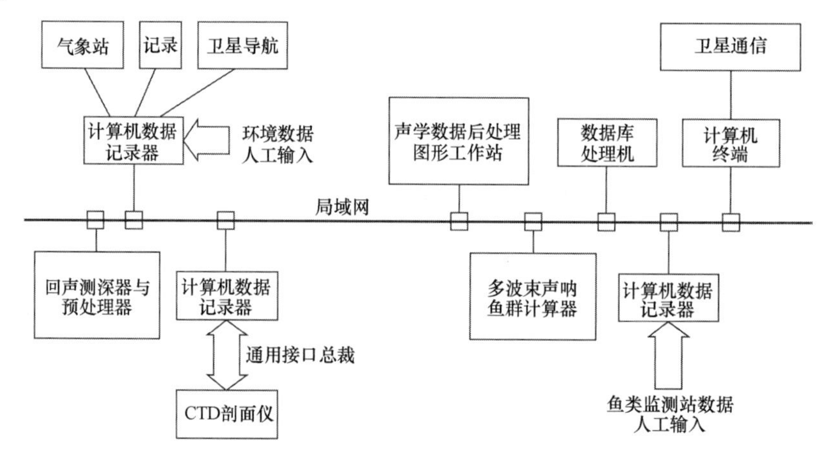

图6.4
调查船上数据网络的组成要素（Knudsen，1990）（经许可复制，H. P. Knudsen）。

6.5.3.1　用户要求与基本需要

系统设计的初级阶段，用户要求如下：①能够处理、显示和操作来自回声测深仪预处理器的数据；②机器独立运行；③高级程序设计语言；④模块结构；⑤数据库；⑥以太局域网；⑦完整文档；⑧方便用户使用。

基本需求是确定的。首先，系统应由使用者来制定，如所有的重要决策应由使用者制定；其次，系统应易于使用，如果不符合这个要求，那么该系统适用性不强；再次，系统应该是可扩展的，即系统结构应该可以扩展和可伸缩；最后，最重要的是文档必须完整，这样才能方便对系统做进一步的扩展。

6.5.3.2　计算环境

（1）硬件

系统按照Simrad EK500回声探测器的数据记录器来设计。每天的数据量为100~400 MB。清理之前，系统可以将数据持续保存24 h。数据显示在由每个声脉冲内含的650个反向散射强度值所组成的回声图中：其中500个值来自水体、150个值来自被探测的水底。超声波回声图会随着噪声阈值的变化而变化，而区域反向散射系数的重新计算值会在10 s内显示。在不散失信息的前提下，光栅图形可以对原始的超声波回声图进行加强。制图系统必须包含有256种颜色帧缓冲，这256种颜色来自可修改的调色板。系统的估算速度为每秒钟1 000万个指令（MIPS）、每秒完成200万个浮点运算（MFLOPS），同时输入输出的带宽为2~3 MB/s。项目开始时需要有精简指令集计算机（RISC）架构。在1988

年能满足这些要求的硬件技术是那些计算机终端系统级别的机器。

(2) 软件

需要通过使用内部非专有标准来满足开放的架构的要求。所选取的操作系统 UNIX (Christian and Richter, 1994) 具有可移植性、多任务、虚拟内存、非区段存储以及网络化等特性。该运用选择了 C 语言编程结构化程序设计和高效的编码，并且通向 Unix 的界面很强大。同时，所选用的关系数据库 INGRES (Date, 1987a) 具有标准的结构化查询语言 (SQL) (Date, 1987b)。通过选取图形用户界面 (GUI) 来确保一个易于使用的界面，该界面具有非专有性和可移植性，因此被称作 X Window 系统 (Young, 1994)。

(3) 外部通信

局域网 (LAN) 的使用突破了传统的单片系统中需要把外围设备直接连接到中央处理器 (CPU) 的限制。最常用的局域网被称为以太网和传输控制协议/互联网协议 (TCP/IP)。TCP/IP 的子集用于数据采集，在使用中它被称作用户数据报协议/网络协议 (UDP/IP)。该协议的优势是在临时溢出的情况下都可以把数据发送到接收器，但是这个过程中涉及的非关键数量的数据会丢失。

6.5.3.3　系统设计

(1) 数据流

高容量数据，如回声探测预处理器中获得的原始声学数据会被直接存入文档，而关于存取的信息则被储存到数据库。后处理数据以及其他低容量数据，如导航数据和盐分-水温-水深 (STD) 数据会直接保存在数据库中。数据库和文档数据都通过系统进行显示和处理。后处理操作一旦完成，报表生成器会对处理结果作总结。

(2) 配置窗口

调研航次中的关键数据会显示在配置窗口上。这些数据通常包括国家、船名、航次编号、航次目标、航行计划、航行海域以及全体人员。回声积分法中的航道深度覆盖了已航行距离的基本区间。北海、挪威海、巴伦支海的回声积分混合层深度对于中上层鱼类为从所探测为底部起 50 m，对于底栖鱼类则分别为 1 m、2 m、5 m 以及 10 m。航行距离的典型区间为 0.1 n mile、0.5 n mile、1 n mile 和 5 n mile。

(3) 数据后处理窗口

①调研网格窗口。它显示了收集声波、拖网、海洋数据和其他数据的巡航数据站所处位置。

②超声波回声图窗口。它由 4 个子窗口组成。主要的超声波回声图子窗口按适合交互式后处理的形式显示回声图的波底信道。扩展窗口显示了所探测底部的扩展超声波图，并且可以通过重新划定底线由操作人员对其进行纠正操作。彩色地图子窗口控制着调色板。这可以由操作员来确定，但是通常只能从三种选项中选择一种：灰标用于观测形状、红蓝标用于测量信号强度、暗红浅蓝标则作为前两者的对比，它还涉及形状和信号特征的差异。变焦子窗口允许进行任意扩大由操作人员选择的主要回声图子窗口或放大了的海底信道子窗口的某些部分。

③解释窗口。根据操作员描述的回声图，回声积分的结果将以散射体的形式保存到数

据库。在窗口中可使用的散射等级皆可命名，并且为了进行积分赋值，这些等级可能来自于数据库，也可能是在操作过程中由操作人员自己去定义的。

④目标强度窗口。单目标回声的强度值筛选之后可以显示在由操作人员分隔的回声图区域的直方图上。

⑤文档选择窗口。声学数据可以通过这个窗口来选择，当缺少巡航数据时，该窗口能够提供选择数据的备选方法。

⑥鱼群监测站窗口。对于以跟踪监测及其他方式获得的生物数据，会按照长度分布或所探测物种的样本数量进行汇总和显示。测网窗口中就能完成这样的选择。

⑦STD 窗口。按照测网窗口的指令来显示盐分-水温-水深数据资料的剖面图。

6.5.3.4 系统实现

（1）集成技术

无需全系统互动就能激活系统子集。处理过程中，系统各子集按格子功能独立运行，该过程主要通过通信设备来完成窗口处理。系统处理数据的过程中会自动选择入口，并且与其他的基于窗口的迁移处理分离。

（2）性能

①输入/输出带宽。假如数据输入和输出机制的带宽是足够的，那么所有的数据都可以被保存到数据库。否则，数据将按各自的容量分为两类。文中已经有说明，大容量数据保存在文档，较小容量的数据则存储到数据库。处理过的数据，如回声积分的结果等将会被保存到数据库。

②预先计算。用预计算数学表达式来优化涉及密集计算的部分，同时将计算结果保存到索引表中。比如，在回声积分法中，用一个二进制对数来表示体积反向散射强度值，并将其用于区域反向散射系数的预先计算值的矢量索引。

6.5.3.5 特点总结

卑尔根回声积分法的 5 个特征已一一列出。

①在回声积分法中，用户可以用交互式图形自由描绘超声波回声图的有形区域，包括非恒定深度区间。

②回声积分的结果将按不同的分辨率保存到数据库。航行距离可能为 1.1 n mile、0.5 n mile、1 n mile 和 10 n mile。其深度可能是 0.1 n mile 至 500 n mile 中的任意一个值。

③预处理过程中出现的错误可以更改，如重新确定探测的底部或更改噪声阈。

④颜色不同的图像有助于超声波回声图中的形状和信号强度等信息的提取。

⑤将图形用户界面、数据库和数据文档相互连接，其目的在于优化数据流和系统功能操作。

6.5.4 校准

校准过程中可以采用多种途径（Bobber，1970；Urick，1983），但在渔业调查中通用的是标准目标法（Foote，1982，1983；Foote et al.，1987；MacLennan，1990；Sawada and

Furusawa, 1993; Jech et al., 2005)。简言之，标准目标悬浮在传感波束上的一个已知位置，同时正常传播的回声会被记录和处理，而且目标声波反向散射穿过的区域会影响到校准。用这种方法可以测量系统的总体灵敏度。

通过在传感器波束的不同部分进行反复测量可以得出声波的方向性。因为科学回声探测器按超音频率操作，从而可以用于探测实体弹性目标。散射穿过的区域或目标强度象限在计算推理（Faran, 1951; Hickling, 1962）中发现有误差时，系统频带宽度能识别出单频公式（Foote, 1982）。

标准目标法同样可以用于校准宽带回声探测器（Foote et al., 1999; Foote, 2006）。而且这种方法还可以用于多波束声呐（Foote et al., 2005b; Foote, 2006）、参量声呐以及其他以 1~10 kHz 中频带操作的声呐（Foote et al., 2007）的校准。

6.6 光学调查

6.6.1 浮游生物光学计数器调查

浮游生物光学计数器（OPC）是一种以光阻原理为基础的独立的操作系统（Herman, 1988, 1992）。微粒穿过光束时，落到探测器上的光减少，从而与接收器电压形成脉冲，并且对于这些脉冲可以自动计数从而实现对于微粒的计数。出自高强度发光二极管阵列的光点有效波长在 640 nm。

对此目的而设计的 OPC 可以探测分布范围在 0.5~20 mm 以内的中型浮游生物和微型浮游生物的数值密度和生物量及其分布。同时该系统还可以监测到发育的鱼群，比如飞马哲水蚤，并且能探测到从几厘米到几千米远的浮游生物。OPC 比较牢固，因此可以在最大深度1 000 m处以 0.5~4 m/s 的速度进行拖曳探测。

OPC 的校准通常用已知尺寸的串珠穿过空气中拖曳的 OPC，然后由测得的表现尺寸得知其实际尺寸。对于非球面形状，比如对比瘦长的磷虾与浮游生物球形卵时，OPC 可以按照相对应的球面直径输出数据。

调查桡足动物时，Herman 等（1991）测量了沿着 Banquereau 和 Halifax 线的垂直断面上的桡足动物密集度，它们的长度分别是 250 km 和 220 km，并且分布于整个司考田沙洲。1990 年秋，OPC 在司考田沙洲的 Emerald 和 La Have Basins 测到了挪威水蚤和磷虾的密集度（Herman, 1993）。OPC 已经在太平洋西北部测出了第 5 桡足幼体飞马哲水蚤的密度值，并且将其与用邦戈拖网多元开放以及闭锁网环境传感系统（MOCNESS）所探测到的密度进行了对比（Baumgartner, 2003）。大型硅藻（威氏圆筛藻）的密度值也可以通过 OPC 来探测，并且可以将其与 WP2 净样本进行比较（Woodd-Walker et al., 2000）。

OPC 已描绘了沿大西洋子午线样带（AMT）50°N 与 50°S 之间的浮游生物的大小结构特征（Gallienne and Robins, 1998）。已经对比过 OPC 的探测结果和相同浮游生物样本在显微镜下的计数结果。

在探测船和实验室对于微粒尺寸和计数的测量实践中可以使用 OPC，因为它是连续航行鱼卵取样器（CUFES）上的重要部件（Checkley, 1997）（见 6.2 节）。

OPC 的明显缺陷在于对进行探测或计算的对象是颗粒物或者微生物的识别。考虑到浮游生物分布是斑块状的，获得其大小分布可能就足够了。但是在确定物种构成的过程中可能会用到独立的物理捕捞数据。下一代的 OPC，即激光 OPC，解决了形状测定和自动分级所存在的问题（Herman，2004）（见 6.6.2 节）。

6.6.2 激光浮游生物光学计数器调查

激光浮游生物光学计数器（LOPC）与 OPC 很像，但是它通过激光二极管和镜头产生的宽光束，探测器阵列通过感知单个的微生物或其他微粒的形状而在其穿过光束的过程中完成探测（Herman，2004）。在多元探测器阵列已对光阻进行记录的前提下，LOPC 可以探测到相应球面直径为 0.1 mm 的微粒。材料形状和物体的大小将在后续处理中得出。LOPC 在早期应用中，把被探测的物种分成两个组：桡足动物卵和无节幼虫为一组，长腹剑水蚤和飞马哲水蚤在另一组。

6.6.3 浮游生物录像机调查

浮游生物录像机（VPR）是带光学放大镜的水下录像系统，该系统用于实时自动测量浮游生物密度和物种结构（Davis，1996）。VPR 的基本要素是单个浮游生物的高质量图像、图像处理和浮游生物记录系统、数据处理和可视化系统。

VPR 的特定设计用途①自动连续收集几厘米到几千米范围内的数据，并且自动保存电子数据；②分辨各个分组中的单个微粒，如桡足类、毛颚类动物、幼鱼、鱼卵、磷虾、端足类动物、翼足类动物，以及碎屑（岩屑，主要指海屑）；③实时数据的分类分析；④拖航速度为 0.5~5 m/s 时候的数据收集（Davis et al.，1992a）。对实际微粒进行物理捕捞的最初目的在于完成电子数据的校准，数据通过改良的郎赫斯特-哈迪浮游生物记录器，即金属丝网记录盒来处理（Haury Wiebe，1982）。但是它会引起回避反应并且影响到光学记录（Davis et al.，1992b），因此完成探测之后应立即把记录盒取下。

水下的录像系统负责成像，而且通常可以借助放大镜探测到 0.01 mm 到 20~30 mm 之间的微粒。同时系统中装置了 2 至 4 台或更多的录像机，以利用多种放大率来观测立体模式或单视场模式下的生物集中度。录像机红色过滤闪频观测器每秒可以同步采集到 60 帧画面，而曝光时间为 1 μs，闪频观测器和照相机的距离为 1 m，两个光轴在 0.5 m 处交叉。

图像处理以现场图像和记录到的图像为基础。它可通过 60 Hz 的采集率完成现场提取、卷积、边缘探测等操作以及根据像素把摄取到的图像坐标传送到主机。微粒的存在与否都可以自动探测到，聚焦探测系统负责检测微粒边缘的清晰度。清晰且焦距集中的图片会被传送到电脑，然后按照其时间代码命名并保存到文档中。分类图组根据在 2 000 张图片上的基础上建立的神经网络进行分类组合，而且对于探测目标的其他特征（如形状和纹理）来也作同样处理。到 1996 年为止，清晰聚焦物体的数据率已达到每小时 3 600~10 800个。

可以按照物种分类来挑选带位置数据的区域，并按取样容量计算结果划分等级，从而测量出微生物的密度值。被探测物的空间分布可以按照时间间隔或空间间隔来显示。

VPR的校准中运用了多元开放闭锁网环境传感系统（MOCNESS），并且对样本探测结果进行了对比，同时还对VPR在样带中的观测数据和MOCNESS在深度不同的5个海层生物探测数据进行对比，涉及的微生物包括桡足类动物、翼足类动物、幼形目、端足类动物和磷虾（Benfiedet al.，1996）。通过两种探测工具的测量而得出数值密度的平均值。两者的探测距离都选定在集中度较高的地方，但是两种工具的取样容量却存在很大差异，一台VPR相机的取样容量为0.069 m^3，而开口为1 m^2拖曳距离150 m的MOCNESS的采样容量达150 m^3。

早期的VPR可以探测规模在1~100 m级的桡足类动物、小齿海樽以及束毛藻属的斑状集群（Davis et al.，1992b）。随后，Davis（1996）于1994年5月对比了桡足类动物飞马哲水蚤和密度相同的物种在乔治浅滩上的荧光分布。Gallager（1996）1992年在乔治浅滩和缅因湾观察到了许多微生物、盐分和温度的分布。Norrbin等1996年测量了乔治浅滩不同区域浮游生物的密度，并将它们与水团混合及层化的关系作了考虑。该探测已得出了在充分混合区域中的毛颚类动物、水螅虫、桡足类动物等生物以及在层化区域中的有孔虫类、翼足类动物和飞马哲水蚤、长腹剑水蚤的密集度。Benfield 1996年测量了乔治浅滩层化区域内的桡足类动物、翼足类动物和幼形目的密度分布。Ashjian等2001年测量了乔治浅滩上从几厘米到数万米以内的符合条件的浮游生物的数值密度，这些生物包括飞马哲水蚤和长腹剑水蚤，并且有相关物种的水位图。日本东海（Ashjian et al.，2005）中已经有过类似的测量和水位图。集中度更为相似的微生物都已经用VPR来测量。这其中包括北太平洋的群体放射虫类（Dennett et al.，2002）与根管藻类以及环大西洋带的群体固氮蓝藻细菌（Davis and McGillicuddy，2006）。

VPR在不断地改进。VPR的拖航速度已经达到6 m/s（Davis，2005），经测试，VPR在200 m以下深度的速度为5 m/s（Thwaite and Davis，2002）。研究过程中验证过物种的自动实时分类的精确度（Davis，2004）。当前，双重分类法已经大大地提升了分类的精确度并且降低了误报率（Hu and Davis，2006）。这有助于对低聚集地区的微生物进行自动计量。这种方法需要两种分类，他们的依据分别是：①按形状特点通过神经网络划分；②由辅助向量机按纹理特征来划分。

在调查距离比较远的水体中的生物时，由于VPR的远距离高速分类能力有限，因而必须与与其他的传感器同时使用。例如第6.7.6节中与科学回声探测器的结合使用以及第6.7.7节中的配合MOCNESS使用。

6.6.4　底栖生物的视频调查

底栖生物视频探测系统由马萨诸塞大学海洋科学与技术学院（SMAST）建立，并且被命名为SMAST视频调查金字塔（Stokesbury，2002）。它的底部是个正方形，每边长度为2.2 m。上面的顶点和基础各角之间的结构件的长度为2.5 m。录像机被放置在顶点下面基础上方1.57 m高的地方且垂直朝下，经校准之后，该系统的探测样方面积为2.8 m^2。框架上配有灯。系统一般从渔船上伸入海底，然后依靠漂浮或动力将其抬高及挪动到下一个采样地。在后续调查中，需要在实验室对海底录像进行检查；对数据质量进行控制之后，图片处理软件可以自动识别和测量单个的生物，尤其是大扇贝（海扇贝）。

乔治浅滩（Stokesbury，2002）和美国东南部海岸（Stokesbury et al.，2004）的扇贝丰度已经通过均匀采样模式完成调查。类似的系统还可以用于计算海扇贝的生长以及研究捕捞对乔治浅滩浅水底栖鱼群的影响（Stokesbury and Harris，2006）。最后提及的这项调研涉及大量的生物，包括海星、苔藓虫、水螅虫类、海绵动物、螃蟹、寄生蟹、比目鱼、鳕鱼、杜父鱼和鳐鱼等物种。

6.6.5 激光雷达测量

激光雷达设备和声呐都是为了进行光学探测和分类。它通常由激光束、聚焦反向散射光的望远镜和安装在焦面或同等平面上的探测系统组成（Churnside and Hunter，1996）。激光雷达光束通常是蓝绿色的，以便与海水的吸收最大值相一致。为了防止在海面上对视网膜可能造成的损伤，可以将雷达激光分散或主动对其进行散焦。人类视觉观测标准中还包含了对鲸类和鳍足类动物的安全观测（Zorn，2000）。鱼类的雷达激光测量属于放射性测量，可以对发射光束和探测系统进行校准，例如把柯达灰色卡片作为标准目标（Churnside et al.，2003）。这样就能用物理单位表示测量结果，该测量校准与用校准好的声学系统进行探测是相似（见 6.5.4 节）。

大概在 1980 年，激光雷达就已经用于鱼类探测（Squire and Krumboltz，1981）。其对大量生物进行探测的潜力已经得到鉴定（Hunter and Churnside，1995）。加利福尼亚州南部水湾的鳀鱼数量（Lo et al.，2000）、墨西哥湾的鱼群（Churnside et al.，2003）以及欧洲南部大西洋海岸的幼鱼数量（Carrera et al.，2006）计算中都运用了激光雷达。调查数据通过激光雷达探测图或激光雷达超声波回声图来表示。

探测深度和物种识别无疑是激光雷达调查中的主要问题。但是在对阿拉斯加州鲑鱼（细鳞大麻哈鱼）的探测中，通过激光雷达可以得到个体的图像（Churnside and Wilson，2004）。

激光雷达应与其他仪器一起使用，如科学回声探测仪，这样可以扩大探测范围并且更好地把调查船导航到鱼群聚集度高的地区。研究中用到的这两种仪器结合使用的实例在第 6.7.4 节中有描述。

6.6.6 摄像机调查

摄像机在水下的运用由来已久，但是由于光衰减问题而受到限制，在对底栖生物的研究中，海底的不平坦会导致光线出现变化，此外更大的连续图像的复合也是限制因素之一。

两大新技术克服了摄像机在调查中的使用障碍。无人水下自主航行器海洋底栖生物的探测设备（SeaBED）（Roman，2000；Singh，2004a）具有悬停能力，从而可在海中的恒定高度建立用于探测的稳定平台。照相镶嵌能够对相对较大的海底狭长地带进行连贯成像（Pizarro and Singh，2003；Sing and Pizarro，2004）并且有望显示和探测栖息在海底的鱼群。

6.7　综合调查

丰度估算可以通过多种调查方法的整合来完成。但是它有可能会增大每一种特定调查类型以及辅助数据解释的复杂性（McClatchie et al.，2000）。如果多种工具能够在丰度调查中独立使用，那么可以进行交叉验证。

6.7.1　声学和光学结合法在鲱鱼调查中的使用

科学回声探测器已用于威廉王子湾的太平洋鲱数量计算。这些数据可以通过把声学和光学结合在一起的方法来进行补充（Thorne et al.，2003）。声呐被用于划定鲱鱼的地域分布。带红外线的水下摄像机在夜间被沉放到鱼群中进行种类鉴定，如区分鲱鱼和狭鳕。海面的红外扫描可用于观测夜间的北海狮、座头鲸和海鸟觅食。关于北海狮的数量和鲱鱼生物量之间的关联性，文中已经有注释。

6.7.2　声学调查与产卵量调查的结合

角鳀鱼（好望角鳀鱼）产卵鱼群的生物量的探测中运用了声学调查法和产卵量调查法的结合（Hampton et al.，1990）。两种方法都可以在同一时间进行，但是它们之间本质上是独立的。回声积分法被用于南美大陆架上目标区域的探测。

沿着声学探测样带对鱼卵进行定期计算，并用中层拖网来估算产卵鱼群的比例。产卵鱼群生物量的估算过程中采用了日产卵平均值法。1985 年与 1986 年调查的估算结果相符。如果各种调查中存在着困难，那么在减少边际成本的情况下，调查结果的相符无疑为丰度调查带来了信心。

6.7.3　声学和拖网综合调查

物理捕捞是大多数鱼群丰度声学调查中的重要环节。在用声学方法完成物种鉴定、确定大小及年龄结构探测中，拖网捕捞都是至关重要的一部分（Traynor and Nelson，1985）。

在许多研究中，底层的鱼群可以通过声学进行调查，但是离开海底的鱼群可能无法被探测到。Thorne（1983）、Traynor 和 Nelson（1985）最先阐明了这种调查的缺陷在于存在水底盲区。通过拖网采样能解决这个问题，从而促进了声学调查和拖网调查结合运用，并且实现了对两种调查方法性能的衔接（Godø and Wespestad，1993）。

操作频率为 38 kHz 的科学回声探测器和中层水域拖网捕捞来探测同时被运用到塔斯马尼亚南部大陆坡上的海洋中层生物群的数量探测中（Koslow，1997），其深度范围在 0~900 m。丰度的声学估算值是采用拖网排水体得出的丰度估算值的 7 倍。声学估算值与依据初级生产能力和营养动力学建模取得的丰度估算值是相一致的。

6.7.4　激光雷达和回声探测器综合调查

许多鱼类和浮游生物丰度调查的必要条件是对丰度调查所涉及的地理范围总体上的覆

盖，这也意味着，与调查物种的大运动范围相比，一次调查活动的覆盖范围相对要小。而激光雷达对调查范围覆盖度的贡献已获得认可。例如在航速为50~100 m/s的飞机上进行的激光雷达观测，可用于直接观察那些以5 m/s的速度驶向鱼类和浮游生物密度最高区域的调查船舶，而这些船舶上的回声探测仪可采集整个水体中的高精度数据，而船舶还同时执行用于实体鉴别的拖网调查（Churnsida and Thorne 2005）。

激光雷达也可用于独立的丰度调查（Churnside et al.，2001）。1998年夏天以及1999年夏天，激光雷达以25~30 m的穿透深度完成了对上层海水中幼鳀鱼、马鲛鱼以及沙丁鱼等鱼群调查（Carrera，2006）。科学回声探测器以38 kHz的频率进行了声学调查，但是在声音穿透基本上不受深度限制。观测的关联性很强，但是浮游生物和鱼群的光学区分上仍存在缺陷。

2000年12月，类似的方法被用于个别上层鱼群丰度的估算，例如科学回声探测器以208 kHz的频率对佛罗里达西海岸的鲻鱼（对鲻鱼）的丰度进行估算（Churnside et al.，2003）。声学散射的测量范围大于光学散射的测量范围。

2002年5月，激光雷达和操作频率为420 kHz的科学回声探测器一起用于阿拉斯加州威廉王子湾的浮游生物探测（Churnside and Thorne，2005）。通过后阈值消除浮游植物所占的比重之后，得到关联系数为0.78。

6.7.5 摄像机和采集网综合调查

带频闪器的水下摄影机可以与直径60 cm的浮游生物采集网一同完成调查（Houde 1989）。相机安装在网架上并调整好方向，用于拍摄紧挨在网囊前的一个流室内的漂浮生物的照片。采集到的照片有助于确定湾鳀鱼（浅湾小鳀）的鱼卵和增殖数量，因此采集网调查法可以用于对整体丰度进行补充。

6.7.6 声学与VPR综合调查

已经用频率为420 kHz的科学回声探测器和浮游生物视频记录器对许多浮游生物进行了调查（Benfield et al.，1998）。调查的生物包括端足类动物、毛颚类动物、桡足类、磷虾、鱼类、翼足类动物。VPR提供了有助于解读声学记录的重要的物种识别数据。

由于水螅具有被称作浮囊的充气包函物，因此它在声学散射中很重要。VPR单机相机和操作频率为43 kHz、120 kHz、200 kHz和420 kHz的科学回声探测器沿着航迹线调查对水螅进行过探测（Benfied et al.，2003a）。VPR观测增加了声波数据的可信度。

VPR与频率为43 kHz、120 kHz、200 kHz和420 kHz的科学回声探测器在南极半岛西部的大陆架上对磷虾进行了探测（Lawson，2006）。通过声散射模型的参数化，调查中已经确定了原来位置上磷虾的目标强度。

6.7.7 MOCNESS和VPR综合调查法

安装在浮游生物环境连续采样网（MOCNESS）上的VPR曾进行过两次研究（Broughton and Lough，2006）。一次研究中，开口的面积为1 m^2，筛孔尺寸为333 μm，另一次研究中，开口面积为 0.25 m^2，筛孔尺寸为 64 μm。结论是两种设备得到的微生物调查结果一致，同时也体现了它们之间的互补关系：MOCNESS 可以捕捉到 VPR 无法观测的丰度比较低的微生物，而 VPR 确保了脆弱的微生物样本在物理捕捞过程中不受破坏。

6.8 辅助器具

6.8.1 盐分-水温-水深探测器

盐分-水温-水深（STD）探测器是用于探测水体中水温和盐分的传统分析仪器。一般可以用于直接测量传导性、温度和压强等。根据这些特性，盐分-水温-水深（STD）探测器可以计算声速剖面（Mackenzie，1981）并且用于声波探测信号的范围补偿功能中。STD 测量也可以用于解读回声图，因为鱼群的分布与特定水体和海洋特征有关。Blindheim（1990，2004）的著作中列举了挪威海水道测量调查的相关信息。

6.8.2 声学多普勒流速仪

声学多普勒流速仪用于测量散射体相对于测量设备所做的运动而产生的多普勒频移。这可以表示为与设备配置有关的一个及两个组件或完整的三维速度向量。一些流速仪能用于空间点测，而另一些的流速仪则可以针对一个距离范围进行测量。当类似的设备在水中朝向水底或因为设备装置在水底而朝上时，可以探测出垂直剖面上的散射或反射所致的向上电流，因为无数的小颗粒通常存在于水中。当流速仪可以运用到倾斜方向上的多波束时，其探测力会更大。

经多次尝试之后，声学多普勒流速仪已被当作多波束回声探测器使用，即按研发仪器来生产的声学多普勒海流剖面仪（ADCP）。不管有无诱发变异（Flagg and Smith，1989；Cochrane et al.，1988，1994），它都可以用于测量浮游生物的丰度（Heywood et al.，1991；Roe nad Griffiths，1993；Roeet al.，1996）。声学多普勒海流剖面仪已用于测量鲱鱼（Zedel and Knutsen，2000）游动的速度以及鲑鱼（Tollefsen and Zedel，2003）的迁移速度，并且可以测量磷虾和翼足类动物移动的速度（Tarling et al.，2001）。此外，各种平台，如带船体装备的船舶和系泊设备都运用了超声波频率设备。

由于相位测量可以用于确定速度，所以超声多普勒流速仪的动态范围通常是受限制。通常情况下，电子数据处理能力扩展之后的流速仪可以满足鱼类调查领域的使用。

6.8.3 声学水底分类系统

底栖鱼类显示出其对底质类型的偏好（Scott，1982；Orlowki，1989；Walsh，1992）。根据 Orlowski 发展的理论，底质硬度和粗糙度影响着底层-表层-底层回声所含能量与单次底层反射回声所含能量之间的比例。渔民和研究人员都使用称为 RoxAnn 的商业设备（Burns et al.，1989）。该设备本质上是带特殊信号处理能力的回声探测器，它可以同时测量水体散射体和水底的栖息地。

6.8.4　全球定位系统

全球定位系统（GPS）或差值更灵敏、更精确的版本（dGPS）已经广泛投入使用。GPS 和 dGPS 在鱼类调查中应用得很普遍，数据会自动标有采集的位置和时间，从而有助于进行再建、后处理以及快速分析。

6.8.5　地理信息系统

地理信息系统（GIS）是一套允许数据根据收集的时间和地点进行检索与显示的软件，即以经度、纬度和数据采集时间为基础。GIS 软件可以对不同类型的数据进行叠加和重复占位。当鱼群与水体、气流或栖息地有着一定的联系时，GIS 有助于数据的解读。由于位置和时间是每个基点固有的参数，所以 GIS 在数据处理中非常重要。

6.9　新型或特制声学仪器与技术的潜在调查应用程序

简要描述了一些用于鱼类调查的新型或特制仪器与技术。

6.9.1　鱼群聚集所致的远程前向散射

观察到了在布里斯托海峡接收到的距离范围在 1.9～137 km 的频率为 1 kHz 的连续波低频传输信号等级的大幅波动（Weston，1967；Weston et al.，1969）。在几分钟之内，信号振幅通常会出现 10 dB 或更高值变动。日出和日落影响波动的原因主要是因为鱼在白天聚集成群，从而使传声条件更好，到了晚上鱼群分散开，从而使吸声性能增大（Weston，1969；Weston，1972）。由于聚合的鱼都有称为鱼鳔的气囊，因此会导致消声（Weston，1976）。

Diachok（2000）已经构建了一种观测鱼鳔共振频率的方法，并且这种方法受鱼鳔大小、鱼体大小和鱼群丰度影响。这种方法可以用来观测地中海的沙丁鱼（沙丁油鱼）（Diachok，1999，2000）。传输源是声参量阵（Westervelt，1963；Moffett and Konrad，1997）。

6.9.2　鱼群聚集所致的远程反向散射

这种方法类似于鱼鳔共振波谱法（见 6.9.1 节），都涉及对大量鱼类进行远距离感测。两种方法都利用了因鱼鳔在 0.4～10 kHz 量级的低频下引起的激感现象而产生强大反射。

早在 1958 年就已经开始对鱼群所引起的远程反向散射进行过观察（Weston and Revie，1971）。观测中在布里斯托尔海峡水下 35～90 m 深的地方设置了一个频率为 1 kHz 且水平传播波束带宽为 15°的声呐，该声呐可以接收波束宽度为 4°的邻近接收列阵以及探测到 15～30 km 范围内的由目标移动所产生的回声。与洛斯托夫特瓷渔业研究室合作的目的主要为了探测平均长度为 23 cm 的康沃尔沙丁鱼。

通过对远程反散射的应用，Rusby（1973）1971 年 9 月用 6.4 kHz 的拖曳侧向扫描声纳在赫布里底群岛进行观测。该款侧向扫描声呐就是地质远程倾斜声呐（GLORIA）。它沿着13 km的基线拖曳。在120~170 m水深处的一段15 km距离的最大范围内探测到鲱鱼。3天内监测了170 km^2的渔业水域。

目前，除了对鱼群形状进行短时间的观测之外，Makris等（2006）已经采用这种方法对较大的鱼群或水层进行探测和跟踪。不同于Rusby等（1973）用传感器和接收器进行数据采集，此次观测船停泊在总带宽为390~440 Hz的低频声源处，并且船舶拖曳的接收阵列处在一个动态的双机观察模式中。2003年5月，纽约长岛南部200 km的大陆架边沿观测中探测了10~20 km距离的鱼群聚集度。

6.9.3 参量声呐

以参量声学基阵为基础的声呐（Westervelt，1963；Moffett and Konrad，1997）因具备特殊性能而可以用于各种应用中。这些特性包括，低频率下优异的方向性、主瓣波束宽度与发射换能器的尺寸相比过窄，以及明显缺乏旁瓣。Simrad PS18浅底地层参数剖面仪（Dybedal，1993）用于 在15~21 kHz的波段上传递主要信号，从而在频率范围0.5~6 kHz产生差频。这样的方向性低频率波在浅层海洋观测中非常有用，因为在对埋藏在海平面下的隐形物体进行地球物理探测和搜索时，声呐能够清晰地观测中层水域的散射，如鱼群聚集。低频率低会导致超音频率的方向性降低，从而使回声信号的接收呈现很强的稳定性。

最近对于参量声呐的校正已经设定了标准目标（Foote et al.，2007）。在标准目标校正法中，可以用物理单位来表示鱼群数量。

6.9.4 被动声调查法

海洋哺乳动物的研究中通常会用到被动声测量法，如探测海洋哺乳动物的地域分布及丰度。声学调查已被用于调查春季越过阿拉斯加州巴罗角的北极露脊鲸（Clark and Ellison，1988）。在南大洋的抹香鲸调查中使用了拖曳式水听器（Leaper et al.，2000）。被动声学测量同样用于座头鲸、领航鲸和海豚等海洋生物的调查。经鉴定认为，被动声学测量法可用于探测越冬的鳍足类动物（Stirling et al.，1983）。

被动声学测量法同样可以用于鱼群种类的探测。红鼓鱼、石首鱼、云纹犬牙石首鱼以及银鲈的产卵区域可以通过悬挂在船上的水下水听器和10个由定时器激活的声呐浮标来探测（Luczkovich and Sprague，2002）。亚得里亚海南部特里亚斯特湾的细须石首鱼的探测过程中就采用了这种方法（Bonacito et al.，2002）。这种调查法被证明可以用于探测产卵的珊瑚鱼（Lobel，2002；Mann and Lobel，1995）。

根据Kaatz（2002）的调查，能在水底发出声音的鱼类有800多种，该探测刷新了早期估测的600种鱼类（Fish，1964）。这种调查方法的适用性充分体现在监测、调查以及对鱼类行为进行研究等领域（Rountree et al.，2006）。

6.9.5 其他方法

除了新型或专业制造仪器的潜在运用之外，其他的传感器和系统也可以用于生态系统的定量调研。其中一些方法在文中也有介绍。生物发出的光可以通过两种深海光度计来测量：高进气激活深海光度计（HIDEX-BP）（Widder，1993）以及一次性深海光度计（XBP）（Fucile，2002）。两种用于分析流式细胞的仪器有：流式细胞分析仪显微镜（Flow CAM）（Sieracki et al.，1998）以及FlowCytobot（Sosik et al.，2002），这两种仪器通常都固定在平台上使用。许多光学成像系统都是可操作的。包括浮游动物可视化系统（ZOOVIS）（Benfield et al.，2003），这种深水视频系统（Gorsky et al.，1992；Picheral et al.，1998）可用于分析海雪和浮游动物、记录简单的浮游生物（Tiselius 1998），并且还可以作为潜水显微镜（Akiba and Kakui，2000）使用。激光线扫描（LLS）系统可用于对线状样条上的水底生物和栖息地的调查，其条状映射与多波束声呐的条状映射类似（Reynolds et al.，2001）。

当前可以运用的系统，如颗粒影响分析和评估记录仪（SIPPER）（Samson et al.，2001），西屋电器SM2000（Tracey，1998），以及LLS都已经用于三维图像（Caimi et al.，1993）。霰石晶体具有双折射性能，因此极化幼虫记录器（Gallage et al.，1989）可用于探测如巨型扇贝（哲伦海扇）幼虫等软体动物的幼虫。

致谢：感谢M. Parmenter计算严谨的官方文本和参考材料。

参考文献

A asen O（1958）Estimation of the stock strength of the Norwegian herring.J Cons Int Explor Mer 24:95-110

Akiba T, Kakui Y（2000）Design and testing of an underwater microscope and image processing system for the study of zooplankton distribution.IEEE J Oceanic Eng 25:97-104

Allen B, Stokey R, Austin T, Forrester N, Goldsborough R, Purcell M, von Alt C（1997）REMUS：a small, low cost AUV；system description, field trials and performance results.Proc MTS/IEEE Oceans 1997, pp 994-1000

Andersen LN（2001）The new Simrad EK60 scientific echo sounder system.J Acoust Soc Am 109:2336

Andersen LN, Berg S, Gammelsæter OB, Lunde EB（2006）New scientific multibeam systems（ME70 and MS70）for fishery research applications.J Acoust Soc Am 120:3017

Anthony VC, WaringG（1980）The assessment and management of the Georges Bank herring fishery.Rapp P-v Réun Cons Int Explor Mer 177:72-111

Aoki Y, Sato T, Zeng P, Iida K（1991）Three-dimensional display technique for fish-finder with fan-shaped multiple beams.In：Lee H, Wade G（eds）Acoustical Imaging.Plenum Press, New York, Vol.18, pp 491-499

Ashjian CA, Davis CS, Gallager SM, Alatalo P（2001）Distribution of plankton, particles, and hydrographic features across Georges Bank described using the Video Plankton Recorder.Deep-Sea Res II, 48:245-282

Ashjian CA, Davis CS, Gallager SM, Alatalo P（2005）Characterization of the zooplankton community, size composition, and distribution in relation to hydrography in the Japan/East Sea.Deep-Sea Res II 52:1363-1392

Astthorsen OS, Gislason A, Gudmundsdottir A（1994）Distribution, abundance, and length of pelagic juvenile cod in Icelandic waters in relation to environmental conditions.ICES Marine Science Symposia 198:529-541

Astthorsen OS, Gislason A（1995）Long-term changes in zooplankton biomass in Icelandic waters in spring.ICES J Mar Sci 52:657-668

Axelsen BE, Anker-Nilssen T, Fossum P, Kvamme C, Nøtestad L（2001）Pretty patterns but a simple strategy：predator-prey interactions between juvenile herring and Atlantic puffins observed with multibeam sonar. Can J Zool 79:1586-1596

Bailey RS, Simmonds EJ（1990）The use of acoustic surveys in the assessment of the North Sea herring stock and a comparison with other methods.Rapp P-v Réun Cons int Explor Mer 189:9-17

Baumgartner MF (2003) Comparisons of Calanus finmarchicus fifth copepodite abundance estimates from nets and an optical plankton counter.J Plank Res 25:855-868

Benfield MC, Davis CS, Wiebe PH, Gallager SM, Lough RG, Copley NJ (1996) Video plankton recorder estimates of copepod, pteropod and larvacean distributions from a stratified region of Georges Bank with comparative measurements from a MOCNESS sampler.Deep-Sea Res II 43:1925-1945

Benfield MC, Wiebe PH, Stanton TK, Davis CS, Gallager SM, Green CH (1998) Estimating the spatial distribution of zooplankton biomass by combining Video Plankton Recorder and single-frequency acoustic data.Deep-Sea Res II 45:1175-1199

Benfield MC, Lavery AC, Wiebe PH, Greene CH, Stanton TK, Copley NJ (2003a) Distributions of physonect siphonulae in the Gulf of Maine and their potential as important sources of acoustic scattering.Can J Fish Aquat Sci 60:759-772

Benfield MC, Schwehm CJ, Fredericks RG, Squyres G, Keenan SF, Trevorrow MV (2003b) Measurement of zooplankton distributions with a high-resolution digital camera system.In: Strutton P, Seuront L (eds) Handbook of Scaling Methods in Aquatic Ecology: Measurement, Analysis Simulation. CRC Press, Boca Raton, Florida, pp 17-30

Benoit-Bird K, Au W (2003) Hawaiian spinner dolphins aggregate midwater food resources through cooperative foraging.J Acoust Soc Am 114:2300

Blindheim J (1990) Arctic intermediate water in the Norwegian Sea.Deep-Sea Res 37:1475-1489

Blindheim J (2004) Oceanography and climate. In: Skjoldal HR (ed) The Norwegian Sea Ecosystem. Tapir Academic Press, Trondheim, pp 65-96

Bobber RJ (1970) Underwater electroacoustic measurements.Naval Research Laboratory, Washington, District of Columbia

Bodholt H, Nes H, SolliH (1989) A new echo-sounder system.Proc Inst Acoust 11(3): 123-130

Bonacito C, Constantini M, Picciulin M, Ferrero EA, Hawkins AD (2002) Passive hydrophone census of Sciaena umbra (Sciaenidae) in the Gulf of Trieste (Northern Adriatic Sea, Italy).Bioacoustics 12:292-294

Broughton EA, Lough RG (2006) A direct comparison of MOCNESS and Video Plankton Recorder zooplankton abundance estimates: possible applications for augmenting net sampling with video systems.Deep-Sea Res II 53: 2789-2807

Burd AC, Holford BH (1971) The decline in the abundance of Downs herring larvae.Rapp P-v Réun Cons Int Explor Mer 160:99-100

Burns DR, Queen CB, Sisk H, Mullarkey W, Chivers RC (1989) Rapid and convenient acoustic sea-bed discrimination.Proc Inst Acoust 11(3): 169-178

Burwen D, Maxwell S, Pfisterer C (2004) Investigations into the application of a new sonar system for assessing fish passage in Alaskan rivers.J Acoust Soc Am 115:2547

Caimi FM, Blatt JH, Grossman BG, Smith D, Hooker J, Kocak DM, Gonzalez F (1993) Advanced underwater laser systems for ranging size estimation, and profiling.Mar Technol Soc J 27(1): 31-41

Carrera P, Churnside JH, Boyra G, Marques V, Scalabrin C, Uriarte (2006) Comparison of airborne lidar with echosounders: a case study in the coastal Atlantic waters of southern Europe.ICES J Mar Sci 63:1736-1750

Checkley Jr DM, Ortner PB, Settle LR, Cummings SR (1997) A continuous, underway fish egg sampler.Fish Oceanogr 6:58-73

Checkley Jr DM, Dotson RC, Griffith DA (2000) Continuous, underway sampling of eggs of Northern anchovy (*En-*

graulis mordax) and Pacific sardine (*Sardinops sagax*) in Spring 1996 and 1997 off Southern and Central California. Deep-Sea Res II 47:1139-1155

Christian K, Richter S (1994) The UNIX operating system. 3rd edn. Wiley, New York

Churnside JH, Hunter JR (1996) Laser remote sensing of epipelagic fishes. SPIE 2964:38-53

Churnside JH, Wilson JJ, Tatarskii VV (2001) Airborne lidar for fisheries applications. Opt Eng 40:406-414

Churnside JH, Demer DA, Mahmoudi B (2003) A comparison of lidar and echosounder measurements of fish schools in the Gulf of Mexico. ICES J Mar Sci 60:147-154

Churnside JH, Wilson JJ (2004) Airborne lidar imaging of salmon. Appl Opt 43:1416-1424

Churnside JH, Thorne RE (2005) Comparison of airborne lidar measurements with 420 kHz echo-sounder measurements of zooplankton. Appl Opt 44:5504-5511

Clark CW, Ellison WT (1988) Numbers and distributions of bowhead whales, Balaena mysticetus, based on the 1985 acoustic study off Pt. Barrow, Alaska. Rep Int Whal Comm 38:365-370

Clay CS, Medwin H (1977) Acoustical oceanography: principles and applications. Wiley, New York

Cochrane NA, Whitman JWE, Belliveau D (1988) Doppler current profilers. Can Tech Rep Fish Aquat Sci, (1641), 89-92

Cochrane NA, Sameoto DD, Belliveau DJ (1994) Temporal variability of euphausiid concentrations in a Nova Scotia shelf basin using a bottom-mounted acoustic Doppler current profiler. Mar Ecol Prog Ser 107:55-66

Cressie NAC (1991) Statistics for spatial data. Wiley, New York

Date CJ (1987a) A guide to INGRES. Addison-Wesley, Reading, Massa-chussets

Date CJ (1987b) A guide to SQL standard. Addison-Wesley, Reading, Massachussetts

Davis CS, Gallager SM, Berman MS, Haury LR, Strickler JR (1992a) The Video Plankton Recorder (VPR): design and initial results. Arch Hydrobiol Beih Ergeb Limnol 36:67-81

Davis CS, Gallager SM, Solow AR (1992b) Microaggregations of oceanic plankton observed by towed video microscopy. Science 257:230-232

Davis CS, Gallager SM, Marra M, Stewart WK (1996) Rapid visualization of plankton abundance and taxonomic composition using the video plankton recorder. Deep-Sea Res II 43:1947-1970

Davis CS, Hu Q, Gallager SM, Tang X, Ashjian CJ (2004) Real-time observation of taxa-specific plankton distributions: an optical sampling method. Mar Ecol Prog Ser 284:77-96

Davis CS, Thwaites FT, Gallager SM, Hu Q (2005) A three-axis fast-tow digital Video Plankton Recorder for rapid surveys of plankton taxa and hydrography. Limnol Oceangr: Methods 3:59-74

Davis CS, McGillicuddy DJ (2006) Transatlantic abundance of the N2-fixing colonial cyanobacterium Trichodesmium. Science 312:1517-1520

Dennett, MR, Caron DA, Michaels AE, Church M, Gallager SM, Davis CS (2002) Video Plankton Recorder reveals high abundance of colonial radiolaria in surface waters of the central north Pacific. J Plankt Res 24:797-805

Diachok O (1999) Effects of absorptivity due to fish on transmission loss in shallow water. J Acoust Soc Am 105: 2107-2128

Diachok O (2000) Absorption spectroscopy: a new approach to estimation of biomass. Fish Res 47:231-244

Dragesund O, Jakobsson J (1963) Stock strengths and rates of mortality of the Norwegian spring spawners as indicated by tagging experiments in Icelandic waters. Rapp P-v Réun Cons int Explor Mer 154:83-90

Dragesund O, Haraldsvik S (1968) Norwegian tagging experiments in the north-eastern North Sea and Skagerak, 1964 and 1965. Fiskeridirektoratets Skrifter Serie Havundersøelser 14:98-120

Dybedal J (1993) TOPAS: parametric end-fire array used in offshore applications. In: Hobaek H (ed) Advances in

Nonlinear Acoustics.World Scientific, Singapore, pp 264–275

Ehrenberg JE (1974) Two applications for a dual–beam transducer in hydroacoustic fish assessment systems. Proc IEEE Conf Eng Ocean Environ 1: 152–154

Ehrenberg JE (1979) A comparative analysis of in situ methods for directly measuring the acoustic target strength of indivudual fish.IEEE J Oceanic Eng 4: 141–152

Ellertsen B, Fossum P, Solemdal P, Sundby S (1989) Relations between temperature and survival of eggs and first feeding larvae of the Arcto–Norwegian cod (Gadus morhua L.). Rapp P–v Réun Cons Int Explor Mer 191: 209–210

Engås A, Godø OR (1986) Influence of trawl geometry and vertical distribution of fish on sampling with bottom trawl.J Northw Atl Fish Sci 7: 35–42

Engås A, Godø OR (1989a) The effect of different sweep lengths on the length composition of bottom–sampling trawl catches.J Cons Int Explor Mer 45: 263–268

Engås A, Godø OR (1989b) Escape of fish under the fishing line of a Norwegian sampling trawl and its influence on survey results.J Cons Int Explor Mer 45: 269–276

Faran Jr JJ (1951) Sound scattering by solid cylinders and spheres.J Acoust Soc Am 23: 405–418

Fish MP (1964) Biological sources of sustained ambient sea noise. In: Tavolga WN (ed) Marine Bio–Acoustics. Pergamon Press, Oxford, pp 175–194

Fish JP, Carr HA (1990) Sound underwater images, a guide to the generation and interpretation of side scan sonar data.2nd edn.Lower Cape Publishing, Orleans

Fish JP, Carr HA (2001) Sound reflections, advanced applications of side scan sonar.Lower Cape Publishing, Orleans

Flagg CN, Smith SL (1989) On the use of the acoustic Doppler current profiler to measure zooplankton abundance. Deep–Sea Res 36: 455–474

Folds DL, Hanlin J (1975) Focusing properties of a solid four–element ultrasonic lens.J Acoust Soc Am 58: 72–77

Foote KG (1982) Optimizing copper spheres for precision calibration of hydroacoustic equipment.J Acoust Soc Am 71: 742–747

Foote KG (1983) Maintaining precision calibrations with optimal copper spheres.J Acoust Soc Am 73: 1054–1063

Foote KG (1990) Correcting acoustic measurements of scatterer density for extinction.J Acoust Soc Am 88: 1543–1546

Foote KG (1991) Acoustic sampling volume.J Acoust Soc Am 90: 959–964

Foote KG (1993) Application of acoustics in fisheries, with particular reference to signal processing. In: Moura JMF, Lourtie IMG (eds) Acoustic Signal Processing for Ocean Exploration. North–Holland, Dordrecht, pp 381–390

Foote KG (1999) Extinction cross section of Norwegian spring–spawning herring.ICES J Mar Sci 56: 606–612

Foote KG (2000) Standard–target calibration of broadband sonars.J Acoust Soc Am 108: 2484

Foote KG (2006) Optimizing two targets for calibrating a broadband multibeam sonar. Proc MTS/IEEE Oceans 2006, electronic doc 060401–09, 4 pp

Foote KG, Aglen A, Nakken O (1986) Measurement of fish target strength with a split–beam echo sounder.J Acoust Soc Am 80: 612–621

Foote KG, Knudsen HP, Vestnes G, MacLennan DN, Simmonds EJ (1987) Calibration of acoustic instruments for fish density estimation: a practical guide.ICES Coop Res Rep 144: 1–69

Foote KG, Knudsen HP, Korneliussen JR, NordbøPE, Røng K (1991) Postprocessingsystem for echo sounder data.J

Acoust Soc Am 90:38-47

Foote KG, Ona E, Toresen R (1992) Determining the extinction cross section of aggregating fish. J Acoust Soc Am 91:1983-1989

Foote KG, Stefánsson G (1993) Definition of the problem of estimating fish abundance over an area from acoustic line-transect measurements of density. ICES J Mar Sci 50:369-381

Foote KG, Atkins PR, Bongiovanni C, Francis DTI, Eriksen PK, Larsen M, Mortensen T (1999) Measuring the frequency response function of a seven-octave-bandwidth echo sounder. Proc Inst Acoust 21(1): 88-95

Foote KG, Stanton TK (2000) Acoustical methods. In: Harris RP, Wiebe PH, Lenz J, Skjoldal HR, Huntley M (eds) ICES Zooplankton Methodology Manual. Academic Press, London, pp 223-258

Foote KG, Atkins PR, Francis DTI, Knutsen T (2005a) Measuring echo spectra of marine organisms over a wide bandwidth. In: Papadakis JS, BjønøL (eds) Proc Int Conf Underwater Acoustic Measurements: Technologies and Results. Heraklion, Crete, Greece, 28 June-1 July 2005, pp 501-508

Foote KG, Chu D, Hammar TR, Baldwin KC, Mayer LA, Hufnagle Jr LC, Jech JM (2005b) Protocols for calibrating multibeam sonar. J Acoust Soc Am 117:2013-2027

Foote KG, Hanlon RT, Iampietro PJ, Kvitek RG (2006) Acoustic detection and quantification of benthic egg beds of the squid *Loligo opalescens* in Monterey Bay, California. J Acoust Soc Am 119:844-856

Foote KG, Francis DTI, Atkins PR (2007) Calibration sphere for low-frequency parametric sonars. J Acoust Soc Am 121:1482-1490

Fossum P, Moksness E (1993) A study of spring- and autumn-spawned herring (*Clupea harengus* L.) larvae in the Norwegian Coastal Current during spring 1990. Fish Oceanogr 2:73-81

Fréon P, Misund OA (1999) Dynamics of pelagic fish distribution and behaviour: effects on fisheries and stock assessment. Fishing News Books, Blackwell Science, Osney Mead, Oxford

Fucile PD (2002) An expendable bioluminescence measuring bathy-photometer. Proc MTS/IEEE Oceans 2002, pp 1716-1721

Furusawa M (1991) Designing quantitative echo sounders. J Acoust Soc Am 90:26-36

Furusawa M, Takao Y, Sawada K, Odubo T, Yamatani K (1993) Versatile echo sounding system using dual beam. Nippon Suisan Gakkaishi 59:967-980

Gallager SM, Bidwell JP, Kuzirian AM (1989) Strontium is required in artificial seawater for embryonic shell formation in two species of bivalve molluscs. In: Crick RE (ed) Origin, Evolution, and Modern Aspects of Biomineralization in Plants and Animals. Plenum Press, New York, pp 349-366

Gallager SM, Davis CS, Epstein AW, Solow A, Beardsley RC (1996) High-resolution observations of plankton spatial distributions correlated with hydrography in the Great South Channel, Georges Bank. Deep-Sea Res II 43: 1627-1663

Gallienne CP, Robins DB (1998) Trans-oceanic characterization of zooplankton community size structure using an optical plankton counter. Fish Oceanogr 7:147-158

Gerlotto F, Stéquert B (1983) Une méthode de simulation pour étudier la disribution des densités en poissons: application à deux cas réels. FAO Fish Rep 300:278-292

Gerlotto F, Soria M, Fréon P (1999) From 2D to 3D: the use of multi-beam sonar for a new approach in fisheries acoustics. Can J Fish Aquat Sci 56:6-12

GodøOR (1994) Factors affecting the reliability of groundfish abundance estimates from bottom trawl surveys. In: FernoöA, Olsen S (eds) Marine Fish Behaviour in Capture and Abundance Estimation. Fishing News Books, Oxford, pp 166-199

Godø OR (1998) What can technology offer the future fisheries scientist-possibilities for obtaining better estimates of stock abundance by direct observations.J Northw Atl Fish Sci 23:105-131

Godø OR, Engå s A (1989) Swept area variation with depth and its influence on abundance indices of groundfish from trawl surveys.J Northw Atl Fish Sci 9:133.139

Godø OR, Sunnanå K(1992) Size selection during trawl sampling of cod and haddock and its effect on abundance indices at age.Fish Res 13:93.310

Godø OR, Walsh SJ (1992) Escapement of fish during bottom trawl sampling-implications for resource assessment. Fish Res 13:281-292

Godø OR, Wespestad VG (1993) Monitoring changes in abundance of gadoids with varying availability to trawl and acoustic surveys.ICES J Mar Sci 50:39-51

Gorsky G, Aldorf C, Kage M, Picheral M, Garcia Y, Favole J (1992) Vertical distribution of suspended aggregates determined by a new underwater video profiler.Annales de l' Institut oceanographique, Paris, 68:275-280

Greene CH, Wiebe PH, Burczynski J, Youngbluth MJ (1988) Acoustical detection of highdensity krill demersal layers in the submarine canyons off Georges Bank.Science 241:359-361

Greenspan M (1972) Acoustic properties of liquids.In: Gray DE (ed) American Institute of Physics handbook. McGraw-Hill, New York, pp 3-86-3-98

Gunderson DR (1993) Surveys of fisheries resources.Wiley, New York

Hafsteinsson MT, Misund OA (1995) Recording the migration behavior of fish schools by multibeam sonar during conventional acoustic surveys.ICES J Mar Sci 52:915-924

Hampton I, Armstrong MJ, Jolly GM, Shelton PA (1990) Assessment of anchovy spawner biomass off South Africa through combined acoustic and egg-production surveys.Rapp P-v Réun Cons Int Explor Mer 189:18-32

Harden Jones FR, Margetts AR, Greer Walker M, Arnold GP (1977) The efficiency of the Granton otter trawl determined by sector-scanning sonar and acoustic transponding tags.Rapp P-v Réun Cons Int Explor Mer 170:45-51

Hardy AC (1926) A new method of plankton research.Nature 118:630

Harris BP, Stokesbury KDE (2006) Shell growth of sea scallops (*Placopecten magellanicus*) in the southern and northern Great South Channel, USA.ICES J Mar Sci 63:811-821

Haug A, Nakken O (1977) Echo abundance indices of 0-group fish in the Barents Sea, 1965-1972.Rapp P-v Réun Cons Int Explor Mer 170:259-264

Haury LR, Wiebe PH (1982) Fine-scale multi-species aggregations of oceanic zooplankton.Deep-Sea Res 29:915-921

Heessen JJL, Rijnsdorp AD (1989) Investigations on egg production and mortality of cod (*Gadus morhua* L.) and plaice (*Pleuronectes platessa* L.) in the southern and eastern North Sea in 1987 and 1988.Rapp P-v Réun Cons Int Explor Mer 191:15-20

Hempel I, Hempel G (1971) An estimate of mortality in eggs of North Sea herring (*Clupea harengus* L.).Rapp P-v Réun Cons Int Explor Mer 160:24-26

Hempel G, Schnack D (1971) Larval abundance on spawning grounds of Banks and Downs herring.Rapp P-v Réun Cons Int Explor Mer 160:94-98

Herman AW (1988) Simultaneous measurement of zooplankton and light attenuance with a new optical plankton counter.Cont Shelf Res 8:205-221

Herman AW (1992) Design and calibration of a new optical plankton counter capable of sizing small zooplankton. Deep-Sea Res 39:395-415

Herman AW, Sameoto DD, Shunnian C, Mitchell MR, Petrie B, Cochrane N (1991) Sources of zooplankton on the

Nova Scotia Shelf and their aggregations within deep-shelf basins.Cont Shelf Res 11:211-238

Herman AW, Cochrane NA, Sameoto DD (1993) Detection and abundance estimation of euphausiids using an optical plankton counter.Mar Ecol Prog Ser 94:165-173

Herman AW, Beanlands B, Phillips EF (2004) The next generation of Optical Plankton Counter: the Laser-OPC.J Plank Res 26:1135-1145

Hewitt RP, Smith PE, Brown JC (1976) Development and use of sonar mapping for pelagic stock assessments in the California current.Fish Bull 74:281-300

Hewitt RP, Demer DA (2000) The use of acoustic sampling to estimate the dispersion and abundance of euphausiids, with an emphasis on Antarctic krill, *Euphausia superba*.Fish Res 47:215-229

Heywood KJ, Scrope-Howe S, Barton ED (1991) Estimation of zooplankton abundance from shipborne ADCP backscatter.Deep-Sea Res 38:677-691

Hickling R (1962) Analysis of echoes from a solid elastic sphere in water.J Acoust Soc Am 34:1582-1592

Hjellvik V, Godø OR, Tjøtheim D (2004) Decomposing and explaining the variability of bottom trawl survey data from the Barents Sea.Sarsia 89:196-210

Holliday DV (1980) Use of acoustic frequency diversity for marine biological measurements.In: Diemer FP, Vernberg FJ, Mirkes DZ (eds) Advanced Concepts in Ocean Measurements for Marine Biology. University of South Carolina, Columbia, South Carolina, pp 423-460

Holliday DV, Pieper RE (1980) Volume scattering strengths and zooplankton distributions at acoustic frequencies between 0.5 and 3 MHz.J Acoust Soc Amer 67:135-146

Holliday DV, Pieper RE, Kleppel GS (1989) Determination of zooplankton size and distribution with multi-frequency acoustic technology.J Cons Int Explor Mer 46:52-61

Holliday DV, Pieper RE, Kleppel GS (1989) Determination of zooplankton size and distribution with multi-frequency acoustic technology.J Cons Int Explor Mer 46:52-61

Hu Q, Davis C (2006) Accurate automatic quantification of taxa-specific plankton abundance using dual classification with correction.Mar Ecol Prog Ser 306:51-61

Hunter JR, Churnside JH (eds) (1995) Airborne fishery assessment technology - a National Oceanic and Atmospheric Administration workshop report. SWFSC Administrative Rep No LJ-95-02, Southwest Fisheries Science Center, La Jolla, California

Hylen A, Korsbrekke K, Nakken O, Ona E (1995) Comparison of the capture efficiency of 0-group fish in pelagic trawls.In: Hylen A (ed) Precision and relevance of pre-recruit studies for fishery management related to fish stocks in the Barents Sea and adjacent waters.Proc 6th Russian-Norwegian Symp, Bergen, 14-17 June 1994, Institute of Marine Research, Bergen, Norway

Jakobsson J (1983) Echo surveying of the Icelandig summer spawning herring 1973-1982. FAO Fish Rep 300: 240-248

Jech JM, Foote KG, Chu D, Hufnagle Jr LC (2005) Comparing two 38-kHz scientific echosounders.ICES J Mar Sci 62:1168-1179

Jech JM, Michaels WL (2006) A multifrequency method to classify and evaluate fisheries acoustics data.Can J Fish Aquat Sci 63:2225-2235

Jenkins FA, White HE (1957) Fundamentals of optics.McGraw-Hill, New York

Johannesson KA, Robles AN (1977) Echo surveys of Peruvian anchoveta. Rapp P-v Réun Cons Int Explor Mer 170:237-244

Johannesson KA, Mitson RB (1983) Fisheries acoustics. A practical manual for aquatic biomass estimation. FAO

Fish Tech Pap 240:1–249

Jones R (1976) The use of marking data in fish population analysis. FAO Fish Tech Pap 153:1–42

Kaatz IM (2002) Multiple sound-producing mechanisms in teleost fishes and hypotheses regarding their behavioural significance. Bioacoustics 12:230–233

Kamgar-Parsi B, Johnson B, Folds DL, Belcher EO (1997) High-resolution underwater acoustic imaging with lens-based systems. Int J Imag Syst Tech 8:377–385

Kane J (1993) Variability of zooplankton biomass and dominant species abundance on Georges Bank, 1977–1986. Fish Bull 91:464–474

Kane J (1997) Persistent spatial and temporal abundance patterns for late-stage copepodites of *Centropages hamatus* (Copepoda: Calanoida) in the U.S. northeast continental shelf ecosystem. Fish Bull 95:85–98

Kasatkina SM (1997) Selectivity of commercial and research trawls in relation to krill. CCAMLR Sci 4:161–169

Kernighan BW, Ritchie DM (1988) The programming language. 2nd edn. Prentice Hall, Englewood Cliffs, New Jersey

Kim K, Neretti N, Intrator N (2005) Mosaicing of acoustic camera images. IEE Proc-Radar Sonar Navig 152: 263–270

Knudsen HP (1990) The Bergen Echo Integrator: and introduction. J Cons Int Explor Mer 47:167–174

Korneliussen RJ, Ona E (2002) An operational system for processing and visualizing multi-frequency acoustic data. ICES J Mar Sci 59:293–313

Koslow JA, Kloser RJ, Williams A (1997) Pelagic biomass and community structure over the mid-continental slope off southeastern Australia based upon acoustic and midwater trawl sampling. Mar Ecol Prog Ser 146:21–35

Lawson GL, Wiebe PH, Ashjian CJ, Gallager SM, Davis CS, Warren JD (2004) Acousticallyinferred zooplankton distribution in relation to hydrography west of the Antarctic Peninsula. Deep-Sea Res II 51:2041–2072

Lawson GL, Wiebe PH, Ashjian CJ, Chu D, Stanton TK (2006) Improved parametrization of krill target strength models. J Acoust Soc Am 119:232–242

Leaper R, Gillespie D, Papastavrou V (2000) Results of passive acoustic surveys for odontocetes in the Southern Ocean. J Cetacean Res Manage 2:187–196

Lo NCH, Hunter JR, Churnside JH (2000) Modeling statistical performance of an airborne lidar survey system for anchovy. Fish Bull 98:264–282

Lo NCH, Smith PE, TakahashiM (in press) Egg, larvae and juvenile surveys. In: Jakobsen T, Fogarty M, Megrey MA, Moksness E (eds) Fish Reproductive Biology and its implications for Assessment and Management. Blackwell, Oxford

Lobel PS (2002) Diversity of fish spawning sounds and the application of passive acoustic monitoring. Bioacoustics 12:286–289

Lough RG, Bolz GR, Pennington, M, Grosslein MD (1985) Larval abundance and mortality of Atlantic herring (*Clupea harengus* L.) spawned in the Georges Bank and Nantucket Shoals areas, 1971–1978 seasons, in relation to spawning stock size. J Northw Atl Fish Sci 6:21–35

Luczkovich JJ, SpragueMW (2002) Using passive acoustics to monitor estuarine fish populations. Bioacoustics 12: 289–291

Mackenzie KV (1981) Nine-term equation for sound speed in the oceans. J Acoust Soc Am 70:807–812

MacLennanDN (1990) Acoustical measurement of fish abundance. J Acoust Soc Am 87:1–15

Mais KF (1977) Acoustic surveys of northern anchovies in the California Current system, 1966–1972. Rapp P-v Réun Cons int Explor Mer 170:287–295

Makris NC, Ratilal P, Symonds DT, Jagannathan S, Lee S, NeroRW (2006) Fish population and behavior revealed by instantaneous continental shelf-scale imaging.Science 311:660-663

Mann DA, Lobel PS (1995) Passive acoustic detection of sounds produced by the damselfish, *Dascyllus albisella* (Pomacentridae).Bioacoustics 6:199-213

Mathisen OA, Croker TR, Nunnallee EP (1977) Acoustic estimation of juvenile sockeye salmon. Rapp P-v Réun Cons Int Explor Mer 170:279-286

McClatchie S, Thorne RE, Grimes P, Hanchet S (2000) Ground truth and target identification for fisheries acoustics. Fish Res 47:173-191

Medwin H, Clay CS (1998) Fundamentals of acoustical oceanography. Academic Press, Boston

Midttun L, Nakken O (1977) Some results of abundance estimation studies iwth echo integrators. Rapp P-v Réun Cons int Explor Mer 170:253-258

Misund OA (1993) Abundance estimation of fish schools based on a relationship between school area and school biomass. Aquat Liv Resourc 6:235-241

Misund OA, Aglen A (1992) Swimming behaviour of fish schools in the North Sea during acoustic surveying and pelagic trawl sampling.ICES J Mar Sci 49:325-334

Misund OA, Aglen A, Beltestad AK, Dalen J (1992) Relationships between the geometric dimensions and biomass of schools.ICES J Mar Sci 49:305-315

Mitson RB (1983) Acoustic detection and estimation of fish near the sea-bed and surface. FAO Fish Rep 300: 27-34

Moffett MB, Konrad WL (1997) Nonlinear sources and receivers. In: Crocker MJ (ed) Encyclopedia of Acoustics. Wiley, New York, Vol.1, pp 607-617

Moursund RA, Carlson TJ, Peters RD (2003) A fisheries application of a dual-frequency indentification sonar acoustic camera.ICES J Mar Sci 60:678-683

Munk P (1988) Catching large herring larvae: gear applicability and larval distribution.J Cons Int Explor Mer 45: 97-104

Munk P, Christensen V (1990) Larval growth and the separation of herring spawning groups in the North Sea.J Fish Biol 37:135-148

Nakashima BS, Winters GH (1984) Selection of external tags for marking Atlantic herring (*Clupea harengus harengus*).Can J Fish Aquat Sci 41:1341-1348

Nakken O, Hylen A, Ona E (1995) Acoustic estimates of 0-group fish abundance in the Barents Sea and adjacent waters in 1992 and 1993.In: Hylen A (ed) Precision and Relevance of Pre-recruit Studies for Fishery Management Related to Fish Stocks in the Barents Sea and Adjacent Waters. Proc 6th Russian-Norwegian Symp, Bergen, 14-17 June 1994, Institute of Marine Research, Bergen, Norway

Norrbin MF, Davis CS, Gallager SM (1996) Differences in fine-scale structure and composition of zooplankton between mixed and stratified regions of Georges Bank.Deep-Sea Res II 43:1905-1924

Nøttestad L, Axelsen BE (1999) Herring schooling manoeuvres in response to killer whale attacks. Can J Zool 77: 1540-1546

Ona E, Godø OR (1990) Fish reaction to trawling noise: the significance for trawl sampling. Rapp P-v Réun Cons Int Explor Mer 189:159-166

Ona E, Dalen J, Knudsen HP, Patel R, Andersen LN, Berg S (2006) First data from sea trials with the new MS70 multibeam sonar.J Acoust Soc Am 120:3017

Orlowski A (1984) Application of multiple echoes energy measurements for evaluation of sea bottom type. Oceanologia 19:61-78

OrlowskiA(1989)Application of acoustic methods to correlaøtion of fish density distribution and the type of sea bottom.Proc Inst Acoust 11:179-185

Overholtz WJ,Jech JM,Michaels WL,Jacobson LD (2006)Empirical comparisons of survey designs in acoustic surveys of Gulf of Maine-Georges Bank Atlantic herring.J Northw Atl Fish Sci 36:127-144

Parker NC,Giorgi AE,Heidinger RC,Jester DBJr,Prince ED,WinansGA(eds)(1990)Fish- Marking Techniques, American Fisheries Society,Bethesda,Maryland,USA

Petitgas P (1993)Geostatistics for fish stock assessment: a review and an acoustic application.ICES J Mar Sci 50: 285-298

Picheral M,Grisoni J-M,Stemmann L,Gorsky G (1998)Underwater video profiler for the "in situ" study of suspended particulate matter.Proc MTS/IEEE Oceans 1998,pp 171-173

Pilskaln C,Villareal T,Dennett M,Darkangelo-Wood C,Meadows G (2005)High concentrations of marine snow and diatom algal mats in the North Pacific Subtropical Gyre: implications for carbon and nitrogen cycles in the oligotrophic ocean.Deep-Sea Res I 52:2315-2332

Pizarro O,Singh H (2003)Toward large-area mosaicing for underwater scientific applications.IEEE J Ocean Eng 28:651-672

Planque B,Batten SD (2000)*Calanus finmarchicus* in the North Atlantic: the year of Calanus in the context of interdecadal change.ICES J Mar Sci 57:1528-1535

Purcell M,von Alt C,Allen B,Austin T,Forrester N,Goldsborough R,Stokey R (2000)New capabilities of the REMUS autonomous underwater vehicle.Proc MTS/IEEE Oceans 2000,pp 147-151

Randa K (1984) Abundance and distribution of 0-group Arcto-Norwegian cod and haddock 1965-1982.In: GodøOR,Tilseth S (eds)Reproduction and recruitment of Arctic cod,Proc 1st Russian-Norwegian Symp,Leningrad,26-30 September 1983,Institute of Marine Research,Bergen,Norway

Reid DG (ed)(2000)Report on echo trace classification.ICES Coop Res Rep 238

Reynolds JR,Highsmith RC,Konar B,Wheat CG,Doudna D (2001)Fisheries and fisheries habitat investigations using undersea technology.Proc MTS/IEEE Oceans 2001,pp812-820

Ricker WE (1948)Methods of estimating vital statistics of fish populations.Indiana University Publications Science Series 15:1-101

Ricker WE (1975)Computation and interpretation of biological statistics of fish populations.Bull Fish Res Board Can 191:1-382

Rivoirard J (1994) Introduction to disjunctive kriging and non-linear geostatistics. Oxford University Press, New York

Rivoirard J, Simmonds J, Foote KG, Fernandes P, Bez N (2000) Geostatistics for estimating fish abundance. Blackwell Science,Oxford

Roe HSJ, Griffiths G (1993) Biological information from an Acoustic Doppler Current Profiler. Mar Biol 115: 339-346

Roe HSJ,Griffiths G,Hartman M,Crisp N (1996)Variability in biological distributions and hydrography from concurrent Acoustic Doppler Current Profiler and SeaSSoar surveys.ICES J Mar Sci 53:131-138

Roman C,Pizarro O,Eustice R,Singh H (2000)A new autonomous underwater vehicle for imaging research.Proc MTS/IEEE Oceans 2000,pp 153-156

Rountree RA, Gilmore RG, Goudey CA, Hawkins AD, Luczkovich JJ, Mann DA (2006) Listening to fish: applications of passive acoustics to fisheries science.Fisheries 31:433-446

Rusby JSM,Somers ML,Revie J,McCartney BS,Stubbs AR (1973)An experimental survey of a herring fishery by long-range sonar. Mar Biol 22:271-292

Samson S, Hopkins T, Remsen A, Langebrake L, Sutton T, Patten J (2001) A system for highresolution zooplankton imaging. IEEE J Ocean Eng 26:671-676

Saville A (1971) The distribution and abundance of herring larvae in the northern North Sea, changes in recent years. Rapp P-v Réun Cons Int Explor Mer 160:87-93

Sawada K, Furusawa M (1993) Precision calibration of echo sounder by integration of standard sphere echoes. J Acoust Soc Jap (E) 14:243-249

Scott JS (1982) Selection of bottom type by groundfishes of the Scotian Shelf. Can J Fish Aquat Sci 39:943-947

Seber GAF (1973) The estimation of animal abundance and related parameters. Griffin, London

Sherman K, Smith WG, Green JR, Cohen EB, Berman MS, Marti KA, Goulet JR (1987) Zooplankton production and the fisheries of the northeast shelf. In: Backus RH (ed) Georges Bank. MIT Press, Cambridge, Massachusetts, pp 268-282

Sherman K, Grosslein M, Mountain D, Busch D, O' Reilly J, TherouxR (1996) The Northeast Shelf Ecosystem: an initial perspective. In: Sherman K, Jaworsk NA, Smayda, TJ (eds) The Northeast Shelf Ecosystem: Assessment, Sustainability, and Management. Blackwell Science, Cambridge, Massachusetts, pp 103-126

Sieracki, CK, Seiracki ME, Yentsch CS (1998) An imaging-in-flow system for automated analysis of marine microplankton. Mar Ecol Prog Ser 168:285-296

Simmonds EJ, Williamson NJ, Gerlotto F, Aglen A (1992) Acoustic survey design and analysis prodecure: a comprehensive review of current practice. ICES Coop Res Rep 187:1-127

Singh H, Pizarro O (2004) Advances in large-area mosaicking underwater. IEEE J Ocean Eng 29:872-886

Singh H, Can A, Eustice R, Lerner S, McPhee N, Pizarro O, Roman C (2004a) Seabed AUV offers new platform for high-resolution imaging. Eos 85:289, 294-295

Singh H, Armstrong R, Gilbes F, Eustice R, Roman C, Pizarro O, Torres J (2004b) Imaging coral I: imaging coral habitats with the SeaBED AUV. Subsurf Sens Technol Applic 5:25-42

Squire JL, Krumboltz H (1981) Profiling pelagic fish schools using airborne optical lasers and other remote sensing techniques. Mar Technol Soc J 15:27-30

Soria M, Fréon P, Gerlotto F (1996) Analysis of vessel influence on spatial behaviour of fish schools using a multi-beam sonar and consequences for biomass estimates by echo sounder. ICES J Mar Sci 53:453-458

Sosik, HM, Olson RJ, Neubert MG, Shalapyonok A, Solow AR (2002) Time series observations of a phytoplankton community monitored with a new submersible flow cytometer. Proc Ocean Opt XVI, 12 pp

Stevenson DK, Sherman KM, Graham JJ (1989) Abundance and population dynamics of the 1986 year class of herring along the Maine coast. Rapp P-v Réun Cons Int Explor Mer 191:345-350

Stirling I, Calvert W, Cleator H (1983) Underwater vocalizations as a tool for studying the distribution and relative abundance of wintering pinnipeds in the high Arctic. Arctic 36:262-274

Stokesbury KDE (2002) Estimation of sea scallop abundance in closed areas of Georges Bank, USA. Trans Am Fish Soc 131:1081-1092

Stokesbury KDE, Harris BP, Marino II MC, Nogueira JI (2004) Estimation of sea scallop abundance using a video survey in off-shore US waters. J Shellfish Res 23:33-40

Stokesbury KDE, Harris BP (2006) Impact of limited short-term sea scallop fishery on epibenthic community of Georges Bank closed areas. Mar Ecol Prog Ser 307:85-100

Sundby S (1991) Factors affecting the vertical distribution of eggs. ICES Mar Sci Symp 192:33-38

Sundby S, Bjørke H, Soldal AV, Olsen S (1989) Mortality rates during the early life stages and year-class strength of northeast Arctic cod (*Gadus morhua* L.).Rapp P-v Réun Cons Int Explor Mer 191:351-358

Suthers IM, Frank KT (1989) Inter-annual distributions of larval and pelagic juvenile cod (*Gadus morhua*) in southwestern Nova Scotia determined with two different gear types.Can J Fish Aquat Sci 46:591-602

Talbot JW (1977) The dispersal of plaice eggs and larvae in the Southern Bight of the North Sea.J Cons Int Explor Mer 37:221-248

Tarifeño E, Andrade Y, Montesinos J (1990) An echo-acoustic method for assessing clam populations on a sandy bottom.Rapp P-v Réun Cons Int Explor Mer 189:95-100

Tarling GA, Matthews JBL, David P, Guerin O, Buchholz F (2001) The swarm dynamics of northern krill (*Meganyctiphanes norvegica*) and pteropods (Cavolinia inflexa) during vertical migration in the Ligurian Sea observed by an acoustic Doppler current profiler.Deep-Sea Res I 48:1671-1686

Thorne RE (1977) Acoustic assessment of Pacific hake and herring stocks in Puget Sound, Washington and southeastern Alaska.Rapp P-v Réun Cons Int Explor Mer 170:265-278

Thorne RE (1983) Application of hydroacoustic assessment techniques to three lakes with contrasting fish distributions.FAO Fish Rep 00:269-277

Thorne RE, Thomas GL, Foster MB (2003) Application of combined optical and acoustic technologies for fisheries and marine mammal research in Prince William Sound and Kodiak, Alaska.Proc MTS/IEEE Oceans 2003, electronic doc, 5 pp

Thwaite FT, Davis CS (2002) Development of a towed, flyable fish for the Video Plankton Recorder.Proc MTS/IEEE Oceans 2002, pp 1730-1736

Tiselius P (1998) An *in situ* video camera for plankton studies: design and preliminary observations.Mar Ecol Prog Ser 164:293-299

Tollefsen CDS, Zedel L (2003) Evaluation of a Doppler sonar system for fisheries applications.ICES J Mar Sci 60:692-699

Tracey GA, Saade E, Stevens B, Selvitelli P, Scott J (1998) Laser line scan survey of crab habitats in Alaskan waters.J Shellfish Res 17:1483-1486

Traynor JJ, NelsonMO(1985) Methods of the U.S.hydroacoustic (echo integrator-midwater trawl) survey.Int N Pac Fish Commiss Bull 44:30-38

Traynor JJ, Ehrenberg JE (1990) Fish and standard sphere measurements obtained with a dual-beam and split-beam echo-sounding system.Rapp P-v Reun Cons Int Explor Mer 189:325-333

Trenkel V, Mazauric V, Berger L (2006) First results with the new scientific multibeam echosounder ME70.J Acoust Soc Am 120:3017

Trevorrow MV (1998) Salmon and herring school detection in shallow waters using sidescan sonars.Fish Res 35:5-14

Trevorrow MV (2001) An evaluation of a steerable sidescan sonar for surveys of near-surface fish.Fish Res 50:221-234

Urick RJ (1983) Principles of underwater sound.3rd edn.McGraw-Hill, New York

Wade G, Coelle-Vera A, Schlussler L, Pei SC (1975) Acoustic lenses and low-velocity fluids for improving Bragg-diffraction images.Acoust Hologr 6:345-362

Walsh SJ (1992) Factors influencing distribution of juvenile yellowtail flounder (*Limanda ferruginea*) on the Grand Bank of Newfoundland.Netherlands J Sea Res 29:193-203

Walsh SJ, Koeller PA, McKone WD (eds) (1993) Proceedings of the international workshop on survey trawl mensuration, Northwest Atlantic Fisheries Centre, St.John's, Newfoundland, March 18-19, 1991.Can Tech Rep Fish

Aquat Sci 1911:1-114

Warner AJ,Hayes GC (1994) Sampling by the Continuous Plankton Recorder survey.Prog Oceanogr 34:237-256

Wespestad VG,Megrey BA (1990) Assessment of walleye pollock stocks in the eastern North Pacific Ocean: an integrated analysis using research survey and commercial fisheries data.Rapp P-v Réun Cons Int Explor Mer 189: 33-49

Westervelt PJ (1963) Parametric acoustic array.J Acoust Soc Am 35:535-537

Westgå rd T (1989) Two models of the vertical distribution of pelagic fish eggs in the turbulent upper layer of the ocean.Rapp P-v Réun Cons Int Explor Mer 191:195-200

Weston DE (1967) Sound propagation in the presence of bladder fish.In: Albers VM (ed) Underwater Acoustics. Plenum,New York,pp 55-88

Weston DE (1972) Fisheries significance of the attenuation due to fish.J Cons Int Explor Mer 34:306-308

Weston DE,Horrigan AA,Thomas SJL,Revie J (1969) Studies of sound transmission fluctuations in shallow coastal waters.Phil Trans Roy Soc London 265:567-607

Weston DE,Revie J (1971) Fish echoes on a long range sonar display.J Sound Vib 17:105-112

Wetherall JA (1982) Analysis of double-tagging experiments.Fish Bull 80:687-701

Widder EA,Case JF,Bernstein SA,MacIntyre S,Lowenstine MR,Bowlby MR,Cook DP (1993) A new large volume bioluminescence bathyphotometer with defined turbulence excitation.Deep-Sea Res II 40:607-627

Wiebe PH,Stanton TK,Greene CH,Benfield MC,Sosik HM,Austin T,Warren JD,Hammar T (2002) Biomapper-II: an integrated instrument platform for coupled biological and physical measurements in coastal and oceanic regimes.IEEE J Ocean Eng 27:700-716

Wiebe PH, Benfield MC (2003) From the Hensen net toward four-dimensional biological oceanography. Prog Oceanogr 56:7-136

Woodd-Walker RS,Gallienne CP,Robins DB (2000) A test model for optical plankton counter (OPC) coincidence and a comparison of OPC-derived and conventional measures of plankton abundance.J Plank Res 22:473-483

Young DA (1994) The X window system: programming and applications with Xt.2nd edn.Prentice-Hall,Englewood Cliffs,New Jersey

Zedel L,Knutsen T (2000) Measurement of fish velocity using Doppler sonar. Proc MTS/IEEE Oceans 2000, pp 1951-1956

Zorn HM,Churnside JH,Oliver CW (2000) Laser safety thresholds for cetaceans and pinnepeds.Mar Mamm Sci 16: 186-200

第7章　地质统计学及其在渔业调查数据中的应用：1990—2007年的历史观点

Pierre Petitgas

7.1　简介

地质统计学最早被应用在渔业调查数据中鱼群丰度的估算，为了更精确调查，系统设计中的采样点之间互不独立（Gohin，1985；Conan，1985；Petitgas，1993a，1996）。国际海洋考察理事会（ICES）以及鱼类技术委员会（FTC）通过组织研讨会的方式来促进地质统计学在渔业领域的应用做出巨大贡献（ISES，1989，1992，1993）。1992年，地质统计学中心（法国丹枫白露）在推广地质统计学在渔业领域的应用方面也很积极，并专门为渔业科学家开设了一门地质统计学课程，由国际海洋考察理事会负责推广（Armstrong et al.，1992）。该课程解释了如何使用地质统计学建模并提供了关于地质统计学在鱼类声学调查和鱼卵调查的应用实例。Petitgas和Lafont（1997）开发了一款软件专门用于全球鱼群丰度估算，而且它的精确度满足各种各样的调查设计。基于获取的经验，Rivoirad等（2000）提出这样的观点——地质统计学在鱼类声学和拖网调查中的各种示范性应用，为其在渔业调查数据中的应用提供了大量指南。Petitgas（2001）综述了各种调查设计中用于估算鱼群丰度的地质统计学和统计学概念及其工具。如今地质统计学应用程序软件不仅被大量应用于渔业调查数据中鱼群丰度的估算，还被广泛应用到海洋科学中。如，方法假设和生态特性：Rossi等（1992）；无脊椎动物的分布：Rufino等（2006）；鱼群中的变差函数：Gerlotto等（2006）；捕食-被捕食之间的插值法：Bulgakova等（2001）。如今许多方法和工具被广泛记录和使用。汇编历史观点和构建挑战未来的问题在当前看似很有必要。

地质统计学理论基础可以在Matheron（1971）和Journel、Huijbregts（1978）的文章中找到，年代更近一点的可以在Chiles和Delfiner的文章中（1999）找到。Rivoirard等（2000）为地质统计学书籍提供了有用的指导。地质统计学（Matheron，1971）的目的是为研究变量建立空间变量模型，并使用该模型对空间变量或函数进行估算。估算结果为变量（插值）的映射，并且估算出某一个区域的平均值，完成数值范围变化或映射通过一个阈值的可能性。这为任何类型的调查设计提供了方差估算的计算方法（如估计误差方差）。而且，地质统计学空间结构模型包含了描述聚集模式的生态信息。自从结构分析成为地质统计学的基础之后，渔业评估科学家和海洋生态学家一直对其颇为关注。

用于海洋资源估测的地质统计学应用开发中更多考虑建模的复杂性和复杂抽样设计而

并非变差函数和随机抽样或系统设计。它们同样考虑解决异常值和使用地质统计学模拟。生态学大量应用在如何描述鱼群的空间聚集模式特征的。空间变量结果被用于描述鱼群聚集模式、密集度对空间组织的依赖、地区边缘效应或地区的几何形状。除了变差函数之外的其他工具也已被用于空间模式和共同变量的描述中，包括惯性图、D2-变差函数以及点过程的方法。同时，空间模式指示器已被开发成鱼群空间分布监控器，并且已成为渔业生态系统方法中的一部分。本章节的每个观点都有相关理论作为依据。如果想了解更多理论描述，读者可以去参阅 Rivoirad 等（2000）或 Petitgas（1996，2001）的论著。

7.2 丰度估计与映射

7.2.1 地质统计学概念与基础地质统计学

7.2.1.1 随机函数

地质统计学的运用分为两步（Matheron，1971）：第一步是对所选择的模型进行结构分析然后解释数据的潜在空间连续性；第二步是估算，使用模型推导出变量估值以及变量的估计方差。随机函数的数学框架（Matheron，1971）：样本值被解释为定义区间内随机函数 Z（Z（x_1），Z（x_2），$\cdots Z$（x_n）$\cdots$）的计算结果。结构模型（如变量方差）适用于随机函数 Z，而不适用于实际特定采样。使用平稳假设该推理是合理的，该假设可以用于不同的空间范围，例如区域内所有距离（严格恒定性）或仅用于短距离（准恒定性）。随机函数模型：$Z(x) = E[Z(x)] + Y(x)$ 可以用于对所有假设的计算，其中的期望值 E 被实际值取代。$E[Z(x)]$ 表示漂移（或趋势），因为定义区域不在平滑的表层空间，$Y(x)$ 代表残差，它在空间具备着一定的恒定性。随机函数是一种数学表达。因此，调查者更喜欢抽样估计（在未取样的位置或大批样本的平均值），而不是用随机函数（漂移量）。地质统计学可以完成对样本数量和漂移量的估计。对比之下，传统的统计学理论（如线性模式）只能计算出漂移量，如随机函数中的漂移量（Matheron，1989；Petitgas，2001）。

变差函数 γ 是建模工具，它被定义为被矢量矩 h 分开的点数对之间的 Z 增量的半方差（Matheron 1971）：$\gamma(h) = 0.5E[(Z(x) - Z(x+h))^2]$，期望值 E 可以用于对整个随机函数式的计算。变差函数在随机函数中本构模型的应用比平稳模型更多：假定增量（$Z(x) - Z(x+h)$）零平均值且只取决于 h 的稳定半方差（变差函数）。变差函数的推理可用于假定空间内一定程度的稳定性，并且该稳定性允许通过空间平均法计算不同式子的期望值。准静态通常会很充分，它可以运用到比指定样本的三分之一还小的距离中（Journel and Huijbregts，1978）。

7.2.1.2 方差

用简单平均值法计算 $Z(x_i)$ 在 v 区间内的平均值：$Z_v^* = \frac{1}{n}\sum_{i=1}^{n}(x_i)$，地质统计学中精

度的测量是方差估算。方差函数（Matheron，1971）：$\sigma_E^2 = var\ [Z_v - V_v^*] = 2\bar{\gamma}(v,\ x) - \bar{\gamma}(v,\ v) - \bar{\gamma}(x,\ x)$，其中 $\bar{\gamma}(v,\ v)$ 是 v 中所有距离的变差函数平均值（v 的分散模型），$\bar{\gamma}(x,\ x)$ 是所有用于估算的样点 x 的变差函数平均值（样本分布方差），$\bar{\gamma}(v,\ x)$ 是所有的样点 x 与 v 域中所有点之间距离的变差函数平均值。方差计算取决于域的几何结构、样本之间的位置关系以及样本与域之间的位置关系。空间结构越连续，采样越密集，估算方差就会越小。值得注意的是由于估计方差取决于变差函数和采样结构，所以采样方案可以根据变差函数进行对比优化。

Matheron（1971）定义了两种类型的方差：离散方差和估计方差。区域 v 的离散方差是区域内随机变量的方差，等于 $\bar{\gamma}(v,\ v)$。它可以用变差函数 $\bar{\gamma}(v,\ v)$ 来计算，或选择 n 个随机样本，其计算式为 $\frac{1}{n-1}\sum_i (z_i - \bar{z})^2$。离散方差是经典方差，但是其区间域要明确定义。估算方差是指随机变量的实际值与期望值之间的误差的方差，$\sigma_E^2 = \mathrm{var}\ [Z_v - Z_v^*]$，其中方差取代所有随机变量的实际值。估计方差概念上不同于方差估计，var $[Z_v^*]$ 是统计学中典型的精确计算方法。Petitgas（2001）进一步探讨了地质统计学和广义线性模型（GLM：McCullagh and Nelder，1995）在数量估算上的差异，其中广义线性模型 GLMs 已被运用到渔业估算中。

地质统计学中的方差估算是以模型为基础，抽样区域是固定的；而抽样理论（Cochran，1977）中的方差估算是以设计为基础，抽样区域是随机的。Matheron（1989）进一步论述了随机样本中所使用的随机函数（Petitgas，2001）。当样本点之间的位置彼此不独立时，样本数量的计算需要构建一个与数量有空间相关性的模型（cochran，1977；Matheron，1971）。因此地质统计学解决非随机的调查设计中方差估算问题，如特定网格点的浮游植物调查，平行或曲折横断面的声学调查（ICES，1993）。

7.2.1.3　克里格法

克里格法是一种无偏的、方差最小的线性估算方法（Matheron，1971）。采用克里格法可以估算任何一个点值（对点估计的点克里格法）、块段的平均值（对块估计的块段克里格法）或全区域的平均值（克里格平均值法）。克里格法不仅提供估算，还提供估算方差。假定，通过已知样本点值的线性组合计算出集中在 v 区间的 x_0 平均值，那么：$Z_v^* = \sum_{i \in n} \lambda_i Z(x_i) \cdot \eta$ 根据这个式子可以计算出相邻 n 个样本的平均值。计算方差的式子：$\sigma_E^2 = 2\sum_i \lambda_i \bar{\gamma}(v,\ x_i) - \bar{\gamma}(v,\ v) - \sum_i \sum_j \lambda_i \lambda_j \gamma(x_i,\ x_j)$。克里格权值指的是估算方差的最小值（被称作克里格方差最小值）。可以通过约束克里格权重之和为 1：$\sum_{i \in \eta} \lambda_i = 1$，这样可以确保估算的无偏性。仅使用几个样本的线性组合未知量进行常数平均值过滤就能完成计算。在实际操作中数据约束可能会导致估算靠近样本平均值周围的数值。这样的估算过程叫做普通块段克里格法即使用群体周边移动平均值计算，并且这种计算已经广泛运用到映射中。准平稳变差函数的平均值和方差的稳定性被充分应用于那些周边距离中。

7.2.1.4　比较和优化调查设计

软件工具EVA（Petitgas and Lafont，1997）专门用于计算全球渔业调查中各种抽样方案值的估计方差，进行估算。考虑到除了调查设计外，实际操作也提供类似的变差函数，那么不同的样本方案就可以用全球平均值的估算方差公式进行比较。举一个说明性实例，Petitgas（1996）表明常规抽样设计和不均衡设计的实际操作结果是一样精确。Doray等（2008）使用鱼类聚集设备比较不同海星的声学调查，以确定了海星分枝的合适数量。在声学调查中，必须合理分配声横断面抽样计算鱼群密度和拖网抽样测量鱼长的测回时间。Simmonds（1995）（亦在Simmonds和McLennan，2005，第8章）分析了声横断面数量和间距以及拖网数量分配的作用，并且在对苏格兰的北海鲱鱼进行声学探测中时发现微调声横断面和拖网数量是没有必要的。

7.2.2　变差法

7.2.2.1　推理和模型选择

变差函数分为三种类型（Matheron，1989）：区域变差函数、实验变差函数以及模型变差函数。区域变差函数的计算假定所有点的值都已知。实验变差函数是基于样本数据估算区域变差函数。模型变差函数是潜在的随机函数。在拟合变差函数模型时，通常从实验变差函数转到模型变差函数。Matheron（1989）提出这样的理论依据：相同的随机函数间的区域变差函数在短距离内的变异性很小，因此事实上它可以合理解释变差函数模型来自随机函数（如一个数据集）的实现。Matheron还提供了实验依据，相同参数的变差模型得出相似的克里格估值和估计方差。变差模型是确保方差是正值的数学函数。变差模型起点（如小于网孔的短距离）的运动状况对估计方差有重要的影响（Matheron，1971；Petitgas，2001）。表7.1列出了在渔业应用中经常使用的模型函数。模型函数的选择相当于样本数据的潜在过程的空间规律的物理理解（基本假设：Matheron，1989）。然后模型拟合有两个步骤：第一步选择模型函数；第二步拟合该函数并计算参数。

表7.1　普通2D变差函数和物理特征 *C* 是静止；*r* 是范围；*h* 是距离

模型名称	模型公式	原点上的运行状况 $h \to 0$	静止	不规则建模
球面模型	$\begin{cases} C\ (1.5h/r - 0.5h^3/r^3) & \text{if } 0 \le h \le r \\ C & \text{if } h \ge r \end{cases}$	直线	是	中等
指数函数模型	$C(1-\exp(h/r))$	直线	渐近的	中等
高斯分布	$C(1-\exp(h^2/r^2))$	抛物线（水平切线）	渐近的	很平滑
权重	h^a with $0 < a < 1$	垂直切线递增 $a \to 0$	否	非常不规则
	h^a with $a = 1$	水平	否	中等
	h^a with $1 < a < 2$	水平切线递增 $a \to 2$	否	平滑
块金模型	$\begin{cases} C_0 \text{if} h > 0 \\ C_0 \text{if} h = 0 \end{cases}$	间断的	是	纯随机

7.2.2.2　模型验证

可以采用不同的方法来验证模型是否充分表达空间变异。实验变差函数模型的拟合优度标准有利于拟合变差函数模型（如 Fernandes and Rivoirard, 1999, Rivoirard et al 2000）。通过对比模型和数据的离散方差（Matheron 1971），得出模型和数据的变异一样多：整个域$\bar{\gamma}(V, V)$的模型离散方差接近于整个域的数据方差（假如变差函数模型拟合于整个V域：严平稳性）或者小区域$\bar{\gamma}(v, v)$的模型离散方差应接近于同样区域的数据方差（假如变差函数模型只拟合于小区域：准稳定性）。最后，使用克里格法交叉验证数据值为使用克里格法验证模型和复制数据提供了方法（如，Journel and Huijbregts, 1978）。

7.2.2.3 变差函数的特征

变差函数最重要的参数主要有块金值、基台值、变程和各向异性。块金值表示C_0在变差函数原点上的振幅是间断的（表7.1）。块金值具有三个特点——纯随机分量、测量误差和小于网格尺寸的空间结构。基台值是随机函数的方差。因为（离散）方差是域$\bar{\gamma}(v, v)$的一个函数，变差函数基台值与数据方差不需要保持一致。总之，变差函数基台值会大于数据方差。如果当变差函数范围相较研究范围短的时候，它们的值是接近的（即稳态情况）。这个范围是指相关性消失的距离，它关系着斑块的平均尺寸的高或低。各向异性模型的方向性差异在于空间变异。在几何各向异性变差函数模型中，所有的方向保持不变，但是范围会随着方向出现椭圆形变化（如鱼群聚集度的变化呈现出椭圆形而不是圆形）。在带状异向性中，基台值随着方向变化意味着空间分布在特定的方向呈现出不均匀性（如鱼群密度调查中的靠岸和离岸的梯度可以用带状异向性建模）。当数据显示出嵌套结构时，变差函数模型可以是不同变差函数的总和（如块金值+各向同性球状变差函数+线性变差函数）。许多实验变差函数建模研究案例都可以在 Journel 和 Huijbregts（1978）及 Chilés 和 Delfiner（1999）中找到。Petitgas（1996）还记载了各种变差函数模型在渔业中应用的案例。

7.2.2.4　变差函数估算

传统的实验变差函数（Matheron, 1971）为：$\gamma^*(u, h) = \frac{1}{2n(u, h)} \sum_{|x-y| \approx h} (z(x) - z(y))^2$，其中$n(u, h)$表示被距离集$h$在方向集$u$分割的$(x, y)$数量，$z(x)$是位于点$x$处的样本值。距离集和方向集取决于样品采集方案，该采集方案的目的是确保在每个集上的有足够数量点数对。建议计算不超过研究区域最大尺寸一半距离的变差函数（Journel and Huijbregts, 1978）。在渔业应用中，样本点坐标通常与经纬度的导航计算有关。所以计算样本点间的距离，需要将地域单元中的坐标转换成样本点坐标。由于典型的变差函数估算中涉及样本值方差，因此实验变差函数有可能不稳定。尽管数据中已存在空间结构，但是很难通过变异函数估算来获得。选择性变差函数估算被用来处理取样点中存在零值、高数值或非均一性等的影响（Rivoirard et al., 2000）。采样设计中的不均匀性

（如特定区域内采集点集群）会产生一个加权变差函数估算：$0.5\sum_{|x-y|\approx h} w_x w_y (z(x)-z(y))^2 / \sum_{|x-y|\approx h} w_x w_y$，其中 W_x 是点 x 的空间加权。Rivoirard 等（2000）已将类似的估算方法运用到曲线形声学探测中。同时，在时空变异相互作用的声学调查中，沿着样带的变差函数估算比沿着或穿过样面的 2D 变差函数计算更易于解析。另一种情形是偶然出现正值的调查区域的空间分布会显示好多个零值。那么，不以协方差为中心的变差函数估算更适合用空间结构：$\frac{1}{N^2}\sum_i z(x_i)^2 - \frac{1}{n(h)}\sum_{|x-y|\approx h} z(x)z(y)$，其中的 N 表示总点数。变差函数的协方差估算可能会导致基台值被估低，使它偏离严格稳定性，所以一定要注意对比模型离散方差和数据方差。在处理高数值时，建议在分布假设的基础上对变量进行转化。Cressie（1991）提出了一种高斯分布异常值较为稳定的变差函数估算方法。Guiblin 等（1995）以及 Rivoirard 等（2000）提出了数据 Z 对数转换成 L（$L=\text{Ln}(1+Z/b)$，并使用传统的估算方法来估算对数变换 L 的变异函数，对 γL 进行建模并进行反向变换从而得到原始数据的变差函数模型：γ：$\gamma(h)=[(m+b)^2+\text{var}Z][1-\exp(-(\sigma 2\gamma L(h)/\text{var}L))]$，且 $\sigma^2=\text{Ln}[1+\text{var}Z/(m+b)^2]$ 与 $m=E[Z]$。这个计算式已经成功用于南海南部的鲱鱼调查（Rivoirard et al.，2000）并且其稳健性已经模拟测试过。

7.2.2.5 自动拟合程序

变差函数模型的参数可以选择直接拟合或者最小二乘法自动计算。Cressie（1991）与 Chilès 和 Delfiner（1999）记录了各种统计拟合步骤。Fernandes 和 Rivoirad（1999）以及 Rivoirad 等（2000）采用加权最小二乘法来估算变差函数模型参数并且与拟合优度标准进行了比较。最小化函数为：$q(b)=\sum_j W_j[\gamma^*(h_j)-\gamma(h_i, b)]$，其中 b 是模型变差函数参数集，$*$ 符号表示变差函数估算。权值 w_j 与距离等级 j 的点数对数量或距离等级 h_j 的反向功率成正比。第二种可能性可以确保小距离变差函数的拟合。拟合优度标准为：$gof=\frac{\sum_j W_j[r^*(h_j)-r(h_i, b_{\min})]}{\sum_j W_j r^*(h_j)}$，其中 $b_{\min}$ 拟合变差函数模型的参数集。在渔业调查中，对给定物种进行多年监测后，所得到数据的空间结构显示了过去几年间的差异性和一致性。可以对每一年的变差函数进行单独建模，也可以对所有年度进行统一建模。Bellier 等（2007）认为所有年度都有着相似的变差函数模型（如球状的），但是参数每一年都会变化。Bellier 等使用非线性混合回归方程将每年的变差函数拟合成球形变差函数模型（Pinheiro and Bates，2000）。他们在范围参数使用固定效应模型，基台值和块金值使用随机效应模型，计算的结果得出过去所有年度和每年的基台值和块金值都是在一个固定范围内。

7.2.3 多变量分析法

目标鱼种和解释性协变量的关联信息用于改进对目标物种的估算。多变量地质统计学包含了能适应不同情况的各种方法，诸如协变量和目标间的共变以及它们间采样模式差异或将漂移面考虑进去。有关多变量地质统计学的综述可以在 Wackernagel（1995）或 Chilès 和 Delfiner（1999）中找到。Rivoirard（1994）提供了协同克里格法以及克里格法与非线性地质统计学关系的简单介绍。在这里我们回顾一下渔业应用中考虑辅助变量和目标变量时遇到的各种情况。区分两种变量——空间变量和非空间变量。非空间变量协方差是控制鱼类行为的解释变量（如时间信息），因此鱼群密度中的变差函数不受空间支配。空间协变量是与鱼群密度在空间出现共变的解释变量（如底部深度、河流羽流），因此它可以解释鱼群的空间分布。

7.2.3.1 泛克里格法

鱼群集中度受环境参数的影响因此解释为什么数据中会出现大规模的漂移（如从海岸到近海的鱼群密度梯度取决于水底深度）。在泛克里格法模型中，由于漂移与残差分离，所以需要进行大规模的建模。Matherion（1971）表明只用一个随机函数不能估算漂移和残差（如一年内的一个数据集）：由于估算漂移使用空间平滑算法，导致（估算）残差的变异性评估了（实际）残差的变异性。Rivoirard 和 Guiblin（1997）认为在计算平均值的估计方差时，考虑漂移估算中出现的偏项是很有必要的。辅助协变量已用于漂移的回归估算。Sullivan（1991）在水底深处发现了底栖鱼的密度梯度。Sullivan 利用沿等深线方向鱼群密度的漂移。残差的变差函数已通过沿等深线估算，并且被运用到各个方向。漂移通过等深线上的深度回归来估算。之后，泛克里格法被运用到映射中。如果漂移在时间上具有一致性，那么它可以通过直接计算重复调查的平均值来进行估算。采用观测站上相同网格的重复调查，Peitgas（1997）通过测算产卵场在同一时间内平均鱼卵密度得出欧洲鳎鱼卵分布成圆顶状漂移。因为剩余方差与漂移成比例，所以这个模型中使用乘法计算。Doray 等（2008）使用 FAD（鱼群聚集设备）对金枪鱼聚集度进行重复调查。首次通过时间平均值算出漂移，然后用平流扩散方程建模。平流扩散方程表达了向鱼群中心聚集的定向运动和从鱼群中心分散的非定向性运动之间的平衡关系，并且对从 FAD 顶部到鱼聚集群边缘的减少量进行了建模。平流扩散模型中残差的变差函数使用克里格法计算出 FAD 周围鱼群密度的平均值。该变差函数也被用到优化海星声学调查设计中。

7.2.3.2 外部漂移

具有外部漂移的克里格估算被约束到遵照“外部”变量（时间或空间）的形状。这可以通过约束克里格的权值来实现。除了运用到常数平均值中，约束克里格的权值可以延伸到对其他函数的拟合。假设漂移是线性相关解释变量 $f(x)$：$E[Z(x)]=af(x)+b$，利用克里格权值的补充条件：$\sum_{i\in\eta}\lambda_i=1$ 和 $\sum_{i\in\eta}\lambda_i f(x_i)=f(x_0)$ 那么，无论 a 与 b 的值是多少，只需要样本的这些线性组合拟合漂移，其结果为克里格估算将遵照变量 $f(x)$ 的形状。克里格方差随着限制数量的增加而增加。在所有样本点或取样区域的估算中，需要知道所有样本点的 $f(x)$ 值。所使用的变差函数是残差 $Y(x)$。外部漂移算法允许通过协变量把漂移按照特定的函数关系进行调整，并且该调整发挥着引导变量的作用。相对于协变量目标变量，在抽样不足时或者漂移与协变量有函数关系时，外部漂移算法是很有用的。Rivoirard 等（2000）（Guiblin 等（1996）中也有）与 Petitgas 等（2003b）在计算鱼类长度和底层深度的线性关系时使用了外部漂移算法来计算鱼的长度。Rivoirard 和 Wieland（2001）使用外部漂移算法计算不同时间对拖网捕鱼的影响，通过给定时间内白天和夜间的样本计算出鱼群空间分布。Bouleau 等（2004）通过拖网捕鱼站点间高密度声学数据采样帮助对较少样本（异位和抽样不足的组态）的拖网数据进行映射。根据鱼群密度声学样本的空间分布，外部漂移算法被用于计算拖网捕捞数据。声学数据映射最先通过普通克里格法来估算并根据形状曲面来表达。计算结果可以用于所有的测量站点和样点。外部漂移算法被用于指导声学数据对拖网捕鱼进行映射。

7.2.3.3　协同克里格

本节中，互变异函数是结构建模工具。它是变差函数的延伸—多变量随机函数：$\gamma_{ij}(h)=0.5E[Z_i(x)-Z_i(x+h))Z_j(x)-Z_j(x+h)]$，其中 i 和 j 是不同共变量的指数。互变异函数是 h 的一个对称函数。同时，两个变量的作用相同。变差函数和互变异函数的拟合通常并不简单（Wackernagel，1995），同时协同克里格的简化已发展为以变差函数和互变异函数的结构为基础。简化的情况：协变量因式分解和本质关联。到目前为止，本质关联已被运用到渔业领域。当互变异函数和变差函数与同一个变差函数 $\lambda r_{ij}(h)$ $\sigma_{ij}^2\gamma(h)$ 成比例时可以使用本质关联。相关协变量出现的位置多于目标时（采样不足的情况），协同克里格法有助于提升用相关协变量来对目标进行估算或者变量与函数相关时确保估算值的一致性（协同克里格法按照函数关系进行估算）。在声学和拖网调查数据分析中，除了使用外部漂移算法，Bouleau 等（2004）同时还使用了内部协同克里格模型以及声学数据和拖网数据来映射拖网捕获量。作者对比了协同克里格法得到的拖网数据估计方差和克里格法得到的拖网数据外部偏移。协同克里格法和外部漂移法充分使用了拖网调查中的声学数据而克里格的拖网数据计算未使用声学信息。协同克里格法和外部漂移法提供了相似的映射。这些映射中的具体信息多于单变量克里格映射，尤其是这些映射的平滑度更小而且丰度较高的区域收到了更多限制。正如理论中所预测的，与协同克里格法相比，外部漂移的估计方差略微增加。Petitgas（1991）提出了用于计算白天和夜间的鱼群聚集/分散的协同克里格法模型。白天和夜间的样本都考虑了夜间点 x 上的鱼群密度等于以 x 为中心的取样区域 v 上白天的鱼群密度值平均数：x：$Z_{\text{ninght}}(x)=\frac{1}{v}\int_v Z_{\text{day}}(x+u)du$。通过这种关系可以列举出白天和夜间的变差函数，并且可以得出白天密度值和夜间密度值之间的互变异函数模型。协同克里格法允许通过使用白天和夜间的样本来估算白天（或夜间）的映射。

总体上，多变量分析法允许完整统一使用真实映射中的变量信息。但是与单一变量情况相比下，估计方差并没有大幅降低。原因很可能与多变量分析法的估算过程中维度问题的增加有关，与单变量情况相比，多变量分析法考虑了目标变量的更多变异来源。

7.2.4　模拟

模拟的作用在于产生包含所有数据变异性的映射。克里格法的结果是一个平滑的插值曲面，模拟现场显示了整个过程所有变异性并以方差图和直方图表示。无条件模拟是一种计算随机函数模型的方法。条件模拟是按照样本点值来计算随机函数模型的方法。模拟是一种合适的估算方法，主要用于估算空间不确定性对复杂程序结果的影响。当调查变量中需要有变异性时，模拟在衍生变量的估算中很有用（如为了设计电缆而对一个岛屿的海底长度进行估算）或者计算非线性组合中的调查变量的估计方差（如为了估算声学调查中的鱼类丰度而把鱼的长度和声学后散射结合在一起），或者对估算过程和设计进行测试（测试对自适应抽样进行增加样本的各种规则）。Chilès 和 Delfiner（1999）与 Lantuéjoul（2002）中通过定义直方图和方差图综合记录了许多模拟空间结构随机函数的方法和算法，如沿着一条直线（1D）、在平面上（2D）或3D中以及调节数据值等。在各种方法中，转带法因 Matheron（1973）而成为最实用及有效的方法。用转带法构建条件模拟的各步骤如图7.1所示的流程图。

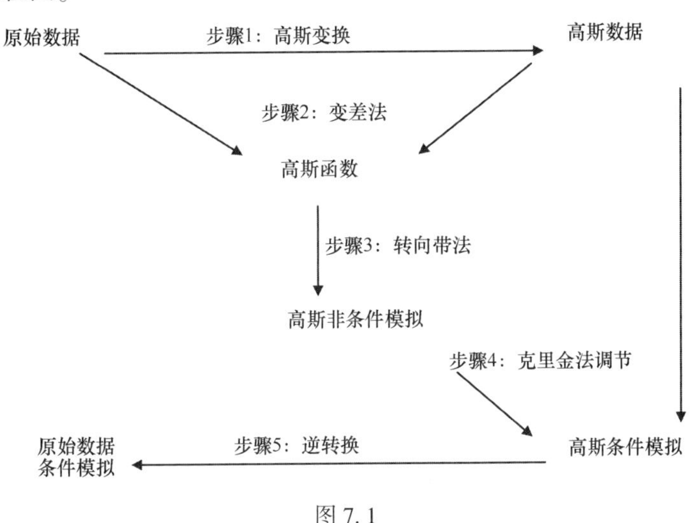

图7.1

转带法构建条件模拟各步骤流程图。

图7.1显示了构建地质统计学条件模拟的步骤，它与直方图、变差函数和数据样本相匹配，并且使用了转带法和克里格法调节。无条件模拟与直方图和变差函数匹配。条件模拟与直方图、变差函数和数据值匹配。步骤1中，把原始数据转换到高斯分布时，高斯分布的样本有利于对多个零值的处理。步骤2实际上是对原始数据变差函数和转换数据建模一致性的对接分析。步骤3和步骤4可以直接通过其他的方法得到，如序贯高斯模拟法。它要求对转换过的数据进行双重的高斯分布假设（改编自 Chilès and Delfiner，1999）。

线性形变和反向转换步骤与模拟值和数据直方图匹配。转带法使模拟值的协方差和数据的协方差相互匹配。最后，用克里格法对模拟值和数据值进行匹配完成了整个条件模拟。

7.2.4.1　高斯分布线性

由于这种方法模拟高斯随机函数，因此在高斯分布的数据转换中很有用。高斯分布线性形变被用于高斯分布值 y 和数据值 z 的累积概率相同的情况：$P(Z(x)<z)=P(Y(x)<y)$。除了 Z 的直方图中出现峰值之外，线性形变通常是可逆的。尤其是渔业调查数

据中高比例的零值会使 Z 的直方图出现峰值。每一个正数值都可以进行高斯分布值赋值 $y > y_c$，使用一个可逆单调线性形变函数，从而使截断高斯变量在定点 y_c 上（$P[Z(x)=0]=P[Y(x)<y_c]$。为了匹配协方差结果和获得高斯值 $Y(x)<y_c$，如何把高斯值分配到零值上呢？在这里须使用吉布斯采样法，否则高斯值 $Y(x)<y_c$ 分配到零值会很随意，并且会影响到协方差结构。Woillez 等（2006a）使用了吉布斯采样统一把高斯分布值分配到数据零值上，并且对用于模拟的所有数据的高斯分布协同方差进行了估算。相反，Gimona 和 Fernandes（2003）未能顺利地把高斯分布值充分地分配到零值上，并且不能适当地控制模拟协同方差。

7.2.4.2　转带法

Chilès 和 Delfiner（1999）与 Lantuéjoul（2002）提供了关于这种方法的最新完整材料。转带法在高斯分布随机函数的 R^n 中构建了模拟，该随机函数以利用 R^n 与 R^1 的协同方差之间正常关系的独立模拟过程为基础。假设 θ_d 和 X_d^1 方向上的 n 条线沿着 θ_d 方向上的线独立模拟了 1D 进程。R^n 中模拟的高斯分布随机函数为：$Y(x)=\frac{1}{\sqrt{n}}\sum_{d=1}^{n}X_d^1(<x, \theta_d>)$，其中 $<x, \theta_d>$ 是 θ_d 方向上的 R^n 在点 x 的投影。利用大量的线 n，中心极限定理意味着 Y 就是高斯分布。方向 θ_d 可以随机，也可以按照拟随机序列（如 van der Corput 序列）在 n 增大的时候更能有效地填充空间。在 3D 等深线 Y 上的协方差 $C_3(r)$ 与 X^1 上的 1D 协方差 $C_1(r)$ 之间的关系为：$C_1(r)=\frac{\mathrm{d}}{\mathrm{d}r}[rC_3(r)]$。为了每一种协方差模型都按典型方法使用（表 7.1），所以相关的 1D 协方差是已知的。该模拟沿着协方差 C_1 所在直线的随机过程可以用不同的方法来构建，例如使用自回归或稀释算法。注意，由于 1D 与 2D 的协方差关系比 1D 和 3D 协方差的关系更复杂，因此在 2D 平面上更容易模拟，就好像它是 3D 空间的一部分一样。与其他的模拟方法相比，转带法在实施过程中更具有灵活性，并且更容易对模拟协方差结构进行控制。它允许在计算效率模拟域中模拟大量的点。

7.2.4.3　克里格法调节

与转带法相比，其他方法涉及更多的假设（如序贯高斯模拟），但是这些方法可以直接对数据进行模拟，但是转带法无法进行模拟。通过模拟一个非条件克里格误差就可以实现调节。步骤如下：①执行 Z 在模拟网格 $S_{nc}=(x)$ 以及数据点 x_a: $S_{nc}(x_a)$ 的节点 x 上的非条件假设；②使用数据 $Z(x_a)$：$Z^k(x)$ 完成网格接点 x 上的克里格调节；③用数据点 $S_{nc}(x_a)$：$S_{nc}^k(x)$ 上的模拟值完成网格接点 x 上的克里格法调节。网格接点 $S_c(x)$ 的条件模拟可构建为函数：$S_c(x)=Z^k(x)+[S_{nc}(x)-S_{nc}^k(x)]$。克里格法是一个精确的内插器，条件模拟以数据值为依据。

7.2.4.4　测试均匀调查设计以及变差函数估计

由于声学调查中样带的采集是持续性的，因此建议把记录到的沿着样线的鱼群密度进行求和，并且用一维程序对鱼群进行估算（Petitgas，1993a）。根据这个观点，Simmonds

和Fryer（在Rivoirard等（2000）第5章）用不同的模拟一维程序对许多调查设计进行了测试。设计中考虑的是平行样带，它们被随机或有规律地间隔开，或者是在地层及曲折样带中随机隔开。1D模拟属于非条件模拟并且采用了自回归的方法。模拟过程随着关联程度的变化而变化（间断性及幅度）并且处于一个合并的趋势（线性的）。设计根据平均值估算的精确度、偏离值以及变量的精确性来进行排行。得出的结论是，系统设计（均匀间隔的样带）是估算丰度的最佳策略，并且精确度最高偏离值可忽略。当调查目的为计算平均值和方差时，最好的策略是每层带两个或一个样带的随机分层设计（但是靠近于系统设计）。与依靠关联幅度和样带间隔的平行样带相比，使用曲线形样带的好处更多。Rivoirard等（2005）也用模拟来对比变差函数计算。除了变化直方图的偏斜度之外，他们运用了类似的模拟设置（间断性、幅度、线性趋势）。根据对数据大范围偏斜度的模拟变差函数结构的推断能力，三种变差函数的估算方法已被测试过（传统估算、回归转换、非中心协方差）。整个估算中有关变差函数参数的偏差小于5%。

7.2.4.5 审查适应性调查设计

当样本点覆盖采样空间独立于潜在空间分布时，抽样设计是均匀的。样点位置可以是随机、分层随机或在规则及不规则的网格上。地质统计学通过空间协方差建模和利用克里格法对样本进行加权，从而为该设计提供了一些灵活性。当设计包含了更高丰度区域的附加样点并且想从这些区域中得到信息时，这样的设计是不均匀的，或者说是具有适应性。适应性设计使调查更多的集中在有效的区域，而不是向所有区域扩散。Simmonds和MacLennan（2005）描述了用于渔业声学调查的不同设计规则。一般来说，适应性调查设计包含两个阶段的采样过程。1级样本的取样位置以均匀抽样方案为依据。然后根据1级样本中观测到的数值，有条件地把2级样本添加到1级样本附近。在鱼群丰富的地方取样时，如果1级样本太低，那么不再对其添加别的样本，并且认定为该区域内的丰度较低。相反，如果1级样本的值很高，那么会对其增加别的样本，并且估算值更低的将会被作为样本。其结果是对丰区域的系统性低估。很显然，估算的偏差取决于附加样本的分配。按照以设计为基础的方法，Thompson和Seber（1996）无偏差的取样规则（适应性整群抽样）以及相应的估算方法。围绕着复合值的群体需要额外样本，并且取样必须完整。Lo等（1997）幼鱼调查中运用了这样的设计和相对应的平均值估算方法。通过用不同空间关联实例来验证与均匀抽样相反的适应性群体抽样，Conners和Schwager（2002）对高斯分布值进行了非条件2D现场模拟。高斯分布模拟值是指数函数。通过一个“ad hoc”过程（不允许完全控制模拟变差函数）得到了模拟值之间的关联。适应性群体设计在执行过程中的偏差小于均匀性设计，并且精确度高于斑块分布。地质统计学方法的适应性取样就是对点值和群体平均数之间的关系进行建模，或者对点值较高的位置和点值较低的位置之间的关系进行建模。非线性地质统计学有助于对适应性取样数据进行分析。Petitgas（1997b）的分层浮游植物调查数据基于高丰度区域和低丰度区域的关联结构。Petitgas（2004）用模拟法测试了以适应性准则为基础的调查设计中的偏差。使用转带法对2D现场进行非条件模拟并且得出高斯分布值是取幂的。1级样本被定位在网孔大小等于变差函数范围的系统网格点中。2级样本的取样规则以3个连续1级样本的平均值为基础。这个规则使平均值的精确度高于从样点更多的系统设计中获得的平均值，并且平均值的偏差保持低于3%。

7.2.4.6　组合变量的方差估计

以声学调查为基础的给定种群丰度是把种群长度和分配到该种群的声学散射结合在一起，其中每个变量都来自于特定的取样过程（如Simmonds and McLennan，2005）。鱼群长度测量主要借助于深海拖网或围网捕捞等合适的采样工具进行样（准）点采集。声学散射通过回声探测器沿着样带持续记录，并且对深度和航行距离的单位（1 n mile）进行了整合。鱼群密度可以通过两个变量的线性组合估算：$Z(x)=\frac{sA_x}{\bar{l}_x^2 10^{b/10}}$，其中$sA$是航行区域的声学散射系数（已校准）（sensu Simmonds and McLennan，2005），$\bar{l}^2$是鱼群长度平均值的平方，b是物种目标强度和长度关系的系数（已知）。鱼群密度可以根据任何给定的长度与年龄之间比例关系进一步分配到年龄上：$p(a, l)$：$Z(a, x)=p(a, l)Z(x)$。在声学样带和拖网捕捞优化分配研究中，Simmonds（1995）考虑了不同取样过程中的变量，但是没有建立用于估算Z平均值的方差。通过地质统计学的条件模拟可以获得调查区域内的鱼群密度平均值的估计方差，它能够结合鱼群长度和声学散射的许多个可能映射，并且包含了每个变量的空间变异性。从事北海鲱鱼的苏格兰声学调查，Gimona和Fernandes（2003）与Woillez等（2006a）通过条件模拟估算了鱼群丰度平均值的误差方差。Gimona和Fernandes（2003）采用了序贯高斯模拟法，而Woillez等（2006a）使用了转带法。鱼的长度和声学散射sA的条件模拟在同一网格的点上完成。然后用上述的声学公式把映射组合到一起来估算鱼群密度映射：$Z(i, r)=f(sA_{i,r}, \bar{l}_{i,r}^2)$，其中$i$是网格点的指数，$r$是相对于的计算值。$Z(i, r)$的映射平均分布在频域$V$上，并用于通过$Z(i, r)$的计算值获得鱼类丰度平均值。很多计算都可以估算出$Z_v(r)$的直方图的平均值$E[Z_V(r)]$和方差$Var[Z_V(r)]$。平均值估算的估计方差为$Var[Z_V(r)]$。模拟中的偏差：$E[Z_v(r)-Z_v^*)]$，其中$Z_v^*$是调查估算的平均值。定义结构完整并且变量接近于高斯分布值，因此鱼的长度模拟中没有出现任何问题。相反，对声学散射的模拟更难，因为数据中出现了大量的零值。为了解决这个问题，Woillez等（2006a）吉布斯采样法被用于把高斯分布值分配到已知样本正数值和原始数据的协方差结构周围的零值样本中。不同调查分析中的相关估算错误接近15%。如实例所示，回波分配到物种的过程中不存在错误的情况下，可以通过声学调查来测算出数量级。

7.3　生态学思考

文章前部分主要讲述了利用空间变量建立估算过程模型，相比之下，本章节重点讲述如何用地质统计学结构分析工具来揭示空间变量的重要生态特征以及提升生态认知。

7.3.1　不同变量间的空间关系

两种变量可以通过多种方式建立联系，因此可以用多种方法来调查研究变量间的空间关系。关于特征收集、协方差和条件方差有关各种方法文中也有描述。当两个映射间的距离函数（如梯度）有关联时，可以对点与点之间存在着一致性的两个空间分布的特征进行收集，同时用协方差来捕捉数值变化。条件方差主要考虑的是一个变量的变化与另一个变量之间的关系。

7.3.1.1　重叠

搭配关系的全球索引（GIC：Bez and Rivoirard，2000a，表7.2）是一种测量两个空间变量搭配关系的方法。这种索引提供了对两个空间变量的重叠关系，并且定义一个简单距离来划分映射。

表7.2　空间分布的属性以及特征索引

属性	指数名称	指数描述	公式	参考
占据	正数面积	无空值区域	$PA = \sum_{I} s_i I_{zi} > 0$	Woillez 等（2007）
聚集	扩散面积	与单一分布有关的丰度空间集聚	$SA = 2\int_0^1 \left(1 - \frac{Q(a)}{Q}\right) da$	Woillez 等（2007）
	等效面积	相关协变差图的积分范围，以及相同位置上两个随机个体的逆概率	$EA = Q^2/g(0)$	Bez 等（2001）
位置	重心（CG）	样本位置加权平均数	$CG = \int x \frac{z(x)}{Q} dx$	Bez 等（2001）
	斑点数	按指定距离极限的斑点数	规则：等级 z 按照递减顺序，从值最高的重心开始计算；假如 y 与之前的中心值差距太多，考虑一个新的斑点，然后继续	Woillez 等（2007）
离差	惯性（1）	重心周边样本位置的加权方差	$I = \int (x - CG)^2 \frac{z(x)}{Q} dx$	Bez 等（2001）
	各向异性	不同方向上承担最大惯性和最小惯性的惯性比	$A = \sqrt{I_{max}/I_{min}}$	Woillez 等（2007）
关联	微观结构索引	短距离内关联减少	$MI = \frac{g(0) - g(h_0)}{g(0)}$	Woillez 等（2007）
	范围	关联开始消失的距离	$g(u) = 0$ 中的第一个 u	Matheron（1971）
两个分布间重叠	搭配关系的全球索引	重心和随机个体之间的距离比例	$GIC = 1 - \frac{\Delta CG^2}{\Delta CG^2 + I_1 + I_2}$	Bez 等（2000a）

注释如下：i：样本索引；$Z(x)$：x 上的鱼群密度（每 n. m.^{2} 的鱼的数量）；S_i：样本 i 影响的面积；Iz_i：$zi>0$ 时等于1，其他情况下等于0；Q：所定义的空间积分 z：$Q = \int z(x) dx$ 的总丰度；g：地球统计学传递协方图 $g(h) = \int z(x) z(x+h) dx$；$Q(a)$：从 a：$Q(a) = \sum_{i=p(a)}^{N}$ 求最高值的求和，其中 a 是在频域 $a = \sum_{i=q(a)}^{N} S_i/A$ 中的比例；CG：重心；h_0：选定的合适滞积距离（最相邻样本间的平均距离）。

GIC 可以用于对相同鱼群或年龄的空间分布年度变化进行调查，并以此来确定栖息地和寿命周期的特征差异（Woillez et al.，2007）。它可以用于测量捕食者和被捕食者之间的空间重叠。对于更复杂的空间分布关系调查会使用到其他方法。

7.3.1.2 惯性图

为了研究鱼群分布是否受分布的特殊区域所限制，Bez 和 Rivoirard（2000b）建议在研究过程中使用惯性图，并且还通过鱼卵的空间分布和温度场对这个观点进行了解释。通过解读与鱼卵有关的温度场就可以测试出温度空间分布对鱼卵空间分布的控制。通过相同位置的鱼卵丰度来对温度进行加权，并得出每单个鱼卵的平均温度以及每个鱼卵的温度方差。惯性图是每个鱼卵温度方差的矢量平移距离函数。惯性图映射通过考虑每个方向的平移而构成，同时可以观测到是否特定的温度范围或空间区域会控制鱼卵的分布。如果鱼卵分布受特定温度范围或空间区域影响，那么这些区域内的惯性图中会显示出低数值。

本文所列举的例子中，构造方法以地质统计学传递方法为基础（Matheron，1971；Petitgas，1993a；Bez，2002）。传递法无需描述区域存在就能简单处理零值。它适合运用到数据中出现多个零值的研究中。传递协方差图的结构会描述固有的变量空间结构（通过变差函数来表述）以及区域地质统计影响的特征（如旁边出现低值）。在固有的地质统计学中（通常被称为地质统计：Matheron，1971），研究领域被假设不受变量空间分布影响。

7.3.1.3 互变异函数

互变异函数描述了两个连续变量的空间协方差特征。由于分析中使用的两个变量作用相同，所以它是对称的，而且它属于多变量线性地质统计学构造法（Wackernagel，1995）。Brange 等（2005）使用共变量函数来分析沙丁鱼和鳀鱼在不同年度的总体丰度，并且分析了两者的空间构造关系。分析的结果显示了沙丁鱼和鳀鱼出现低丰度的年份是交替的，而出现高丰度的年份相同。

7.3.1.4 交叉指示变异函数和简单指示变异函数的比例

互变异函数也属于非线性地质统计学的构造方法（Rivoirard，1994），因为非线性模型是一个关于变量所有指示定点的多变量模型的分割线点（当 $z(x)$ 大于定点 c 时，指示符 $I_{z(x)>c}$ 等于 1，其他情况则等于 0）。根据非线性模型的性质构建互变异函数指示（如扩散与否）有助于调查在生态学中穿过边界的样带是渐进的还是急剧的。目标变量指示性地定义了地质统计学集合及域。两个指示函数（$I_{z(x)\geqslant c1}$ 与 $I_{z(x)\geqslant c2}$，其中 $c1 \leqslant c2$）的互变异函数被低分割点 $c1$ 的变差函数划分开，同时表示距离函数 h 的概率，并且在低分割点 $c1$ 上插入了高于分割点 $c2$ 的数值（矢量 h 的一个极限已经在 $c1$ 的范围之外，并且另一端在 $c2$ 之内）：$\dfrac{r1_{c1}x^1c2\ (h)}{r1_{c1}\ (h)} = Prob\left[Z(x+h) \geqslant c2/\ (Z(x) < c1,\ Z(x+h) \geqslant c1)\right]$. Petitgas（1993b）分析了鲱鱼的高密度、低密度和中等密度之间的空间点集。该研究表明中等密度区域可能会出现高密度，因为这个区域比较大，这也就意味着高密度很难被预测到。已知多边形的解释变量的情况下也可以用这些构造方法。例如，多边形可以表示环境特征，如

河流羽流、有流涡的地方等。通过多边形指示函数与目标变量之间的互变异函数可以调查目标变量如何与多边形在空间上相对应。

7.3.1.5 约束变差函数

本节用上述的方法来证明目标变量空间连续性变化，当超出辅助变量空间点集所定义的几何边界时，可以用样本在受约束的变差函数中的结果来计算变差函数。所选定的点既可以包含在定义的空间点集中也可以在定义空间点集外，或者在边界线的两端。约束变差函数和整体变差函数的差异可以在所有点上进行计算，同时不在边界线上的对点数可以用来证明特定解释变量对目标变量空间结构的影响。Rivoirard 等（2000，第4章）调查了陆架坡折轮廓对蓝鲸变差函数的影响，他们仅用了几个靠近陆架坡折轮廓的点就计算了一个“约束”变差函数。受约束的变差函数比整体变量函数低，这意味着处于陆架坡折轮廓之间与穿过陆架坡折轮廓的方差不同。

7.3.1.6 D2-变差函数

在样点 x 上，区域变量不可能一直是值 $Z(x)$，它有可能会是一个矢量 $(v_1(x), v_2(x), \cdots, v_p(x))$。例如，当所表示的鱼群有多个参数时，需要在几个海里空间尺度上构建一个假定矢量，并且用它来描绘声学图像（超声波回声图）。那么声学图像的空间架构是什么样子的呢？Petitgas（2003）提出了D2-变差函数：$D_r^2(h)=\frac{1}{2}[\sum_k[V_{k(x)}-V_k(x+h)]^2]$，它展示了比斯开湾超声波回声图的完整声学图像空间构造。

7.3.2 分布型指数

当前，指数已经被用于描述几海里内的鱼群密度值空间分布、鱼群模式以及聚集模式。多尺度空间分布将对使用密度制约表示空间组织中尺度关系进行探讨。

7.3.2.1 密度指数

到目前为止我们所使用的方法都集中体现在关联性上。但是关联只是空间分布的一个方面。如何把空间分布通过其他的方面来体现呢？为了展示空间分布的更多属性，许多的地质统计学指数随之诞生了。Woillez 等（2007）已经列出了10个指数（表7.2），用于表示占有、聚集、离散、关联以及重叠等各种关系。这个概念在一定程度上是相关的（如聚集、离散以及占据），也是指数间的正式关系（Woillez et al.，2007）。群体重心周围都存在一个离差的量度（Swain and Sinclair，1994；Atkinson et al.，1997；Bez and Rivoirard，2001），而且占有和聚集的指数不见得就只与直方图有关而与数值的空间位置无关。用不同的指数来体现聚集的方法已被证实过（区域覆盖：Swain and Sinclair，1994；基尼指数：Myers and Cadigan，1995；空间选择指数：Petitgas，1998），这些都与最高值有关。但是从某种意义上来说，传播指数更普遍，因为零值数量不会对该指数造成影响。因此在传播指数的计算中，正数值域的描述就不必要。空间指数在描述空间结构的生命周期方面很有用，它可以表示空间分布，特别是占据、聚集和离散，在萌芽期、成长期、成熟期等各阶段的差异（Woillez et al.，2007）。同时这些指数可以在监控系统中探测空间分布的变化，因此它对气候变化或鱼群栖息地的保护发挥着重要作用。

7.3.2.2　鱼群模式指数

上文的空间指数描述了密度值的地域性组成（每个单位面积上鱼的数量）。这些样本的面积单位一般都是海里。在一个小的空间尺度中，鱼群按群聚合而成。文中提出了描述表层鱼群的指数集（ICES，2000），这些指数涉及了鱼群的几何形状、内部密度以及垂直位置。通过图片分析软件对鱼群的声学记录数据（超声波回声图）进行分析可以估算出所涉及的参数。鱼群大小和丰度通常与对数分度有关（Fréon and Misund，1999，第4章）。按照鱼群大小升序排列，求和对应鱼群的声学后向散射值，得出二变量散点图。这样的（频谱）曲线表明了生物量按鱼群大小的等级来分布，同时它们的曲率表明了特定鱼群大小有更高贡献率。曲率通过地质统计学（鱼群）指数来表示（Petitgas，2000，第29页：频谱1和频谱2），它是空间选择性指数的扩展，并且用鱼群大小来替换占据面积，整个过程考虑了两个指数。指数频谱1根据所观测曲线和对角线及曲率特征来定义。第一个指数表示鱼群生物量分布斜率不仅受鱼群大小影响，还受鱼群分布的斜率影响。指数频谱2按照所观测的曲线以及所有等密度鱼群（等于鱼群总数和总鱼群大小之间的比值）曲线之间的面积差异来定义。第二指数表示鱼群生物量分布斜率与鱼群大小有关，与鱼群大小分布无关。鱼群年际变化可以用这些指数来表述：比斯开湾的鱼群生物量发生了变化但是鱼群大小分布未发生变化，而北海北部的鲱鱼，其鱼群生物量随着鱼群大小的分布而变化。

7.3.2.3　鱼群集群模式指数

在更高层次的空间结构上，鱼群占据的栖息地有着特定的空间分布，并且通常出现于鱼群聚集中（Fréon and Misund，1999，第4章）。通过图像分析软件（ICES，2000）可以替换数字声学记录数据并为鱼群提供地域参数。在这些数据中，距离最近的鱼群的相同偏斜分布表明鱼群按群体聚集。Swartzman（1997）在沿着航行声学调查样带的最临近鱼群中运用选定的距离临界值，并以此为依据对鱼群进行分组，以便定义鱼群的聚集。Petitgas（2003）提出了一种定义临界值的步骤，该步骤以空间点的处理为基础，并且对聚集范围内的鱼群分布均匀性进行了最大化。鱼群聚类指标可以根据聚集的模式来估算：聚集数量、孤立的群体数量、聚集维度、每个单位聚集长度内的鱼群的数量、聚集中距离最邻近的鱼群的偏斜度。鱼群聚集的结果显示了几海里内（3~5 n mile）的鱼群的空间尺度，同时数十海里大的空间模块同样也呈现了数据集（地区或中等规模结构）。成对的相关函数，变差函数建模不是为了点过程（Stoyan and Stoyan，1994）而是一种有助于展示鱼群空间分布规模的手段。

7.3.2.4　多尺度组织和密度依赖性

我们如何来解释用于组织鱼群数量的不同空间尺度呢？经检测，鱼群数量的总体特征与特定指数之间存在着数据关系。鱼群丰度与所占据面积之间的关系可以通过总体丰度和局部密度之间的关系（Myers and Stokes，1989；Fisher and Frank，2004）或总体丰度和占有或离散的空间指数之间的关系（Swain and Sinclair，1994；Atkinson et al.，1997；Woillez et al.，2007）进行检测。但是大多数情况下，丰度不会随着占用量的变化而变化（Swain and Morin，1996）。Peritgas等（2001）尝试用总体丰度对空间分布的方差进行多规模分析，并且包括了成群过程以及鱼群的聚集。他们发现总的丰度与鱼类的成群和鱼群的聚集没有关系，但与鱼群的数量和聚集参数有关。许多情况下，鱼群丰度看似与聚集有关，这可能是因为使用渔业调查数据很难清晰地鉴定出鱼群空间组织的规模和控制因素。为了用数据进行验证，文中已经列举了4种（图7.2）使用地理统计学步骤进行验证的情形：①总丰度和局部密度之间的比例性；②栖息地占有情况的变化不会引起局部平均密度的变化；③中间取样的点必须出现于丰度较低的地方；④总丰度增加时最先被补充的特定位点。根据生态学理论，用根本原理可以解释丰度与栖息地占有情况之间的关系。密度取决于栖息地的适宜性（MacCall，1990：流域模型），它平衡了栖息地潜在适宜性和种内竞争。这个“流域模型”属于中间方案之一。鱼群数量空间组织的方式可以按照所有组织规模（鱼群、聚集、区域）的集合来变化，但是不可以按照空间分布的多尺度综合模型来预测。这样的开发不仅需要规模传递的行为空间机制，而且还需要外部力量间的关系（捕捞、环境、捕食）、栖息地适宜性以及鱼类行为。综合数据分析使用了空间指数，这些指数来自于不同鱼群位置的各种空间尺度，同时这个过程中还需要其他的有效参数。此外，空间分布不只是与鱼群丰度有关：Woillez等（2006b）还展示了空间指数和群体数量动态参数之间的关系，如死亡数和新生数，从而使空间指数更好地充当鱼群监测的指标。

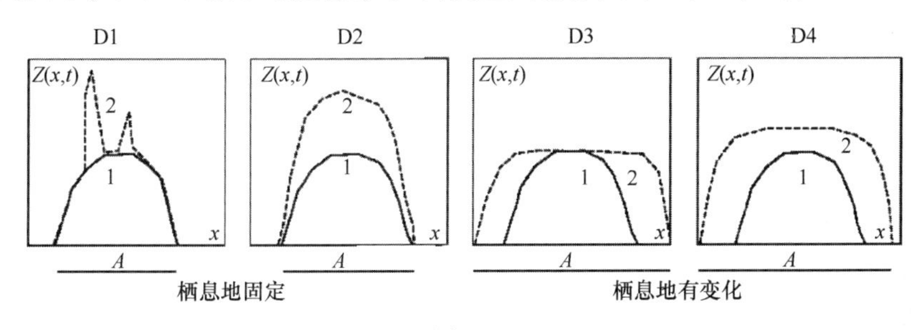

图7.2

空间分布随着总丰度变化的4种情形。标有1和2的线代表的是总丰度从第1年增加到第2年时的鱼群密度曲线，横坐标 x 代表空间；纵坐标 Z（x，t）代表第 t 年位置 x 上的鱼群密度（见Petitgas，1998）。

7.3.3　空间结构的变化

鱼群聚集和占据栖息地是鱼类行为的表现方式，且依赖各种生态因素。因此变差函数表达的空间结构同样一定程度上受特定条件约束（如光线、栖息地几何结构）、且随时间（如昼夜变化，季节变化、年际变化）以及鱼的长度或总丰度变化。同时，跨空间的取样需要一定的时间，调查数据中的时空交互可能会影响变差图的结构，并且之前的研究已经证明了这些影响的存在。

7.3.3.1　集群行为

鱼群分布的大小和各向异性限制了它们的空间组织结构。Giannoulaki 等（2006）对比了不同地区不同季节的沙丁鱼和鳀鱼变差图结构，并且记录了变差函数随着鱼群分布区域大小的变化幅度。同时，变差函数随着鱼类长度在不同季节变化而变化。一天内的不同时间段同样也影响鱼类集群行为。表层鱼类倾向于白天聚集夜间分散开（Fréon and Misund, 1999）。当挪威春季产卵的鲱鱼在罗弗敦群岛越冬时，Rivoirard 等（2000）记录了它们在白天和夜间的变差图的差异。夜间的变差函数的幅度大于白天的变差函数幅度，这意味着白天鱼群聚集比夜间短。鱼类的集群行为同样表现出季节性变化（如吃食对比产卵或成群迁移的行为：Fréon and Misund, 1999）。Mello 和 Rose（2003）记录了不同类型的变差图结构，这些结构以鱼群集群行为的季节性变化为基础。他们还对不同的调查设计中有着高精确度的季节性空间结构做了分析。

7.3.3.2　年际变化

除了总丰度在不同年度间出现大幅度变化之外，变差图结构显示了年度间一致性，尽管基石值和块金出现变异，但是通过分析大量的年度和物种数据幅度始终体现着较高的一致性。Fernandes 和 Rivoirard（1999）（在 Rivoirard 等（2000）中也有）使用了一个自动程序来拟合每个物种的年度变差函数模型。不同的模型（如球面型、指数型以及直线型）拟合到每一年的变差函数中，并且使用了一个拟合优化度标准来进行最终的模型选定。除了一些年度出现无规律高值之外，几乎所有的年度都显示了相似的变差图模型和范围参数。所有的这些年份都使用了年际平均方差图。在类似情形的鱼卵调查数据中，Bellier 等（2007）拟合所有年度的变差函数，然后用非线性混合效应回归（Pinheiro and Bates, 2000）来估算变差函数模型的参数。所有年份都有相似的潜在变差函数，所有年度都用恒定的范围和球状模型进行拟合，但是年际的间断性和稳定性是变化的。通过混合效应回归的过程可以估算出范围的固定影响、随机的间断性影响以及稳定性影响，并且该估算还提供了每年的变差函数参数。

7.3.3.3　密度依赖性

群体数量下滑通常与空间占据的减少有关，同时这些关系已被记录在空间占据所使用的指数中（详见上文）。变差图结构有望展示特定丰度等级的密度依赖性。Warren（1997）记录了与群体数量下滑有关的北方鳕鱼空间结构的变化：变差函数的幅度降低但是间断性却随着群体丰度的下滑而增加。据 Barange 等（2005）记录，相比之下，年度的高低节点和高低丰度之间的指示变差图变化甚微。范围随着丰度增加指的是当丰度增加时，中间值占的区域更大。这个空间行为与使用其他方法所得出的结论一致，如依据 Swain 和 Sinclair（1994）在不同节点上使用占据区域；依据 MacCall（1990）使用以密度依赖性栖息地选择理论为基础的“流域模型”；依据 Petitgas 等（2001）使用聚类指标；或依据 Petitgas（1998）使用地质统计学聚合曲线。

7.3.3.4　年度调查空间结构模型

每年的渔业调查监测都获得了空间数据的时间序列。为了对所有年度的时空空间结构进行一致建模和充分使用所有的可利用信息，建模中考虑的是 3D 变差函数模型。在声学渔业调查中，每年的拖网捕捞数量不足，但是由于调查是在原有基础上的重复，所以在以往年度中找到很多可用的拖网捕捞数据。当年际的空间分布和变差函数结构一致时，相比于只使用当前年度的样本，使用所有年度的所有样本会使给定年度的映射更精确。这个过程中会运用到 Guiblin 等（1996）（同时也在 Rivoirard 等（2000）第 4 章）多年度空间结构。北海北部的鲱鱼长度进行映射表明年际间的鱼群长度的空间结构是一致的，时间变化下滑的原因是“当前年度”和“所有年度”，与年度滞后无关。时空变异函数模型是个加法式：$\gamma(h, t) = \gamma_{spa}(h) + \delta(t)$，其中 δ 是时间的碎块效应。与通过属于相同年度的对点数变差函数或所有年度的平均对点数变差函数来可以估算出空间无关的时间 $\gamma_{spa}(h)$ 的变差函数。当使用 3D 邻域的年度中出现特定的点使用了克里格法时，给定年度的这个样点被视为所有年度的样点。该 3D 变差函数与距离 h 分开的对点的变差函数有关，并且它属于两个不同的年份。时间块金效应添加到这些样点的克里格系统中，但它不属于所有考虑的年份。需要注意的是完整的模型中有由深度控制的趋势面，并且时空空间结构被用于残差中。尽管结构有略微差异，但是类似的模型已被拟合到比斯开湾的鳀鱼长度调查中（Petitgas et al.，2003b）：$\gamma(h, t) = I_{t=0}\gamma_{spa}(h) + I_{t>0}\delta$。在这个研究案例中，类似的年际变差函数导致年度间的斑块位置发生变化，从而使单纯样点间的块金结构属于两个不同年份。在这 3D 邻域中，模型转换取决于样点所属年份是否使用克里格法。两个研究案例都使用了多年度模型法，在每个渔业调查数据分析中，使用多年度信息起到的作用是相同的。用产卵季节重复鱼卵调查的方法来估算总的年度鱼卵丰度的情况下，时空模型很有用。估算过程中的问题可以通过两个步骤来解决：第一步通过空间整合估算不同时间段的鱼卵丰度；第二步用整合之后的鱼卵丰度在最高点的值来估算总的鱼卵丰度。Petutgas（1997a）只拟合了欧洲鳎鱼卵丰度的乘积时空模型就可以得出年度鱼卵丰度的估计方差。在这个模型中，当空间结构在时间上恒定时，时间结构存在于空间平均值中。

7.3.3.5　一个调查中的时空交互

按照惯例，调查数据通常是概括性的，并且只存在空间关联。因为鱼群运动、集群行为的变化以及跨距离取样需要一定的时间，所有调查数据会包含时空交互。时空交互的重要性取决于生物性变异、调查设计以及船速。时间的影响不会减弱尺寸的进一步增加，因为采样不是在 3D 空间，而是在一个 2D 空间中（Petitgas，2001）。Rivoirard（1998）提出了用于不同类型的鱼群运动的时空变异函数模型。例如，在不规则鱼群运动和各向同性空间结构中，时空协方差可以写成一个水底空间协方差和鱼群运动扩散的卷积。北海北部的鲱鱼使用模拟来研究不同鱼群运动（随机、循环、迁移）对变差函数的影响（Rivoirard et al.，2000，第 5 章）。用一系列的调查法来估算潜在的鱼群空间分布，并且展示了鱼群分布的概率映射。出现大量鱼群聚集的斑块被当作是运动的，并且最开始通过概率映射来定位。在随机运动的斑块上设置对运动概率的约束可以确保它符合任何时间和位置上的鱼群分布的潜在概率映射。对声学调查中采集鱼群样本的样带进行模拟时对鱼群分布进行了动态模拟。用不同类型的鱼群运动模拟数据来计算变差函数。计算结果表明随机或潮汐运动对变量图结构的影响甚微。相比之下，迁移的影响考虑的是不同迁移方向上的调查样带。如果调查样带与鱼群迁移的方向交叉，那么其影响并不重要。

7.4 关于软件

可以使用大量的各种地质统计学计算机软件和函数库。这些数据大多数都包含了网格上的变差法和克里格法。其中一些提供了地质统计学工具（如 isatis 和 gslib）及其他专用于某个特定方面的地质统计学的综合清单（如 Variowin 和 Eva）。关于计算机软件的最新信息可以利用互联网来获取。关于地质统计学信息，除了提供其他的地质统计学信息，ai-geostats 的网站主页（http://www.ai-geostats.org/）不仅提供了软件功能的描述还提供了这些软件的主页链接。ai-geostats 同时还是体制统计学论坛。Rivoirard 等（2000）在地质统计学指导用书的附录上提供了对软件工具的描述。很多信息都在这里更新。文中所展示的软件是最具有综合性的软件，并且它具备了一些其他软件不具备的某些方面的性能，而这些恰好对渔业科学有利（表 7.3）。当前的选择包含了不同计算机平台范围。

Isatis 和 Gslib 是最全面的软件包。Isatis 是一个完整的软件包，它提供所有的地质统计学方法（线性方法、非线性方法、静态法、非静态法、单一变量法、多变量法以及模拟法）。它是一款通过 Unix 或在 PC 机上模拟运行的商业软件包。Gslib（Deutsch and Journel，1992）是一套 FORTRAN 程序，尽管非线性地质统计学方法缺少完整性，但它包含了范围很广的地理统计学方法。PC 可处理的代码是免费的，而且可以在网站上下载。用于运行 Gslib（WinGslib）端口是 Windows 的商业产品。MATLAB 克里格工具箱是在 Gslib 程序基础上收集克里格法和协同克里格法的 MATLAB 程序。这个代码是可以在网上免费获得的。Gstat（Pebesma，2004）是一个 S-plus 函数库，同时它也是一个移除软件包，它包含了多变量地质统计学法和模拟法（相对于 S 函数库，它提供的移除软件包的功能更小）。该代码可以通过互联网免费下载。Variowin（Panatier，1996）是一种专用于估算和变差函数拟合的 PC 软件工具。这个代码不对外开放。书籍和可运行的软件都能在互联网上下载。先前的软件都没有考虑到对一个区域进行整体估算的问题。EVA（Petitgas and Lafont，1997）是一款 PC 软件，它专用于规定整体丰度指标并且用于估算包括适应性设计在内的不同调查设计的方差。它是唯一一款可以整体估算方差的软件。这个代码不对外开放但是可以从作者手中获得免费的可执行软件。

表 7.3 已选择的地质统计学软件

名称	使用	代码	网站	参考文献
Isatis	商业	无	http://www.geovariances.fr/	
Gslib	免费：源于互联网	有	http://www.gslib.com/	Deutsch and Journel（1992）
Matlab 工具箱	免费：源于互联网	有	http://www.globec.whoi.edu/software/	
Gstat	免费：源于互联网	有	http://www.gstat.org/	Pebesma（2004）

续表

名称	使用	代码	网站	参考文献
Variowin	免费：源于互联网	无	http：//www. sst. unil. ch/research/variowin/index. html	Pannatier（1996）
Eva	免费：来自作者	无	联系：pierre. petitgas@ ifremer. fr	Petitgas and Lafont（1997）

7.5　未来挑战

地质统计学使样本位置间关系和群体与估算精确度的关联结构形式化。地质统计学提供了以模型为基础的整体丰度方差估算，并且通过克里格法来进行映射。与以设计为基础的方法相比，地质统计学可以把数据分析和调查设计分开，并且为设计提供了更多的灵活性。这些都是地质统计学对水产学的早期贡献，因为它解决了样本互不独立的取样设计中对一个区域内整体丰度进行精确估算的问题。地质统计学的基石是空间结构建模，因此这种方法论提供了描述集群模式特征的工具，同时它还强调了控制密度依赖性和环境以及鱼类行为的条件下改变鱼群空间组织的关键性生物学问题。

了解鱼群的时空变化与控制需要、开发鱼类群体空间组织的多尺度模型仍在继续。在传统的单变量地质统计学方法中，数据变异只能通过空间变化来解读。但是在使用时空法和多变量法时，为了合理地考虑数据的变异性，所以会增加数学维度。为了处理矛盾，同时因为生物变异性来自于不同规模的生物学过程，所以多尺度数据收集方案会很有用。多变量地质统计学可以聚集多尺度信息，同时把随机法和确定性方法合并使用。多尺度取样可以通过多种方法完成，用适应性调查或实施不同规模的合并调查，如从大规模的渔业调查到某一段时间内集群行为的小尺度调查。多变量地质统计学方法呈现了渔业应用领域中的挑战，除了线性多变量地质统计学之外，还包括了非静态和非线性地质统计学以及条件模拟。软件工具的运用在更复杂的方法中发挥着重要作用。

渔业管理问题已经延伸到鱼类群体的保护问题，同时生态系统方法可以运用到鱼类资源的诊断。因此需要研究群体分布中的鱼类资源动态性以及主要栖息地的占据、营养关系和气候对栖息地的影响。所有的这些主题都是监测目标鱼群物种的空间分布和生存环境的关键。地球统计学空间指数显示了以鱼类资源诊断为基础的阐释性指标。这个方法可以延伸到生态系统中的不同指数。鱼类分布的地质统计学图册有助于建立鱼类栖息地区域，这些栖息地属于多品种和多年期鱼类栖息地。地质统计学在空间指数的拓展中发挥着重要作用，这些指数可以用作管理指标，同时也可以用于开发时空法，而时空法可以分析有着多尺度规模关系的大数量分布图。

参考文献

Armstrong M, Renard D, Rivoirard J, Petitgas P (1992) Geostatistics for fish survey data. Course C-148, Centre de Géostatistique, Fontainebleau, France

Atkinson D, Rose G, Curphy E, Bishop C (1997) Distribution changes and abundance of northern cod (*Gadus morhua*), 1981-1993. Canadian Journal of Fisheries and Aquatic Sciences 54(Suppl.1): 132-138

Barange M, Coetzee J, Twatwa N (2005) Strategies of space occupation by anchovy and sardine in the southern Benguela: the role of stock size and intra-specific competition. ICES Journal of Marine Science 62: 645-654

Bellier E, Planque B, Petitgas P (2007) Historical fluctuations in spawning location of anchovy (*Engraulis encrasicolus*) and sardine (*Sardina pilchardus*) in the Bay of Biscay during 1967-1973 and 2000-2004. Fisheries Oceanography 16: 1-15

Bez N (2002). Global fish abundance estimation from regular sampling: the geostatistical transitive method. Canadian Journal of Fisheries and Aquatic Sciences 59: 1921-1931

Bez N, Rivoirard J (2000a) Indices of collocation between populations. In: Chekley D, Hunter J, Motos L, van der Lingen C (eds) Report of a workshop on the use of Continuous Underway Fish Egg Sampler (CUFES) for mapping spawning habitat of pelagic fish. GLOBEC Report 14

Bez N, Rivoirard J (2000b) On the role of sea surface temperature on the spatial distribution of early stages of mackerel using inertiograms. ICES Journal of Marine Science 57: 383-392

Bez N, Rivoirard J (2001) Transitive geostatistics to characterise spatial aggregations with diffuse limits: an application on mackerel ichtyoplankton. Fisheries Research 50: 41-58

Bouleau M, Bez N, Reid D, Godo O, GerritsenH (2004) Testing various geostatistical models to combine bottom trawl stations and acoustic data. ICES CM 2004/R: 28

Bulgakova T, Vasilyev D, Daan N (2001) Weighting and smoothing of stomach content data as input for MSVPA with particular reference to the Barents Sea. ICES Journal of Marine Science 58: 1208-1218

Chilé s JP, Delfiner P (1999) Geostatistics: modelling spatial uncertainty. Wiley, New York

Cochran W (1977) Sampling techniques. Wiley, New York

Conan, G (1985) Assessment of shellfish stocks by geostatistical techniques. ICES CM 1985/K: 30

Conners E, Schwager S (2002) The use of adaptive cluster sampling for hydroacoustic surveys. ICES Journal of Marine Science 59: 1314-1325

Cressie N (1991) Statistics for spatial data. Wiley, New York

Deutsch C, Journel A (1992) Geostatistical software library and user's guide. Oxford University Press, Oxford

Doray M, Petitgas P, Josse E (2008) A geostatistical method for assessing biomass of tuna aggregations around Fish Aggregation Devices with star acoustic surveys. Canadian Journal of Fisheries and Aquatic Sciences 65: 1193-1205

Fernandes P, Rivoirard J (1999) A geostatistical analysis of the spatial distribution and abundance of cod, haddock and whiting in North Scotland. In: Gomez-Hernandez J, Soares A, Froideveaux R (eds) GeoENV II - Geostatistics for Environmental Applications. Kluwer Academic Press, Dordrecht. pp 201-212

Fisher J, Frank K (2004) Abundance distribution relationships and conservation of exploited marine fishes. Marine Ecology Progress Series 279: 201-213

Fréon P, Misund O (1999) Dynamics of pelagic fish distribution and behaviour: effects on fisheries and stock assessment. Blackwell Science, Oxford

Gerlotto F, Bertrand S, Bez N, GutierrezM (2006) Waves of agitation inside anchovy schools observed with multi beam sonar: a way to transmit information in response to predation. ICES Journal of Marine Science 63: 1405-1417

Giannoulaki M, Machias A, Koutsikopoulos C, Somarakis S (2006) The effect of coastal topography on the spatial structure of anchovy and sardine. ICES Journal of Marine Science 63: 650-662

Gimona A, Fernandes P (2003) A conditional simulation fo acoustic survey data: advantages and pitfalls. Aquatic Living Resources 16: 123-129

Gohin F (1985) Planification des expériences et interprétation par la théorie des variables régionalisées: application à l'estimation de la biomasse d'une plage. ICES CM 1985/D: 03

Guiblin P, Rivoirard J, Simmonds J (1995) Analyse structurale de données à distribution dissymétrique: exemple du hareng écossais. Cahiers de Géostatistique 5:137-159

Guiblin P, Rivoirard J, Simmonds J (1996) Spatial distribution of length and age for Orkney-Shetland herring. ICES CM 1996/D:14

ICES (1989) Report of the workshop on spatial statistical techniques. ICES CM 1989/K:38

ICES (1992) Acoustic survey design and analysis procedure: a comprehensive review of current practice. ICES Cooperative Research Report 187

ICES (1993) Report of the workshop on the applicability of spatial statistical techniques to acoustic survey data. ICES Cooperative Research Report 195

ICES (2000) Report on Echotrace Classification. ICES Cooperative Research Report 238

Journel A, Huijbregts Ch (1978) Mining geostatistics. Academic Press, London

Lantuéjoul C (2002 Geostatistical simulations: models and algorithms. Springer-Verlag, Berlin

Lo N, Griffith D, Hunter J (1997) Using a restricted adaptive cluster sampling design to estimate hake larval abundance. CalCOFI report 38:103-113

MacCall A (1990) Dynamic geography of marine fish populations. University of Washington Press, Seattle

Matheron G (1971) The theory of regionalised variables and their applications. Les Cahiers du Centre de Morphologie Mathématiques, Cascicule 5. Centre de Géostatistique, Fontainebleau

Matheron G (1973) The intrinsic random functions and their applications. Advances in Applied Probability 5: 439-468

Matheron G (1989) Estimating and choosing: an essay on probability in practice. Springer-Verlag, Berlin

McCullagh P, Nelder J (1995) Generalised linear models. Chapman and Hall, London

Mello L, Rose G (2003) Using geostatistics to quantify seasonal distribution and aggregation patterns of fishes: an example of Atlantic cod (*Gadus morhua*). Canadian Journal of Fisheries and Aquatic Sciences. 62:659-670

Myers R, Cadigan N (1995) Was an increase in natural mortality responsible for the collapseof northern cod? Canadian Journal of Fisheries and Aquatic Sciences 52:1274-1285

Myers R, Stokes K (1989) Density dependent habitat utilization of groundfish and the improvement of research surveys. ICES CM 1989/D:15

Pannatier Y (1996) Variowin: software for spatial data analysis in 2D. Springer-Verlag, Berlin

Pebesma E (2004) Multivariate geostatistics in S: the gstat package. Computers and Geosciences 30:683-691

Petitgas P (1991) Un modèle de co-régionalisation pour les poissons pélagiques formant des bancs le jour et se dispersant la nuit. Note N33/91/G, Centre de Géostatistique, Fontainebleau

Petitgas P (1993a) Geostatistics for fish stock assessments: a review and an acoustic application. ICES Journal of Marine Science 50:285-298

Petitgas P (1993b) Use of disjunctive kriging to model areas of high pelagic fish density in acoustic fisheries surveys. Aquatic Living Resources 6:201-209

Petitgas P (1996) Geostatistics and their applications to fisheries survey data. In: Megrey B, Moksness E (eds) Computers in Fisheries Research. Chapman and Hall, London. pp 113-142

Petitgas P (1997a) Sole egg distributions in space and time characterized by a geostatistical model and its estimation variance. ICES Journal of Marine Science 54:213-225

Petitgas P (1997b) Use of disjunctive kriging to analyse an adpative survey design for anchovy eggs in Biscay. Ozeanografika 2:121-132

Petitgas P (1998) Biomass dependent dynamics of fish spatial distributions characterized by geostatistical aggregation curves.ICES Journal of Marine Science 55:443-453

Petitgas P (ed)(2000)Cluster:Aggregation patterns of commercial fish species under different stock situations and their impact on exploitation and assessment.Final report to the European Commission, contract FAIR-CT-96. 1799.European Commission, DG-Fish, Brussels

Petitgas P (2001)Geostatistics in fisheries survey design and stock assessment:models, variances and applications. Fish and Fisheries 2:231-249

Petitgas P (2003)A method for the identification and characterization of clusters of schools along the transects lines of fisheries acoustic surveys.ICES Journal of Marine Science 60:872-884

Petitgas P (2004)About non-linear geostatistics and adaptive sampling.In:Report of the Workshop on Survey Design and Data Analysis (WKSAD).ICES CM 2004/B:07.Working Document 11

Petitgas P, Lafont T (1997)EVA2:Estimation variance version 2, a geostatistical software for the precision of fish stock assessment surveys.ICES CM 1997/Y:22

Petitgas P, MasséJ, Beillois P, Lebarbier E,.Le Cann A (2003a)Sampling variance of species identification in fisheries acoustic surveys based on automated procedures associating acoustic images and trawl hauls.ICES Journal of Marine Scienc 60:437-445

Petitgas P, MasséJ, Grellier P, Beillois P (2003b)Variation in the spatial distribution of fish length:a multi-annual geostatistics approach on anchovy in Biscay, 1983-2002.ICES CM 2003/Q:15

Petitgas P, Reid D, Carrera P, Iglesias M, Georgakarakos S, Liorzou B, MasséJ (2001) On the relation between schools, clusters of schools, and abundance in pelagic fish.ICES Journal of Marine Science 58:1150-1160

Pinheiro J, Bates D (2000)Mixed effects models in S and Splus.Springer-Verlag, Berlin

Rivoirard J (1994)Introduction to disjunctive kriging and non-linear geostatistics.Clarendon, Oxford

Rivoirard J (1998) Quelques modèles spatio-temporels de bancs de poissons. Note N12/98/G. Centre de Géostatistique, Fontainebleau

Rivoirard J, Guiblin P (1997)Global estimation variance in presence of conditioning parameters.In:Baafi E, Schofield N (eds)Geostatistics Wollongon '96, Volume I.Kluwer Academic Publishers, The Netherlands.pp 246-257

Rivoirard J, Simmonds J, Foote K, Fernandes P, Bez N (2000)Geostatistics for estimating fish abundance.Blackwell Science, Oxford

Rivoirard J, WielandK(2001) Correcting for the effect of daylight in abundance estimation of juvenile haddock (Melanogrammus aeglefinus)in the North sea:an application of kriging with external drift.ICES Journal of Marine Science 58:1272-1285

Rossi R, Mulla D, Journel A, Franz E (1992)Geostatistical tools for modeling and interpreting ecological spatial dependence.Ecological Monographs 62:277-314

Rufino M, Maynou F, Abello P, Yule, A (2006)Small-scale non-linear geostatistical analysis of *Liocarcinus depurator* (Crustacea:Brachyura)abundance and size structure in a western Mediterranean population.Marine Ecology Progress Series 276:223-235

Simmonds J (1995)Survey design and effort allocation:a synthesis of choices and decisions for an acoustic survey. North Sea herring is used as an example.ICES CM 1995/B:09

Simmonds J, Fryer R (1996)Which are better, random or systematic acoustic surveys? A simulation using North Sea herring as an example.ICES Journal of Marine Science 53:39-50

Simmonds J, McLennan D (2005)Fisheries acoustics:theory and practice.Blackwell Science, Oxford

Stoyan D, Stoyan H (1994)Franctals, random shapes and point field.Wiley, New York

Sullivan P (1991)Stock abundance estimation using depth-dependent trends and spatially correlated variation.Canadian Journal of Fisheries and Aquatic Sciences 48:1691-1703

Swain D, Morin R (1996) Relationships between geographic distribution and abundance of American plaice (Hippoglossoides platessoides) in the southern gulf of St. Lawrence. Canadian Journal of Fisheries and Aquatic Sciences 53:106-119

Swain D, SinclairA (1994) Fish distribution and catchability: what is the appropriate measure of distribution? Canadian Journal of Fisheries and Aquatic Sciences 51:1046-1054

Swartzman G (1997) Analysis of the summer distribution of fish schools in the Pacific Boundary Current. ICES Journal of Marine Science 54:105-116

Thompson S, Seber, G (1996) Adaptive sampling. Wiley, New York

Wackernagel H(1995) Multivariate geostatistics: an introduction with applications. Springer-Verlag, Berlin

Warren W(1997) Changes in the within-survey spatio-temporal structure of the northern cod (*Gadus morhua*) population, 1985-1992. Canadian Journal of Fisheries and Aquatic Sciences 54(Suppl.1):139-148

Woillez M, Poulard JC, Rivoirard J, Petitgas P, Bez N (2007) Indices for capturing spatial patterns and their evolution in time with an application on European hake (*Merluccius merluccius*) in the Bay of Biscay. ICES Journal of Marine Science 64:537-550

Woillez M, Rivoirard J, Fernandes P (2006a) Evaluating the uncertainty of abundance estimates from acoustic surveys using geostatistical conditional simulations. ICES CM 2006/I:15

Woillez M, Petitgas P, Rivoirard J, Fernandes P, terHofstede R, Korsbrekke K, Orlowski A, Spedicato MT, Politou CY (2006b) Relationships between population spatial occupation and population dynamics. ICES CM 2006/O:05

第8章　Ecopath with Ecosim 在海洋生态系统研究中的应用

Marta Coll，Alida Bundy 和 Lynne J. Shannon

8.1　简介

海洋生态系统是动态且复杂的，伴随着各种各样同时发生的生物与非生物间的相互作用、反馈循环以及环境效应。渔业活动会影响海洋生态系统的结构和功能，改变生态系统的特征，影响生态系统中各种生物因素之间的相互作用。因此，即使采用简化的建模方法，要实现对生态系统未来状态的预测并且理解海洋资源的动力学问题依然是非常困难的。生态系统模拟软件系统 Ecopath with Ecosim（EwE）的出现为这项艰巨任务的深入开展提供了可能的解决方案。近年来，Ecopath with Ecosim 成为了全球范围内关于生态系统、营养动力学及空间模拟静态分析广泛采用的计算机模拟工具。本章简要回顾了 EwE 的开发历程并简单介绍了它的基本原理和假设条件。同时，结合各种案例展示了 EwE 的作用并解析如何利用它来帮助我们理解生态系统的结构及功能、生态系统的变化以及检验不同的管理策略选择在生态系统水平上带来的影响。

渔业管理方面所做出的很多努力并没有取得预期效果，这个结论的得出是建立在大约有 75%的世界主要渔业资源已经被完全开发或过度开发，并且捕捞产量逐年下降的基础之上的（FAO，2005）。渔业管理水平的提高有赖于新的方法和技术，这些需要我们理解不同的渔业决策对于整个生态系统的影响，不仅包括认识这些渔业决策对于养殖品种的生物学以及动力学的影响，也包括考虑其对生态系统的结构以及功能的影响。

单一品种的渔业模型难以洞悉不同品种之间的相互作用过程（尤其是不同营养级之间的相互作用），并且也无法涵盖渔业生物及捕食与被捕食者在空间需求方面的信息，这类模型由于其本身的局限性无法为我们未来的渔业资源管理提供参考。在制定与渔业特定目标有密切关系种类的开发或保护管理目标时，细致考虑和量化营养级之间的相互影响非常重要。在考虑封闭区域的管理时，种类之间的空间分布和重叠信息也非常重要。总体来说，EwE 这类动态的生态系统模拟方法可以提供一种有效的方法将生物间相互作用和空间限制进行整合，有助于评估渔业对于生态系统的影响，是基于生态系统渔业管理的一种有效工具。

EwE 的核心是质量平衡模型，这个模型可以模拟时间或空间动力学特征，该工具已经被广泛地应用于定量的描述水产养殖系统以及渔业活动对生态系统的影响。

EwE 起源于经典生态学。食物链是基于不同营养级之间的营养流动，所以不同的种类会被分配到食物链或食物网中不同的位置或不同的营养级水平。根据这一理论，并结合质量平衡以及能量守恒的概念，Polovina 开发了第一代 Ecopath 模型，面向的种类和区域是夏威夷群岛西北部法国领地的滩涂。Christensen 和 Pauly 在之后开发了粒径营养级模型，将一些涵盖多个营养级的物种纳入了考虑范围。后一种方法成为了网络式分析以及现在的 Ecopath 模型的基础。自 20 世纪 90 年代中期以来，随着计算机运算能力的飞跃式提升和新方法的出现，Ecopath 的应用范围得到了极大的拓展，营养动力学模型 Ecosim 可以实现多物种对于生态系统结构及功能影响在时间上动态变化的模拟，同时包括了渔业对生态系统的影响和不同渔业政策的影响等。一年之后，生态系统空间动态变化模型 Ecospace 进入开发阶段，主要针对海洋保护区及空间管理问题，同时也包含了对生物的空间分布、行为以及水团运动在生态系统中的作用研究。

在这样的背景下，EwE 成为了第一个被广泛接受的基于生态系统水平的生态模型。从 2003 年 11 月到 2007 年 3 月 8 日期间，共有来自于 150 个不同国家的 3 682 位 EwE 注册用户和超过 200 篇的研究论文，这使得 EwE 成为世界渔业科学领域研究与生态系统相关问题的首选模型。目前全球范围内已经建立了 325 个 EwE 模型，其中 42%用于描述生态系统的结构，30%用于渔业管理方面的探讨，9%用于政策方面，6%用于海洋保护区研究，另外 11%用于探讨生态学理论。本章我们将简单地介绍 EwE 的基础理论以及相关假设（见 8.2 节），并选取了一系列的案例来说明 EwE 的应用范围及效果（见 8.3 节），最后，对 EwE 的局限性和未来的发展方向进行了讨论。

8.2 Ecopath with Ecosim

8.2.1 Ecopath 的基础理论以及基本方程

8.2.1.1 质量平衡模型

Ecopath 模型基于一段时间内生态系统内能流和生物量的变化对研究的生态系统进行量化的表达和描述。模型将生态系统划分为不同的功能组，这些功能组是由同一物种或者具有相同生态特性以及个体发育特性的物种组成的群体。Ecopath 的基本原理是质量平衡：对于模型中的功能组，当其被捕食或者被捕捞时所转移的能量，必然会与被其他功能组所吸收的能量相互平衡。我们用两组线性方程来描述功能组内以及功能组之间的能量平衡。

生态系统中每个功能组（i）的生产力（P）被划分为捕食死亡率（$M2_{ij}$），这部分死亡是由捕食者（B_j）造成的；渔业活动的能量输出（Y_i）以及其他活动造成的能量输出（E_i）；生态系统本身的生物积累量（BA_i）；基础的死亡率或者其他死亡率（$1-EE_i$），EE 代表的是生态系统内功能组的生态营养效率，或者是生态系统向外输出的生产力的占比（i）或捕食消耗的部分。

$$P_i = \sum_j B_j \cdot M2_{ij} + Y_i + E_i + BA_i + P_i \cdot (1 - EE_i) \tag{8.1}$$

方程（8.1）也可以表示为：

$$B \cdot \left(\frac{P}{B}\right)_i = \sum_j B_j \cdot \left(\frac{Q}{B}\right)_j \cdot DC_{ij} + Y_i + E_i + BA_j + B_i \cdot \left(\frac{P}{B}\right)_i \cdot (1 - EE_i) \quad (8.2)$$

其中，$(P/B)_i$ 代表着功能组 i 的单位生物量生产力，在稳态的状态下其等同于总死亡率（Z）；$(Q/B)_i$ 是功能组 i 的单位生物量消耗量；DC_{ij}代表的是功能组 i 在捕食者 j 的食物组成中所占的比例，通常为体积或重量单位。*Ecopath* 将所有的功能组整合到线性方程组中来对模型进行参数化运算。对于每个功能组，除了总渔业产量，我们必须知道另外 3 个基本参量：B_i，$(P/B)_i$，$(Q/B)_i$ 或 EE 的情况以及食物组成情况。

当功能组 i 的消耗量等同于 i 的生产量与呼吸量以及食物的未同化量时，每个群体之间的能量可以保证达到平衡。模型的单位是用能流或者能量相关的常用单位除以单位面积得到的（常用单位为 t/（km^2 · a））

8.2.1.2　功能组的定义以及平衡的步骤

生态模型往往包含了生态系统中所有的功能组，从低营养级到高营养级（如从初级生产者到顶级捕食者）以及碎屑（自然碎屑以及渔业生产过程中废弃物产生的碎屑）功能组等。

这些功能组的定义是基于不同种类间、生态和生物特性的相似性（如捕食、栖息地、死亡率），它们在生态系统中的角色以及在可收获资源中的重要性而确定的。在物种丰富的系统中，利用多元统计分析对生态信息进行系统化分析，可以定义由不同种类组成的混合群组。例如，应用因子对应分析和聚类分析对地中海鱼类的胃含物进行分析。

围绕个体发育中的捕食，行为以及栖息倾向变化等活动，一种两节表示的方法被引入到模型中，然后是复合型表示方法。这种复合型模型可以代表整个生命阶段过程并保证个体发育组之间的一致性。我们需要所有多个功能组的（P/B）$_i$ 值以及食物组成信息，同时只需了解高营养级功能组的 B_i 以及（Q/B）$_i$ 值。

建立质量平衡模型的关键在于将生态系统中不同组成的信息组合到条理清晰的关系图内，同时各种能量能够满足质量平衡的标准。这是一种收集生态系统信息的实践，通常基于单一物种水平对于整个生态系统（我们的输入信息大部分来自于这个生态系统）的认知往往难以反映其所栖息的多物种环境的需求。模型的平衡需要一些假设条件进行重新考量。因此，在参数化之后，当模型的结果与以下条件一致时则可以认为达到平衡：①EE 的估计值<1；②大部分功能群体的总生产/总消耗（P/Q）值在 0.1~0.35 之间；③总呼吸量/系统总生物量（R/B）值与群组一致，即小型生物以及顶级捕食者应该有较高的值。

模型给出的解首先应该用在不确定度范围内不断手动调整参数（从最大不确定度开始）的方法进行探索。如果无法求解，或找到其他的质量平衡解，可以应用质量自动平衡步骤（AMBP，Kavanagh，2004）。这种质量自动平衡步骤从用 Pdeigree 程序预先定义的范围内随机选取初始的输入值，所以每次模型的运行都从不同的状态开始，这个程序会从这些数值中寻找合适的组合来达到质量平衡。这种方法对于在难以估算参数的情况下可以有效地寻找合适解的范围。目前的自动平衡程序中，只有生物量和食物组成参数可以进行直接调整，所以这并不是一个完全的扰动分析。

模型的数据来源以及数据质量和用于平衡步骤的输入数据的置信区间都可以用

Pedigree 程序进行描述。模型参数（生物量，P/B，Q/B，捕捞和食物组成输入数据）的不确定度用百分比范围进行定义。通过这个方法，Pedigree 模型可以与其他的模型进行对比，具体可以参照 Christensen 等（2000）的文献。它可以将基于当地经验数据的高质量模型与一些引用其他模型的参数或假设的低质量模型进行区分。尽管这并不是对模型不确定度以及模型估计值的直接评估，但却是进行这类探索的一个重要步骤。

8.2.1.3　模型分析

生态分析与 EwE 模型的集成可以检验基于能流、热力学基本原理、信息理论以及营养动力学指标的生态系统的功能。生态系统的能流利用消耗量、生产量、呼吸量、输入和输出量以及碎屑产生量来进行量化。这些物质流动的总和即为系统总的生产能力（TST），并且可以作为系统食物网规模大小的间接指标。

模型也会提供功能组的营养级（TL）。营养级作为确定一种生物在食物网中的位置因子，首先是以整数的形式定义的，之后进一步被细化为分数值。通常假设初级生产者和碎屑的营养级为1；消费者的营养级则来自于被它们捕食的物种的加权平均，这个加权平均由质量平衡模型、胃含物分析及同位素数据决定。营养级 TL 通过以下公式量化：

$$TL_j = 1 + \sum_{i=1}^{n} DC_{ji} \cdot TL_i \tag{8.3}$$

其中，j 是被捕食者 i 的捕食者；DC_{ji}是 i 在捕食者 j 的食物组成中占的比例；TL_i是被捕食者 i 的营养级。功能组平均营养级（TL_{co}）反映了功能组的结构，其计算可以通过对于功能组内所有种类在生态系统中的营养级的加权平均计算而获得。

通过能流和营养级，我们可以计算转化效率（TE），转化效率概括了食物网中每一级营养级由于呼吸、排泄以及自然死亡所造成的低效率。转化效率是生态系统重要的自然属性，并且难以从实地测量中获取。它表明了能量是如何从低营养级传递到高营养级的，在 Ecopath 中我们通过特定营养级的生产力对前一营养级的生产力的比值来估算转化效率（图 8.1）。能流、营养级以及转化效率可以用 flow diagram 工具通过林氏锥分析的方式进行可视化处理（图 8.2）。

生态模型也可以通过食物的摄取、生态位重叠、分区死亡率、消耗以及呼吸作用等有效方式对不同功能群在系统中的角色进行分析。尤其是混合营养影响（MTI）分析可以对功能群内直接或间接的营养交换组合进行量化。它评估了系统中一个种群生物量的变化对另一种群的影响，采用了一种输入—输出的方法对系统直接和间接的相互作用进行评估（Leontief，1951）。通过这种方式，被捕食者对捕食者的正效应影响、捕食者对被捕食者的负面影响以及某功能组对其他功能组在交互作用中的正效应或负效应的影响都可以被量化。由此，我们可以构建各个功能组对于其他功能组的相关矩阵以及总的影响因子（量化为-1~1 之间）（图 8.3）。

模型的结果也可以与欧德姆的生态系统发展理论相结合。当生态系统在发展的过程中，系统的生物量、信息量以及复杂程度都会增加，然而当其受到渔业活动等外界扰动时生态系统会呈现相反的趋势。因此，要了解生态系统的响应，我们可以用模型指标来对不同的模型系统或同种模型的不同时段进行比较研究。这些指标包括了不同的能流、物流以

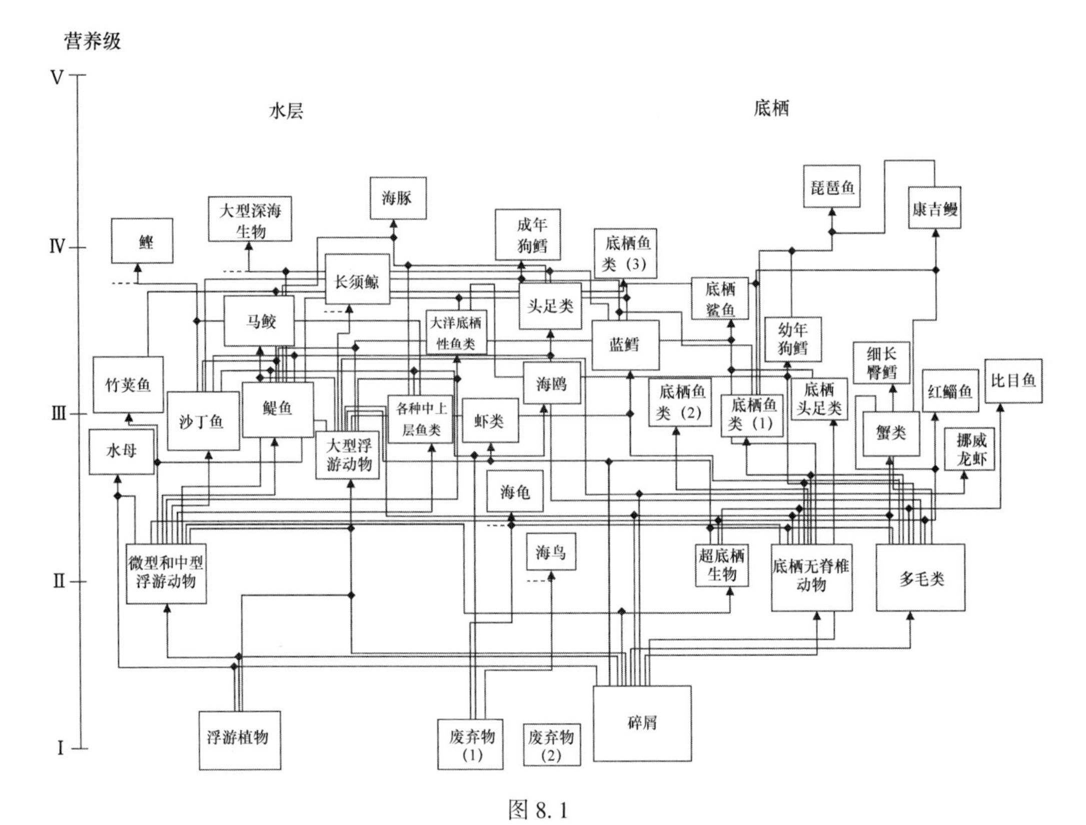

图 8.1

基于功能群、营养级以及水层和底栖系统的南加泰隆海能流图。纵轴的方框根据营养级排列。能量从方框的上半部分流出，从下半部分流入（为描述清楚起见，只列出了主要的流动途径）（改编自 Coll et al.，2008a）。

及生物量（如总生产力/总呼吸，总生物量/总生产力）的系数，营养循环指数（如 Finn's 循环指数和捕食性循环指数），系统杂食指数（SOI）以及与 Ulanowicz 的信息理论（1986）相关的指数等。

此外，EwE 系统输出的多样化的结果也可以用于分析渔业带来的直接影响。它们包括：功能组的开发率（F/Z），渔业总效率（GE_f = 总捕捞/初级生产力）以及捕捞量的平均营养级（TL_c）。功能组的 F/Z 值可以通过分区的死亡率以及增长的捕捞压力进行计算。GE_f 值与系统的渔业影响成正相关，其大体的平均值远小于 1.0，全球的加权平均值在 0.000 2 左右。TL_c 反映了渔业活动的总体影响，其计算是通过捕捞相对于不同营养级生物的加权值。TL_{co} 和 TL_c 会随着生态系统中渔业影响的提高而降低，因为渔业活动趋向于减少系统中的高营养级生物的生物量。因此这些参数可以反映由于渔业造成的生态系统结构上的改变以及对于食物网的影响。

上述通过模型获得的指数将通过下一部分的几个生态系统进行描述，其他一些生态系统模型推导出的间接指数将在 8.4 节中进行展示。

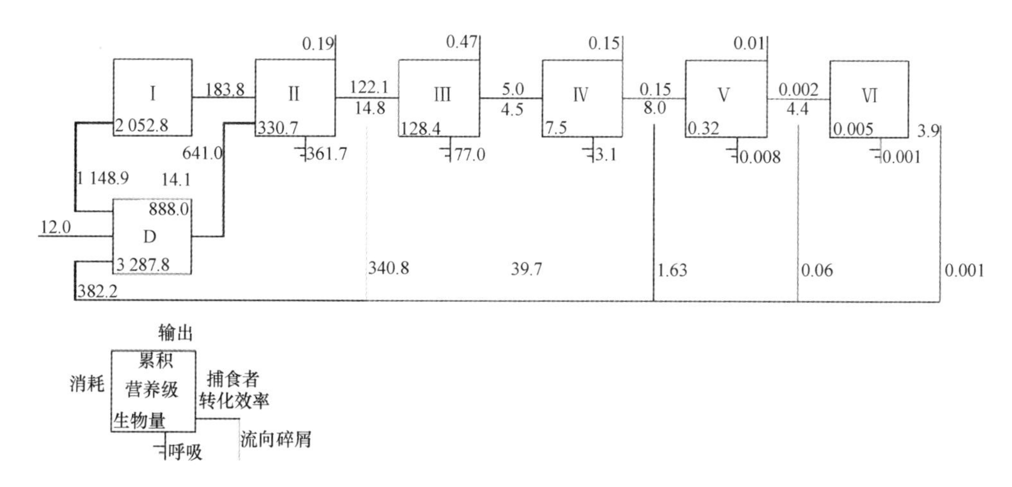

图 8.2

威尼斯潟湖典型海草床生态系统营养流的林氏锥分析。将初级生产者和碎屑分开来表示（营养级均为 1）（t/（km^2·a）。对威尼斯潟湖两种不同栖息地类型的营养流动网络对比分析。根据 Libralato 等（2002）重新绘制。

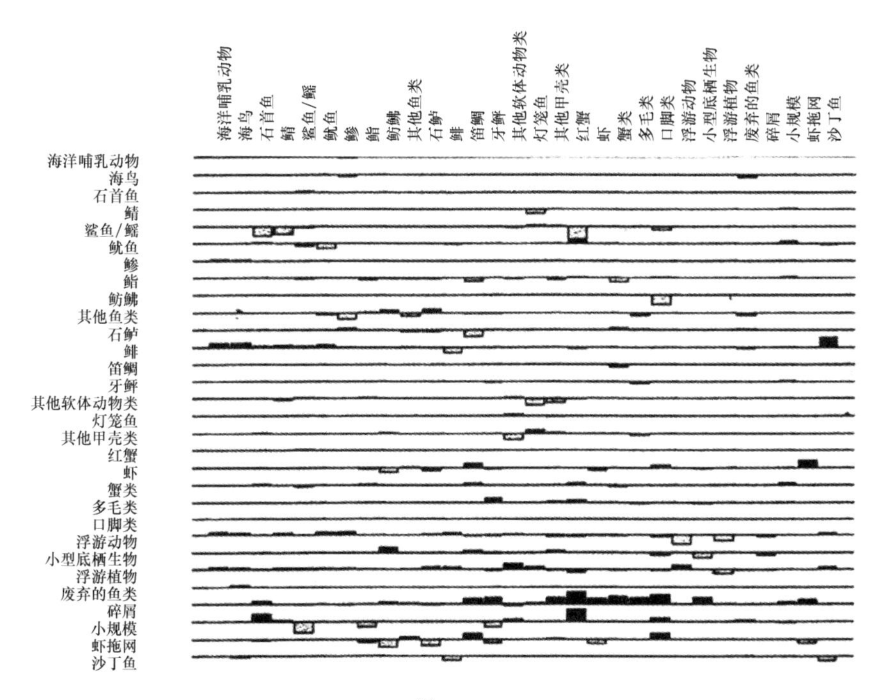

图 8.3

墨西哥加利福尼亚海湾的混合营养效应分析。已受影响的功能群沿横轴分布，正在受影响的功能群沿纵轴分布。状态条表示相对影响（0~1 之间），在 0 线之上表示正效应影响，在 0 线之下表示负效应影响。（改编自 Arreguin-Sanchez et al.，2002）墨西哥加利福尼亚海湾已开发出底栖生态系统生物量和结构的能流途径。

8.2.2　营养动力学模拟模块 Ecosim

Ecosim 对 Ecopath 中的线性方程做了重新的表述，将其作为微分方程进行处理，可以动态的对渔业的死亡率以及生物量做出响应，使基于 Ecopath 模型的初始参数的生态系统水平的动态模拟成为可能（见图 8.4）：

$$\frac{dB_i}{d_t} = \left(\frac{P}{Q}\right)_i \cdot \sum Q_{ji} - \sum Q_{ij} + I_i - (M_i + F_i + e_i) \cdot B_i \qquad (8.4)$$

其中，dB_i/d_t 是 B 中第 i 项在 dt 时间段内的增长率；$(P/Q)_i$ 是总效率；M_i 是非捕食自然死亡率；F_i 是渔业造成的死亡率；e_i 是迁出率；I_i 是迁入率；$e_i \times B_i - I_i$ 是总的迁移率。消耗率（Q）通过“foraging arena”理论进行计算，其中第 i 种的生物量被划分为敏感以及非敏感两部分，这两部分的转化率（v）是决定能量以及物质流动的因子（图 8.5）。

$$Qij = \frac{a_{ij} \cdot v_{ij} \cdot B_i \cdot B_j \cdot T_i \cdot T_j \cdot S_{ji} \cdot M_{ij}/D_j}{v_{ij} + v_{ij} \cdot T_i \cdot M_{ij} + a_{ji} \cdot M_{ij} \cdot B_j \cdot S_{ij} \cdot T_j/D_j} \qquad (8.5)$$

其中，a_{ij}是 j 对 i 的有效搜寻率；T_i 代表被捕获者相对觅食时间；T_j 是捕食者相对觅食时间；S_{ij}是用户定义的季节性或长期驱动力效应；M_{ij}是中介强迫效应；D_j 代表处理时间对于消耗率的限制作用。v 的基本值代表着混合的能流控制（v=2），这些值都可以被调整至从营养级底层到顶层的能流控制系统（v=1；贡献者驱动或者被捕食者为主）或从营养级顶层到底层的能流控制系统（v>>1；LotKa-Volterra 动力学或捕食者为主）。此外，我们定义了一个敏感系数来表示捕食者与被捕食者之间的相互作用，捕食者生物量的增加会导致被捕食者的死亡率增加。例如，在 v 值比较高（v=100）的系统中，捕食者生物量的加倍会导致被捕食者的死亡率增加大概两倍。同样的，一个低 v 值的系统内（v=1），捕食者生物量的增加对于被捕食者死亡率的影响几乎可以忽略不计。

8.2.2.1　Ecosim 与实际数据的同步

许多变量可以影响 Ecosim 的模拟结果，包括能流控制假设（Bundy，1997；Walters et al.，1997；Bundy et al.，2001；Shannon et al.，2004b）。动态的 Ecosim 模拟可以对假设进行检验并通过时间序列数据对模型进行校正。Ecosim 模拟的数据可以利用实测的生物量以及捕获数据作为参照进行同步处理，同时也包括随着时间的变化渔业所受的影响（功能组总的死亡率或由于捕捞导致的死亡率或渔船捕捞努力量，图 8.6）。将模型预测结果与实测数据进行对比，并利用拟合的优良度来衡量每次动态模拟的结果。这种拟合优良度的测量是通过实测的生物量以及捕捞量的对数值对预测的生物量及捕捞量的对数值的方差（SS）做加权平均得到的。

8.2.2.2　Ecosim 特性和程序

基于方差测量，根据非线性方差最小化的步骤我们开发了三种方式的分析方法。我们可以用一种非参数的方法来衡量 SS 对于各个功能组群（v）脆弱性的敏感度，通过微调功能组的脆弱性并重新运行模型来观察 SS 的变化量。通过这种方法，我们可以估计出使 Ecosim 对时间序列数据模拟达到最佳效果的功能组的脆弱性（使 SS 值减小）。除此之外，

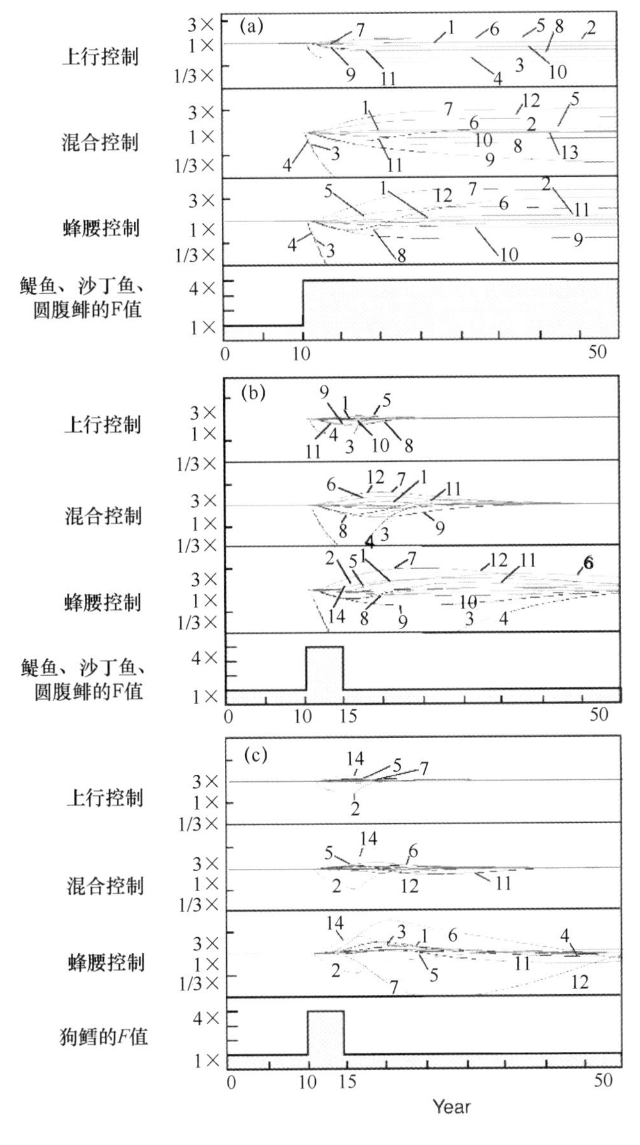

图 8.4

南部本格拉生态系统 Ecosim 对策模拟实例。利用 EwE 模拟三种类型能流控制（下行控制、上行控制和混合控制）假设下捕捞死亡率增大（*F*）对生物量的潜在影响：（a）从第 10 年到第 50 年小型中上层鱼类（鳀鱼、沙丁鱼、圆腹鲱）的 *F* 值增大了 4 倍；（b）从第 10 年到第 15 年小型中上层鱼类的 *F* 值脉冲式增大了 4 倍；（c）从第 10 年到第 15 年无须鳕的 *F* 值脉冲式增大了 4 倍。生物量的绘制相对于原始生物量。种类如下：①圆腹鲱；②无须鳕；③沙丁鱼；④鳀鱼；⑤头足类；⑥其他小型中上层鱼类；⑦日本鲐；⑧海豹；⑨大型中上层鱼类；⑩海鸟；⑪鲸；⑫竹荚鱼；⑬软骨鱼；⑭中层鱼类（改编自 Shannon et al.，2000）

对于影响生态系统中生物量生产力的变化，我们可以通过自动插值法对驱动力作用（如每年相关的初级生产力）里的时间序列进行搜索。驱动方程将根据模型运行时间进行构建，

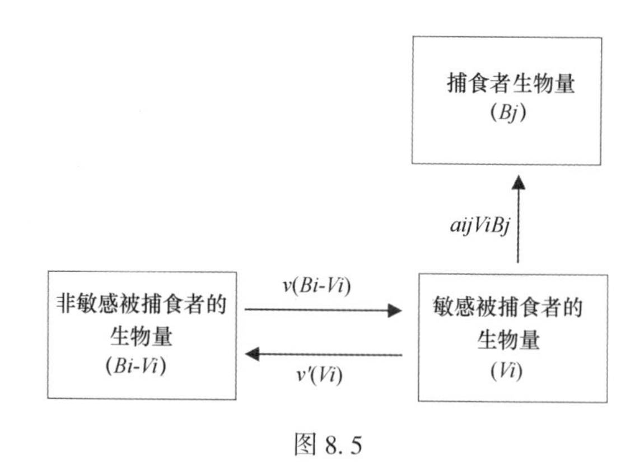

图 8.5

觅食竞争理论。被捕食种群分成易受伤害和不易受伤害两种。两种群体间的生物量存在稳态流，假设 $v=v_{ij}=v_{ji}$。敏感群体的被捕食利用标准的洛特卡-沃尔泰拉方程来移除，$a_{ij}V_iB_j$、B_j 表示捕食者的生物量，a_{ij}表示搜寻瞬时率（改编自 Walters et al.，1997）。

并且仅应用于用户定义的相互影响过程中，通常是在初级生产力环节。如果应用于初级生产者，驱动方程会改变生产者的 P/B 值，即在一个消费者捕食的相互作用中，消费者对于被捕食者的捕食率会发生变化。因此，当我们根据观测的时间序列数据对模型进行校正时，我们可以对于生态系统内部的驱动因素（如能流控制决定了营养之间的相互作用）以及外部的驱动因素（渔业活动以及环境的驱动因素）在影响海洋的资源随时间变化的动力学方面进行探究。为了达到与实际观测到的时间序列数据相吻合的目的，EwE 模型寻找驱动方程的过程与单种类模型评估中用“冗余参数”来评估系统误差是相似的。

Christensen 和 Walters（2004b）介绍了一种基于 Ecosim 寻找不同可持续性目标下的开发模式新方法。“最优策略搜寻”程序用于评估捕捞努力量或渔业死亡率随时间的变化对渔业管理最大化的影响。完成这一程序有助于获得将渔业的社会、经济以及生态效益最大化的综合管理策略（见 8.3.2 节）。

8.2.3 空间动力学模块 Ecospace

Ecospace 是 Ecosim 中对生物量进行二维空间动态计算的模式（Walters et al.，1999），它移除了 Ecopath 和 Ecosim 当中的空间分布行为均一化的假设，应用了与 Ecosim 相同的微分方程组（方程（8.4）以及方程（8.5）），但是额外考虑了栖息地倾向、由平流以及迁移带来的移动、捕船队的空间行为以及营养级间的交互作用和种群动态。

模型的区域由一些格点组成，最多可以表示 8 种栖息地种类。在每种栖息地中，每个格点单元都有着相同的属性，这些属性影响着物种的移动、摄食以及生存情况。一般情况下这些栖息地都只是支撑某个特定的子食物网，但通常都涵盖了从底栖到浮游的整个水层。某些跨区域的物种（海洋哺乳动物、浮游生物）将这些子食物网联系在一起。用户在一个底图上划分出不同的栖息地种类（如大陆架、沿岸、深海、鱼礁），然后将其划分给模型中不同的功能群。

Ecospace 中采用了一种欧拉方程来描述模型的运动，模型中的运动或生物量流动都是

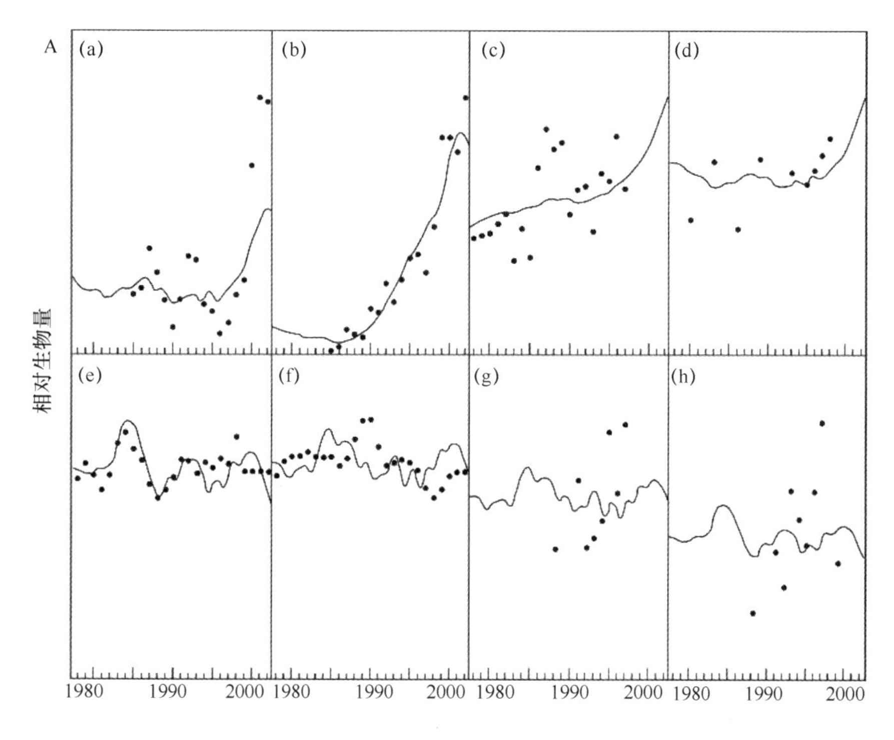

图 8.6

南部本格拉生态系统模型拟合结果示例。丰度（A. 生物量）和捕捞量（B）的时间序列（线表示 EwE 的估计值，点表示 1978—2002 年时段的实测数据）。生物量的时间序列数据取相对生物量并进行换算以便于与 EwE 模型估计值进行比较。捕捞量也换算成 t/（km^2·a）。(A)：(a) 鳀鱼总生物量的比较；(b) 沙丁鱼生物量的比较；(c) 南非生殖鲣鸟生物量与 EwE 模型估计海鸟生物量的比较；(d) 海豹幼崽数量与 EwE 模型估计海豹生物量的比较；(e) 西海岸单种类模型估计的深水无须鳕生物量与 EwE 模型估计的大型深水无须鳕生物量的比较；(f) 单种类模型估计的南海岸尖尾无须鳕生物量与 EwE 模型估计的大型尖尾无须鳕生物量的比较；(g) 单种类模型估计的西海岸和南海岸小型及大型蜜獾生物量与 EwE 模型估计的大型尖尾无须鳕生物量的比较；(h) 单种类模型估计的西海岸和南海岸深水无须鳕生物量与 EwE 模型估计的大型深水无须鳕生物量的比较。B：(a) 鳀鱼；(b) 沙丁鱼；(c) 浅水鱿鱼；(d) 大型竹荚鱼；(e) 梭鱼；(f) 大型尖尾无须鳕；(g) 大型深水无须鳕；(h) 小型深水无须鳕（改编自 Shannon et al.，2004）；Relative biomass：相对生物量。

在固定的点上，即模型的格点。这种方法可以最低程度地模拟生物量分布中心点的变化。每个格点的 4 条边上都会对相应的运动过程进行计算，除非这个格点位于模型的边界上，这种情况下我们会假设边界点上的迁出量与迁入量相同。格点之间的运动是由几个因素决定的，包括：①由扩散（m_i）和平流（V_i）造成的格点之间的运动；②被捕食风险以及食物的可获得性；③捕捞努力量（Walters et al.，1999）。初始的扩散速率来源于平均游泳速度的测量（km/a），平流运动的估计来源于海流的速度。式（8.4）中的迁出项是从格点每个边上流出格点内的总和，用（m_i+V_i）*Bi* 表示。迁入项也用（m_i+V_i）B_i 来表示，在这个例子中正比于临近格点的生物量。瞬时的移动速率 m_i 随着源格点池类型以及栖息地

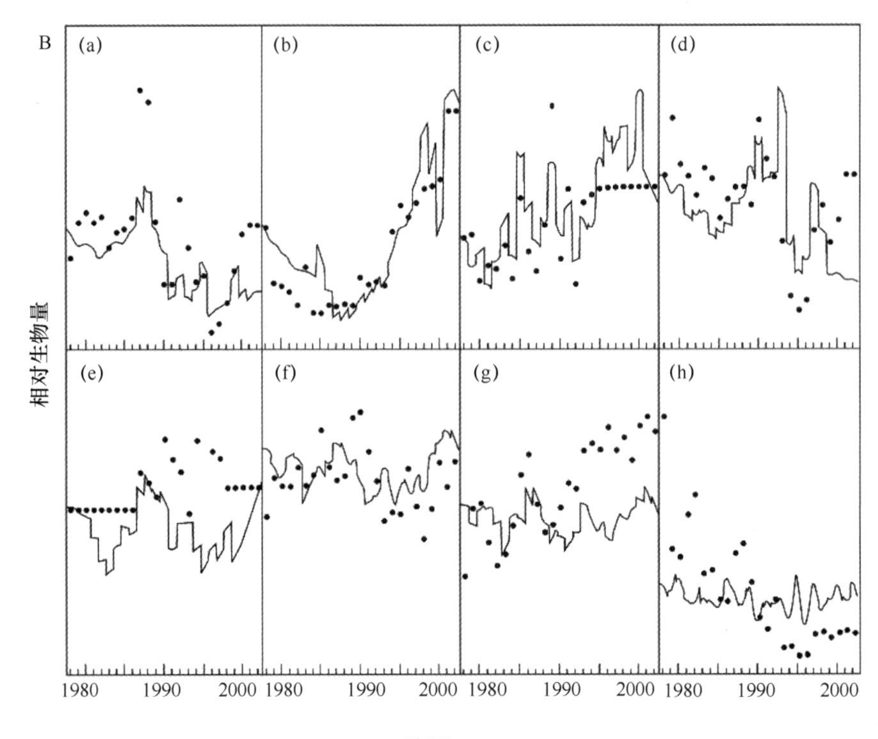

续图 8.6

南部本格拉生态系统模型拟合结果示例。丰度（A. 生物量）和捕捞量（B）的时间序列（线表示 EwE 的估计值，点表示 1978—2002 年时段的实测数据）。生物量的时间序列数据取相对生物量并进行换算以便于与 EwE 模型估计值进行比较。捕捞量也换算成 t/（km^2·a）。(A)：(a) 鳀鱼总生物量的比较；(b) 沙丁鱼生物量的比较；(c) 南非生殖鲣鸟生物量与 EwE 模型估计海鸟生物量的比较；(d) 海豹幼崽数量与 EwE 模型估计海豹生物量的比较；(e) 西海岸单种类模型估计的深水无须鳕生物量与 EwE 模型估计的大型深水无须鳕生物量的比较；(f) 单种类模型估计的南海岸尖尾无须鳕生物量与 EwE 模型估计的大型尖尾无须鳕生物量的比较；(g) 单种类模型估计的西海岸和南海岸小型及大型蜜獾生物量与 EwE 模型估计的大型尖尾无须鳕生物量的比较；(h) 单种类模型估计的西海岸和南海岸深水无须鳕生物量与 EwE 模型估计的大型深水无须鳕生物量的比较。B：(a) 鳀鱼；(b) 沙丁鱼；(c) 浅水鱿鱼；(d) 大型竹荚鱼；(e) 梭鱼；(f) 大型尖尾无须鳕；(g) 大型深水无须鳕；(h) 小型深水无须鳕（改编自 Shannon et al.，2004）；Relative biomass：相对生物量

类型发生变化，并且会对被捕食风险以及进食环境（风险率）做出回应。需要注意的是 m_i 并不是一个直接速率，应该被当作一个离散量。“栖息地梯度方程”可以更真实地反映出由环境梯度（深度、盐度、温度）造成的生物响应以及有意识地向更加丰富的栖息地种类移动的倾向。Martell 等（2005）对此进行了更多的探索并对于不同扩散速率的影响进行了研究（见 8.3 节）。

Ecospace 也可以对其他两种运动模式进行详细的模拟：迁移和平流（1999 年第一版本发表的模型中已经存在，见 Christensen and Walters，2004a，Walters et al.，2004）。迁移是通过定义一个以月为时间间隔的迁移种类的迁入位置来模拟。平流则是典型的海洋过

程，它大体总结了各种卵、营养物质以及生产力的分布规律。Ecospace 对于平流的处理是通过载入用户预先设定好的海流信息或其他类型的物理驱动力来定义水面的运动。用一系列的线性压力场以及速度分布方程，包括海面的不规则运动、海底的摩擦力，科氏力（地转偏向力）、沉降/上升流的速率以及海面倾斜造成的加速度等，Ecospace 会对每个模型格点边上的平衡流场（水平方向以及上升/沉降）进行估计。模型的流场会保持海水质量平衡以及科氏力。一旦定义之后，用户会明确哪些功能组群会受到平流活动的影响。

空间模拟的一个最大优点是可以更好地表示渔业的空间聚集情况：渔民们可以获知最好的捕捞地点。不仅如此，开放和封闭的空间是渔业管理非常重要的工具，我们可以通过 Ecospace 探索它们的效能（图 8.7）。Ecospace 用“重力模型”来分配捕捞力量的空间分配。这种捕捞力量的分配是基于栖息地种类、区域是开放还是封闭、区域内目标种类的生物量以及鱼类的价格和捕捞成本等。这本质上是一个空间经济价值模型，因为渔船通常会在最接近且最节省成本的区域进行作业。

当 Ecospace 模型完成参数化之后，功能群的生物量被赋值到相应的栖息地，由用户定义的不同选项决定生物量库的运动。这个阶段，我们推荐一种迭代的方法来比较 Ecospace 以及 Ecopath 模型的输出结果以保证一致性。模型预测的物种或种群的分布可以用来验证模型结果。

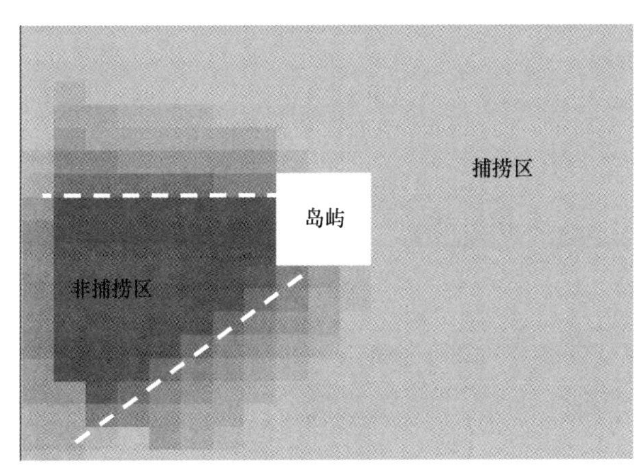

图 8.7

捕捞隔离区对背斑狗母鱼生物量 10 年尺度的潜在影响的生态空间模拟。虚线是假定的捕捞隔离区边界，其外部的阴影部分代表背斑狗母鱼的可捕捞量。背斑狗母鱼的生物量仍然下降到低于目前水平，但捕捞隔离区阻止了高强度捕捞（转载自 Okey et al. 2004. a trophic model of a Galapagos sub-tidal rocky reef. Ecological modelling，172：383-401. 已获 Elsevier 许可）。

8.2.4　数据要求、数据源以及快捷方式

在 Ecopath 模型的参数化过程中，需要用户给出方程（8.2）中 B_i，$(P/B)_i$，$(Q/B)_i$ 或 EE_i 这 4 个基本参数中的 3 个，此外还有功能群的捕捞数据以及营养行为。功能群的生物量可以从不同的信息源获得：如样地清查法、鱼卵产量方法、声学调查以及视觉普查法

等。理想化的生产力/生物量（*P/B*）以及消耗量/生物量（*Q/B*）的值应当通过经验公式计算，但是它通常是通过基于长度、重量以及生长数据的经验方程来计算的（Nilsson and Nilsson，1976；Pauly，1980；Innes et al.，1987；Pauly et al.，1990；Christensen et al.，2005）。食物组成由胃含物分析来获得。模型需要的总渔获物数据包括功能群以及渔获量数据（需要考虑官方的统计数据），遗弃物以及非法的、未规划以及未上报（IUU）的捕捞量。

Ecosim 模型的初始参数来自于基准的 Ecopath 模型，因此当进行时间模拟时，我们并不需要额外的数据需求。然而，对于鱼群以及总捕捞量、捕捞死亡率的时间序列、不同功能组生物量及捕捞数据需要根据实际的观测对模型进行调试。虽然将 Ecosim 模型与实际数据进行对比调试的过程非常耗时，但是我们仍然建议在进行更加详细的模拟前执行这一步骤。

Ecospace 同样应用 Ecopath 的初始参数。附加的数据要求（见 8.2.2 节）包括了栖息地种类的确定，在地图上进行绘制并将功能群分配到这些栖息地中。在最简单的执行过程中，Ecospace 额外的输入数据需求是各功能群的扩散速率、不同栖息地之间的移动速率以及各个地点上针对鱼群的渔业活动。其他可选的输入数据包括导入 GIS 地图作为底图、设置海洋保护区、导入营养物质数据以及海流数据或水面流场驱动力数据来建立平流情况。

8.2.5　不确定度

质量平衡模型是确定的，但需要许多输入参数，这些参数中有一些我们的认识并不充分，很多参数是从其他的生态系统或 Ecopath 模型中借鉴的，这会造成模型的输出结果不确定范围比较大。因此模型的输出都需要进行不确定性分析。为此，EwE 包含了一种数据来源程序（见 8.2.3 节）；一种简单的敏感度分析，Ecoranger 功能和一种混合的营养级影响评估以及自动平衡程序。

Ecopath 中的简单敏感度分析将各个输入参数（*B*，*P/B*，*Q/B* 和 *EE*）依次增加或减少 10%，原始值上下的 50%作为限值，并将其对结果的影响进行量化（图 8.8）。模型输出以表格的形式包含了修改参数之后的模型输出以及其未修改时的原始输出，以新的输出值占原始输出的百分比计量。

混合营养效应评估（MTI，见 8.2.1 节）假设营养级结构是固定的，这限制了这项技术在预测方面的应用，但可以将它作为一个简单的敏感度分析的方法。它是一个可以衡量哪些功能群对系统中其他功能群的作用可以忽略的指标，在这种情况下，即使采集额外的数据对估计结果的影响也非常小。从另一方面讲，它确定了那些对其他功能群的营养级影响比较大的功能群，这对于结果的改进非常有效。

Ecoranger 是 Ecopath 中的一种蒙特卡洛方法（Christensen and pauly，1995，1996；Pauly et al.，2000），使我们可以将基本的输入参数（*B*，*Q/B*，*P/B*，*EE*）以及所有功能群的食物结构之间的变化进行综合。这些参数的平均值、模式以及范围可以作为输入量，此外一个基于随机样本的频域分布（均一分布、正态分布、对数正态分布或三角分布）会用于产生输出数据的分布情况。将 Ecoranger 添加到半贝叶斯环境中，我们应用了基于 McAllister 等（1994）的“取样/重要性再取样”的步骤。每种模型的可能性都做了计算，

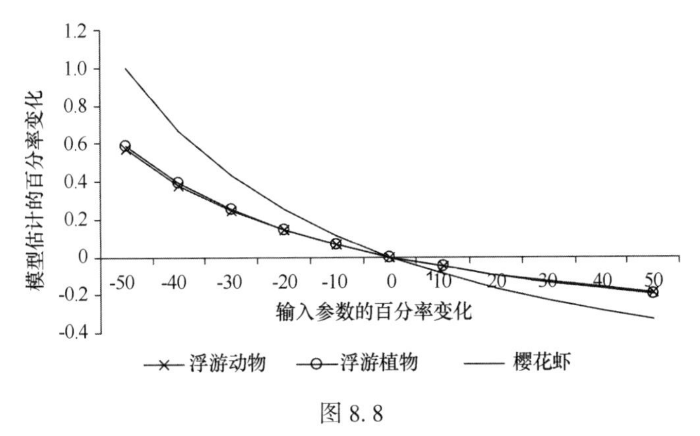

图 8.8

菲律宾圣米格尔湾生物量、樱花虾产量/生物量及生态营养效率值模型估计的敏感性分析（改编自 Bundy 1997）。

在这些可能性当中，通过最小二乘法选取最适合的模型。最合适的模型会给出最小的残差（基于选定参数的平均值/模式以及各自的方差），或是给出距离三种用户定义标准的最小偏差，这三种偏差包括最大系统生物量、生产力或最高支配地位。Ecoranger 同样可以应用于 Ecosim 的动力学模块，应用模型的置信区间进行重复时间模拟。模型模拟都是以选择基准模型给出的初始数据作为中心的正态分布曲线当中的任意值组合开始，模拟结果（如果是平衡的）将被用于开发动态模拟。这个结果可以作为一个不确定度区间来确定 Ecosim 的结果对于输入参数的敏感度。

自动平衡程序是另一种探究不确定度的方法。然而，现在的自动平衡程序中，只有生物量和食物组成参数可以进行直接改变，所以它并不是一个完全的敏感性分析。Bundy（2005）使用自动平衡程序作为扰动分析，分析了平衡的 Ecopath 模型以探求模型结果的不确定度。为了使结果更易处理，他只运行了 30 组的自动平衡模型，但是这已经保证了所有输入以及输出的参数都在 95%置信区间的范围内。在进行两组模型的对比时，曼-魏特莱 U 检验（两组独立的样本检验）被用于测试模型之间的差异是否显著，或检验是否由于人为参数输入导致的。虽然这种方法仅用于 30 组重复试验，但是它仍然能为这种比较分析提供一定的精确度。

模型估计结果也可以与其他一些特定的输入参数进行对比。例如，对一个我们了解比较少但是非常重要的功能群（如胶状浮游动物）的生物量可以进行估计，然后利用 1980—1989 本格拉北部生态模型进行测试（Shannon and Jarre-Teichmann，1999a，b）。

通常，这些工具是非常基础的，我们需要更加精确地分析输入变量对输出变量的不确定性影响，提供输出变量的变化范围（Aydin and Friday，2001；Bundy，2005；Gaichas，2006 引用）。

8.2.6　用户提醒——常见错误以及优化问题

EwE 与单一物种模型一样存在着一定的风险，比如估计生物量的不确定性、对数据趋势的错误表述、以及解决由环境恶化以及渔业捕捞造成的相关问题。用户应当慎重选择进行模拟的时段。每次模拟的结果中比较可靠的时段取决于用户提供的数据质量。另一方面，如果模拟的时间尺度太短会造成希望关注的一些重要的长期效应的缺失。不正确或不完全的输入数据以及参数会导致 EwE 模型的可靠性下降并导致模型输出偏离实际。

错误的模型输出数据往往是由部分关键参数输入的错误导致的，这比其他的模型不确定度所导致的问题更加严重。

Christensen 和 Walters（2000）列出了 EwE 的 5 个关键问题：

①在捕食者的食物结构中很少出现的被捕食者被忽略，可能会影响这些捕食者和被捕食者之间的相互影响；

②营养级联效应，虽然 EwE 包含这一过程，但是可能它们的重要性被高估了（这是第三方的功能群在行为或表现上参与捕食者和被捕食者之间的相互作用造成的间接影响）；

③捕食结构脆弱性的重要程度往往被低估，导致模拟的捕食影响被低估；

④捕食者会共享捕食区域，如果一种捕食者的数量减少，另一捕食者将会补充其空缺，被捕食者并没有受益；

⑤影响特定种类栖息地的短期变化因素并没有被考虑。

除此之外，非营养级联效应（如栖息地种类、避难所的存在、其他行为性的影响）虽然不是 EwE 的常规模拟部分，但也可以用 EwE 模拟。这些问题可以通过采用质量更好的数据以及更加全面的认识整个系统来加以解决。Plaganyi 和 Butterworth（2004）对用户如何避免这些问题提供了一些建议，建议用户们在并不了解参数意义及其对结果的影响程度情况下直接应用默认参数，并且建议在利用 EwE 对海洋哺乳动物和海鸟进行模拟时应当特别注意，因为它们的生活史特征与传统的鱼类功能群差别很大，而 EwE 主要是针对鱼类功能群进行开发的。模型的作者建议应当根据实测数据来决定哪些功能群被纳入到 EwE 模型中，并且应当尽可能地保证时间和空间尺度上食物结构的合理性。当对 EwE 的模型结果进行分析和展示时，他们强调应当加入对于模型复杂度和不确定性的分析。

EwE 模型对于 Ecosim 中食物网脆弱性的敏感度分析是解释模型输出对于渔业管理建议方面的一个重要因素。对于这点，Plaganyi 和 Butterworth（2004）提供了一些引导性步骤，包括寻找特定功能群的脆弱度值，而不是对所有的功能群都使用默认值；还可以通过利用已有的时间序列数据拟合 Ecosim 模型来寻找最合适的脆弱度。我们建议参考 Arreguin-Sanchez（2000）和 Bundy（2001）在不同的可控水流假设条件下研究渔业管理情况的设置方法。

8.3 案例分析

Ecopath 模型已经在多个水域生态系统营养结构和功能研究方面进行了应用，这些系统包括湖泊、水产养殖系统、河口、小型海湾、海岸带系统以及珊瑚礁、大陆架、上升流区域和开放海域等（表 8.1）。本节将会讨论部分相关 Ecopath 模型。在许多案例中，Ecopath 是作为 Ecosim 和 Ecospace 模拟的基础来开展生态系统的营养功能以及渔业对生态系统的影响研究的。

表 8.1　Ecopath、Ecosim 和 Ecospace 研究实例

模拟的生态系统	应用情况	参考文献
A. Ecopath 模型		
1. 能量收支，营养结构和网络分析		
法属波利尼西亚茉莉雅岛 Tiahura 礁	岸礁和堡礁生态系统的结构功能	Arias-Gonzalez 等（1997）
地中海亚得里亚海北部和中部	底栖-水层耦合、小型中上层鱼类和水母的重要角色。微食物网的重要性。生态系统受到渔业活动的强烈影响	Coll 等（2007）
地中海西北部南加泰隆海	生态系统由中上层生物所主导，水层-底栖系统的耦合、碎屑以及碎屑食性生物也非常重要。生态系统受到渔业活动的强烈影响	Coll 等（2006a）
西班牙比斯开湾坎塔布连陆架	描述了 1994 年西班牙比斯开湾坎塔布连陆架生态系统内浮游生物、底层生物以及底栖生物之间的密切关系	Sanchez 和 Olaso（2004）
新西兰南部高原	描述了低生产力生态系统海鸟、海豹、鱼类及商业化渔业活动的重要性	Bradford-Grieve 等（2003）
中国台湾国圣湾	核电站对海洋生态系统的影响	Lin 等（2004）
白令海东南部普里比洛夫群岛	对开放海域生态系统的边界条件进行了定义。利用物质平衡模型结合对北部海狗觅食范围进行了估计，比较了最大能量平衡的区域	Ciannelli 等（2005）
太平洋中部和墨西哥北部湾	排除渔业活动以及渔业活动对于初级生产力不造成影响两种情况下生态系统可以适应的最大捕食者生物量	Christensen 和 Pauly（1998）
智利北部 Tongoy 湾	筏式扇贝养殖生态系统的结构	Wolff（1994）
2. 将渔业纳入生态系统的考量中		
菲律宾吕宋岛东南部太平洋沿岸圣米格尔湾	大型和小型捕捞装置对生态系统的影响	Bundy 和 Pauly（2001）
墨西哥加利福尼亚湾	描述了 20 世纪 70 年代后期墨西哥加利福尼亚湾的食物网，检验虾类拖网捕捞对于生态系统的影响并探讨副产品的影响	Arreguin-Sanchez 等（2002）

续表

模拟的生态系统	应用情况	参考文献
黑海（地中海东部）	黑海生态系统胶体生物栉水母在 20 世纪 90 年代的爆发以及小型上层鱼类的减少情况	Gucu（2002）
智利中部洪保德上升流	基于物质平衡模型研究了 1992 年的生态系统情况，并评估了渔业活动的影响	Neira 和 Arancibia（2004）
本格拉南部以及北部，洪保德南部以及地中海	渔业活动对小型中上层鱼类的影响：对食物网内高、低营养级种类的供求关系均存在影响，导致捕食者的减少、被捕食者以及竞争物种的增加，造成能量流动的紊乱	Shannon 等（出版中）
3. 生态系统时间尺度上的比较研究		
本格拉南部生态系统（南非）	尽管功能群的丰度有所变化，但 20 世纪 80 年代和 90 年代生态系统的营养功能是相似的，渔业驱动的变化从生态系统初始阶段开始	Shannon 等（2003） Watermeyer（2007） Watermeyer 等（2008）
纳米比亚沿岸本格拉北部生态系统	20 世纪 70 年代开始，生态系统的结构和营养功能发生很大变化；生态系统由浮游生物主导转变为由底栖生物主导	Heymans 等 2004，Roux 和 Shannon 2004
智利中部沿岸的洪保德生态系统	1992 年和 1998 年两套模型的比较。表明了捕食死亡率对于系统内渔业产量的重要性，量化了渔业捕捞死亡率的强烈影响。1998 年虽然生物量较高，但捕捞量却较少	Neira 等（2004）
北大西洋斯科舍大陆架东侧	大西洋鲑种群资源衰退前和衰退后生态系统结构和功能的变化。生态系统由底栖食性主导向浮游食性主导转变。食鱼性生物数量增加	Bundy（2005）
北大西洋斯科舍大陆架东侧	大型中上层鱼类对食物的竞争是导致大西洋鲑种群资源衰退后难以恢复的原因	Bundy 和 Fanning（2005）
威尼斯水潟湖	比较 1988—1991 年和 1998 年两个模型分析 80 年代中期开始菲律宾蛤仔捕捞的影响	Pranovi 等（2003）
意大利西岸奥尔贝泰洛潟湖	比较 1995 年和 1996 年的两个生态模型来分析，为了控制富营养化而采取的管理活动的效果	Brando 等（2004）
4. 不同的生态系统间的比较研究		
上升流生态系统	洪保德北部、南部和本格拉北部、南部 4 个生态模型的标准化和比较	Moloney 等（2005）
上升流生态系统和地中海西北区域	将地中海西北区域加泰隆海生态模型与 Moloney 等（2005）报道的 4 个上升流生态系统模型进行对比，基于生态系统的不同特性评估了捕捞活动对于生态系统的影响	Coll 等（2006b）
威尼斯潟湖不同栖息地类型	对比研究了海草床和菲律宾蛤仔捕捞区两个代表不同栖息地类型的模型	Libralato 等（2002）
B. Ecosim 模型		

续表

模拟的生态系统	应用情况	参考文献
泰国湾	利用两个物质平衡模型来反演 1963 年到 20 世纪 80 年代的生态系统状态随渔业活动的增加或减少的动态变化	Christensen（1998）
上升流生态系统	研究秘鲁、委内瑞拉和蒙特利湾 3 个上升流生态系统捕捞活动对小型中上层鱼类的影响	Mackinson 等（1997）
智利 Tongoy 湾不同栖息地类型	分析了智利 Tongoy 湾不同栖息地类型的渔业活动选择模型：海草、沙砾、砂和整个生态系统	Ortiz 和 Wolff（2002a）
墨西哥湾	利用物质平衡模型动态模拟了墨西哥湾的两个生态系统，评估了鲷鱼的生态角色及其资源开发对生态系统的影响	Arreguin-Sanchez 和 Manickchand-Heileman（1998）
地中海西北部南加泰隆海	生态系统对渔业活动的抵抗力较弱，捕捞努力量的增加会导致捕捞量的下降	Coll 等（2006a）
北哥伦比亚加勒比海	热带虾捕捞产业中网捕设备减少造成的渔业死亡率的降低	Criales-Hernandez 等（2006）
西北地中海南加泰隆海	基于刚性栅栏和方网眼的底拖网现场观测数据模拟研究了系统目标种类渔业死亡率的降低状况	Coll 等（2008a）
北太平洋中部生态系统	评估了降低枪鱼副渔获物数量的捕捞方法的生态及经济影响	Kitchell 等（2002）
2. 检测能流控制		
南非南部本格拉生态系统	评估了上行和下行能流控制条件下渔业活动对小型中上层鱼类及狗鳕的影响	Shannon 等（2000）
南非南部本格拉生态系统	EwE 被应用于模拟中由鳀鱼主导转向沙丁鱼主导的过程	Shannon 等（2004a）
加拿大纽芬兰-拉布拉多生态系统	20 世纪 80 年代起渔业活动和捕食对生态系统造成的影响是否能够在 20 世纪 90 年代重现	Bundy（2001）
巴西湾南部沿岸	研究了区域渔业策略的改变（如对乌贼以及沙丁鱼鲜活饵料捕捞量的增加）对于沙丁鱼的影响	Gasalla 和 Rossi-Wongtschowski（2004）
巴伦支海	探讨了小须鲸及其猎物和渔业捕捞在内的不同功能响应的假设	Mackinson 等（2003）
菲律宾圣米格尔湾	利用适应性的管理策略对不同流量控制假设下的管理方式的选择进行了研究	Bundy（2004a）
3. 分析生态系统动力学中的环境胁迫		
黑海（地中海）	渔业和富营养化对黑海生态系统的影响，并采用一个生物性的时间序列数据对趋势及相关性进行了研究	Daskalov（2002）

续表

模拟的生态系统	应用情况	参考文献
热带太平洋东部中上层系统	厄尔尼诺南方涛动（ENSO）对中高营养级生物可能造成的影响	Watters 等（2003）
4. 模型数据与实测数据的拟合		
本格拉南部生态系统（南非）	将 1978—2002 年共 25 年的时间序列观测数据与物质平衡模型进行了拟合，探讨了鱼类现存量的动态变化由摄食交互模式（能流控制）、捕捞策略以及环境变化所决定的可能原因	Shannon 等（2004b）
本格拉北部生态系统（纳米比亚）	用 20 世纪 70 年代到现在的时间序列数据对不同渔业捕捞情况下营养能流控制的物质平衡模型进行了拟合。生态系统由小型中上层鱼类系统蜂腰能流控制	Heymans（2004）
南加泰隆海（地中海）	利用 1978—2003 年的实测数据对模型结果进行了拟合。能流控制模式可以解释约 78% 的时间序列变化，而渔业捕捞以及环境变化可以分别解释 7% 和 4%	Coll 等（2008b）
智利洪保德南部上升流系统	利用 1970—2004 年生物量、捕捞量和渔业死亡率的时间序列数据对 1970 年的模型进行了拟合。渔业死亡率可以解释 28% 的时间序列变化性，脆弱性指数可以解释另外的 21%，影响初级生产力的强迫函数进一步解释 11%~16% 的数据变化	Neira 等（文章正在整理中）
不同区域的 11 个生态系统	利用 11 组物质平衡模型与实测时间序列数据进行了拟合。评估了捕获物种对单一物种最大可持续捕捞量的生态系统水平上的影响	Walters 等（2005）
5. 政策优化及管理方案		
本格拉南部生态系统（南非）	将最优渔业策略应用到上升流系统。结果表明最优渔业策略会使模型中的参数（生物量、食物组成、摄食量及生产率）超出它们可能的范围，进而产生非常不切实际的结果	Shannon（2002）
威廉王子湾（阿拉斯加）	利用路径优化程序对鳍足类动物种群重建的管理策略进行了分析	Okey 和 Wright（2004）
泰国湾	寻找达到利润、价值和保护最优化的可持续开发的模式	Christensen 和 Walters（2004b）
加利福尼亚半岛拉巴斯湾（墨西哥）	以手钓和刺网为捕捞手段的家庭渔业和虾捕捞场的最优程序	Arreguin-Senchez 等（2004）

续表

模拟的生态系统	应用情况	参考文献
6. 关于未来的模拟		
不列颠哥伦比亚省乔治亚州，纽芬兰和不列颠哥伦比亚省北部	利用模型、传统或当地的知识、历史文档和考古资料等反演过去的系统，并进行未来政策目标的探索	Dalsgaard 等（1998），Pitcher 等（2002a），Ainsworth 等（2002）
7. 关于污染的研究		
威廉王子湾（阿拉斯加）	通过模拟不同类型功能群死亡率的动态变化来评估埃克森·瓦尔迪兹号油轮溢油事件对生态系统造成的影响	Okey 和 Pauly（1999），Okey（2004）
法罗群岛生态系统	对食物网和海洋哺乳动物中甲基汞的浓度进行了模拟，用来研究食用鳕鱼和巨头鲸对人类造成的影响	Booth 和 Zeller（2005）
C. Ecospace 模型		
1. 空间动力学模型		
智利 Tongoy 湾	不同栖息地类型 4 种底栖生物的可持续开发策略，包括从某一种到所有栖息地类型的开发	Ortiz 和 Wolff（2002b）
2. 海洋保护区的建立与评估		
文莱达鲁萨兰国，东南亚	作为一种对海洋保护区定义、功能以及开发政策研究的重要工具。作者讨论了海洋保护区边界渔业捕捞、营养级联及密度依赖效应，认为划为一个范围大一些的海洋保护区会比划分为许多小范围的海洋保护区更加有效	Walters 等（1999）
加拿大瓜依哈纳斯国家海洋保护区	可选择海洋保护区政策的重要性。作者认为在捕捞压力降低的情况下，设置缓冲区的大的海洋保护区可以使得生物量的增长最大化	Salomon 等（2002）
加拉帕戈斯潮下带岩礁	通过减少礁区的渔业活动可以避免潮下带礁石上海参的功能性灭绝	Okey 等（2004）
北太平洋中部	探索了海洋保护区内基于扩散和对流情况的不同假设条件下渔业政策对预测结果的相对重要性，结论指出大型上层生物保护区的面积需要更大一些	Martell 等（2005）
香港	对于香港人工鱼礁系统渔业条例与资源保护之间的权衡。例如在一个人工鱼礁区的捕捞活动会给人工鱼礁计划及强化政策带来更有力的支持	Pitcher 等（2002b）

8.3.1 Ecopath

8.3.1.1 能量收支，营养结构及网络分析

Ecopath 模型的一个基础应用就是评估能量收支、营养流动和结构。Arias-Gonzalez 等(1997) 模拟了两个法属波利尼西亚茉莉雅岛 Tiahura 礁的生态系统，强调了系统中初级生产力过程和循环的高比例以及碎屑和微生物作为媒介的食物网的重要性。

对地中海最宽大陆架的亚得里亚海中北部模型模拟结果表明，底栖-水层耦合、小型中上层鱼类和水母在地中海沿岸生态系统中扮演重要角色（Coll et al.，2007）。此外，模型的结果间接指出了微食物网在亚得里亚海中的重要性。另一项对于开放海域生态系统的模型研究是 1994 年的南加泰隆海（地中海西北部），模型的结果同样表明是由中上层生物所主导，但水层-底栖系统的耦合、浮游食物网到碎屑的流动以及碎屑食性生物的丰度对于生态系统也都非常重要（Coll et al.，2006a）（图 8.1）。Sanchez 和 Olaso（2004）对西班牙比斯开湾坎塔布连陆架的模拟描述了生态系统内浮游生物、底层生物以及底栖生物之间的密切关系。表 8.2 展示了从全球统计数据、网络数据流指数以及信息指数等方面对南加泰罗尼亚海，亚德里亚海中北部以及坎塔布里亚海建立的质量平衡模型的模拟结果。

表 8.2 南加泰罗尼亚海（Coll et al.，2006a）、北部和中部亚得里亚海（Coll et al.，2007）和坎塔布里亚海（Sanchez and Olaso，2004）物质平衡模型的全球统计、网络能流指数和信息指数

	加泰隆海(1)	亚得里亚海(2)	坎塔布里亚海(3)	单位
统计和能流				
消耗总量	851.73	1 305.04	2 528.35	t/（km^2·a）
输出总量	1 251.89	730.75	1 075.86	t/（km^2·a）
呼吸总量	326.86	421.09	950.88	t/（km^2·a）
流入到碎屑的总量	1 607.52	1 388.07	1 513.15	t/（km^2·a）
系统总输出量	4 038.0	3 845.0	6 068.0	t/（km^2·a）
总初级生产量/总呼吸量	4.83	2.73	2.13	
系统净产量	1 250.14	729.37	1 074.12	t/（km^2·a）
总初级生产量/总生物量	26.74	8.83	10.60	
总生物量（碎屑除外）	58.97	130.30	191.00	t/km^2
总呼吸量/总生物量	5.54	3.23	4.98	
Ecopath Pedigree 指数	0.670	0.665	0.669	
渔业总效率	0.003	0.002	0.006	
捕捞平均营养级	3.12	3.07	3.76	
群落平均营养级	1.50	1.39	2.31	
网络能流指数				
捕食循环指数	3.33	3.97	3.55	%

续表

	加泰隆海(1)	亚得里亚海(2)	坎塔布里亚海(3)	单位
Finn's 循环指数	6.77	14.69	4.89	%
Finn's 平均路径长度	2.56	3.34	2.99	
系统杂食指数	0.22	0.19	0.27	
信息指数				
优势度	35.08	27.0	25.9	%
容量	12 738.9	15 409.6	29 577.2	流数

（1）Coll et al. 2006a；（2）Coll et al. 2007；（3）Sanchez and Olaso 2004.

Ecopath 也可以应用于受初级生产力严重限制的食物网的模拟。例如，新西兰南部高原的特点为浮游植物生物量较低，生态系统模型研究阐明了系统中微食物环的重要性（Bradford-Grieve et al.，2003）。这个系统中主导能量流动的是浮游生物，占据了大概69%的生物量和99%的生产力。第 II 到第 IV 营养级之间的平均转化效率非常高（23%），说明了生态系统中能量传递的限制性。

针对中国台湾国圣湾沿岸核电站周边海域的模拟是 Ecopath 模型当中比较独特的一个案例（Lin et al.，2004）。Ecopath 模型用于研究核电站冷却时抽取大量海水的过程对生物造成的冲击以及排出温热废水过程对于沿岸生态系统的影响。生态系统总的特性（总生物量，总系统生产量等）表明整个海湾生态系统的结构和功能与常规的沿岸生态系统相近。在海湾尺度上，核电站并没有带来很大的影响；其主要的影响可能来自于温排水水团的半径大小。然而，与常规的沿岸生态系统相比，国圣湾的生态系统对碎屑的依赖度更高，浮游植物转化为碎屑的周转率更快。

Ciannelli 等（2005）利用 Ecopath 模型对白令海东南部普里比洛夫群岛开放海域生态系统的边界条件进行了研究，结合对北部海豹觅食范围的估计比较了最大能量平衡的区域。考虑到觅食理论，生态系统的边界应当将在其中生存的生物的觅食范围纳入到其生命周期中；考虑到生态系统的活力，生态系统的范围应当包括消费者的需求量与被捕食者的生产量达到平衡的区域。这项工作对目前的开放海域的生态系统在空间边界上的限制进行了尝试。

Christensen 和 Pauly（1998）利用 Ecopath 对排除渔业活动以及渔业活动对于初级生产力不造成影响两种情况下生态系统可以适应的最大捕食者生物量进行了模拟研究。他们发现在两种模型中，太平洋中部和墨西哥湾北部顶级消费者的生物量以数量级的方式增加，食物网结构的变化与 Sensu Odum（1969）的生态系统发展理论一致。基于这些结果，他们提出了对承载能力的一个功能性定义：在一个可变的食物网结构中，当总的系统呼吸量等于初级生产力和碎屑输入的加和时，总的初级生产力可以支撑的生物量的上限。

生态系统模型也被应用于水产养殖系统的分析当中。在智利北部，针对在 Tongoy 湾的筏式贝类养殖系统建立了一个包含 17 个功能群的生态系统模型并进行相应的研究（Wolff，1994）。底栖无脊椎动物在生态系统中占据主导地位，它们占据了整个水体中食物摄取以及生物量的绝大部分。这个生态系统被描述为低成熟度的系统，并且对于生物扰动有着较高的耐受能力。

8.3.1.2 将渔业纳入到生态系统的考量中

渔业可以被看作是生态系统中的顶级消费者，对于生态系统有着强烈的下行控制效应，并经常对食物网造成级联影响。渔业可能会与系统内自然的顶级消费者进行竞争，这包括一些其他种类的渔业；一种渔业对于不同生态系统组分的影响也会影响到同一生态系统内的其他渔业活动。

Ecopath 模型对地中海的南加泰罗尼亚海和亚得里亚海中北部的模拟（Coll et al.，2006a，2007）结果表明，这两个生态系统在 20 世纪 90 年代开展过大规模的渔业活动。类似的，坎塔布里亚海模型中（Sanchez and Olaso，2004）分析了不同的船队捕捞活动对生态系统的影响。结果表明海域内的渔业活动与已经集中开发的温带陆架可以相提并论。在地中海和坎塔布里亚海，进行拖网捕捞作业的船队对生态系统的影响最大。

Bundy 和 Pauly（2001）对菲律宾吕宋岛东南部太平洋沿岸 San Miguel 湾的渔业活动进行了模拟，用于检验大型和小型捕捞装置对生态系统的影响。结果表明两种模式对于生态系统都有着很大的影响，但比起大型捕捞装置，小型捕捞装置影响的累积效果更大且更复杂。虽然大型的捕捞装置捕获了多数的营养级，但小型的捕捞装置捕获的营养级更广，捕获的种类更多。这些结果都表明了捕捞死亡率、捕食死亡率以及竞争活动之间相互作用的复杂性。

Arreguin-Sanchez 等（2002）阐述了 20 世纪 70 年代后期墨西哥加利福尼亚湾的食物网，用于检验虾类拖网捕捞对于生态系统的影响并探讨副产品的影响（图 8.3）。结论认为，捕获副产品对于最大化虾类的产量有积极的效果，因为这些副产品中有相当一部分种类是虾类的天敌。因此，减少副产品的捕捞会导致虾类的捕食者的生物量增加。然而，分析结果表明如果渔业管理的目标是最大化生态系统内总的生产量并且减轻渔业对其他种类的影响，那只能强制性地减少副产品的捕获。

Gucu（2002）利用 Ecopath 研究了黑海生态系统胶体生物梳状水母在 20 世纪 90 年代的爆发以及小型上层鱼类的减少情况。结果表明，梳状水母对鱼类减少造成的影响非常有限，过度捕捞才是主因。然而，过度捕捞在梳状水母的爆发过程中起到了非常关键的作用，这种行为导致了生态系统中由小型上层鱼类占据的生态位空缺而有利于胶体生物进行快速增殖，梳状水母借助 20 世纪 80 年代富营养化作用下浮游生物生产力的增加完成了这一爆发过程。

相似的，1992 年针对智利中部上升流系统的模型研究表明，由于对中间营养级到低营养级生物的开发利用，渔业活动移除了大约 15% 的系统总初级生产力（Neira and Arancibia，2004）。虽然由捕食者导致的自然死亡率在智利沿岸比较高，例如，由捕食导致的小型上层鱼类的死亡率大约每年在 0.7~1.4 之间（Shannon et al.，出版中），但渔业活动同时将大量的经济鱼类比如鳀鱼、竹荚鱼和智利鳕鱼移除出生态系统。

Shannon 等（出版中）比较了本格拉南部以及北部，洪保德南部以及地中海的渔业对于生态系统中小型上层鱼类的影响，研究表明地中海、本格拉北部以及洪保德的渔业造成的小型鱼类死亡率比较高。此外，小型鱼类丰度的减少对于食物网内高低营养级种类的供求关系存在影响，导致捕食者的减少、被捕食者以及竞争物种的增加（水母，底栖鱼类等），甚至造成能量流动的紊乱。这些因素的共同作用可能导致能量向碎屑的流动，增加底部过程在系统中的重要性，并且使底栖生物对于上层食物网的影响减弱。

8.3.1.3 对比研究：对于生态系统时间变化的检验

通过对于不同时段的同一系统进行 Ecopath 模拟，并对结果进行比较性研究可以获得许多信息；我们可以对由于渔业活动、环境波动或以上两者结合造成的生态系统结构以及营养级之间联系的变化进行量化。考虑到 Ecopath 模型估计的不确定性以及不确定性评估方法的不断改进，在可能的情况下，有必要在对比模型结果时添加置信区间。

对于上升流区域，我们已经建立了很多模型（如 Jarre-Teichmann et al.，1988；Neira et al.，2004；Heymans et al.，2004；Roux 和 Shannon 2004；Shannon 2001；Shannon et al.，2003；2004b，Moloney et al.，2005）。上升流生态系统的特点是系统中优势种类丰度的波动非常大（鳀鱼和沙丁鱼的转换），对环境事件或变化的反馈比较灵敏，能承受食物网和营养功能的大幅度变化（如 Lluch-Belda et al.，1989，1992a，1992b；Schwartzlose et al.，1999）。因此，不难理解为什么许多用 Ecopath 开发的同一生态系统不同时段的生态模型大多是针对上升流系统的，其中一些被选为本节的讨论内容。

举例来说，基于本格拉南部生态系统建立的 Ecopath 模型（图 8.9）是针对 1980—1989 年这个时间段进行的模拟，这个时段鳀鱼是小型上层鱼类的优势种，而在 1990—1997 年之间的模拟则是沙丁鱼开始增加的时段（Shannon et al.，2003），在 2000—2004 年时段，鳀鱼和沙丁鱼都呈现出非常高的丰度（Shannon et al.，发表中），而更早的三个时段分别代表未受干扰的原始时段、工业化之前的时段（1652—1910 年）和工业化时段（19 世纪 60 年代）（Watermeyer et al.，2008）。当模型达到稳态时，对 19 世纪 80 年代和 1990—1997 年的模型结果进行对比，各营养级的生物量、转化效率、营养混合效应以及整个系统的特性表明，这两个对比时段系统的功能是相似的（Shannon et al.，2003）。然而，基于生态系统水平的奥德姆生态系统发展理论（Odum，1969）认为，20 世纪 90 年代的生态系统相比 80 年代而言更加成熟，比如，20 世纪 90 年代的模型结果有着更低的总初级生产力/总呼吸量值、系统总生产量、总初级生产力/总生物量值、停留时间和相对优势以及更高的流入或流出碎屑的能流、关联度和总呼吸/总生物量。在 20 世纪 90 年代模型中，较少的捕捞量使得上层动物和小型上层鱼类的生物量增加，因此得出，与 80 年代相比，20 世纪 90 年代本格拉南部生态系统仅仅受到捕食者、渔业活动以及食物可获得性的轻微限制（Shannon，2001；Shannon，2003）。随着三个更早期模型的完成，人类活动对本格拉生态系统的影响将逐渐被量化（Watermeyer et al.，2008）。

由于持续高强度渔业活动的开发，纳米比亚沿岸本格拉北部生态系统的沙丁鱼（1960s—1970s），无须鳕（1970s—1980s）以及竹荚鱼（1980s—1990s）资源面临枯竭。Heymans 等（2004）针对这三个时段进行了 Ecopath 模拟，重点放在本格拉北部生态系统的渔业、食物网结构以及生态系统营养功能的变化上（图 8.9）。特别从 20 世纪 70 年代开始，大量的水母出现在纳米比亚沿岸（Venter，1988；Eearon et al.，1992），顶层捕食者主要的捕食对象从沙丁和鳀鱼转向虾虎鱼（*Sufflogobius bibarbatus*），这一趋势是随着 20 世纪60年代虾虎鱼的生物量显著提升（Crawford et al.，1985）以及鳀鱼和沙丁鱼丰度下降而产生的。20世纪90年代的能量流动通路较少且营养转化效率低于80年代。80年代，随着狗鳕捕捞量的提升，总捕捞量的营养级是增加的，但是在本格拉厄尔尼诺现象造成的上层生物现存量的大幅减少之前，90年代初又出现了下降趋势。

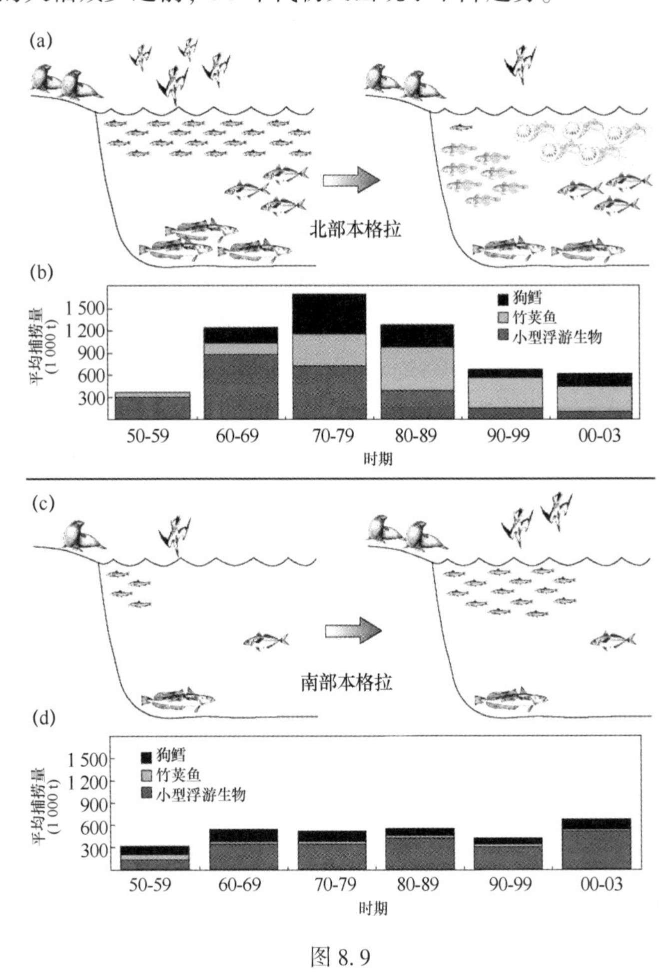

图8.9

20世纪70年代到21世纪初期南北部本格拉生态系统结构及主导种类相对丰度的变化情况。主导种类包括小型浮游鱼类、无须鳕、虾虎鱼、水母、峡角鲣鸟、软毛海豹（生物的个数只是用来表示相对丰度）（改编自van der Lingen et al.，2006）。

Neira等针对1992年和1998年智利中部沿岸的洪保德生态系统构建了两套Ecopath模型（Neira et al.，2004）。这些模型结果表明了捕食死亡率对于系统内渔业产量的重要性，尤其是对于幼鱼而言，也可以量化渔业捕捞死亡率对智利无须鳕、沙丁鱼、竹荚鱼以及鳀鱼的强烈影响。虽然在1998年系统内的生物量是1992年的2.5倍，但捕捞量却只有1992年的20%（Neira et al.，2004），表明在这10年内智利沿岸的生态系统仅受到了轻微的限制。然而，生物量的分布以及营养级间的产出水平在这两个年份都差不多，表明生态系统的结构并没有发生明显的变化。（Neira et al.，2004）

对一些经历过生态系统结构时间变化的其他陆架以及沿岸生态系统模型进行对比研究后得出结论。在西北大西洋，多个大西洋鳕鱼种群在90年代早期发生了衰退。Bundy (2005) 在斯科舍大陆架东侧构建了两个关于大西洋鳕鱼种群的模型：一个在衰退之前；另一个在衰退之后，用以研究生态系统结构和功能的变化并寻找大西洋鳕鱼种群现存量无法恢复的原因。尽管系统内总的生物量和生产力在衰退前后差异不大，但是系统内的营养结构和能量流动发生了显著的改变。由于小型上层鱼类丰度的增加，食鱼性生物的数量相应增加，使得生态系统从底层主导的系统向上层生物主导的系统转变（上层与底层的比率从0.3增加到3.0），表明能流从食物网中的底栖类群转移到上层类群。上层与底栖的比值是表示渔业活动负面影响的一个指标（Zwanenburg，2000；Rochet and Trenkel，2003）。一个比较合理的解释是：生命周期较长的底栖大型捕食者由于渔业活动而减少，上层小型的生命周期较短的物种丰度由于被捕食压力的减轻而开始增加。营养级间相互作用的分析结果表明，斯科舍北部陆架生态系统的大西洋鳕在90年代种群数量衰退之后难以恢复的原因可以用营养因素来解释（图8.10），至少对于小的鳕鱼来说是这样的（Bundy and Fanning，2005）。比较低的生物量导致它们在面对捕食者以及被捕食者方面比较脆弱。幼年鳕鱼在捕食时将面临丰度更高的其他鱼类的竞争，这往往会导致食物来源的限制。

Pranovi 等（2003）针对地中海亚得里亚海威尼斯潟湖构建了1998年和1988—1991年的两个模型，两个时期分别对应着菲律宾蛤仔扩散之前和应用机械拖拽方式对这个区域进行大规模的菲律宾蛤仔资源开发并严重影响生态系统的时段。菲律宾蛤仔在1983年被引入到威尼斯湖，由于其较高的经济价值，对菲律宾蛤仔的开发是当时首要的经济活动。然而，直到80年代末期，该区域的生物资源开发仍然依靠手工方式。这些模型让我们可以详细地研究区域内菲律宾蛤仔的收获对于环境的复杂影响以及“条带悖论”现象（Libralato et al.，2002）：拖拽活动引起的有机质再悬浮为菲律宾蛤仔提供了营养来源，进而使菲律宾蛤仔的种群数量明显增加。模型从食物网媒介角度展示了菲律宾蛤仔的相关渔业活动对于手工渔业间接的负面影响。

Brando 等（2004）针对意大利西岸奥尔贝泰洛潟湖浅水沿岸系统1995年和1996年的情况构建了两个生态模型，并用模型的结果来分析为了控制富营养化而采取的管理活动的效果。这个潟湖的特点是与海水交换能力弱但营养来源充足，在1975年到1993年间富营养化呈现越来越严重的趋势。为了控制水体的富营养化，从1993年开始，采取了一系列管理措施，包括降低营养负荷、增加水体循环以及选择性收获大型藻类。网络分析结果表明1995年和1996年的模型模拟结果存在明显差异，证实收获大型藻类是最重要的控制方法并表明在1996年这个生态系统更加的稳定及成熟。

8.3.1.4　对比研究：检验不同的生态系统

应用标准模型对不同生态系统进行比较性模拟可以为单一生态系统属性和渔业活动对生态系统影响程度的相对评估提供说明。此外，它使我们对生态系统之间关键特性以及共性的比较和评价成为可能。EwE 是一种非常适合于比较性研究的工具，它提供了一种标准化的方法（如在不同模型生态项中相似种类应用相同数量的功能群），这使其生物特征可以从模型的人工结果中分离出来，并且减少由于模型中功能群的聚集方式和生活史参数估

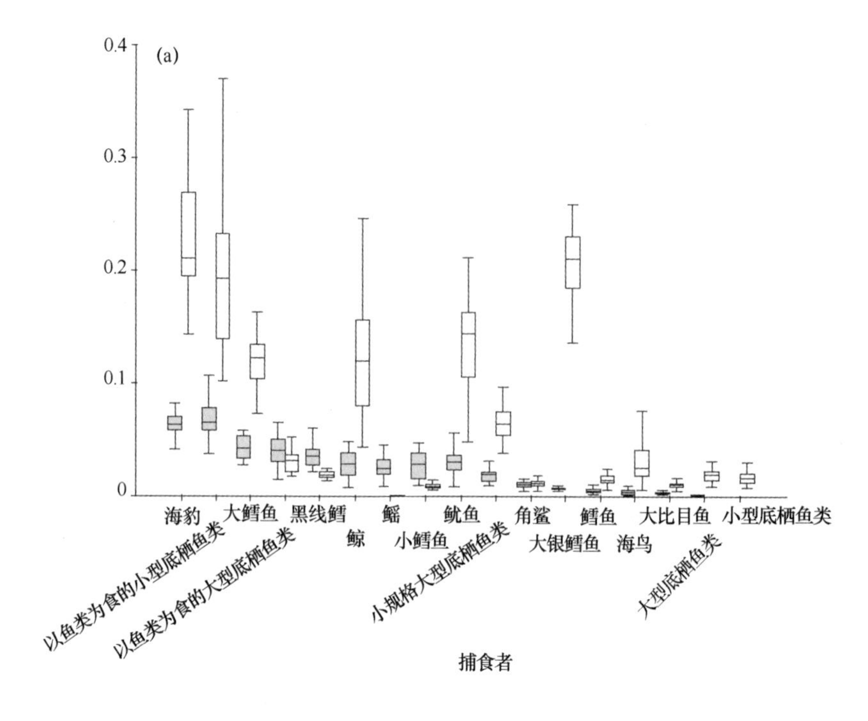

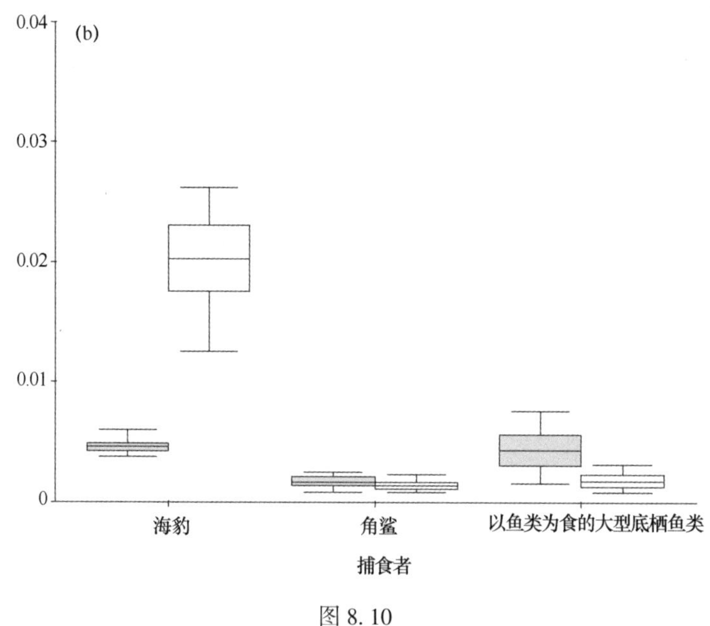

图 8.10

加拿大东斯科舍礁在 1980—1985 年和 1995—2000 年间，小鳕鱼（a）和大鳕鱼（b）捕食死亡率比较。水平线代表中位数，方框代表观测值的中间 50%值，误差线代表最高和最低的水平（不包括标准）。（参考 Bundy，2005）

计差异导致的生态系统属性改变所引起的问题和偏差。

例如，Moloney 等（2005）比较了 4 种代表不同区域以及时段的上升流生态系统：代表智利洪保德南部 1992 年的上升流生态系统模型；代表秘鲁洪保德中北部 1973—1981 年时段的上升流生态系统模型，代表南非本格拉南部 1980—1989 年时段的模型以及代表纳米比亚本格拉北部 1995—2000 年时段的模型。经过标准化过程后，4 个模型都具有 27 个功能群的相似结构，但是在某些代表物种上存在差异。不同指标的比较可以揭示洪保德和本格拉两种生态系统之间的差异，而基于整合的生物量、总生产力以及总消耗的指标则可以区分纳米比亚模型（其中一些已经开发的资源已经严重衰退）与其他的模型结果。

Coll 等（2006b）对一个代表地中海西北区域已开发生态系统的生态模型进行了标准化，并与上述 4 个上升流生态系统模型进行了对比（Moloney et al.，2005）（图 8.11）。对于生物量、能流以及营养级之间的比较表明这些生态系统之间存在较大差异，主要原因在于初级生产力不同，其中地中海模型中初级生产力是最低的，而与较低初级生产力相关的捕捞压力在地中海生态系统也较大。此外，通过比较%PPR 的值（用以支撑渔业的初级生产力的百分比，见 8.4.3 节）、群落的营养级（TL_{co}）、消费者的生物量以及开发率（F/Z）探讨了渔业对生态系统的影响；在地中海西北区域、纳米比亚和秘鲁的模型中，渔业的影响比较强，而在洪保德南部模型中渔业的影响比较弱。与其他的生态系统模型相比，纳米比亚模型和地中海模型中水层—底栖耦合以及胶状浮游动物对生产力消耗的重要性更加明显。这些确定的相似之处都与渔业对生态系统造成的影响有关。

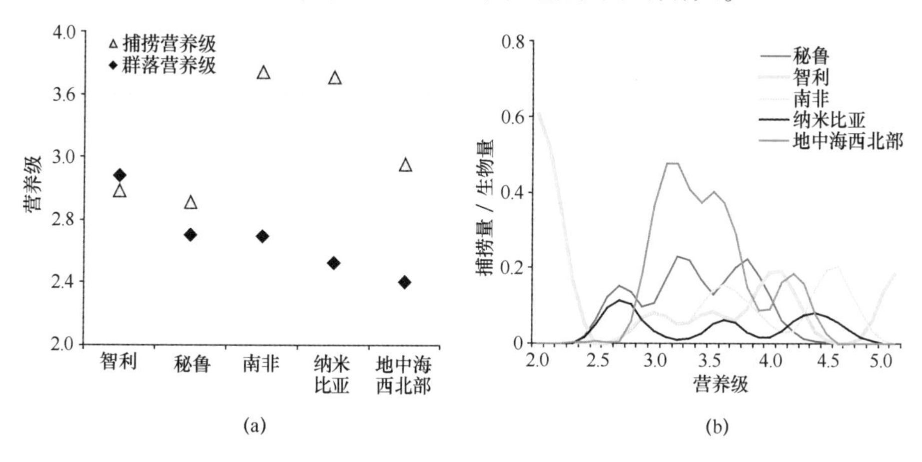

图 8.11

使用标准化模型比较研究不同生态系统的结果。这个标准化模型涵盖了 1994 年开发的西北地中海生态系统，1992 年开发的南部洪保德（智利）、1973—1981 年的北部洪保德（秘鲁）、1980—1989 年的南本格拉（南非）和 1995—2000 年的北部本格拉（纳米比亚）上升流生态系统。(a) 群落营养级（TLco）不包括 TL=1 和 TLc 总捕捞量；(b) 捕捞营养级系列：生物量供给量（改编自 Coll et al.，2006b）。

Libralato 等（2002）对比研究了威尼斯潟湖两种不同栖息地类型的标准化模型：海草床（图 8.2）和菲律宾蛤仔捕捞区。结果表明，海草床具有较高的初级生产力、物种多样性和复杂性，生态系统表现出处于生态演替的更高阶段。而菲律宾蛤仔开发的生态系统由消耗和呼吸流所控制，并且大部分的能量都存储在碎屑部分。

8.3.2　Ecosim

动态模拟模型 Ecosim 极大的拓宽了 Ecopath 对于渔业与环境空间关系研究的能力。Ecosim 让使用者可以通过改变渔业死亡率以及渔业强度随时间的变化，探究渔业活动的选择及变化对生态系统功能的影响。在本节中，我们将列举一些 Ecosim 的实例（表 8.1）。

8.3.2.1　关于渔业以及管理带来的影响的模型探索

在 20 世纪 60 年代，泰国湾内的渔业形式大多是个体渔业且区域仅局限于沿岸附近。随后，高强度的拖网活动在这个区域得到了发展，在 60 年代初到 80 年代间，这种类型的渔业活动对生物群落造成的改变被完整的记录了下来。Christensen（1998）应用了两组质量平衡模型来表示 1963 年（拖网前）以及 80 年代（高强度开发）的生态系统状态，并基于现场数据反演开发时间模拟和渔业活动增加随时间的变化。模型结果成功的重现了 1963 年到 80 年代间多种底层生物的衰退情况。然而，头足类动物的生物量却随着渔业的增加而增加，如虾和竹蛎鱼。这项研究还模拟分析了从 80 年代开始降低渔业压力后的生态系统状态是否与 1963 年相似。模拟结果表明如果渔业压力减小，那么在之后的几年内，系统的生物量会恢复并超过原来的水平。然而，这个模拟结果的解读需要注意，因为以往的研究表明，降低渔业压力往往会在模型中造成生物量的过高估计，而这样高的生物量并没有得到现场观测数据的支持（Bundy 2001），此外，渔业活动造成的不可逆性影响也是需要考虑的（Scheffer et al.，2001；Bundy and Fanning，2005）。

Mackinson 等（1997）针对 3 个不同的上升流生态系统（秘鲁，委内瑞拉和蒙特利湾），利用动态质量平衡模型模拟研究了不同的开发策略对小型中上层鱼类的影响。模拟结果表明，对小型中上层鱼类的高强度捕捞，对于被捕食者以及竞争者的影响都是正面的，但是其高一营养级的捕食者则需要最长的恢复时间。此外，模型预测的渔业死亡率以及最大可持续捕捞量要高于单种类模型。

为探索生物资源的可持续利用策略，Ortiz 和 Wolff（2002a）利用 Ecosim 分析了不同管理模式下由 Ecopath 模拟的 5 种底栖生物群落在（智利）Tongoy 湾的情况。模拟通过改变渔业死亡率以及能量控制（上行效应、混合控制、下行效应）的方式来进行。管理方面的选择以紫扇贝（*Argopecten purpuratus*）开发为主，它们的主要天敌为海星（*Meyenaster gelatinosus*）和海螺（*Xantochorus cassidiformis*）。结果表明通过这种方式评估得到的最大可持续捕捞量比用单种类模拟的方法得到的结果要低。此外，对蛤仔（*Mulinia* sp.）开发的模拟结果表明这一种群对于其他生物功能群的影响非常大，说明这一种类是这个生态系统的关键种。系统的内稳态是通过每次模拟生态系统恢复时间来确定的。

另外，利用 Ecosim 还进行了鲷鱼的生态功能及资源开发对墨西哥湾两个生态系统（墨西哥湾西部以及尤卡坦半岛的陆架附近）的影响研究。从种群的持续性、恢复时间、变化程度以及恢复能力方面将鲷鱼捕捞对于单一功能组群以及生态系统稳定性的影响进行了分析。在以上两个生态系统中，鲷鱼均为顶级捕食者，对鲷鱼进行捕捞开发的可持续性较低。然而，不同的鲷鱼捕捞情况会导致系统内动力学的差异，有鉴于此，作者建议上述两个区域内鲷鱼现存量的管理应当独立进行。

Coll 等（2006a）用 Ecosim 的模拟结果来支持地中海生态系统抵抗力较弱、极易受渔业活动和环境变化影响的理论。研究结果表明，自 1994 年以来，捕捞努力量的增加常常导致捕捞量的下降。综合各种不同的条件，如适度增长的渔业捕捞、流量的控制以及环境变化条件下基于蜂腰控制下的中上层鱼类（小型以及中型）食物可获得性的模拟结果表明，实际观测的捕捞量及生物量的下降在模型中得到了很好的重现。

Ecosim 在基于生态系统背景下的拖网渔业的选择性研究也有比较好的应用。Criales-Hernandez 等（2006）利用北不列颠哥伦比亚系统（加勒比海）的 Ecosim 模型和墨西哥湾的数据研究了热带虾捕捞产业中网捕设备减少造成的渔业死亡率的降低。Coll 等（2008a）基于刚性栅栏和方网眼的底拖网现场观测数据模拟研究了西北地中海系统目标种类渔业死亡率的降低状况。Kitchell 等（2002）评估了北太平洋生态系统中部降低枪鱼副渔获物数量的捕捞方法的生态及经济影响。在上述 3 个案例中，实施生态系统的选择性管理策略的潜在优势得到了很好的展示。

8.3.2.2 检测能流控制

早期应用的 Ecosim 强调能流控制对于生态系统动力学的重要性（Bundy，1997；Walters et al.，1997）。20 世纪 80 年代，Shannon 等（2000）利用 EwE 研究了不同能流控制状态下南部本格拉生态系统的生态系统动力学：捕食者对所捕食上层动物的下行控制，小型上层鱼类的蜂腰控制（包含上层动物的上行控制以及小型中上层鱼类的下行控制）以及混合控制（既不是上行控制，也不是下行控制），图 8.4 不同流量控制条件下的模拟结果相差非常大，表明在评估渔业活动的影响时考虑营养流动控制的重要性。下行控制流量控制系统渔业带来的影响小于蜂腰控制情况，蜂腰控制情况下的渔业影响会轻易地影响到整个生态系统。混合能流控制情况下的渔业影响则在两者之间。

随后，EwE 被应用于模拟南本格拉生态系统中由鳀鱼主导转向沙丁鱼主导的过程（Shannon et al.，2004a）。模型对两个可能导致生态系统变化机制的假设进行了检验：分别为渔业活动和环境因素导致的上层动物群落结构变化。应用 Ecosim 对不同渔业死亡率下的沙丁鱼、鳀鱼以及竹颊鱼进行了模拟，基于不同尺寸的上层动物适合于不同的捕食行为进行优化处理，并将中尺寸的上层动物作为“强迫函数”（见 8.2.2 节）用于测试不同的被捕食者对于鳀鱼和沙丁鱼的影响（Van der Lingen，1999）。模拟的结果表明，近 20 年间对于中上层鱼类的捕捞并非是导致沙丁鱼和鳀鱼的丰度发生变化的主要原因。相反的，生态系统由鳀鱼主导转变为沙丁鱼主导是由环境引起的鳀鱼和沙丁鱼所捕食的中型上层动物的变化所导致的。

有研究者利用 Ecosim 对纽芬兰-拉布拉多生态系统内的变化情况进行了研究，希望能够发现这种变化是否可以用不同营养控制下的渔业活动以及捕食死亡率的变化进行解释（Bundy，2001）。大西洋鳕以及其他一些底层鱼类资源在 20 世纪 90 年代初发生了枯竭或大量减少的情况，这造成了巨大的经济、社会以及生态的影响。这项研究重现了在由上行能流控制以及不断增加的渔业死亡率情况下的鳕鱼资源枯竭现象（并且在之后一直没有恢复），此外，模型预测的结果也提到了海豹和虾类数量的增加。模型结果表明在由上行和混合能流控制的情况下，海豹数量的增加对于鳕鱼资源恢复的影响是负面的。研究结果支持了纽芬兰鳕鱼资源的枯竭是由于过度捕捞造成的这一假设，并且，在鳕鱼现存量衰竭的状况下，海豹数量的增加减缓了其资源恢复的过程。

Gasalla 和 Rossi-Wongtschowski（2004）研究了巴西湾南部沿岸区域渔业策略的改变（如对乌贼以及沙丁鱼鲜活饵料捕捞量的增加）对于沙丁鱼的影响。他们发现在由上行控制的假设下，改变乌贼的捕捞量对于生态系统的影响更加明显，这让他们提出在由上行控制的假设下，对于渔业管理策略的评估应该更加谨慎。除了对鲨鱼和鳐鱼有一定的影响外，对沙丁鱼的鲜活饵料的捕捞对区域生态系统的影响不大。

Mackinson 等（2003）利用 Ecosim 模型探讨了小须鲸及其猎物和渔业捕捞在巴伦支海内的不同功能响应的假设。结果表明，生态系统对于这些功能响应的影响反应并不明显。例如，与直接捕鲸相比，对于鲸猎物的高强度捕捞会对鲸的生物量产生更长期、持久的影响。但结果同样表明，模型中不同的脆弱性设置会导致小须鲸捕食和生物量的动态变化。

模型的不确定性主要来自于生态系统中流量控制的性质以及渔业捕捞与管理之间的关系。Bundy（2004a）利用适应性的管理策略对菲律宾的圣米格尔湾内不同流量控制假设下的管理方式的选择进行了研究，结论认为，在充分研究过的管理选择下，对于系统不确定性的研究以及区分不同资源模型之间的区别的意义不大。这一结论的得出是基于研究 5 种不同管理策略对 4 种不同资源模型影响，并使用 6 种标准进行影响评价获得的。对于每一种评价标准，所有的模型都采用鲁棒控制策略。此外，模型结果显示下行控制假设会导致更多的预警性管理。

8.3.2.3 分析生态系统动力学中的环境胁迫

研究者利用 Ecosim 研究了渔业和富营养化对黑海生态系统的影响，并采用一个生物性的时间序列数据对趋势及相关性进行了研究（Daskalov，2002）。模型模拟了 30 年的时间，在这期间渔业死亡率随着时间而改变，并且包含了一个强迫函数来拟合一个初级生产力的增加带来的影响。结果表明营养级间的级联效应会出现，捕食者的减少导致了饵料鱼类的增加，上层动物的减少会导致上层植物的增加。这种营养级间的级联效应与过度捕捞和富营养化有关。

Watters 等（2003）研究了厄尔尼诺南方涛动（ENSO）对中高营养级生物可能造成的影响。通过与上层植物生物量以及捕食者补充两个环境方程的有效整合，作者研究了热带太平洋东部的一个中上层系统的质量平衡模型的动态变化。结果表明，影响捕食者补充的环境效应是造成生态系统内部变化的主要因素，而由渔业造成的下行能流控制可能会被这些效应所抑制。

8.3.2.4 模型数据与实测数据的拟合

研究人员利用 Ecosim 将 1978—2002 年共 25 年的时间序列观测数据与本格拉南部生态系统的质量平衡模型进行了拟合，并探讨了鱼类现存量的动态变化由摄食交互模式（能流控制）、捕捞策略以及环境变化所决定的可能原因（Shannon et al.，2004b）。模型中，渔业捕捞因素解释了约 5%的时间序列变化，估计的上层植物生产力强迫函数解释了 11%，捕食者与被捕食者之间关系的脆弱性假设（能流控制模式）解释了约 33%。当假设能流

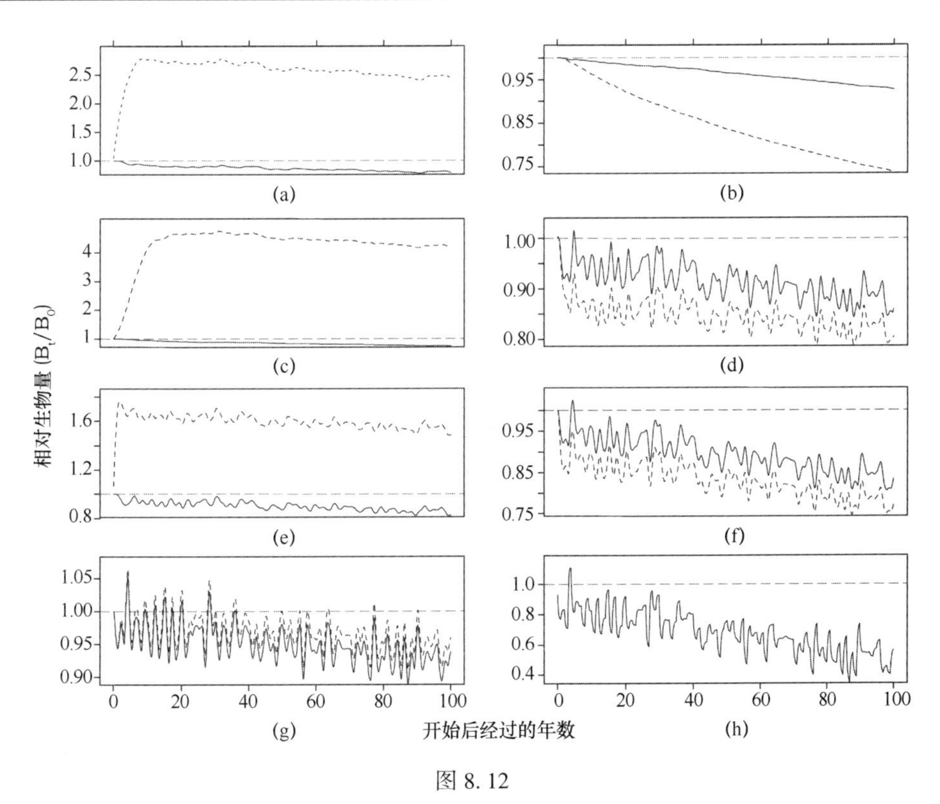

图 8.12

全球变暖对中、高营养级生物间接影响的模拟。（由上行效应驱动的大量浮游植物生物量模型结果获得）：各个横坐标代表的物种包括（a）大旗鱼；（b）斑点海豚；（c）大鲨鱼；（d）小型鲯鳅；（e）黄鳍金枪鱼；（f）鲣；（g）飞鱼类；（h）大型浮游植物。模型的驱动力由 MaxPlank 全球气候模型预测的冬季平均海面温度异常提供。实线代表 F 值与模拟期间 1993—1997 年的平均 F 值相同；虚线代表 $F=0$ 的模拟。水平虚线代表在 $B_t/B_0=1.0$ 时的参考量。（转载自沃特斯等（2003））物理驱动力和东部热带太平洋深海生态系统的动态变化：在 ENSO 规模以全球气候变暖的驱动力进行模拟。数据重现已经过授权（Watters et al.，2003）。

控制是小型中上层鱼类蜂腰模式时（对其被捕食者采用下行控制，捕食者采用上行控制），模型预测结果与实测数据的吻合度最佳。这些研究的目的在于强化模型构建时的参数化过程及可靠性，这对于不同渔业情况下管理策略建议的提出有着积极的作用。图 8.6 是利用时间序列数据对南本格拉生态系统模型进行校正的一个案例（Shannon et al.，2004b），目前处于不断更新过程中（Shannon et al.，整理中）。

Heymans（2004）研究了本格拉北部的上升流系统，并用 20 世纪 70 年代到现在的时间序列数据对不同渔业捕捞情况下的营养能流控制下的质量平衡模型进行了拟合。实测数据中 65%的变化都可以用内部因素（能流控制）和外部因素（渔业捕捞及环境）来解释。模型中引入环境因素来计算环境的异常程度，籍此增加模型的拟合度。这种环境异常度与环境变量进行相关分析后，发现在小型中上层鱼类系统蜂腰控制下，与表层海水温度与风速有显著的相关性。随着更多实测数据的获得，这个模型目前也在不断更新中（Heymans，整理中）。

Coll 等（2008b）展示了利用 1978—2003 年的实测数据对南加泰罗尼海（地中海西北部）温带陆架生态系统模型的拟合结果。结果表明，能流控制模式可以解释约 37%～53%的时间序列变化，而渔业捕捞以及环境变化可以分别解释 14%和 6%～16%的时间序列动态变化。这项研究也表明区域内的小型中上层鱼类也包含在蜂腰和上行能流控制状态内，这个模型也在持续更新过程中。

Neira 等（整理中）利用 1970—2004 年生物量、捕捞量和渔业死亡率的时间序列数据对 1970 年的洪保德南部上升流系统模型进行了拟合，结果表明渔业死亡率可以解释 28%的时间序列变化性，脆弱性指数（v）可以解释另外的 21%，影响初级生产力的强迫函数进一步解释 11%～16%的数据变化。模型拟合的初级生产力异常变动趋势与 1970—2000 年间的海水表层温度以及上升流指数的吻合度非常好。

Walters 等（2005）报道了利用 11 组质量平衡模型与实测时间序列数据的拟合结果，并证实了这种方法重现已开发生态系统动力学的适宜性。模型利用实测的数据进行了拟合，并依据方法学程序（如营养级间的相互作用、媒介效应）进行了分析和讨论。此外，评估了捕获物种对单一物种最大可持续捕捞量的生态系统水平上的影响，结果表明这会导致生态系统结构的明显退化（如顶级捕食者生物量的减少）。Mackinson 等（2008）对比了一系列的模型拟合结果研究了渔业活动和环境胁迫对海洋资源的影响。

8.3.2.5 政策优化及管理方案

2001 年，在温哥华举办的一次研讨会上，研究人员就不同生态系统背景下不同的渔业策略对达成广泛认定的生态、社会（就业率）和经济目标的影响进行了讨论（Pitcher and Cochrane，2002）。在大多数的研究实例中，能够优化经济效益或就业效果的渔业策略相对容易理解，然而“最适的”渔业策略在生态方面却经常不切实际，最终导致模型出现极端不符合实际的结果。例如，Shannon（2002）发现本格拉南部生态系统“最优的”渔业策略会使模型中的参数（生物量、食物组成、摄食量及生产率）超出可能的范围，进而产生非常不切实际的结果。尽管如此，这类模拟在评估渔业管理策略的社会和经济价值时仍然非常有效，并强调了不同的渔业政策中物种间的相互作用（扩展到传统的单一物种研究方法之外）对于生态、社会和经济效应影响的重要性。这次研讨会以及一些后续应用 EwE 进行策略优化的研究在阐述生态系统水平的渔业管理领域起到了重要作用，并指出了谨慎制定基于生态系统背景的政策目标的必要性。

Okey 和 Wright（2004）使用路径优化对阿拉斯加的威廉王子湾内鳍足类动物种群重建的管理策略进行了分析。同样的，模型的结果表明最大化的经济以及社会效应标准会导致生态系统内捕食者的减少，被捕食者的产量达到最大化从而获得更多的渔业利润。当关注生态效应时，捕食者以及他们相应的被捕食者都会增长。渔业捕捞和捕食者之间的竞争非常明显，捕食者的数量随着渔业捕捞的减少会相应增加。这项研究同样表明中等程度渔业活动的减少可以增加 20%的鳍足类生物量（图 8.13）。

最优渔业政策程序同样被应用于泰国湾，其结果强调了在优化利润导向的模拟中重点在于保证经济物种的数量，同时降低其生态系统中的竞争者以及捕食者数量（Christensen and Walters，2004b）。以经济利益为目的的优化开发会导致作业渔船捕捞强度以及以杂鱼和虾类为主品种捕获量的急剧增加，进而影响大型鱼类的种群数量以及渔业活动的多样性。以生态效应为主的模型优化则会建议降低捕捞强度来确保各种类型功能群生物量的增加。从全球的角度来看，以利润为目的的优化目标与保护措施是一致的，但是以价值为目的的优化则会与利润和生态产生冲突。

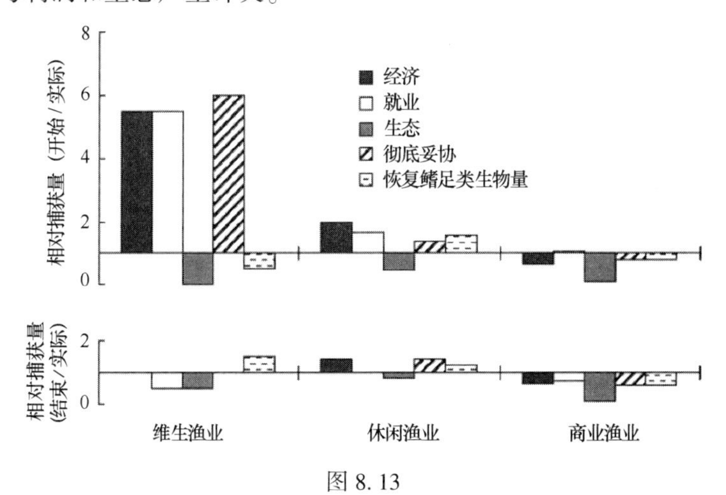

图 8.13

在阿拉斯加威廉王子湾的生态系统内，基于 1994—1996 年的实际水平进行的 20 年模拟产生三种不同渔业类型的渔获量的数据。开始和结束水平由非线性搜索过程选择优化的解决方案，以指定每次运行的目标。在“彻底妥协”的案例情况下，经济、就业以及生态目标在模拟中具有相同的权重（引自 Okey and Wright，2004）。在此基础上，为威廉王子湾进行基于生态系统的政策建议：整合相互冲突的任务并且重建鳍足类动物生物量。Okey 和 Wright（2004），已获得授权许可。

在墨西哥加利福尼亚半岛拉巴斯湾的一个研究案例中，Arreguin-Scnchez 等（2004）从经济、社会和生态方面对两个家庭渔业和一个虾捕捞场进行了评价。结果表明以经济、社会以及最大可持续产量（MSY）为目的的优化手段会导致一些生物数量的衰竭以及渔业捕捞努力量不切实际的增长。然而，如果将经济效益、社会效益和生态效益相结合，模型模拟结果可以避免出现渔业资源衰竭的情况。

8.3.2.6　关于未来的模拟

“探索未来”的模拟方法（Pitcher，2001，2005）利用模型及其他知识（包括传统或当地的知识、历史文档和考古资料等）反演过去的系统，并进行未来政策目标的探索（图 8.14）。最终的目的是从经济、社会和生态利用方面对生态系统已知状态进行重建。当建好过去的模型后，我们可以基于不同的重建条件对生态系统未来状态进行动态模拟，并与过去的结果进行对比。这种方法已经被应用到各种不同的生态系统中，如不列颠哥伦比亚省乔治亚州（Dalsgaard et al.，1998），纽芬兰（Pitcher et al.，2002a）和不列颠哥伦比亚省北部（Ainsworth et al.，2002）。

8.3.2.7　关于污染的研究

在经历了1989年威廉王子湾以及其邻近区域埃克森·瓦尔迪兹号油轮溢油事件后，关于这个区域生态系统内生物因素的研究不断增加，并有研究者建立了一个Ecopath模型（Okey and Pauly，1999）。模型模拟的结果用于探索渔业、人为扰动（如溢油）、生态系统恢复以及生态系统资源的开发等的重要性。由于溢油导致的生物死亡率的增加被纳入到模型中，并利用一个时间序列的模拟结果用以评估此次溢油造成的影响。结果表明溢油对生态系统造成了严重的影响，导致系统内各种功能群生物量的减少。从全球角度来看，溢油造成的影响会导致海洋生物群落演变为另外一种状态。

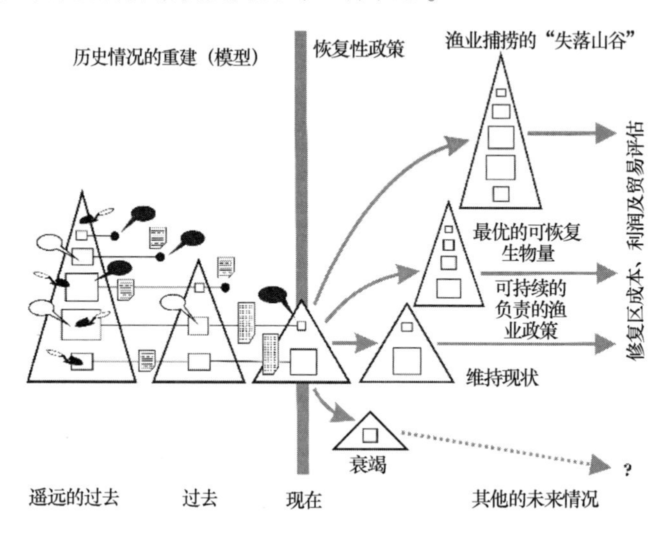

图8.14

展示了“探索未来”的理念，调整过去的生态系统作为未来的政策目标。灰色垂直线左侧的三角形代表每一个相应的时间序列的历史生态系统模型，其中模型的生物多样性及内在关联性与三角形的顶点角度成负相关，与三角形的高度为正相关。在生态系统中一些有代表性的物种通过时间线进行表示，盒子的大小代表相对丰度，实心圆表示地方性的灭绝（=摘除）。生态系统模型构建和调整的信息来源是由历史文献标识表示（文件符号），数据归档（数值型数据表符号），考古资料（查阅符号），原住民所提供的信息（开放气球）和社区提供的地方环境知识（实心气球）。右图是未来可选择的生态系统，分别代表了生态系统衰竭，维持现状或恢复为“失落的山谷”的状态用以进行不同政策制定的目标。恢复为“失落的山谷“需要我们进行可持续的捕捞以及渔业政策，旨在按照指定标准，并以客观的量化的标准搜寻优化可恢复生物量作为基准。”回到未来“的政策目标的最终选择是通过比较权衡，考虑各种因素之后，在渔业和小规模的渔民，政府，维护，沿海社区和其他利益相关者的社会经济和生态目标效益进行综合考量之后做出。图没有显示气候波动和模型参数的不确定性风险评估(图片修改自Pitcher 2007以及Pitcher and Ainsworth 2007)。

Booth和Zeller（2005）对法罗群岛生态系统内甲基汞在食物网和海洋哺乳动物中的浓

度进行了模拟，用来研究食用鳕鱼和巨头鲸对人类造成的影响。在这项研究中，研究人员应用 Ecosim 中的 Ecotracer 程序来预测示踪物在食物网中的迁移和积累（Christensen and Walters，2004a）。在目前的条件以及气候变化背景下，汞浓度在生态系统中呈现增加的趋势。结果表明，人类食物中最高含量水平的汞来源于鲸鱼肉，气候变化加剧了这一状况。这项研究也预测汞流入生态系统的速率需要降低 50%来保证目前食用海洋资源的安全摄入标准。

8.3.3 Ecospace

空间确定性模型是先进的渔业科学及管理首选的方法（Walters et al.，1999；Salomon et al.，2002；Martell et al.，2005），尤其是从单一物种的渔业管理拓展到生态系统水平的渔业管理。然而，许多 EwE 应用，包括针对时间序列数据进行拟合的模型，并没有同时进行空间方面的考虑，如生物的空间行为、在空间上的重合或共生的物种（捕食者与被捕食者；竞争物种等）、渔业的空间行为、鱼类的迁徙以及空间管理方法。虽然目前只有非常有限的前期工作，但 Ecospace 的应用为这类问题提供了可能的解决方案。

在一项利用 EwE 对 Tongo 湾的全面研究中，Ortiz 和 Wolff（2002b）利用 Ecospace 进行数据分析来研究空间管理策略，并划分了 4 类栖息地类型，海草床（0~4 m），沙砾底（4~10 m），沙滩（10~14 m）以及泥滩（>14 m）。根据主要渔业种类情况开展了 5 种不同情景研究，包括一种红藻，一种扇贝，一种腹足类动物和一种螃蟹；这些情况发生在海草床、沙砾底、沙地或者是同时发生在海草床和沙砾底当中或者发生在所有的栖息地中。基于生物量的变化，作者认为沙砾底栖息地对于渔业的抗性最高，在 2~3 种栖息地中同时进行渔业捕捞活动会对生态系统带来最大的负面影响。因此，建议在这个海湾应该考虑进行轮捕政策。

多数的 Ecospace 研究都聚焦在海洋保护区，Walters 等（1999）将 Ecospace 作为一种对海洋保护区定义、功能以及开发政策研究的重要工具。应用一个简单的 Brunei Darussalam 模型，他们发现对海洋保护区边界捕食者捕捞强度的增加，导致捕食者密度的降低（渔业捕捞也会降低海洋保护区内种群的迁入以及迁出），因此，海洋保护区边界应该存在生物量梯度。同时，保护区内可能存在由于大型捕食者密度的增加导致小型鱼类密度的降低的营养级联效应。密度依赖效应会导致大型捕食者的迁出，这会导致海洋保护区内捕食者生物量的降低。他们进一步得出结论，范围大一些的海洋保护区比小范围的海洋保护区更加有效。对于相同面积的保护区来说，划分为一个范围大一些的海洋保护区会比划分为许多个小范围的海洋保护区的边界更小，而边界区往往是进行渔业捕捞的区域。因此，更多边界的存在会导致更多迁徙行为的发生，渔业捕捞活动对边界的影响越大。这些结果也得到了其他 Ecospace 研究的证实（如 Pitcher et al.，2002b；Salomon et al.，2002；Martell et al.，2005）（图 8.15）。Salomon 等（2002）对加拿大瓜依哈纳斯国家海洋保护区的管理策略进行了研究，认为缓冲区是减轻边界效应和生物量密度梯度的有效方法，但只有明确要达到的目标才能实现保护区的最优设计。Okey 等（2004）通过 Ecospace 模型演示了通过减少加拉帕戈斯群岛某些礁区的渔业活动可以避免潮下带礁石上海参的功能性灭绝。

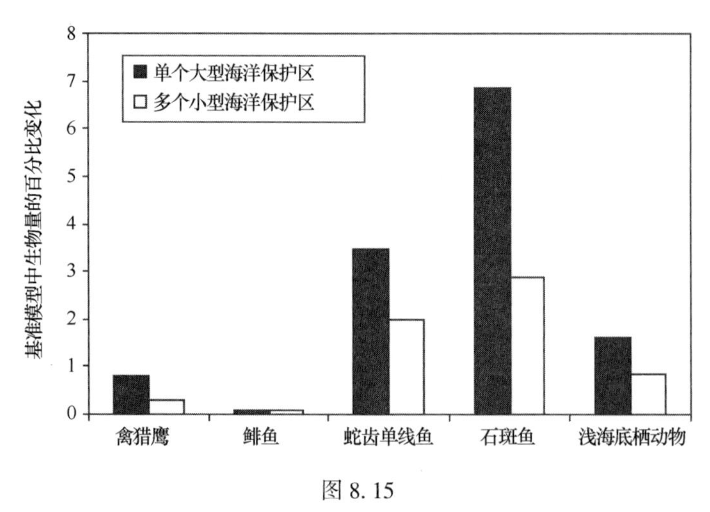

图 8.15

建立一个大保护区好还是多个小保护区好（SLOSS）的争论。以非保护区为基准模拟一个大型海洋保护区分成 3 个小型海洋保护区后生态系统中各组分生物量百分比的变化情况。模拟的结果来自于 10 年的模拟时段（引自 Salomon et al.，2004）。模型来自于项目“对海洋保护区区划政策的营养效应：一个案例研究”，已获得 Springer Science 和 Business Media 授权。

Martell 等（2005）探索了针对北太平洋海洋保护区内基于扩散和对流情况的不同假设条件下的渔业政策对 Ecospace 预测结果的相对重要性，结论指出大型上层生物保护区的面积需要更大一些。他们将北太平洋分为暖水区和冷水区两种栖息地类型，并构建了 3 个运动模型：默认的平流-扩散运动模型中扩散速率是随机的并且没有方向性；另外两个运动模型则是响应因生产力和捕食情况而不同的合适的测量方法。运动情况在低拟合度区域会增加，在高拟合度区域内会减少。在变化的迁出模型中，运动情况对于拟合度的反应是随机的；在方向性运动模型中，运动会被导向到拟合度更高的单元内。研究者们导入每月海表面的海流信息以计算平流场。每个单元格的初级生产力都是动态的，并且假设与上升流的速度成正比（动态模型）或与长时间序列的平均初级生产力保持一致。这 3 种情况代表了封闭区域、不同种类保护政策下的情况以及现状。作者认为，静态模型以及动态模型之间存在着非常大的不同，除了运动模型，在探索以及制定封闭区域的政策时，海表面海流随时间的变化需要重点考虑（图 8.16）。大洋内部过程的年际变化会影响海洋保护区的效能，这是由于物种（包括金枪鱼）集聚的区域位置每年都会有变化，因此，可能处于海洋保护区的边界之外。在这样的情况下，受保护物种极易因为渔业活动的影响而呈现较高的死亡率。总体而言，3 种运动模型的结果都比较充分，没有必要再对大型中上层鱼类的运动做进一步研究。

与 Ecosim 类似，Ecospace 同样可以用于政策探索，例如对于香港人工鱼礁系统渔业条例与资源保护之间的权衡（Pitcher et al.，2002b）。在后一项中，对允许在人工鱼礁区进行渔业捕捞的情况进行了研究，这会给人工鱼礁计划及强化政策带来更有力的支持。

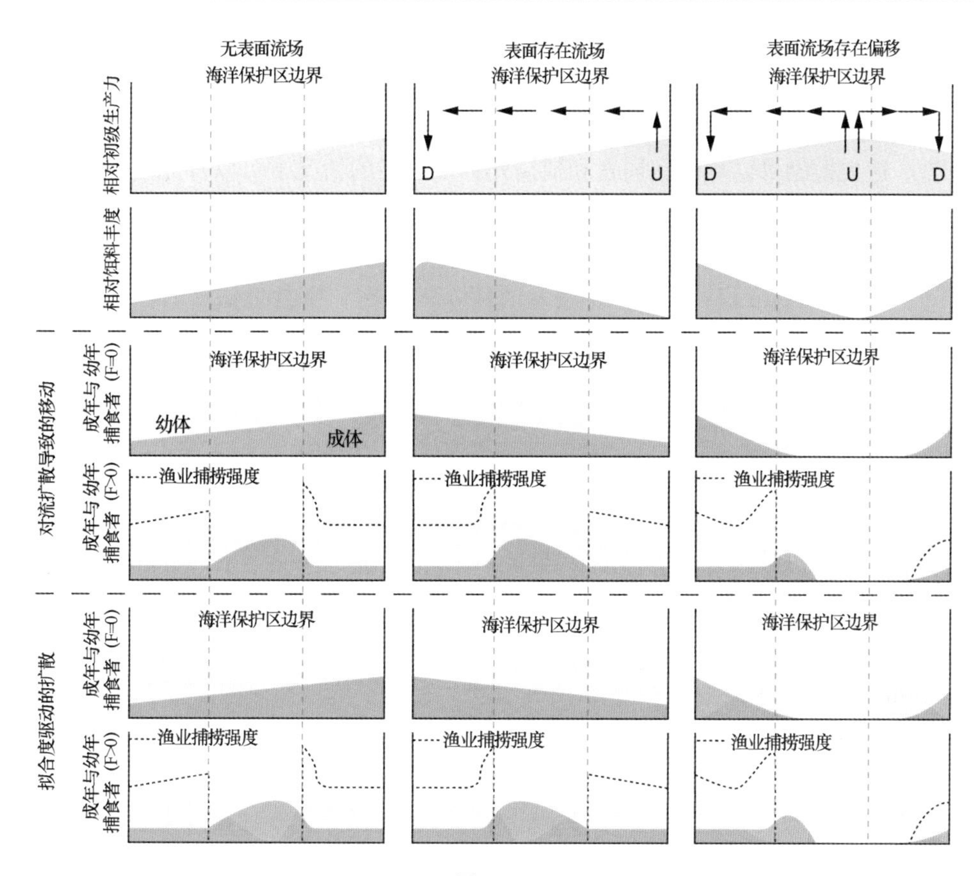

图 8.16

展示了 Ecospace 针对封闭区政策研究的主要发现，用不同的模型来代表关于动物行为以及产量的静态驱动分布（第一列）与动态驱动分布（第二、第三列）之间的不同假设。第二行表示饵料的空间分布，表面水流平流带来的饵料在第二和第三列。各图表示了不同丰度空间分布的横截面或断面（以及捕捞强度）在整个 Ecospace 空间内的分布。顶级捕食者的捕捞强度由虚线表示。阴影多边形代表在生物量平衡时的分布；每个多边形的面积正比于生物量。垂直虚线代表海洋保护区的边界线；箭头代表水流方向；U 代表上升流；D 代表沉降流或聚集区。(图片转载自 Martell et al.，2005) 太平洋中部地区海域的生产力，捕食风险和捕捞强度的保护区的作用。授权许可来自于 Canadian Journal of Fisheries and Aquatic Sciences 60：1320-1336，得到 NRC Research Press 的许可。

8.4 EwE 生态系统模型的用途及局限性

8.4.1 EwE 可以作为一种诊断工具

Ecopath 模型在区分数据缺陷及敏感性相互作用方面非常有效，因此，可以指导科学研究（Halfon and Schito，1993；Bundy，2004b）。此外，基于对 Ecopath 模型内交互作用约束的定义有助于优化对信息匮乏种群的参数估计（Okey and Pauly，1999）。通过构建

Ecopath 模型，从生态系统中获得的生物及生态数据可以得到确认、分析、整合和评估。

Ecopath 模型还可以用于测试质量比较差的数据，例如，大洋底栖种类或海洋底边界层动物的生物量非常难以估计，但是这类生物是海洋生态系统中许多生物种类非常重要的食物来源。这类模型可以计算在捕食和捕捞死亡率确定的情况下可以补充生态系统总死亡率的最小生物量（Lam and Pauly，2005）。另一个例子是针对胃含物分析的数据，相对于身体有坚硬部分的种类（如鱼和头足类）而言，被捕食的软体动物可能会被低估。因此，Ecopath 模型在对捕食者和被捕食者生物量的营养级数据和摄食量估计的修正过程中非常有用。

8.4.2 作为管理工具对渔业生态系统进行动态模拟

众所周知，渔业管理中的多种类方法并不应该也无法完全取代单种类渔业管理方法的角色，但是多种类渔业管理方法应当作为一种补充方法存在于模型的“工具箱”中，通过这些工具箱我们可以得出管理方面的建议（Starfiedl et al.，1988，Whipple et al.，2000）。从长时间尺度来看，相比于传统的单种类模拟方法，多种类方法会得出完全不同的管理建议（Magnusson，1995；Stokes，1992），但是在短时间尺度上，这些建议可能会相似（Christensen，1996）。Cox 等（2002）研究表明，相较于单物种模型而言 EwE 能更好地代表并解释在顶端捕食者被大量捕捞之后物种的恢复情况。对于缺乏任何正式过程去协调（或检查它是否适合协调）单一种类管理方法的管理策略从而达成不同目标，会导致在形成单一种类水平上的管理建议时产生冲突的情况，从而强调了多种类或生态系统水平方法的必要性（Murawski，1991）。

动态 Ecosim 模拟可以研究不同渔业政策可能对生态系统产生的影响，尽管模型基于的假设，例如能流控制参数的设置，需要更加仔细地去斟酌，同时敏感性分析需要花费大量精力进行研究。关于 EwE 模型的最新开发，对时间序列进行拟合的能力，包括描述流控制的脆弱度方面设定的优化，增加了模型预测结果的可信度。这为测试不同渔业情况的假设提供了坚实的基础，同时这些模型为渔业管理提供了具有更高可信度的信息。渔业政策的探索和程序的优化为研究生态系统对渔业政策假设的动态响应提供了更多的途径，这可以优化单一的或复合的政策目标，并且为管理者的决策（如对不同渔业目标重要程度的确定，或对多个目标同时进行优化）提供指导。

8.4.3 基于生态系统指标分析涌现性

作为渔业生态系统研究的有力工具，EwE 模型的建立促进了营养动力学指标的估计和生态分析。营养动力学指标衡量了生态系统内种类或种群之间的相互作用强度，以及由于捕捞导致的生态系统结构和功能的改变（Cury et al.，2005）。在文献中已经确认的 46 个营养级指标中，Cury 等（2005）挑选了 6 个作为主要测试指标在本格拉北部和南部生态系统进行了 EwE 模拟研究（图 8.17），这 6 个指标分别为捕捞量或生物量比率、生产力或摄食比率和捕食死亡率、初级生产力（PPR）、捕捞营养级（TLc）、渔业捕捞平衡（FIB）指数和混合营养级影响（MTI）。

PPR 表示由初级生产者以及腐食者的当量流量决定的捕捞量，可以通过与生态系统内的初级生产力以及腐食量相关的单位捕捞量进行标准化（%PPR）。这项测定可用作渔业足迹指标，也可以作为捕捞强度的指标（Pauly and Christensen，1995）。

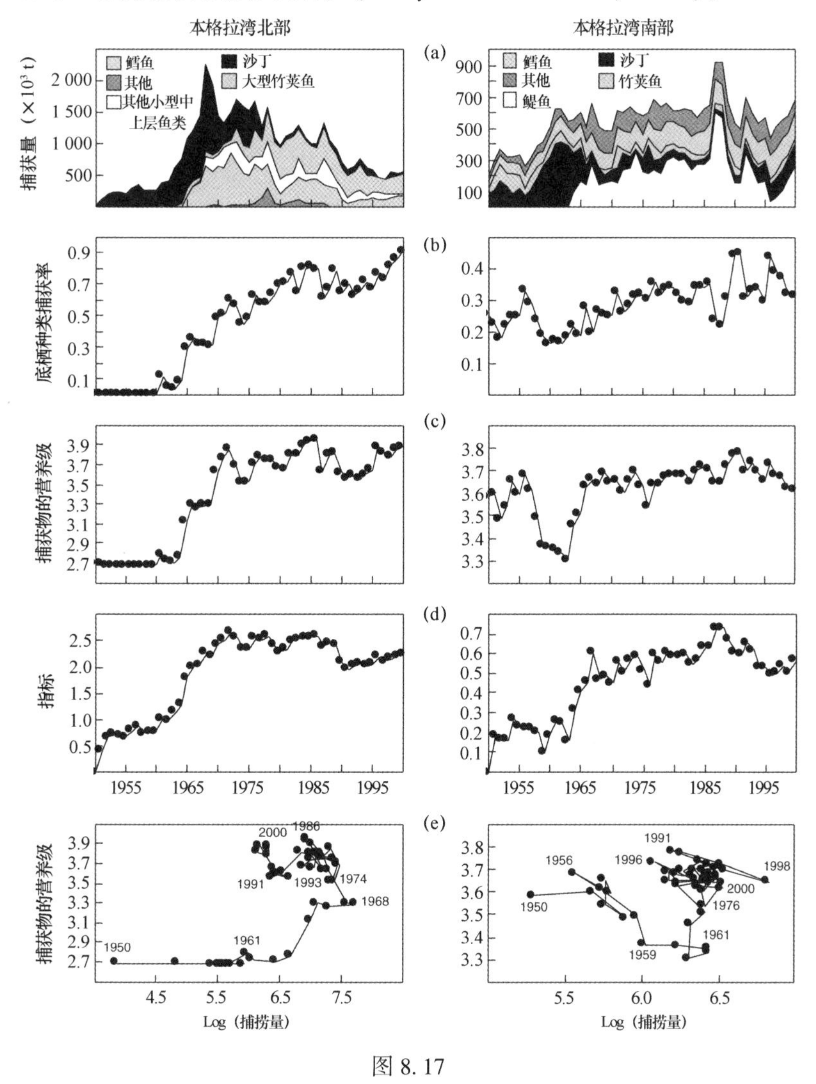

图 8.17

EwE 模型中针对北部和南部的本格拉生态系统所选定生态指标的例子（引自 Cury 等（2005），已获得 Elsevier 授权）。

渔业捕捞平衡（FIB）指数可以通过捕捞数据和最终的营养级参数进行计算（Christensen，2000；Pauly，2000），它可以衡量给定生态系统内捕捞种类的营养级变化是否与同时发生的生产力的变化一致（如低营养级的捕捞，更高的生产力，FIB=0）。当渔业捕捞的营养级降低，并且与增加的生产力不匹配时（FIB<0），则过度捕捞明显。另外，FIB 可以指示渔业捕捞是否在加强（FIB>0），上行效应是否发生（FIB>0）或渔业捕捞中丢弃生物是否在分析渔业对生态系统的影响中被纳入考虑以及它的影响程度较高但是其功能并没有被完全纳入（FIB<0）。

上述营养动力学指标被广泛应用于各种生态系统中。然而，Cury 等（2005）指出这些指标都相对保守并且对于大型生态系统结构变化的响应较慢。例如，纳米比亚渔业捕捞的平均营养级（TL）无法反映出纳米比亚经济鱼类存量的持续衰减，这是因为生态系统的生产力向捕捞活动没有开发的物种进行了偏移，而这一情况并未反映在捕捞量数据上。另一方面，FIB 指数经常与不同捕捞种类平均营养级之间的分析同步进行，相比于其他从捕捞数据中可以推导出的指标而言，可以更好地反映南亚以及纳米比亚区域的渔业历史发展以及状态。

Ecopath 的质量平衡模型也可以用于计算生态系统的标准化容量图谱，例如，根据不同规格个体生物量的分布（Pauly and Chistensen，2004），可以进行不同生态系统之间的比较。规格范围可以用于描绘系统的结构特性以及最终的渔业密度，这个可以根据规格谱图像的斜率反映开发的程度，当开发程度更高时则会导致更高的斜率（Bianchi et al.，2000）。

Ecopath 和 Ecosim 的结果同样可以用于跟踪生态系统的功能变化。生态系统的关键特性包括转换效率、碎屑流和生产比率，见 8.2.1.3 节。通过 MTI 分析，Libralato 等（2006）开发并应用了一种确定生态系统中基本种类（或种群）的方法。关键种类是那些只有较低的生物量水平但却在生态系统中扮演重要角色的生物（Power et al.，1996）。因此，整体效应和关键生物彼此矛盾时可以确定这些种类。这项指数在种类或种群占生态系统生物量的比例较低而有着比较高的总体影响力时会比较高。生态系统的不同营养级模型可以用来分析关键种类的变化，例如，作为许多生态系统中关键种类的鲸类的重要性正在随着时间的推移而降低（Libralato et al.，2006）（图 8.18）。

使用标准化模型对同一生态系统不同时间段或者不同生态系统指标之间的比较是非常有用的，这在之前案例研究部分讨论过。然而，营养级动力学指标更多是对这一阶段的静态描述并且需要确定非常明确的参考点。Cury 等（2005）建议采用一整套指标来监测和量化捕捞活动对生态系统造成的影响。

为了分析捕捞对生态系统的影响而确定量化的参考等级，一种新的综合指数（集成了 PPR，TLc 以及由 Libralato 等（2008）定义的转化效率 TE）：L 指数。这个指数代表了由于渔业捕捞导致的二次产量的理论衰减，并且形成了作为量化捕捞对生态系统影响的代表。Murawski（2000）将这个指数与区域内是否为可持续捕捞或过度捕捞的可能性联系起来，提供了一种定义不同捕捞压力给生态系统造成损坏程度的基本依据。

动态 EwE 模型产生的捕捞和生物量比率以及生产力、摄食量和捕食死亡率结果可以用于分析生态系统中的种类和种群在捕捞、环境以及营养相互作用下是如何随时间变化的，并可以用于分析预测死亡率和对被捕食者的选择性随时间的变化（Shannon et al.，2004b），也可以分析预测物种生物量和捕捞量的增加（Bundy，2001）。动态模拟同样可以作为测试已开发生态系统特性的有效工具，如在案例研究讨论部分提到的营养级联效应和机制转换。

此外，动态 EwE 模拟在测试渔业资源枯竭以及生态系统变化的过程中效果非常理想。例如，Shannon 和 Cury（2003）通过相互作用强度指数、功能影响和营养级相似度量化了

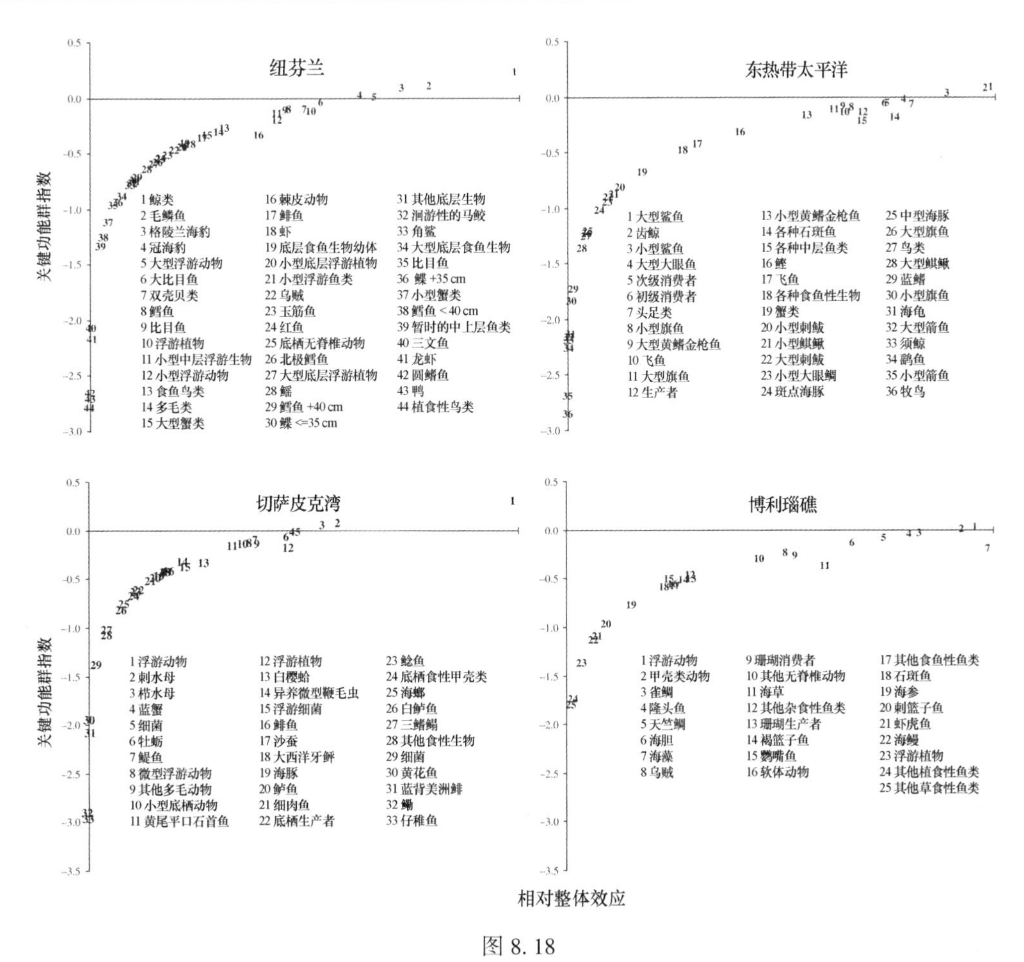

图 8.18

4 个海洋食物网中的关键功能群。每一个功能种群关键性指数（Y 轴）相对于整体效应（X 轴）进行了展示。整体效应与每个营养网内的最大效应相关，X 轴范围位于 0 和 1。在各个食物网中，不同种类按照重要性降低的顺序进行排列，因此，序列靠前的组群为食物网中的关键功能群。引自 Libralatoetal 2006，“A method for identifying keystone species in food web models”已获得 Elsevier 授权。

种类间相互作用的理论概念。通过 EwE 模拟的输出结果可以对这些指数进行计算并用以探索生态系统中的效应，这种做法在不混淆结果的情况下可以量化假定的管理方法的可能效果，比如有必要被同时纳入考虑的生态系统波动。因此，这类指数可以作为有用的依据，在实际捕捞效应和生态系统随时间变化的监测中加以应用。例如，利用强度指数衡量模拟的生态系统中物种存量的枯竭对其他种类的相对影响，并且如果采用的是标准化后的模型，那么这个指数在不同模型之间也是可比的（见 8.3.1 节）。类似的，这个指数提供了一种评估种群在生态系统中相对重要性的方法，以及对该种类的不同捕捞策略可能带来的影响。

8.4.4　EwE 的局限性、附加说明及评论

Pimm 等（1991）认为数据的获取和食物网研究的标准方法（测定和报告）是进行食物网研究的最大难点，EwE 针对这一问题提供了一种标准化模型的方法用于食物网分析，这有助于不同生态系统间进行有意义的对比（见 8.3.1 节）。在很多情况下，EwE 是在较低复杂度条件下进行参数估计和模拟，尽管 Magnusson（1999）提出 Ecosim 并非基于统计学原理，其对于一些参数经验值的估计并不可靠。Aydin 和 Friday（2001）支持这个观点，他们强调如果这些模型的结果需要应用于一个正式的多种类渔业管理政策制定的话，就需要一个统计框架以囊括 EwE 模型的结果和预测值的可信度。

Walters 等（1997）列出了 Ecosim 相对于其他多种类模拟方法（也很少应用）的三个主要缺点。

一是不能很好地反映捕食者转换和饱食情况。对被捕食者与捕食者潜在的脆弱性理论存在一些异议，这可以由用户自己定义，但可能会存在不一致性。例如，Plaganyi 和 Butterworth（2004）指出一部分被捕食者对一种捕食者的脆弱性和对其他捕食者是不同的，更不用说整个被捕食者群体对渔业捕捞的可获得性。此外，除了描述被捕食者处理时间的项，EwE 由于假设捕食者摄食率增长与被捕食者丰度增长呈线性关系而遭到质疑（Plaganyi and Butterworth，2004）。

二是由于给定了个体种群间的平均交互作用率，Ecosim 不能很好地反映捕食率复杂但平滑的变化与种群规格结构迅速变化之间的耦合关系。

三是 Ecosim 依赖于 Ecopath 的质量平衡假设。后者在试图解释 Ecosim 结果时发现，这些外推的结果超出了 Ecopath 的平衡，会有遇到错误的风险。Ecosim 假设渔业的变化处在一个给定的“机制”或时段内，并且在模拟时段内没有其他机制的变化。这意味着利用多个 Ecopath 模型“快照”模拟生态系统时更加有效，因为每个“快照”都对特定生态系统的状态和特征阶段进行描述。

其他关于 EwE 的缺陷与 Ecosim 和 Ecopath 本身固有的联系有关，它会限制有关初级生产者的增长和不可预期的捕食者对被捕食者功能性响应方面的选择（食物选择、捕食者间的竞争、机制转换带来的影响、疾病和寄生虫传播、寄生和共生状态），Cury 等（2005）综述了相关研究。从正面的角度来说，EwE 相对于 MSVPA 模型的主要优势是可以很好地反映所有营养级（包括较低的营养级）之间的相互作用，而 MSVPA 模型常局限于一种“捕捞全部”的范畴，如 MSVPA 模型中的“其他食物”模式（Walters et al.，1997）。MSVPA 类型的模型需要大量的数据以及非常耗费时间的参数化过程，并且存在非常大的不确定性（Whipple et al.，2000）。而 EwE 需要的数据比较少，并且数据比较容易获得，因此 EwE 在世界上得到了广泛的应用，应用范围已超过 100 个多样化的生态系统（Whipple et al.，2000）。

任何模型的结果及预测的使用和解释都是非常必要的，EwE 同样如此。Plaganyi 和 Butterworth（2004）讨论了在 Ecosim 中引入觅食竞技场假说（主导着物种相互作用）。Aydin（2004）深入探讨了将“固有生长效率”方程引入到 Ecosim 中，这表示 EwE 不能恰当地描述种群大小结构的变化会导致种群能量学的变化（如由于高强度捕捞或捕捞压力

的缓解）。后者会导致 Ecosim 对顶级捕食者生物量的过高估计，以及对捕捞活动移除顶级捕食者从而减轻捕食压力后被捕食者生物量的过低估计（Aydin，2004）。Plaganyi 和 Butterwoth（2004）谨慎地预见了基于多物种模式的 EwE 对当前基于单一物种可操作管理策略的贡献。作者强调需要充分考虑预测的生态系统响应的可变性。

EwE 提供了一种有效并且易于理解的政策探索方式，但是对于政策优化的方法仍然需要关注。例如，分配到净经济价值、就业价值、强制重建以及生态系统结构目标的相对比重，在探寻最优的渔业策略或测试渔业政策可行性时都愿意接受争论和主观意见。对如何进行生态系统结构优化思路的不清晰限制了政策优化程序的制定。在生态系统背景下最优化的意义是什么？包括在赋予某些功能群以更大生态学比重上存在主观性，甚至是为了测试合理的优化策略而进行“监测”（Shannon，2002），因此，它仍然需要强调在明确潜在的影响之前仔细考虑并最终认可明智的渔业策略的重要性。

8.4.5　EwE 未来的发展方向

很多研究已经证明 EwE 是一项有效的诊断工具。此外，也证明了它可以确定并监测生态系统随时间的变化（见 8.3.1 节和 8.4.3 节），是对现在和未来的渔业管理方法给予合理响应的重要组成部分。因此，EwE 的诊断功能应当考虑加强并且进行更进一步的开发和应用。

EwE 的未来或许在于对不同的 EwE 模型之间的对比分析。8.3.1 节中我们对许多个对比研究进行了讨论，并且提高了我们对宏观的和个体的生态系统功能的理解。因此，为我们判断现有渔业管理策略在未来有效或者无效的可能性提供了一种新的方法。这种方法将随着针对同一生态系统开发不同的模型并相互比较而得到提高。

Fulton 和 Smith（2004）比较了澳大利亚菲利浦港海湾的一个 Ecosim 模型和两个生物地球化学模型，并在一系列的渔业政策下对 3 个模型的结果进行了对比。他们发现模型中的一些结果在不同模型方程下是相似的，也有一些是不同的，但模型之间的比较让他们更好地认识了生态系统。Heymans 和 Baird（2000）对本格拉生态系统北部的 Ecopath 模型结果和一个 NETWRK 模型的结果进行了比较。这项研究发现尽管两种模型不同的输入方式会导致不同的输出结果，但在大多数案例中，基于生态系统的网络分析的结果会给出相同的定性结论。与之类似，Savenkoff 等（2001）比较了关于纽芬兰拉布拉多系统的 Inverse 模型和一个 Ecopath 模型（Bundy et al.，2000）。在这个例子中，将 Inverse 方法中的优化算法与 Ecopath 软件相结合形成了一种可以灵活探究 Ecopath 估测结果的统计结构框架。1981 年，在北海的一项研究详细探讨了营养级间的相互作用并利用相关数据构建了 Ecopath 模型。主要实验结果与多物种虚拟种群分析（MSVPA）模型的结果进行了对比（Christensen，1995b），结果表明 MSVPA 内不同鳕科鱼类对被捕食者的利用率非常低，而其他参数则比较合理。目前，北海 Ecopath 模型的覆盖面积正在扩展并与更多的时间序列数据进行拟合（Machinson and Daskalov，2007）。

Shin 等（2004）比较了本格拉南部一些用 OSMOSE 模型进行的渔业模拟数据和 EwE 模型（Shannon，2001），发现除了一些基本假设差异和模型潜在的理论差异外，两个模型的结果大致相同。结论认为两个模型结果的相互验证是评估渔业管理稳定性的一种有效的方法。

关于 EwE 是否可以或应该用于预测的问题一直存在，主要争论点是 EwE 只是一种测试渔业政策及其对生态系统影响的探索工具，而不应该被当成一种能够预测未来的水晶球。然而，诸多的研究证明，当与其他方法、模型和经验数据进行同步协作时，EwE 可以有助于了解生态系统，也可以在预测管理效果方面做出重要贡献（Aydin et al.，2005；Martell et al.，2005；Bundy and Fanning，2005；Fulton and Smith，2004）。

要实现海洋资源的可持续开发利用，维持海洋生态系统的复杂性和生物多样性是至关重要的。然而，渔业管理方法仍然处于基于单一物种水平的管理理念。目前仍难以将生态系统相关的考量纳入到渔业管理政策的制定当中，以至于到目前为止，物种间的相互作用和空间动力学等极少被纳入到渔业管理策略的考虑范围。缺乏坚实科学理论的支撑，基于生态系统的渔业管理方法将难以实现。促进渔业对生态系统影响和不同管理策略的有效性，可能会纳入到生态系统问题的研究当中（Shannon et al.，2006）。世界范围内对于渔业生态方法的认识和倾向（Sinclair and Valdimarsson，2003；Sinclair et al.，2002；Pikitch et al.，2004；McCloud et al.，2005）已经聚焦到可以促进这一过程研究的科学工具上（尤其是模型）。生态系统模型，具有将许多相互作用纳入考虑的优点，但也存在着许多内在的不确定性。对结果的预测能力及可靠性尚有欠缺（Shannon et al.，2004b）。然而，EwE 现在可以将生态系统模拟的结果与时间序列数据进行拟合（Christensen and Walters，2004a；Walters and Martell，2004），并且在降低模型结果的不确定性方面也有了一定进步（Bundy，2005；Gaichas，2006），这提升了我们利用生态系统模型作为管理工具的可信度。我们相信 EwE 在探索物种相互作用的有效性（EwE）、空间动力学（Ecospace）、关联渔业与生态系统以及测试不同渔业政策对生态环境影响方面是一个很有前景的方法。将空间模拟与 EwE 相关联即可预测物种或种群的分布图（图 8.7）（Walters et al.，1999），除了可以用来验证模型结果，这些图还可以用于获取生态系统中知之甚少的物种信息，了解这些物种如何在生态系统内部和外部特性变化的情况下改变其分布特征，也包括对海洋保护区（MPA）建立的响应。未来的发展方向可能在于空间指标的应用（Freon et al.，2005；Drapeau et al.，2004），如已经应用于 GIS 渔业数据系列的物种和物种-渔业重叠指数。

从某种意义上来说，EwE 作为“模型工具”的重要组成部分（Starfield et al.，1988），将成为建立生态视角的基础（Ulanowicz，1993；Cury，2004），用以将生态系统知识集成为可用的形式来指导生态系统管理（Shannon et al.，2007）。此外，通过将 EwE 模型与其他模型耦合可以拓展 EwE 的应用范围，或许至少可以为模型间的联系提供渠道，籍此可以更好地描述较低营养级和气候变化动力学对生态系统终端到终端的影响。在这一方向上研究者们已经开始了一些初步研究（Aydin et al.，2005；Libralato et al.，2005）。

目前，新一代的 EwE 软件正在开发中，开发的重点在于利益相关者的参与程度以及通过交流和可视化实现对潜在渔业管理策略的认可。这种新方法的目的在于开发生态模型来对渔业和生态系统可持续管理的预测和评估进行精细模拟，并直接影响生态系统管理过程（V. Christensen，个人通讯；www.lenfestoceanfutures.org）。

参考文献

A insworth C, Heymans JJ, Pitcher T, VasconcellosM(2002) Ecosystem models of Northern British Columbia for the time periods 2000, 1950, 1900 and 1750. Fisheries Centre Research Reports, 10(4): 41 pp.

Allen R (1971) Relation between production and biomass. Journal of Fisheries Research Board of Canada, 28: 1573-1581.

Arias-Gonzalez JE, Delesalle B, Salvat B, Galzin R (1997) Trophic functioning of the Tiahura reef sector, Moorea Island, French Polynesia. Coral Reefs, 16: 231-246.

Arreguín-Sánchez F (2000). Octopus-red grouper interaction in the exploited ecosystem of the northern continental shelf of Yucatan, Mexico. Ecological Modelling, 129: 119-129.

Arreguín-Sánchez F, Manickchand-Heileman S (1998) The trophic role of lutjanid fish and impacts of their fisheries in two ecosystems in the Gulf of Mexico. Journal of Fish Biology, 53(Suppl. A): 143-153.

Arreguín-Sánchez F, Arcos E, Chávez EA (2002) Flow of biomass and structure in an exploited benthic ecosystem in the gulf of California, Mexico. Ecological Modelling, 156: 167-183.

Arreguín-Sánchez F, Hernández-Herrera A, Ramírez-Rodríguez M, Pérez-España H (2004) Optimal management scenarios for the artisanal fisheries in the ecosystem of La Paz Bay, Baja California Sur, Mexico. Ecological Modelling 172: 373-382.

Aydin KY (2004) Age structure or functional response? Reconciling the energetics of surplus production between single-species models and Ecosim. In. Shannon LJ, Cochrane KL, Pillar SC (Eds.), An ecosystem approach to fisheries in the southern Benguela. African Journal of Marine Science, 26: 289-301.

Aydin KY, Friday N (2001) The early development of Ecosim as a predictive multi-species fisheries management tool. Document presented to the IWC Scientific Committee, July 2001. SC/53/E3: 8 pp.

Aydin KY, McFarlane GA, King JR, Megrey BA, Myers KW (2005) Linking oceanic food webs to coastal production and growth rates of Pacific salmon (Oncorhynchus spp.) using models on three scales. Deep Sea Research II, 52: 757-780.

Bianchi G, Gislason H, Hill L, Koranteg K, Manickshand-Heileman S, Paya I, Sainsbury K, Sá nchez F, Jin X, Zwanenburg K (2000) Impact of fishing on demersal fish assemblages. ICES Journal of Marine Science, 57: 558-571.

Booth S, Zeller D (2005) Mercury, food webs and marine mammals: implications of diet and climate change for human health. Environmental Health Perspectives, 113(5): 521-526.

Bradford-Grieve JM et al. (2003) Pilot trophic model for subantarctic water over the Southern Plateau, New Zealand: a low biomass, high transfer efficiency system. Journal of Experimental Marine Biology and Ecology, 289: 223-262.

Brando VE, Ceccarelli R, Libralato S, Ravagnan G (2004) Assessment of environmental management effects in a shallow water basin using mass-balance models. Ecological Modelling, 172(2-4): 213-232.

BundyA(1997) Assessment and management of multispecies, multigear fisheries: a case study from San Miguel Bay, the Philippines. Ph.D. Thesis. University of British Columbia.

BundyA (2001) Fishing on ecosystems: the interplay of fishing and predation inNewfoundland-Labrador. Canadian Journal of Fisheries and Aquatic Science, 58: 1153-1167.

Bundy A (2004a) The ecological effects of fishing and implications for coastal management in San Miguel Bay, the Philippines. Coastal Management 32: 25-38.

Bundy A (2004b) Mass balance models of the eastern Scotian Shelf before and after the cod collapse and other ecosystem changes.Canadian Technical Report of Fisheries and Aquatic Sciences,2520.205 pp.

Bundy A (2005) Structure and function of the eastern Scotian shelf Ecosystem before and after the groundfish collapse in the early 1990s.Canadian Journal of Fisheries and Aquatic Science,62(7):1453-1473.

Bundy A,Pauly D (2001) Selective harvesting by small-scale fisheries:ecosystem analysis of San Miguel Bay,Philippines.Fisheries Research 53:263-281.

Bundy A,Fanning P (2005) Can Atlantic cod recover? Exploring trophic explanations for the non-recovery of cod on the eastern Scotian Shelf,Canada.CJFAS 62(7):1474-1489.

Bundy A,Lilly G,Shelton P (2000) A mass balance model of the Newfoundland-Labrador shelf.Canadian Technical Report of Fisheries and Aquatic Sciences,2310,117 pp+App.

Christensen V (1996) Managing fisheries involving predator and prey species.Reviews in Fish Biology and Fisheries 6:417-442.

Christensen V (1995a) A model of trophic interactions in the North Sea in 1981,The year of the stomach.Dana,11 (1):1-28.

Christensen,V (1995b) Ecosystem maturity – towards quantification.Ecological Modelling,77:3-32.

Christensen V (1998) Fishery-induced changes in a marine ecosystem:insight from models of the Gulf of Thailand. Journal of Fish Biology,53(Supplement A):128-142.

Christensen V (2000) Indicators for marine ecosystem affected by fisheries.Marine and Freshwater Research,51: 447-450.

Christensen V,Pauly D (1992) Ecopath II.A software for balancing steady-state models and calculating network characteristics.Ecological Modelling,61,169-185.

Christensen V,Pauly D (Eds.) (1993) Trophic models of aquatic ecosystems.ICLARM,Manila,Philipinas,26: 390 p.

Christensen V,PaulyD(1995) Fish production,catches and the carrying capacity of the world oceans.Naga 18(3): 34-40.

Christensen V,and Pauly D (1996) Ecological modelling for all.Naga 19(2):25-26.

Christensen V,Pauly D (1998) Changes in models of aquatic ecosystems approaching carrying capacity.Ecological Applications,8(Suppl.1):104-109.

Christensen V,Walters CJ (2000) Ecopath with Ecosim:methods,capabilities and limitations.In Pauly D,Pitcher TJ (Eds.),Methods for assessing the impact of fisheries on marine ecosystems of the North Atlantic.Fisheries Centre Research Reports 8:79-105.

Christensen V,Walters C (2004a) Ecopath with Ecosim:methods,capabilities and limitations.Ecological Modelling, 172(2-4):109-139.

Christensen V,Walters CJ (2004b) Trade-offs in ecosystem-scale optimization of fisheries management policies. Bulletin of Marine Science,74(3):549-562.

Christensen V,Calters CJ,Pauly D (2000) Ecopath with Ecosim:users guide and help files.Fisheries Centre,University of British Columbia,Vancouver.

Christensen V,Calters CJ,Pauly D (2005) Ecopath with Ecosim:a User's guide.Fisheries Centre of University of British Columbia,Vancouver,Canada.154 pp.

Ciannelli L,Robson BW,Francis RC,Aydin KY,Brodeur RD (2005).Boundaries of open marine ecosystems:an application to the Pribilof Archipelago,Southeast Bering Sea.Ecological Applications,14(3):942-953.

Coll M,Palomera I,Tudela S,Sardà F (2006a) Trophic flows,ecosystem structure and fishing impacts in the South Catalan Sea,Northwestern Mediterranean.Journal of Marine Systems,59:63-96.

Coll M, Shannon LJ, Moloney CL, Palomera I, Tudela S (2006b) Comparing trophic flows and fishing impacts of a NW Mediterranean ecosystem with coastal upwellings by means of standardized ecological models and indicators. Ecological Modelling, 198:53-70.

Coll M, Santojanni A, Arneri E, Palomera I, Tudela S (2007) An ecosystem model of the Northern and Central Adriatic Sea: analysis of ecosystem structure and fishing impacts. Journal of Marine Systems, 67:119-154.

Coll M, Bahamon N, Sardà F, Palomera I, Tudela S, Suuronen P. (2008a) Ecosystem effects of improved trawl selectivity in the South Catalan Sea (NW Mediterranean). Marine Ecology Progress Series, 355:131-147.

Coll M, Palomera I, Tudela S, DowdM (2008b) Food-web dynamics in the South Catalan Sea ecosystem (NW Mediterranean) for 1978-2003. Ecological Modelling, 217(1-2):95-116.

Cox SP, Essington TE, Mitchell JF, Martell SJD, Calters CJ, Boggs C, Kaplan I (2002) Reconstructing ecosystemdynamics in the central PacificOcean, 1952-1998.2. Apreliminary assessment of the trophic impacts of fishing and effects on tuna dynamics. Canadian Journal of Fisheries and Aquatic Science, 59:1736-1747.

Crawford RJM, Cruikshank RA, Shelton PA, Kruger I (1985) Partitioning of a goby resource amongst four avian predators and evidence for altered trophic flow in the pelagic community of an intense, perennial upwelling system. South African Journal of Marine Science 3:215-228.

Criales-Hernandez MI, Duarte LO, GarcT a CB, Manjarrés L (2006) Ecosystem impact of the introduction of bycatch reduction devices in a tropical shrimp trawl fishery: insights through simulation. Fisheries Research, 77: 333-342.

Cury P (2004) Tuning the ecoscope for the ecosystem approach to fisheries. In: Perspectives on ecosystem-based approaches to the management of marine resources. Marine Ecology Progress Series, 274:272-275.

Cury P, Shannon LJ, Roux J-P, Daskalov G, Jarre A, Pauly D, Moloney CL (2005) Trophodynamic indicators for an ecosystem approach to fisheries. ICES Journal of Marine Science, 62:430-442.

Dalsgaard J, Wallace SS, Salas S, Preikshot D (1998) Mass-balance model reconstruction of the Strait of Georgia: the present, one hundred, and five hundred years ago. Back to the Future: Reconstructing the Strait of Georgia E-cosystem. Fisheries Centre Research Report, 6(5):722-91.

Daskalov GM (2002) Overfishing drives a trophic cascade in the Black Sea. Marine Ecology Progress Series, 225:53-63.

Drapeau L, Pecquerie L, Fréon P, Shannon LJ (2004) Quantification and representation of potential spatial interactions in the Southern Benguela ecosystem. In An Ecosystem Approach to Fisheries in the Southern Benguela. Shannon, L.J., K.L. Cochrane, and S.C. Pillar (Eds). African Journal of Marine Science 26:141-159.

FAO (2005) Review of the State of World Marine Fishery Resources. FAO Fisheries Technical Paper, 457, Rome, 235 pp.

Fearon JJ, Boyd AJ, Schü lein FH (1992) Views on the biomass and distribution of Chrysaora hysoscella (Linné, 1766) and Aequorea aequorea (Kosrkal, 1775) off Namibia, 1982-1988. Scientia Marina 56:75-85.

Fréon P, Drapeau L, David JHM, Fernández Moreno A, Leslie RW, Oosthuizen H, Shannon LJ, Van der Lingen C (2005) Spatialized ecosystem indicators in the southern Benguela. ICES Journal of Marine Science, 62(3):459-468.

Fulton EA, Smith ADM (2004) Lessons learnt from a comparison of three ecosystem models for Port Phillip Bay, Australia. In. Shannon LJ, Cochrane KL, Pillar SC (Eds.), An ecosystem approach to fisheries in the southern Benguela. African Journal of Marine Science 26:219-243.

Gaichas SK (2006) Development and application of ecosystem models to support fishery sustainability: a case study for the Gulf of Alaska. PhD dissertation. University of Washington. 371 pp.

Gasalla MA, Rossi-Wongtschowski CLDB (2004) Contribution of ecosystem analysis to investigating the effects of changes in fishing strategies in the South Brazil Bight coastal ecosystem. Ecological Modelling, 172: 283-306.

Gucu AC (2002) Can overfishing be responsible for the successful establishment ofMnemiopsis leidyi in the Black Sea? Estuarine, Coastal and Shelf Science, 54: 439-451.

Halfon E, Schito N (1993) Lake Ontario food web, an energetic mass balance. ICLARM conference proceedings. Manila 1993.

Heymans JJ (2004) The effects of Internal and external control on the Northern Benguela ecosystem. In. Sumaila UR, Skogen SI, Boyer D (Eds.), Namibia's Fisheries. Ecological, economic and social aspects. Eburon Academic Publishers. 29-52.

Heymans JJ, Baird D (2000) Network analysis of the Northern Benguela ecosystem by means of NETWRK and Ecopath. Ecological Modelling, 131(2/3): 97-119.

Heymans JJ, Shannon LJ, Jarre-Teichmann A (2004) Changes in the northern Benguela ecosystem over three decades: 1970s, 1980s and 1990s. Ecological Modelling, 172, 175-195.

Hilborn R, Calters CJ (1992) Quantitative Fisheries Stock Assessment. Choice, Dynamics and Uncertainty. Kluwer Academic Publishers. 570 pp.

Innes S, Lavigne DM, Earle WM, kovacs KM (1987) Feeding rates of seals and whales. Journal of Animal Ecology, 56: 115-130.

Jarre-Teichmann A, Shannon LJ, Moloney CL, Wickens PA (1998) Comparing trophic flows in the southern Benguela to those in other upwelling ecosystems. In. Pillar SC, Moloney CL, Payne AIL, Shillington FA (Eds.), Benguela dynamics: impacts of variability on shelf-sea environments and their living resources. South African Journal of Marine Science 19: 391-414.

Jennings S, Greenstreet SPR, Hill L, Piet GJ, Pinnegar JK, Warr KL (2002) Long-term trends in the trophic sturcture of the North Sea fish community: evidence from stable-isotope analysis, size-spectra and community metrics. Marine Biology, 141: 1085-1097.

Kavanagh P, Newlands N, Christensen V, Pauly D (2004) Automated parameter optimization for Ecopath ecosystem models. Ecological Modelling, 172(2-4): 141-150.

Kitchell JF, Kaplan IC, Cox SP, Martell SJD, Essington TE, Boggs CH, Calters CJ (2002) Ecological and economic components of alternative fishing methods to reduce by-catch of marlin in a tropical pelagic ecosystem. Bulletin of Marine Science, 74(3): 607-618.

Lam VWY, Pauly D (2005) Mapping the global biomass of mesopelagic fishes. Sea Around Us Project Newsletter. 30: 4.

Lalli CM, Parsons TR (1993) Biological oceanography: an introduction. Pergamon Press, Oxford. p.296.

Leontief WW (1951) The structure of the US economy. 2nd ed. Oxford University Press, New York.

Libralato S, Cossarini G, Solidoro C (2005) Ecosystem approach with trophic web models: methodological evidences from the Venice Lagoon application. Proceedings of the 5th European Conference on Ecological Modelling, Pushchino, Russia.

Libralato S, Christensen V, Pauly D (2006) A method for identifying keystone species in food web models. Ecological Modelling, 195(3-4): 153-171.

Libralato S, Coll M, Tudela S, Palomera I, Pranovi F. (2008) A new index to quantify the ecosystem impacts of fisheries as the removal of secondary production. Marine Ecology Progress Series, 355: 107-129.

Libralato S, Pastres R, Pranovi R, raicevich S, granzotto A, giovanardi O, torricelli P (2002) Comparison between the energy flow networks of two habitat in the Venice lagoon. P.S.Z.N. Marine Ecology, 23: 228-236.

Lin H-J, Shao K-T, Hwang J-S, Lo W-T, Cheng I-J, Lee L-H (2004) A trophic model for Kuosheng Bay in Northern Taiwan. Journal of Marine Science Technology, 12: 424-432.

Lindeman RL (1942) The trophic-dynamic aspect of ecology. Ecology, 23: 399-418.

Lluch-Belda D, Crawford RJM, Kawasaki T, MacCall AD, Parrish RH, Schwartzlose RA, Smith PE (1989) World-wide fluctuations of sardine and anchovy stocks: the regime problem. South African Journal of Marine Science, 8: 195-205.

Lluch-Belda D, Schwartzlose RA, Serra R, Parrish R, Kawasaki T, Hedgecock D, Crawford RJM (1992a) Sardine and anchovy regime fluctuations of abundance in four regions of the world oceans: a workshop report. Fisheries Oceanography, 1(4): 339-347.

Lluch-Belda D, Hernandez-Vazquez S, Lluch-Cota DB, Salinas-Zavala CA, Schwartzlose RA (1992b) The recovery of the California sardine as related to global change. CalCOFI Reports, 33: 50-59.

Mackinson S, Daskalov G (2007) An ecosystem model of the North Sea to support and ecosystem approach to fisheries management: description and parameterisation. Cefas Science Series Technical Report, 142: 195.

Mackinson S, Vasconcellos M, Pitcher T, Calters CJ (1997) Ecosystem Impacts of harvesting small pelagic fish in upwelling systems: using a dynamic mass-balance model. Proceedings Forage Fishes in Marine Ecosystems. Alaska Sea Grant College Program, AK-SG-97-01.731-748.

Mackinson S, Blanchard JL, Pinnegar JK, Scott R (2003) Consequences of alternative functional response formulations in models exploring whale-fishery interactions. Marine Mammal Science, 19(4): 661-681.

Mackinson S, Daskalov G, Heymans JJ, Neira S, Arancibia H, Zetina-Rejón M, Jiang H, Cheng HQ, Coll M, Arreguin-Sanchez F, Keeble K, Shannon L Which forcing factors fit? Using ecosystem models to investigate the relative influence of fishing and changes in primary productivity on the dynamics of marine ecosystems. Ecological Modelling, in press.

Magnú sson KG (1995) An overview of the multispecies VPA - theory and applications. Reviews in Fish Biology and Fisheries, 5: 195-212.

MagnussonKG(1999) Biological interactions in fish stocks: models and reality. Rit. Fiskideildar 16: 295-305.

Margalef R (1968) Perspectives in Theoretical Ecology. The University of Chicago Press. Chicago, London. 111 pp.

Martell S, Essington TE, Lessard B, Mitchell JF, Calters CJ, Boggs CH (2005) Interactions of productivity, predation risk and fishing effort in the efficacy of marine protected areas for the central Pacific. Canadian Journal of Fisheries and Aquatic Science, 62: 1320-1336.

McAllister M.K., Pikitch E.K., Punt A.E., Hilborn R. (1994) A Bayesian approach to stock assessment and harvest decisions using the sampling importance resampling algorithm. Canadian Journal of Fisheries and Aquatic Sciences, 51(12): 2673-2687.

McCloud KLet al. (2005) Scientific consensus statement on marine ecosystem-based management. Communication Partnership for Science and the Sea (http://compassonline.org/? q=EBM).

Moloney C, Jarre A, Arancibia H, Bozec Y-M, Neira S, Roux J-P, Shannon LJ (2005) Comparing the Benguela and Humboldt marine upwelling ecosystems with indicators derived from inter-calibrated models. ICES Journal of Marine Science, 62(3): 493-502.

Morrissette L (2007) Complexity, cost and quality of ecosystem models and their impact on resilience: a comparative analysis, with emphasis on marine mammals and the Gulf of St. Lawrence. PhD thesis. University of British Columbia. 278 pp.

Mū ller F. (1997) State-of-the-art in ecosystem theory. Ecological Modelling, 100: 135-161.

Murawski S.A. (1991) Can we manage our multispecies fisheries? Fisheries, 16(5): 5-13.

Murawski S.A.(2000) Definitions of overfishing from an ecosystem perspective.ICES Journal of Marine Science,57: 649-658.

Neira S,Arancibia H (2004) Trophic interactions and community structure in the upwelling system off Central Chile (33-398S).Journal of Experimental Marine Biology and Ecology,312(2):349-366.

Neira S,Arancibia H,Cubillos L (2004) Comparative analysis of trophic structure of commercial fishery species off central Chile in 1992 and 1998.Ecological Modelling,172(1-4):233-248.

Neira S,Moloney C,Cury P,Arancibia H.(in prep.) Analyzing changes in the southern Humboldt ecosystem for the period 1970-2004 by means of trophic/food web modeling (in preparation to be submitted to Fish and Fisheries).

Nilsson SG,Nilsson IN (1976) Number, food and consumption, and fish predation by birds in Lake Mockeln, Swouthern Sweden.Ornis Scandinavian,7:61-70.

Odum EP (1969) The strategy of ecosystem development.Science,104:262-270.

Odum WE,Heald EJ (1975) The detritus-based food web for an estuarine mangrove community. In. Cronin LE (Ed.), Estuarine Research, Vol.1.Academic Press, New York.

Okey T (2004) Shifted community states in four marine ecosystems: some potential mechanisms.PhD dissertation.University of British Columbia.185 pp.

Okey T,Pauly D (1999) A trophic mass-balance model of Alaska's Prince William Sound ecosystem, for the post-spill period 1994-1996, 2nd edn.Fisheries Centre Research Reports,7(4):146 pp.

Okey T.,Wright BA (2004) Towards ecosystem-based extraction policies for Prince William Sound, Alaska: integrating conflicting objectives and rebuilding pinnipeds.Bulletin of Marine Science,74(3):727-747.

Okey TA,Banks S,Born AF,Bustamante RH,Calvopiña M,Edgar GJ,Espinoza E,Fariña JM,Garske LE,Reck GK (2004) A trophic model of a Galápagos subtidal rocky reef for evaluating fisheries and conservation strategies Ecological Modelling,172:383-401.

Ortiz M,WolffM(2002a) Dynamical simulation of mass-balance trophic models for benthic communities of north-central Chile: assessment of resilience time under alternative management scenarios. Ecological Modelling, 148: 277-291.

Ortiz M, Wolff M (2002b) Spataially explicit trophic modelling of a harvested benthic ecosystem in Tongoy Bay (central northern Chile).Aquatic Conservation: Marine and Freshwater Ecosystems,12:601-618.

Pauly D (1980) On the interrelationships between natural mortality, growth parameters, and mean environmental temperature in 175 fish stocks. Journal du Conseil, Conseil Intérnational pour l' Exploration de la Mer, 39: 175-192.

Pauly D,Christensen V (1995) Primary production required to sustain global fisheries.Nature,374:255-257.

Pauly D,Christensen V (2004) Ecosystem models.In.Hart PJB,Reynolds JD (Eds.), Handbook of Fish Biology and Fisheries.Blacwell.211-227.

Pauly D,Christensen V,Sambilay V (1990) Some features of fish food consumption estimates used by ecosystem modellers.ICES Council Meeting 1990/G:17,8p.

Pauly D,Christensen V,Calters C (2000) Ecopath, Ecosim and Ecospace as tools for evaluating ecosystem impact of fisheries.ICES Journal of Marine Science,57:697-706.

Pauly D,Christensen V,Dalsgaard J,Froese R,Forres FJ (1998) Fishing down marine food webs.Science,279,860-863.

Pikitch EK,Santora C,Badcock E.,Bakun A,Bonfil R,Conover DO,Dayton P,Doukakis P,Fluharty D,Heneman B,Houde ED,Link J,Livingston PA,Mangel M,McAllister MK,Pope J,Sainsborry KJ (2004) Ecosystem-based fishery management.Science,305:346.

Pimm SL,Lawton JH,Cohen JE (1991) Food web patterns and their consequences.Nature,275:542-544.

Pinnegar JK (2000) Planktivorous fishes: links between the Mediterranean littoral and pelagic. PhD Thesis, University of Newcastle upon Tyne,UK.213 pp.

Pinnegar JK,Jennings S,O' Brien CM,Polunin NVC (2002) Long-term changes in the trophic level of the Celtic Sea fish community and fish market price distribution.Journal of Applied Ecology,39:377-390.

Pitcher TJ (2001) Fisheries manager to rebuild ecosystems? Reconstructing the past to salvage the future.Ecological Applications,11(2):601-617.

Pitcher TJ (2005) Back-to-the-future: a fresh policy initiative for fisheries and a restoration ecology for ocean ecosystems.Philosophical Transactions of the Royal Society B: Biological Sciences 360(1453):107-121.

Pitcher T,Cochrane K (2002) The use of ecosystem models to investigate multispecies management strategies for capture fisheries.Fisheries Centre Research Reports,10(2):156 pp.

Pitcher TJ,Heymans JJ,Vasconcellos M (2002a) Ecosystem models of Newfoundland for the time periods 1995, 1985,1900 and 1450.Fisheries Centre Research Reports,10(5):74 pp.

Pitcher TJ,Buchary E,Hutton T (2002b) Forecasting the benefits of no-take human made reefs using spatial ecosystem simulation.ICES Journal of Marine Science,59:S17-S26.

Plagányi É E,Butterworth DS (2004) A critical look at the potential of Ecopath with Ecosim to assist in practical fisheries management.African Journal of Marine Science,26:261-288.

Polovina JJ (1984) Model of a coral reef ecosystem.The ECOPATH model and its application to French Frigate Shoals.Coral Reefs,3(1):1-11.

Power ME,Tilman D,Ester JA,Menge BA,Bond WA,Mills LS,Daily G,Gastilla JC,Lubchenco J,Paine RT (1996) Challenge in the question for Keystones.Bioscience,46(8):609-620.

Pranovi F,Libralato S,Raicevich S,Granzotto A,Pastres R,Giovanardi O (2003) Mechanical clam dredging in Venice lagoon: ecosystem effects evaluated with trophic massbalance model.Marine Biology,143:393-403.

Rochet M-J,Trenkel VM (2003) Which community indicators can measure the impact of fishing? A review and proposals.Canadian Journal of Fisheries and Aquatic Science,60:86-98.

Roux J-P,Shannon LJ (2004) Ecosystem approach to fisheries management in the northern Benguela: the Namibian experience.In.Shannon L,Cochrane KL,Pillar SC (Eds.),Ecosystem Approaches to Fisheries in the Southern Benguela.African Journal of Marine Science,26:79-94.

Sánchez F,Olaso I (2004) Effects of fisheries on the Cantabrian Sea shelf ecosystem.Ecological Modelling,172(2-4):151-174.

Savenkoff C,Vézina AF,Bundy A (2001) Inverse analysis of the structure and dynamics of the whole ecosystem in the Newfoundland-Labrador shelf.Canadian Technical Report of Fisheries and Aquatic Sciences,2354:viii+56p.

Scheffer M,Varpenter S,Foley JA,Folke C,Walker B (2001) Catastrophic shifts in ecosystems. Nature 413, 591-596.

Schwartzlose RA,Alheit J,Bakun A,Baumgartner TR,Vloete R,Vrawford RJM,Fletcher WJ,Green-Ruiz Y,Hagen E,Kawasaki T,Lluch-Belda D,Lluch-Cota SE,MacCall AD,Matsuura Y,Nevarez-Martinez MO,Parrish RH, Roy C,Serra R,Shust KV,Ward MN,Zuzunaga JZ (1999) Worldwide large-scale fluctuations of sardine and anchovy populations.South African Journal of Marine Science,21:289-347.

Shannon LJ (2001) Trophic models of the Benguela upwelling system: towards an ecosystem approach to fisheries management.PhD Thesis,University of Cape Town.319 pp.+ appendices pages i-xxxv.

Shannon LJ (2002) The use of ecosystem models to investigate multispecies management strategies for capture fisheries:Report on southern Benguela simulations.In.Pitcher T,Cochrane K (Eds.),The use of ecosystem models to investigate multispecies management strategies for capture fisheries.Fisheries Centre Research Reports 10(2):118-126.

Shannon LJ.Tropic structure and functioning of the southern Benguela ecosystem in the period 2000-2004.African Journal of Marine Science,in prep.

Shannon LJ,Jarre-Teichmann A (1999a) A model of the trophic flows in the northern Benguela upwelling system during the 1980s.South African Journal of Marine Science,21:349-366.

Shannon LJ,Jarre-Teichmann A (1999b) Comparing models of trophic flows in the northern and southern Benguela upwelling systems during the 1980s.p.527-541 in Ecosystem approaches for fisheries management.University of Alaska Sea Grant,AK-SG-99-01,Fairbanks.756 pp.

Shannon LJ,Cury P (2003) Indicators quantifying small pelagic fish interactions:application using a trophic model of the southern Benguela ecosystem.Ecological Indicators,3:305-321.

Shannon LJ,Cury P,Jarre A (2000) Modelling effects of fishing in the Southern Benguela ecosystem.ICES Journal of Marine Science,57:720-722.

Shannon LJ,Field JC,Moloney C (2004a) Simulating anchovy-sardine regime shifts in the southern Benguela ecosystem.Ecological Modelling 172(2-4):269-282.

Shannon LJ,Christensen V,Calters C (2004b) Modelling stock dynamics in the Southern Benguella ecosystem for the period 1978-2002.African Journal of Marine Science,26:179-196.

Shannon L J,Moloney C,Jarre-Teichmann A,Field JG (2003) Trophic flows in the southern Benguela during the 1980s and 1990s.Journal of Marine Systems,39:83-116.

Shannon LJ,Coll M,Neira S,Cury PM,Roux J-P.The role of small pelagic fish in the ecosystem.In Checkley DM,Roy C,Alheit J,Oozeki Y (Eds.),Vlimate Change and Small Pelagic Fish,in press.

Shannon LJ,Moloney CL,Cury P,Van der Lingen C,Vrawford RJM,Cochrane KL (2007) Ecosystem modeling approaches for South African fisheries management.American Fisheries Society Symposium 2006.Fourth World Fisheries Congress May 2004,Vancouver,Canada.pp.587-607,in press.

Shannon LJ,Cury PM,Nel D,Van der Lingen CD,Leslie RW,Brouwer SL,Vockcroft AC,Hutchings L (2006) How can science contribute to an ecosystem approach to pelagic,demersal and rock lobster fisheries in South Africa? African Journal of Marine Science 28(1):115-157.

Shin Y-J,Shannon LJ,Cury P (2004) Simulations of fishing effects on the Southern Benguela fish community using an individual-based model. Learning from a comparison with Ecosim. In. Shannon LJ, Cochrane KL, Pillar SC (Eds.),An Ecosystem Approach to Fisheries in the Southern Benguela. African Journal of Marine Science,26:95-114.

Sinclair M,Valdimarsson G (Eds.),(2003) Responsible Fisheries in the Marine Ecosystem,Wallingford:VAB International.426p.

Sinclair M,ArnasonR,Vsirke J,Karnicki Z,Sigurjohnsson J,Rune Skjoldal H,ValdimarssonG (2002) Responsible fisheries in the marine ecosystem.Fisheries Research 58:255-265.

Salomon AK,Waller NP,McIlhagga C,Yung RL,Calters C (2002) Modeling the trophic effects of marine protected area zoning policies:a case study.Aquatic Ecology,36(1):85-95.

Starfield AM, Shelton PA, Field JG, Vrawford RJM, Armstrong MJ (1988) Note on a modelling schema for renewable resource problems.South African Journal of Marine Science,7:299-303.

Stergiou KI,Karpouzi V (2002) Feeding habits and trophic levels of Mediterranean fish.Reviews in Fish Biology and Fisheries,11:217-254.

Stokes TK (1992) An overview of the North Sea multispecies modelling work in ICES.In.Payne AIL,Brink KH,Mann KH,Hilborn R (Eds.),Benguela Trophic Functioning.South African Journal of Marine Science,12:1051-1060.

Ulanowicz RE (1986) Growth and development:ecosystem phenomenology.Springer Verlag,New York.203 pp.

Ulanowicz RE (1993) Inventing the ecoscope.In Christensen V,Pauly D (Eds.),Trophic models of aquatic ecosystems.ICLARM Conference Proceedings 26:9-10.

Ulanowicz R E,Puccia CJ (1990) Mixed trophic impacts in ecosystems.Coenoses,5:7-16.

Van der Lingen CD (1999) The feeding ecology of,and carbon and nitrogen budgets for,sardine sardinops sagax in the southern benguela upwelling ecosystem.PhD.Thesis,University of Cape Town.202 pp.

Venter GE (1988) Occurrence of jellyfish on the west coast of Soyth West Africa/Namibia.In MacDonald IAW, Vrawford RJM (Eds.),Long term data series relating to southern Africa's renewable natural resources.Report of South Africa's National Scientific Programmes,157:56-61.

Walters CJ,Martell S (2004).Harvest management for aquatic ecosystems.Princeton University Press.420 pp.

Walters C,Christensen V,Pauly D (1997) Structuring dynamic models of exploited ecosystems from trophic mass-balance assessments.Reviews in Fish Biology and Fisheries,7:139-172.

Walters C, Pauly D, Christensen V (1999) Ecospace: predictions of mesoscale spatial patterns in trophic relationships of exploited ecosystems,with emphasis on the impacts of marine protected areas.Ecosystems,2:539-554.

Walters C,Pauly D,Christensen V,Mitchell JF (2000) Representing density dependent consequences of life history strategies in aquatic ecosystems:Ecosim II.Ecosystems,3:70-83.

Walters CJ,Christensen V,Martell S,Mitchell JF (2005) Single-species versus ecosystem harvest management:ecosystem structure erosion under myopic management.ICES Journal of Marine Science,62:558-568.

Watermeyer K (2007) Reconstructing the Benguela ecosystem for a time before man's intervention.Masters Thesis. Zoology Department,University of Cape Town,South Africa.161p.

Watermeyer K,Shannon LJ,Griffiths CL (2008) Changes in the trophic structure of the southern Benguela before and after the onset of industrial fishing.African Journal of Marine Science,30(2):In press.

Watters G M,Olson RJ,Francis RC,Fiedler PC,Polovina JJ,Reilly SB,Aydin KY,Boogs CH,Essington TE,Calters CJ,Mitchell JF (2003) Physical forcing and the dynamics of the pelagic ecosystem in the eastern tropical Pacific:simulations with Enso-scale and global-warming climate drivers.Canadian Journal of Fisheries and Aquatic Science,60:1161-1175.

Whipple SJ,Link JS,Garrison LP,Fogarty MJ (2000) Models of predation and fishing mortality in aquatic ecosystems.Fish and Fisheries,1:22-40.

Wolff M (1994) A trophic model for Tongoy Bay - a system exposed to suspended scallop culture (Northern Chile).Journal of Experimental Marine Biology and Ecology,182:149-168.

Wulff F,Field JG,Mann KH (1989) Network analysis in marine ecology.Methods and applications.Coastal and Estuarine Studies.Vol.32.Springer-Verlag,New York.134 pp.

Zwanenburg KC (2000) The effects of fishing on demersal fish communities of the Scotian Shelf.ICES Journal of Marine Science,57:503-508.

第 9 章　图像识别

Thomas T. Noji 和 Ferren MacIntyre

9.1　引言

在本章初次撰写完成后又过了 11 年，时至今日，我们完全可以说计算机图像识别已被证明比原先某些乐观人士预想的要困难得多。目前，诸如建筑或工程设计之类的具有严格的已知规则的计算机相关工作，被更合理地描述为“计算机辅助的”而不是“计算机完成的”工作。原因很简单：基于硅芯片及碳元素的系统的智力在工作机理上差别很大，因而它们也就适合用于不同的工作。目前，芯片智力还不能代替人的智力，人的智力也不能代替芯片智力，它们互补性很强，因而适合在一起完成工作任务。然而，如何完美地将一个任务的不同部分划分给它们却是一个难题。

近 30 年来，对于计算机自动模式识别的咨询标准答复一直是：“您告诉我您是如何定义朋友的，我就可以告诉电脑按您的要求去做。”我们似乎找错了方法，因为我们不能像识别我们是否动了一下手指那么简单地去识别我们的朋友。确实如此，因为人脑就是用来做那些复杂工作的。人脸识别可能并不是很恰当的例子，因为人脑是一个高度优化的人脸识别器，即使在看不见完整的脸的情况下，它也能识别出脸（Gould，1994），例如非洲南方古猿就在“Makapansgat 鹅卵石”上识别出人脸。当一只猴子看见另一只直立猴子的上肢时，它的某个脑细胞会被激发（原作者注：奇怪的是这个细胞位于 TE 区，在图 9.1 中未给出，但它与 TF、TH 临近，因此预想其具有很高的视觉水平）。另外一个细胞则是会被（猴子或人的）脸部的前面部分激发，还有一个容易被脸部的侧面激发（Desimone，1991）。说这几个细胞就是负责识别工作的说法未免过于简单，因为其他未被监控的细胞可能也会受激发。这些细胞似乎是通过衡量近万个采取相似方式连接的神经元的输入权重来工作的（Young，1992）。

“神经网络”，试图在硅芯片中模仿生物神经网络的连接与结构，或许会比那些基于像素的算法更适合图像识别。“训练”一个神经网络，并非去给它写算法步骤，而是把图像展示给它看，让它识别，并告诉它识别的结果是否正确，让它随结果调整输入权重（Rabin，1992）。这种方法可以神奇地避开“识别朋友”的任务中所特有的问题。而此法存在的问题有：我们不知道这个“黑盒”在做些什么，最终的权重如何解释，或者这个网络实际上学到了些什么？很经典的一个涉及军事任务的例子是识别有无坦克的树林照片。神经网络可以轻松地学习并把所有图片分为两类，所有出现坦克的图片都被成功地分到一类。而随后的研究显示，这两类图片是在不同的气候条件下拍照的，神经网络只是学到了如何将有阴影的照片分开，它对坦克一无所知。简单神经网络的一个扩展是多类模式识别，它是一个将输入特征空间精确映射到多模式分类的输出空间的系统（Ou and Murphy, 2007）。多类模式识别具有广泛的应用，包括手写数字识别（Le Cun et al. , 1989），对象识别（Aha and Bankert, 1997）以及文本分类（Apte et al. , 1994）。

神经网络可以通过训练从其他桡足类中识别出大西洋飞马哲水蚤（Calanus finmarchicus）吗？可以，但需要较多约束条件，见 9.3 节浮游藻类识别中的描述。

如果觉得硅芯片的模式识别进展不顺，那么我们要记住它工作所带来的不足。图 9.1 是当前我们对如何组织一个有用的模式识别系统的认识。图中包含多个抽象化过程，且多个过程框的目的也未知。边缘检测，对于硅芯片桌面计算机而言，是一系列严谨的算法，但在此图中，它是由框 Retina 与 V1 进行处理。图 9.1 中并未显示出来自其他系统的重要而复杂的输入。视觉回路，可区分出由环境移动产生的移动场，以及由头及眼移动产生的同样的移动场，它是通过混合来自更高层次的本体感知系统来完成此辨识的（Burr et al. , 1994）。特别的声音会使我们预先感知在特定方向中的特定模式：这需要足够多的听觉系统输入。我们都有类似经历：盯着某东西（通常看的是降维图像）看了几秒钟然而我们还不知道看的是什么。这几秒延迟表明了我们的视觉系统正在寻求其他系统的帮助，可能是记录系统，并请求更多的平时较少被用到的处理单元来提供信息。那些有文化背景却不画人类肖像的人，通常无法识别照片中的人。这些高级的联系在图 9.1 中并未体现。

我们的视觉中一个不好的特征是神经末梢过于集中在中心凹部位，以及它们在大脑中极不平衡的表现。每个中心凹细胞的视觉皮层约是边缘细胞的 4 倍（Azzopardi and Cowey, 1993），这导致我们 0.01%的视网膜可以用 8%的视觉皮层。我们集中注意力紧盯着的物体会得到相比于那些相同区域的背景 800 倍的注意力（Solomon and Pelli, 1994）。而机器视觉并不具备此优点，机器视觉通常给予每个像素同样的权重。

图 9.2 所示是一个基于硅芯片的模式识别器，它尚有进一步发展空间。我们并非在说碳基智能的行为模拟就是硅基智能发展的自然路线，而是说硅基芯片需面对巨大挑战才能到达模式识别所需的复杂度。有意思的是，昆虫处理视觉信息的方式与脊椎动物非常相似，尽管它们的脑容量相对脊椎动物小很多。后来两篇刊于《Nature》杂志中的论文声称蜜蜂（Srinivasan et al. , 1993）与蜻蜓（O'Carroll, 1993）的视觉特征提取机制与哺乳动物的非常相似，如果不是视觉范围小些的话。这也表明了并行进化的事实，即在解决问题的最佳路径上具有的实验一致性，这使得尝试在硅芯片上复制昆虫的视觉处理机制变得很合理。

宾夕法尼亚大学的研究人员在一个安装了名为 NEXUS 的神经网络软件（此网络包含约百万个单元及上亿个单元间的连接，每个单元又是一个复杂的回路）的工作站上分析 128×128 像素的图像（Finkel and Sajda, 1994）。有了如此强大的人工神经网络，他们在形状感知方面取得了一些成果，他们训练网络去识别轮廓，并在良好的连接、封闭、相似、临近及完整等概念的帮助下把轮廓分配到表面。令人吃惊的是，其中某些概念似乎是由大脑中的 V1 节点（图 9.1）进行早期处理的。

尽管碳基与硅基系统的发展水平差距较大，在渔业研究的某些领域，依旧存在一些有

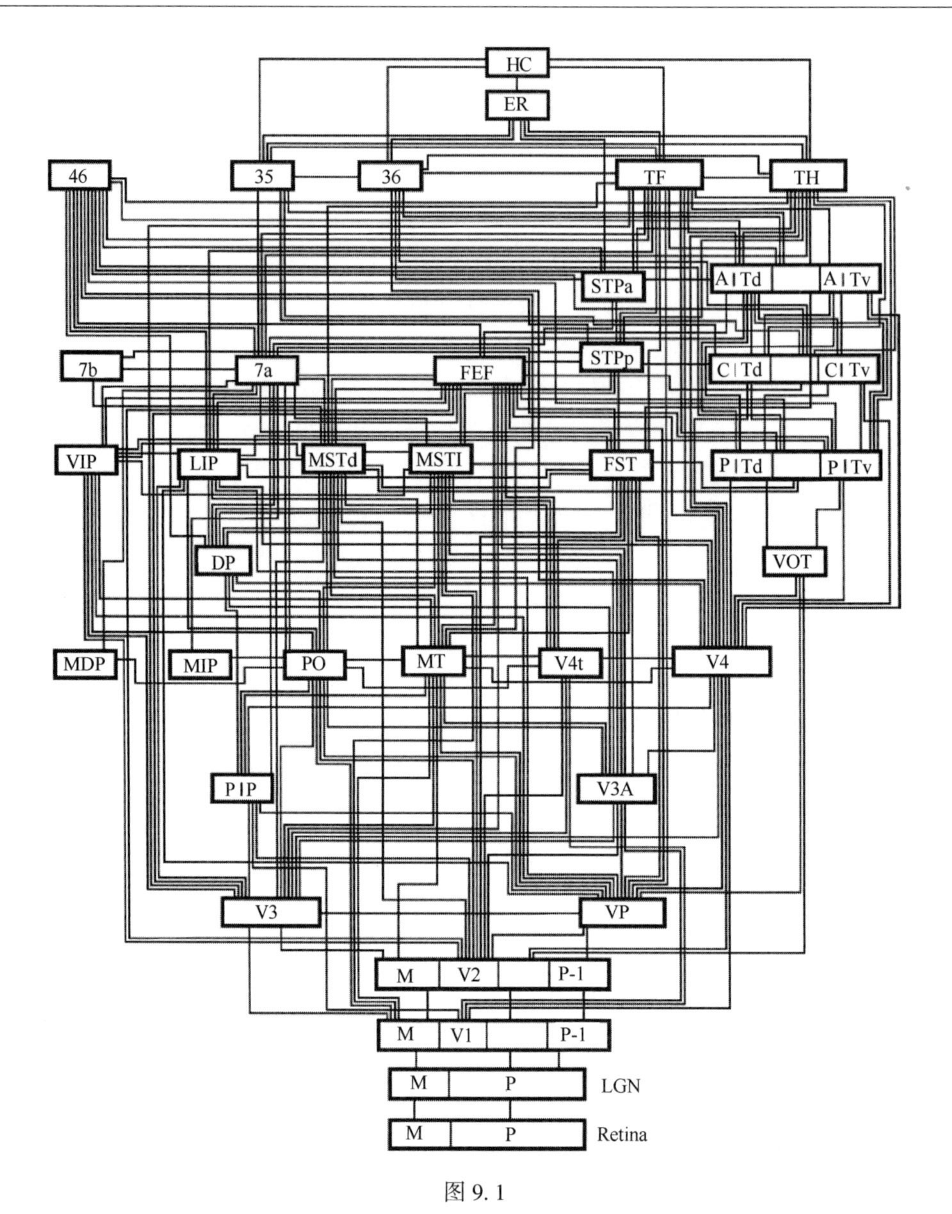

图 9.1

模式识别系统的层次视图：猕猴脑部视觉区域的连接图。大部分图框的名字可忽略。每条线代表 $10^5 \sim 10^6$ 连接神经元，许多连接是双向的且处理是并发的：所有图框在一定的水平上同时处理视场。

用的硅芯片模式识别技术。

9.2 图像处理

如图 9.3、图 9.5 及图 9.9 所示，原始图像通常不适合模式识别，但机器增强通常可以改善最终识别结果。改善的可能方法有多种，大部分图像处理系统都会提供一系列诸如对比度控制，噪声去除，平滑，锐化，边沿检测等的算法。那些用于“艺术处理”的

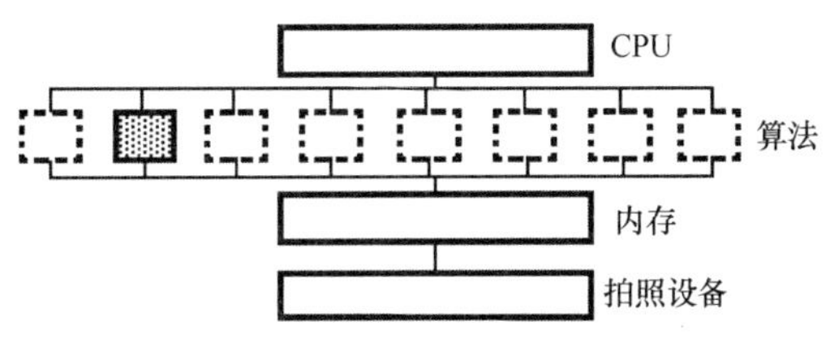

图 9.2

当前最好的基于硅芯片台式计算机的模式识别模拟器架构。每行代表一个 32 位（或更窄）运行于小于百万赫兹频率下的数据总线与双序列操作：每次处理一个算法以及一个像素。当某个特定的算法处于运行状态的时候，其他虚线框处于非激活状态。当前的相机只是模拟了视网膜最简单的特性。当前的算法可以模拟如图 9.1 中 V2 节点的处理能力水平，但它并不会做 V1 节点所负责的所有任务。

Photoshop 及用于“科学研究”的图像分析系统的算法之间已经没有多大区别了。法院早已意识到图像与视频早已不能作为可信的判决证据了，因为人们可以轻易地对其进行修改（Mitchell，1994）。因而他们规定图像处理系统的用户不可对原始图像数据做大的改动，只能增强原始图像的一些效果。

可能的处理包括某些能影响整个图像的处理，如用一个像素值替代另一像素的查找表（LUT，look-up tables）。这些处理有利于进行伪彩色映射（如将温度映射到可见光谱），对比度增强，及旨在使信息均匀分布在灰度区间中以追求统计优化的直方图均衡化。

邻域转换算法是一种把小方框内的中心像素属性用其周围像素属性的函数代替的一种算法，它既可做积分（平滑及噪声去除），也可做微分（锐化及边沿检测）。这种算法的处理时间会随邻域面积增加而增长，但是几乎所有的邻域变换对于圆形邻域比方形邻域都取得更好效果。解决方案是用尽可能大的方形邻域并将其 4 个角用 0 填充。通常可以把邻域转换操作局限在某一选定屏幕区域中。最早的 12 位的板级图像分析系统通过一个小技巧克服了邻域二值化转换所需的 n^2 时间：硬件可以把一个 3×4 的邻域加载到内存中作为中心像素，这个操作可以在单帧时间内在查找表中完成（约 1/30 s，算上加载相应的查找表的话，1 s）。这使得在 3×3 的邻域中诸如缩小、放大、骨架提取等操作可以在用户的监督下逐步完成。32 位的机器则可以完成 5×5 的邻域。正是这种方法，使得曾经的 8 MHz 的机器都可进行图像处理。

图像分割，分割掉图像的孤立部分，通常是基于图像灰度强度（灰度阈值）进行的，要求目标处在相似的强度区间中并可从背景中分离。一些特殊的方法可用于分离相连的对象。图像分割完成后，可以用许多其他方法提取更多的信息。比如，通过沿着每个对象的边沿逐像素计算其周长，进而得到面积、周长、卡尺直径、质心等信息。对象的多边形表达也可以通过从其边界点集中选取部分点得到。另外，凸壳（用橡皮筋围绕对象所形成的多边形）的计算则需要更快的处理器。

因为像元都是数字，因此可以对它们进行 n 模（求余）运算，这里 n 是像素深度。更有用的是多图像运算，如用多帧视频图像的平均值来去除相机噪声。高对比度的图像的移动可以被跟踪，进而在一帧中产生一系列多时间间隔的图像，用于移动研究。不均匀的光

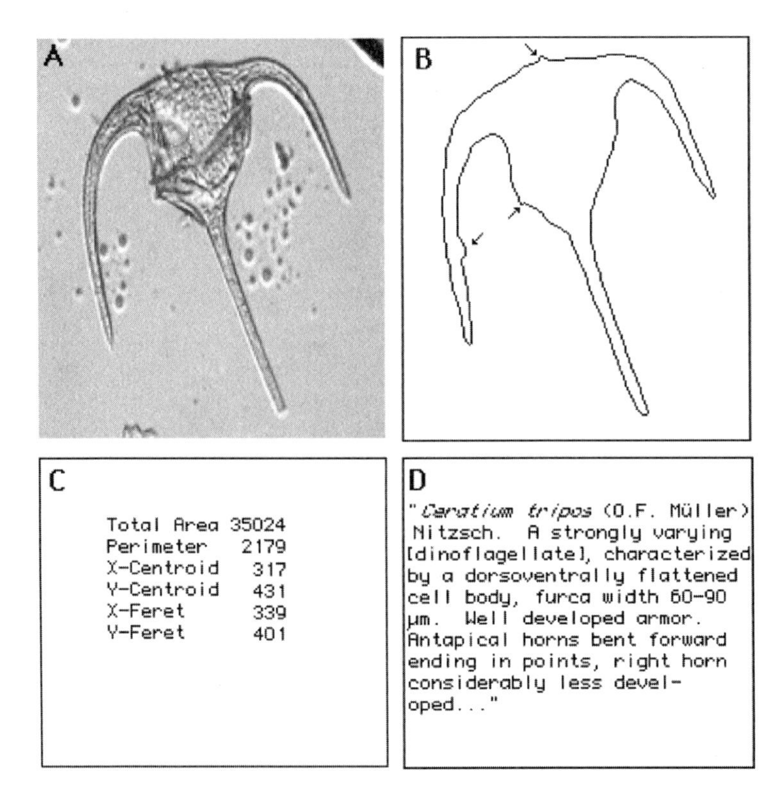

图 9.3

一个常见的海洋浮游藻类的原始灰度图像（A），自动地退化为其二值化轮廓（B），并由Zeus图像分析系统进行一些主要的图像分析参数分析（C），由德文翻译而来的物种的分类学描述（D）（Drebes，1974）。（B）中的箭头所指是因背景干扰而产生轮廓变形；（C）中的面积数值是像素数，但如有必要，同样可以得到其缩放形式。

照及阴影斑点有时可通过用清晰的图像减去模糊的图像来处理。可以先把背景图像存起来以用于后面图像的相减操作。

最后的图像处理方法涉及整幅图像的变换方法，比如下面将会描述的傅里叶变换是最为常用的。相关的实用书籍有Inoue（1988）和Russ（1990）。

9.3　浮游藻类识别

经典的图像分析方法是通过丢弃部分图像信息直到剩余的信息能被工具处理。我们通过几种方法识别浮游藻类细胞来图解这种处理方法。在图9.3中，我们展示了一个眼睛处理的灰度图像和一个计算机处理的轮廓二值化图像，以及机器可以自动处理的大部分参数和这个生物体的分类学描述。

这4个描述的信息内容可以用表9.1的方式进行排序。尽管这些指标是数字的，但是这样的比较就好像拿苹果与橘子进行比较，已经没有意义。表9.1的最后一行揭示了因使用特征提取算法而被丢弃的信息量。更困难的是估计被视网膜及视觉皮层所使用的信息量，这个信息量肯定会比图9.3的任何部分都多。即使对于灰度图而言，要判断出图中哪部分是有意义的，也需要大量的神经末梢信息。被视网膜及视觉皮层所使用的信息总量（Felleman and Van Essen，1991；Finkel and Sajda，1994）可能远比表 9.1 所示的信息量大。

表 9.1　图 9.3 的相关信息

	灰度图（A）	轮廓图（B）	图像分析（C）	分类信息（D）
估计总位数	524 288	34 864	171	2 160
估计有用位数 n	130 000	34 864	1 200	15 000
对位数 n 的说明	图像的 75%是背景	图像可被精确重建	隐式定义	隐式定义
香农信息＝（$n \ln n$）	1.5×10^6	360×10^3	8.5×10^3	144×10^3
相对信息量	176	42	1	17

如表 9.1 中图像分析（C）所示，对图像分析器而言，可以获得的额外信息极少。

正式的香农信息比图 9.3C 或图 9.3D 部分的真实信息量要小而且也没那么可靠，因为这些描述假设额外信息存在。在图 9.3C 中，我们有望知道这些不同数字的含义，而在图 9.3D 中，dinoflagellate，furca，armor，antapical，horns 等字眼表示对特定情景定义的认知。在“前面”与“右边”的外表不匹配表明对该物种的标准方向的认知。我们把局部信息放大了 7 倍，对 9.3C 与图 9.3D 所传递的真实信息作一个估计。即便如此，灰度图所表现出的信息与图像分析给出的信息之间的不一致说明了这个问题的的难度。

图像分析系统通常会得到比表 9.1（C）所示更多的参数。这些参数包括长度，宽度，等价圆直径，等价圆面积，凸度，平滑周长，表面积，体积，但是没有某些角度上的卡尺直径。这些参数是由表 9.1（C）所列的基本参数派生出来的，不包含更多的额外信息（还有若干由局部曲率派生出来的参数，这些参数难以通俗地命名，因为眼睛并不明白这些参数的意义。这些参数计算量很大，且在目前的图像分辨率下，它们通常呈现出严重的锯齿状与噪声）。

尽管如此，在混合的样本中自动识别分离出几种藻类还是可能的。但是需要注意，部分物种比其他物种更容易识别（Estep and MacIntyre，1989），因为有些物种可用来做比较的参数非常有限。如果系统被要求去识别那些混杂着相似形状的物种的群落，则相当不容易。兼之那些多变的形状（如旋转一下整个对象，或者移动对象的某个部分）使得此任务更为棘手。

尽管如此，自动藻类识别还是取得了令人印象深刻的进展（Sieracki et al.，1998）。混合应用其他参数，如颜色分析等，图像识别技术已显示出高效的一面（See et al.，2005）。当本章成文之时，Michael Sieracki（自动藻类识别仪器 FlowCAM 的开发者）已能自动识别多达 70%的缅因湾藻类。然而，如果要达到 100%的分类准确率，还是需要进行人工识别。

最近进行的一个雄心勃勃的国际合作研究项目给出了一些令人期待的分类成功度指标，条件是分类的样品集受人为条件约束。在 du Buf 的欧洲 ADIAC（自动硅藻识别与分类，Automatic Diatom Identification and Classification）项目报告中，其报告的结果极好，识别率高于90%（du Buf and Bayer，2002）。

Kenneth Estep 博士，Zeus 与 Linnaeus II 的联合开发者，把这两个项目视为不久的将来更实用的混合分类方法的基础。Zeus 图像分析系统是第一个基于 Macintosh 的具有用户友好图像界面的图像分析系统。它基于最早的板级图像分析系统，这也成为它的缺点。它是一个 IBM 板载克隆与 Macintosh 前端混合的系统，这两部分工作都良好，但是这种混合使得它比一台电脑贵，而且两个 CPU 工作协调不好。Linnaeus II 是一个交互式多媒体分类系统，该系统在一个简洁高效的点击图形界面中整合了文本，图像，声音及声波图，行为视频，分布地图等元素。系统的目标是200万物种以统一格式描述，使得人们可以立即得到如下问题的答案：什么节肢动物及草普遍分布在更冷的阿根廷潘帕斯草原和俄罗斯草原？图9.4展示了此项研究的结果，并且因为研究对象生物体的复杂性，该图还说明了用一个软件去判断一个生物体本质的难度。在设想的混合系统中，形态学分类的下一步，图像分析部分会生成目标生物的图像，并从中提取出数值特征参数。诸如 Linnaeus II 之类的运行在同样前段设备的图像分析系统，会访问相关影像的分类数据，以及那些与数字图像参数一致的分类数据。系统会自动地扫描图像处理参数并在数据文件中搜索匹配文件，并在视图中分级展示最可能匹配的物种。最终的对象与图像的模式匹配是通过模拟大脑进行的。

9.4 从耳石形状差别辨识鱼类

一个常用的图像处理操作是从空域到频域的（快速）傅里叶变换，（F）FT。算法编程人员常以编写出一个高效的快速傅里叶变换而自豪，因为这是编程能力的象征，而且编出来的程序很实用。理解空域及频域的意义的最好方式就是去操作那些做傅里叶变换的图像处理系统。即使傅里叶变换的数学原理非常难懂，但是它正变得越来越常用。由于缺乏图像处理系统的实验，我们下面仅作一些简单对比。

图像的傅里叶变换类似于显示声音频率与强度的声谱记录。事实上，一个声谱记录就是一个从声音的时域到声音的频域的傅里叶变换。一个图像的频率不是在时间上的重复次数，而是在空间上的重复数：一个尖峰在其空间范围和方向上有较强的信号。

我们知道任何随时间变化的信号都可以用那些具有适当的振幅与相位的纯正弦波组合进行重建。傅里叶变换则是用来推算此类振幅及相位的算法。然而，此变换过程具有若干严重的局限性，其中最麻烦的是信号必须在整个有效过程重复。此类问题可用数学方法解决（如 Rosky and Zahn，1972；Bloomfield，1976；Beauchamp，1987；Estep et al.，1994；Lombarte et al.，2006）。图9.5展示了此重建过程。图9.5C 是图9.5B 所示轮廓的傅里叶系数的强度的半对数图。图9.5D 显示了图9.5B 轮廓上那些被用于傅里叶分析的点（有些点未落在被重建后的轮廓上）；更多或更少的点被选中用于分析。图9.5B 和图9.5D 中的斜线是算法构建的直线，其起点是图形的质心，通过轮廓上离图形质心最近的（如有必要也可以是最远）一个点，指向轮廓外部形成轮廓的平均半径。图9.5C 中，那些垂线跨越了参数对的正弦（方点）与余弦项（方点的另一头）之间的距离。在本例中，系统初始计算了16个参数对（要么由用户决定，要么由所选的轮廓点数决定）。系统允许选择正弦或余弦参数，或者其等价的强度及相位参数。相位参数可用于复杂对象的微小转动。而强度参数则构成一个与旋转、翻转及缩放无关的轮廓描述。在当前分辨率下，在耳石左边

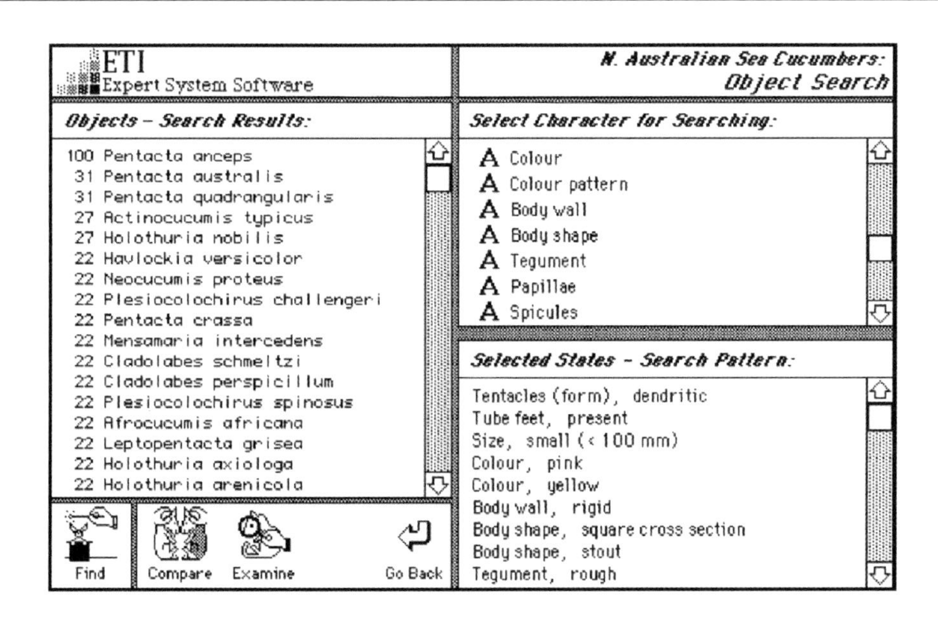

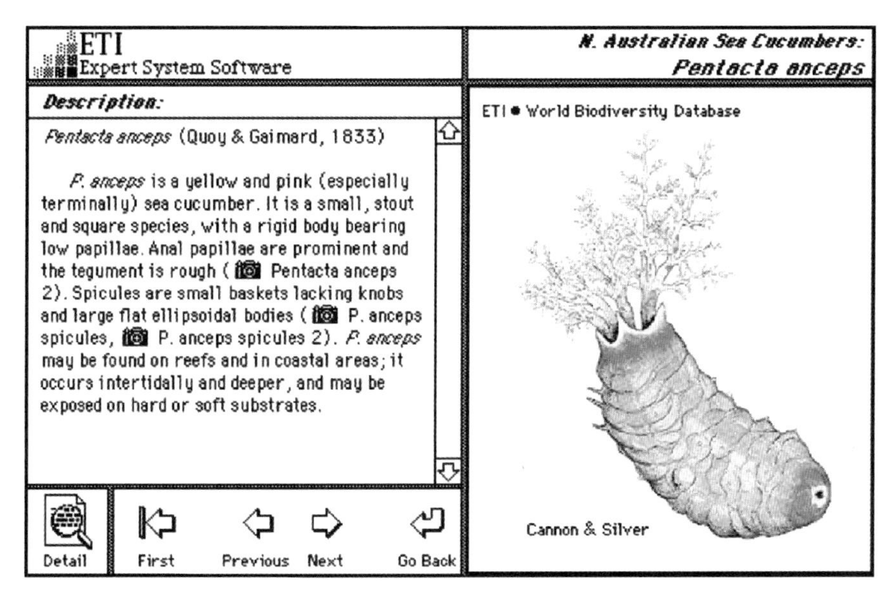

图 9.4

Linnaeus II 系统的搜索模块 IdentifyIt 的截图。上图：一个匹配搜索到右下测试图像；匹配特征百分比显示在最左边栏。下图：在上面视图的左窗口点击其中一个物种名，即会出现其描述及图像（系统的许多其他特性未显示出来）。这些图是从一个 CD 中截取下来的。本文中讨论到的更有用的发展会自动搜索图像分析参数。

上的投影未被精确重建。然而，这种分析也足以证明形状分析在鱼类识别中是有用的。这些分析被人工做过，并取得一定成功（Begg and Brown，2000；Lombarte et al.，2006）。

傅里叶变换是一个无损的信息处理过程，如果所有的参数都得以保留，它就能精确重现原始轮廓的图像。傅里叶变换有双重好处，首先是概念上：傅里叶变换可以把一个任意对象的轮廓图像转换为一个具有已知属性且可以被标准算法处理的数学对象（Fredman and Goldsmith，1994），其次是数据压缩，丢弃高频（噪声）信号而仅仅使用剩余的大部分信号进一步分析。

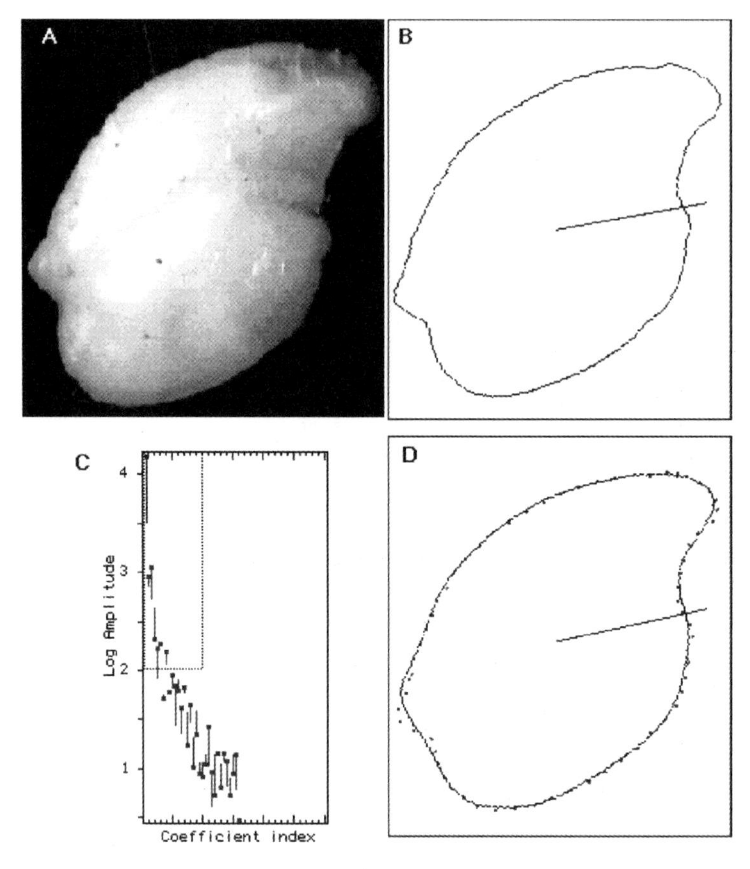

图 9.5

耳石的原始灰度图像（A），灰度图像被自动精简至二值化轮廓（B），轮廓的傅里叶转换分析生成 16 个复系数（C），其中的 7.5 被重建在一个 2D 表达中（D），此分析是在 Zeus 图像分析器中进行的。

进一步的分析把傅里叶系数视作一个近乎奇异方阵处理，如图 9.6 所示。（样本很相似，所以它们的傅里叶转换也很相似，一个具有两个几乎完全相同行的矩阵被称为近奇异矩阵，此类矩阵可造成多种矩阵简化方法失败中止，矩阵的秩是其最大行列数，舍入误差及数据失真使得秩的计算被称为非平凡求解，奇异值分解操作可无视所有问题并给出一个最好的解，尽管可能会需要更多时间计算，奇异值分解可在 HP-48GX 计算器中进行）。唯一可处理此类疑难数据的算法就是奇异值分解，singular-value decomposition（Golub and Van Loan，1983）。奇异值分解操作可把数据矩阵 A 转化为三矩阵的乘积，即是 A=USV'，其中，U 包含特征向量，S 含特征值，V 则含旋转因子，这些可被转化为任意常见的排序或因素分析操作的“得分”与“荷载”。如果鱼类繁殖种群持续地在外形上产生变化，尽管这种变化对眼睛来说可能过于复杂或不够明显，傅里叶变换的成分的排序分析或许能进行详细而自动的鱼类识别。

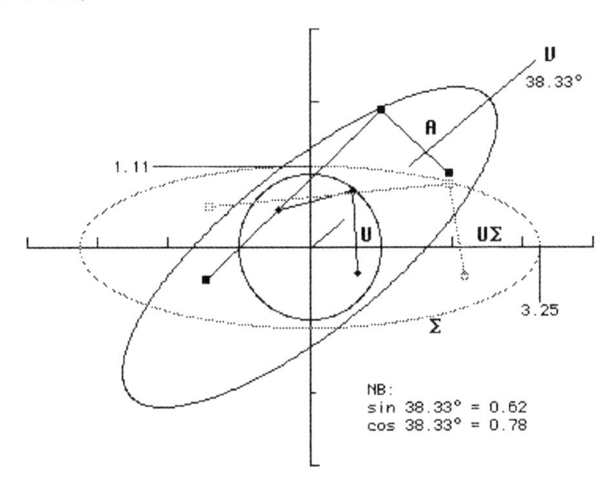

图 9.6

奇异值分解操作旋转得到的秩亏矩阵。三个数据点（方点）落在以原点为中心长轴角度为 V 的椭圆（实线）内。用奇异值分解操作，此椭圆可被旋转成矩阵 US，使得其落在轴方向上（点图），然后这三个数据点被压缩到单位圆中，用坐标矩阵 U。这是所有排序分析的卡迪尔方法的基础。如果我们只想得到数据的相对值而不是绝对值，在进行奇异值分解操作前，可先对矩阵进行居中（及规范化）操作。

当计算机进行矩阵分解与排序分析的算术运算时较容易出错的一方面原因之一是计算机不能在做算术运算的同时进行科学判断。矩阵变换并不会在数据中添加新的信息，在这种变换结果能产生有意义的名称前，科学起不了任何作用。排序分析将会给随机矩阵返回一个绝对正确的“因素 1”。

幸运的是，在本文中，我们对那些排序分析结果的意义并不感兴趣：对于鱼类识别来说，如果我们可以识别出一个鱼类物种的平均轮廓以及那些繁育鱼类各代间的较小而连续的变化就足够了。

无论在什么情况下，傅里叶变换都是个有趣而又富有启迪性的有用工具。

值得注意的是，前面所提到的涉及耳石的方法，同样可以用在鱼鳞上。只是因为鱼鳞是在鱼体外部，会受机械磨损，这可能会使问题变得有些复杂。此外，鱼鳞数量较多，而且容易取得，取样也不会使鱼致死，因此比较适合做那些与环境相关的时间序列的鱼类生长变化研究。最后，鱼鳍与牙齿也可以用于模式分析研究。

9.5　鱼龄及生长速度的测定

鱼类的生长速度受其生理学特征及食物数量与质量因素的约束。需要明确的是，鱼类日生长循环是其白天摄食及新陈代谢的函数，而其年增长率循环则主要受食物供给的积极性波动的影响。至少对于部分鱼类群体，如鲱鱼（*Clupea harengus*）和鳕鱼（*Gadus morhua*），类似的生长循环会在耳石微观结构中留下记录，也就是说，鱼苗的日生长及成鱼的年际生长都会在耳石中留下环状的钙化物及有机质薄层记录。两个环之间的距离与该尾鱼在两环形成期间的生长速度有关。这点对于那些研究鱼类生长动态的生物学家非常有用。要确定鱼龄时，只要在显微镜下计算耳石环状结构并转换为相应的日或年即可。生长速度的估计则需要测定耳石环状结构之间的距离。因此，鱼的生长速度与耳石环间距离与鱼龄的比有关。

然而问题会出在挑选样本及耳石环时的主观性上，这个问题可以通过适当的染色及蚀刻方法解决（Secor et al.，1991），从而增强耳石环的可见性。尽管如此，相互检校操作（Campana and Moksness，1991）推荐严格的协议以克服研究人员的主观性，耳石解读中最容易出问题的是耳石准备、光学校正及图像解释，这些很大程度上是由操作人员主观因素决定的。经过正确校准的视频/图像处理系统至少可以辅助降低这种主观性并增强精度，这种辅助作用与图像的放大倍率（如有必要，可用电子显微镜）及图像质量有关。讽刺的是，使用预处理没那么到位的样本或不那么好的显微镜，识别耳石环间距，很大程度上依赖于识别那些交替出现的黑白条带。因此，一直以来，耳石信息解读都只是实验操作员利用高科技图像分析系统的一个实用工具（图 9.7）。

图 9.7
60 日龄的鲱鱼苗的日生长耳石环，Oystein Paulsen，挪威海洋研究所。

耳石环分析是傅里叶变换能发挥作用的另一个地方。二维傅里叶变换可以选择性地突出耳石环的空间分布频率的对比度。计算量较小的一维傅里叶变换可以以无偏的方式计算耳石环的数量。图 9.8 是把图 9.7 中的耳石的径向密度扫描图（图 9.8A）转换为一个傅里叶变换，该变换的系数见图 9.8B。左上点线框是包含了系数的操作员选择方式。在这种情况下，就有可能忽略那些导致在截面中那些又长又慢的变化及波长被移除的几个参数。图中“%Power”指数表示点线框中包含了百分之多少的有用信息。在图 9.8B 下面的数据是可导出的电子表格的表头部分数据。图中也给出了系数的 Sin-Cos 以及幅相值。最开始的（第 0 个）系数是唯一不出现正负频率的，见表头的“+and-”。图 9.8C 所示是一个反傅里叶变换重构了密度扫描。这里设置了一个灰度值为 20 的恒定基线，也可以选其他值，比如与最低谷相切的值。峰值及面积的计算是从基线算起的。其下的表也是一个导出参数的电子表格的开始部分。计算机将会计算峰数或谷数，两种方法都可以。

Pannella（1971）对耳石微结构每日增长的识别被认为类似于古埃及象形文字的发现，因为它们都显示出反映过程的持续而重复的模式（Secor et al.，1991）。在发现及破译刻有相形文字，通俗文字及希腊语的罗塞达石前，古埃及象形文字无人能读懂。Pannella 的突破性发现之后，现代鱼类生物学家们也迎来了构造及解释那些他们自己的罗塞达石的挑战。

9.6　从回声探深仪中识别物种

用图像识别方法分析鱼群的声呐记录是目前正在开发并取得一定成就的技术（Denny and Simpson，1998；Horne and Jech，2005；Jech et al.，2005）。回声显示器中的信息是鱼群形态指标以及回声强度。鱼群的形态与其物种有一定的联系，而回声强度与物种及大小都有关系。鱼类的回声数据可用于估计其种类及数量。

目前我们已认识到，一方面由声学记录所带来的优势可能在于记录数据的基本结构，这些信号是由鱼类反射回到声源位置的信号。特定声源的这种记录结构类似于图像傅里叶变换中的形状分析。另一方面，在回声数据的图形重构上进行的图像分析是可控的，然而对于大部分人来说，根据声音记录来判断目标的大小与深度过于抽象。因此，这个领域中同时代的研究在进行声学数据模式识别时总会同时考虑这两个方面。人工神经网络在声学数据解释方面比较有前途。

9.7 需要更进一步的发展

9.7.1 平面场照明

计算机辅助显微镜方面的尝试表明，它能在显微镜发展的两个领域带来显著提高。

第一个就是平面场照明。人眼擅长于注意显微镜视场中聚焦之外的区域，因此显微镜的设计者总是努力使得显微镜能够聚焦整个视场。这是一个仅由计算机辅助镜片设计所带来的巨大进步。但人眼还很擅长补偿那些平缓改变的照明。因此设计显微镜下物体平面的平衡光照功能压力并不那么大。

人眼去观察一个视场边缘比中心黑 40 个灰度级的视场图像并没有什么大问题，然而让机器去识别这个带有圆形边沿阴影的视场来说，就会带来很大的问题。

计算机所要处理的主要信息是绝对照明强度，让计算机明白我们对灰度级在 78~93 之间的像素感兴趣其实很容易，我们还可以让计算机突出显示这些像素并计算它们的数量，然后给出其面积形状等信息。然而在那些与其周围背景灰度差只有 15 的区域进行同样的操作会困难得多，而如果目标区域被不同光照强度的对象环绕的话，这种操作基本是不可能的。问题并不是出在寻找 15 个灰度差上，而是在于识别哪些是对象，哪些是背景上面，

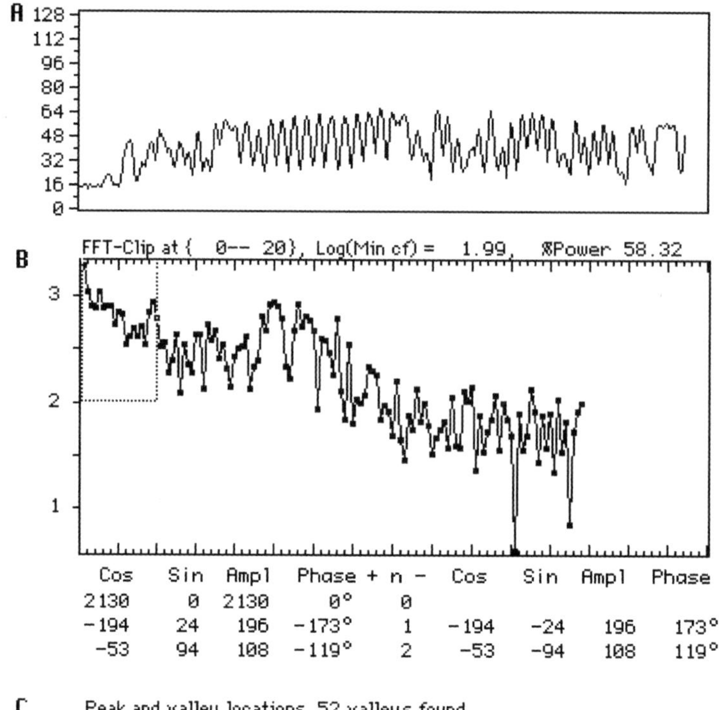

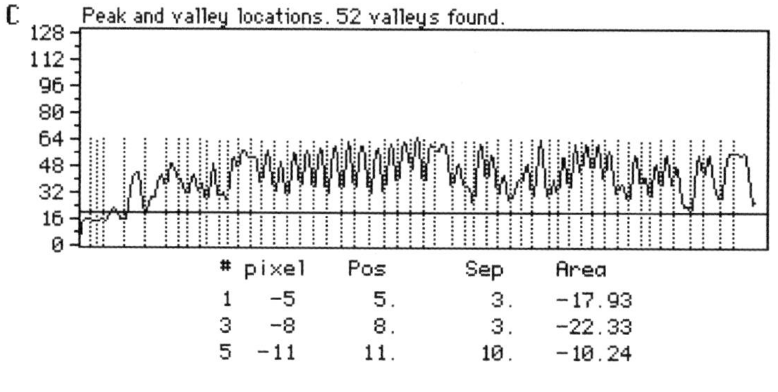

图 9.8

用计算机分析图 9.7 所示的耳石计算其日环数及环间距离。分析是沿着从圆心到其外部边沿的截面进行的（图 9.7 中的粗白线）。灰度亮度的相对值（A）被快速傅里叶变换（B）转换成数学推导。用反快速傅里叶变换重构（C），波谷，即那些黑环，被识别标记出来。两条曲线下面给出构成 B 与 C 的头三个数据集。渔业生物学家对 C 中所示那些波谷及波谷间的距离（Sep 值）尤其感兴趣。我们发现，通过选择两条或以上的更细的截面线（图 9.7 所示的细白线），能减少耳石环所带来的噪声，因此提高耳石环读取的经度。为了互相校对环间的间距，很有必要沿着不同的截面线去测量。这些分析都是在 Zeus 图像分析系统中自动进行的，图 9.8（A，B，C）是分析结果截图。

这些都是整个图像的部分内容，而计算机只能处理单个像素。当我们想买显微镜用于显微镜视频检查的时候，我们就应该选购一个平面场照明功能。

显微镜台下照明路径必须正确调整才能得到平面场照明，而实验证明，我们常常不能做到这点。因此，购买比较好的显微镜的时候，通常建议配备科勒照明系统。然而，在用他人的显微镜所做的 5 年的演示性图像分析过程中，我们从未发现这些显微镜被正确调整。这个粗心的错误是由眼睛对阴影的漠视直接造成的。因此，在演示显微镜功能的第一步，我们总是要先检查对齐显微镜台下的照明器件。用设计和调整得到的显微镜进行视频图像观测的话，我们就没必要做那些恼人的数据预处理以便修正光照不均匀的背景。

9.7.2 瞬时免计算傅里叶变换

对傅里叶变换来说，暴力算法勉强可用，但是有一种更为灵巧的方法可获取显微镜图像的频率域。在每个显微镜的物镜与目镜之间有一个光学平面恰好呈现观察目标图像的傅里叶变换。因此只要一个正确安放的分光计及相机，我们就可能设计一个同步传递图像空域与频域信息的显微镜，这就可以完全绕开图像的频域计算。

通常，我们想做的是通过修改频域来改善空域图像，这时，从频域转回空域的变换就成了必要，我们可以设想一个通过光学来完成这种变换的反射系统，使得从一个图像域中进行的操作效果可以立即呈现在另一个图像域中（图 9.9）。计算机绘图程序中常用的工具，如橡皮擦、铅笔、笔刷、喷漆罐，套索，以及那些更为复杂的功能也可以使用在图像显示上。在一个或另一个屏幕中移动绘图工具将会重新调整信息流使得改变后的视图被传递到相机并且改变变换看起来像在原始图像上进行的改变。这类直接反馈信息，将使傅里叶变换显微镜操作成为海洋生物学家的有用工具。

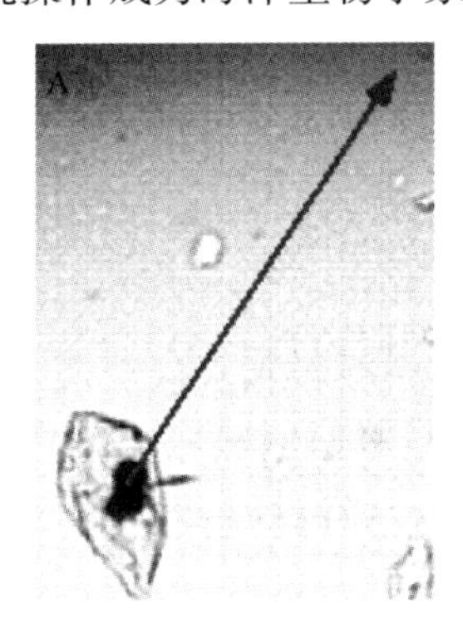

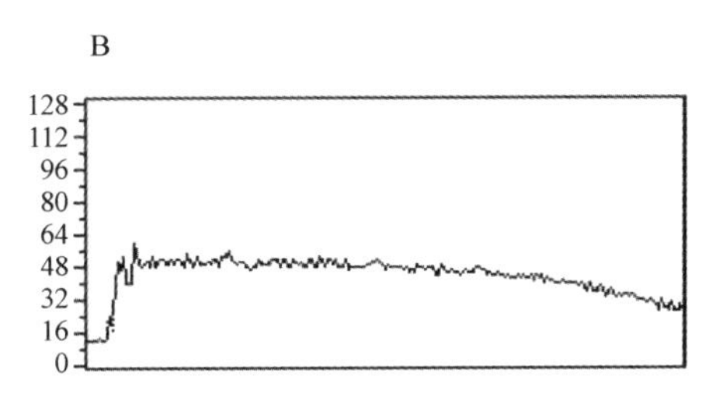

图 9.9

标准 CCD 相机及研究及显微镜所拍的海洋腐殖碎屑照明阴影（A），及沿着 A 图中的直线测量得到的灰度强度（B），分析在 Zeus 图像分析系统中进行。这是一个对象与背景分离得很好的例子：在运气略差的例子中，背景阴影会出现在观测对象中，使得机器无法通过灰度级清晰从背景中分离对象。

我们注意到，现在 CCD 相机及主动矩阵显示器在每个像素上都带有非线性设备，这就提供了大幅改善的动态范围。在不久的将来，我们很可能造出如图 9.10 中间所示的转换管，这种转换管可以在一个视频帧时间中进行正反两种傅里叶变换。暗含在图 9.10 中的转换之间的反馈循环可能具有一些有趣的功能，如像素化及数字化的退化。实现这个功能，可能需要在相机及成像仪之间新增电路控制，在图 9.10 中我们已经为此提供了空框。

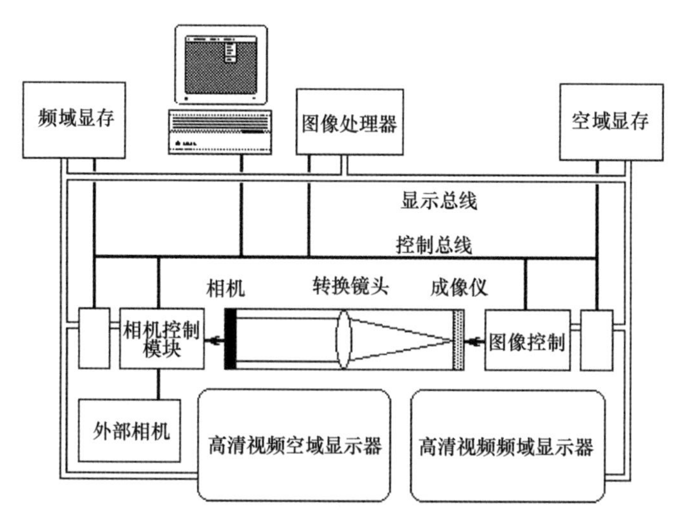

图 9.10

有助于在空域频域中进行模式识别的图像分析系统设计草图。空域与频域之间的变换是通过光学实时完成的，而不是通过延迟的数值计算。其中的成像仪可以是与相机分辨率一致的笔记本电脑的 LCD 显示器。控制总线的一个功能是切换适当的显存至在各帧之间的成像仪控制。

9.8 存在的问题及前景

9.8.1 彭罗斯（Penrose）

英国数学家 Roger Penrose 具有极高的几何直觉。就是他发现了图 9.11 中的 Penrose 三角叉及 Penrose 梯子。他研究了他自己关于“强人工智能”的质疑，也就是硅基算法能模仿人脑的说法的质疑，以及在“皇帝的新脑”一书中描述的模式识别研究团体所寄予厚望的人的质疑。他的论点从量子力学的非局部悖论与狭义相对论下的同时性无意义，到抽象的“正确量子引力理论”应该呈现出的特征。

Penrose 对那些希望用计算机来完成复杂任务的人比较失望，他得出这样的判断：我们识别模式的能力的基础是我们辨别美的能力，这不是算法可以做到的。但这并不意味着计算机永远不能做好模式识别，但这也许意味着基于目前的冯诺依曼模型的计算机，很难实现这个目标。

9.8.2 将来的期待

在他的第三版的《计算机还不能做什么：人工理性批判》一书中（Dreyfus，1993），Dreyfus 觉察到，经过 20 年之后，他的书对人工智能的态度从刚开始的无情的质疑转变到后来对这个 20 世纪后半叶人类对人工智能的伟大梦想的哀思。50 多年的人工智能研究努力，最终变为一个日渐退化的工程，从 20 世纪 50 年代末开始时，Newell 和 Simon 开发出

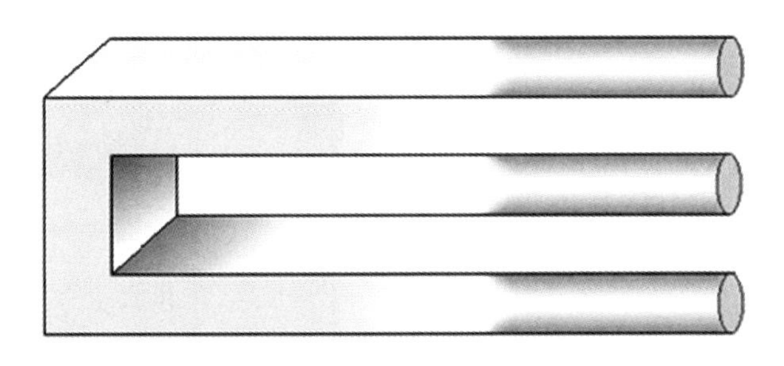

图 9.11
Penrose 三角叉，人都难以判断其正确形状，计算机图像分析系统如何判断?

了首个能战胜人类的国际象棋人工智能机器程序，直到后来 90 年代理想远大但最终失败的日本第五代人工智能计算机项目。

Dreyfus 划分了 4 个级别的智力活动，与图像识别相关的一些要点如表 9.2 所示。

表 9.2 模式识别活动的 Dreyfus 等级

	1 关联分析	2 简单形式分析	3 复杂形式分析	4 非形式分析
学习模式	通过记忆学习	通过规则学习	通过规则与实践学习	通过例子学习
例子	迷宫问题	打印字体识别	识别带噪声的复杂图像	识别各种变形图像
程序类型	决策树	算法	搜索修剪启发	无

根据其定级分类标准，对渔业来说，最低限度的有用的模式识别标准是能识别那些带噪声的复杂图像模式。目前的最先进的发展水平是基于算法的简单形式分析。真正的应用必须达到非形式分析级别，但是目前还没有程序或思路可以做到这点。在可预见的未来，最新水平可能能达到复杂形式分析的水平。的确是这样，Feigenbaum 和 Feldman（1963）就曾热情期待这种可能性的出现：在智能延续方面，我们目前所构建的计算机体系及程序还比较低端，但是重要的是，我们沿着人工智能方向努力前行，并且取得了一些具有里程碑意义的成果。我们有什么理由认为我们永远无法达到人工智能的最终目标吗？然而并没有。在实验证据上，逻辑推理上，我们都没有发现什么不可逾越的障碍（Feigenbaum and Feldman，1963）。

9.9 本章小节

我们纵览了图像识别技术在渔业当中的应用所取得的成就，但是我们对所取得的成就感到比较消极，这部分贬低了目前计算机无所不能的印象。人脑在图像识别方面保留了它的独特优势。计算机图像识别方面最有前途的方法似乎是那些尝试把任务恰当分配给机器和人脑的做法。

成功的图像识别所需的能力在得到持续不断的改善，新的思路总会有较好的发展空间。我们迅速回顾图像分析的相关领域研究，表示在最广泛的意义上，它们仅是可以用来在模式识别之前增强图像特征的预处理，以及一些可被测量的图像特征。在显微成像的书中涉及较多图像处理方面的内容。而在渔业领域，图像处理方面研究进行了鱼类的分类、鱼类耳石信息的提取及识别鱼龄及生长历史，图像识别技术已经应用在鱼群声呐回波数据分析中以便研究鱼群大小及种类以及它们的行为。

致谢：仅以本章向 Kenneth Estep 博士致意，Kenneth Estep 博士是海洋单细胞生物生态学家，是有害藻类 Chrysochromulina 的检测者及科学家，计算机分类识别研究先驱：Zeus 图像处理系统的联合发明人。

参考文献

A ha D, Bankert R (1997) Cloud classification using error-correcting output codes. Artificial Intelligence and Applied Natural Resources in Agricultural and Environmental Sciences 11(1):13-28

Apte C, Damera F, Weiss, SM (1994) Automated learning of decision rules for text categorization. Information Systems 12(3):233-251

Azzopardi P, Cowey A (1993) Preferential representation of the fovea in the primary visual cortex. Nature 361:719-721

Beauchamp RG (1987) Transforms for Engineers. Oxford University Press, Oxford.

Begg GA, Brown RW (2000) Stock identification of haddock *Melanogrammus aeglefinus* on Georges Bank based on otolith shape analysis. Transactions of the American Fisheries Society 129(4):935-945

Bloomfield P (1976) Fourier Analysis of Time Series. John Wiley, New York

Burr DC, Morrone MC, Ross J (1994) Selective suppression of the magnocellular visual pathway during saccdic eye movements. Nature 371:511-513

Campana SE, Moksness E (1991) Accuracy and precision of age and hatch date estimates from otolith microstructure examination. ICES Journal of Marine Science 48:303-316

Denny G, Simpson P (1998) A broadband acoustic fish identification system. The Journal of the Acoustical Society of America 103(5):3069

Desimone R (1991) Face-selective cells in the temporal cortex of monkeys. Journal of Cognitive Neuroscience 3:1-24

Dreyfus HL (1993) What Computers Still Can't Do. MIT Press, Cambridge, 354 pp

du Buf H, BayerMM (eds.) (2002) Automatic Diatom Identification. World Scientific, Series in Machine Perception and Artificial Intelligence, Vol.51

Estep KW, MacIntyre F (1989) Counting, sizing, and identification of algae using image analysis. Sarsia 74:261-268

Estep KW, Nedreaas KH, MacIntyre F (1994) Computer image enhancement and presentation of otoliths. In Secor DH, Dean JM, Campana SE (eds.) Recent Developments in Fish Otolith Research. U. South Carolina Press, Columbia, SC

Feigenbaum EA, Feldman J (eds.) (1963) Computers and Thought. McGraw-Hill, New York, p.8

Felleman DJ, Van Essen DC (1991) Distributed hierarchical processing in the primate cerebral cortex. Cerebral Cortex 1:1-47

Finkel LH, Sajda P (1994) Constructing visual perception. American Scientist 82:224-237

Fredman ML, Goldsmith DL (1994) Three stacks. Journal of Algorithms 17:45-70

Golub GH, Van Loan CF (1983) Matrix Computations (The Johns Hopkins Press, Baltimore MD) 475 pp

Gould SJ (1994) Faces are special. The Sciences 34:36-37

Horne JK, Jech JM (2005) Models, measures, and visualizations of fish backscatter. In H. Medwin (ed.) Sounds in the Seas: From Ocean Acoustics to Acoustical Oceanography. Academic, New York, pp.374-397

Inoué S (1988) Video Microscopy. Plenum, New York

Jech JM, Foote KG, Vhu D (2005) Comparing two 38-kHz scientific echo sounders. ICES Journal of Marine Science 62:1168-1179

Le Cun Y, Boser B, Denker J, Hendersen D, Howard R, Hubbard W, Jackel L (1989) Back propagation applied to handwritten zip code recognition. Neural Computation 1(4):541-551

Lombarte A, Vhic Ò, Parisi-Baradad V, Olivella R, Piera J, Garcia-Ladona E (2006) A webbased environment from shape analysis of fish otoliths. The AFORO database. Scientia Marina 70:147-152

Mitchell WJ (1994) When is seeing believing? Scientific American 270:68-73

Morris D (1994) The Human Animal. BBC Books, London

O'Carroll D (1993) Feature-detecting neurons in dragonflies. Nature 362:541-543

Ornstein R, Thompson RF (1984) The Amazing Brain. Houghton Miflin, Boston

Ou G, Murphy YL (2007) Multi-class pattern classification using neural networks. Pattern Recognition 40:4-18

PannellaG(1971) Fish otoliths: daily growth layers and periodic patterns. Science(Wash., D.C.) 173:1124-1127

Rahin MG (1992) A self-learning neural-tree network for phone recognition. In Mammone RJ (ed.) Artificial Neural Networks for Speech and Vision. Chapman and Hall, London, pp.227-239

Rosky A, Zahn B (1972) Fourier descriptions for plane closed curves. IEEE Transactions on Computer, C-21 3 Mar 72:269-281

Russ JC (1990) Computer-Assisted Microscopy: The Measurement and Analysis of Images. Plenum, New York

Secor DH, Dean JM, Laban EH (1991) Manual for Otolith Removal and Preparation for Microstructural Examination. The Belle W. Baruch Institute for Marine Biology and Coastal Research 1991-2001, 85 pp

See JH, Vampbell L, Richardson TL, Pinckney JL, Shen R, Guinasso NL (2005) Combining new technologies for determination of phytoplankton community structure in the northern Gulf of Mexico. Journal of Phycology 41:305-310

Sieracki CK, Sieracki ME, Yentsch CS (1998) An imaging in-flow system for automated analysis of marine microplankton. Marine Ecology Progress Series 168:285-296

Solomon JA, Pelli DG (1994) The visual filter mediating letter identification. Nature 369:395-397

Srinivasan MV, Zhang SW, Rolfe B (1993) Is pattern vision in insects mediated by "cortical" processes? Nature 362:539-540

Young ME (1992) Objective analysis of the topological organization of the primate cortical visual system. Nature 358:152-154

第10章　渔业海洋学可视化：快速勘探沿海生态系统的新途径

Albert J. Hermann 和 Christopher W. Moore

10.1　简介

强大的全新测量技术和数值模型正快速扩展人们对海洋和海洋生物的三维认知。不断扩充的海洋数据库，其高效可视化尤为重要，但在渔业海洋学的应用方面仍存在着一定挑战。不可否认的是，海洋环流和海洋鱼类的生命进程都应该采用三维模式。尽管如此，大部分的海洋数据和模型输出仍采用传统的二维映射。此外，对于某种鱼类数量的深入分析应该包括以下两点：①代表性鱼类生活的本地环境（如空间直观个体本位模型中事件的伪拉格朗日算符记录）；②鱼群不断变化的区域栖息地（如空间直观低级食物链模型中的区域环境欧拉描述）。在本章节，对可视化途径由简到难的调查，从而促进研究者和管理人员的多方面分析。尤其强调了现代科学可视化途径还包含了沉浸式技术：利用人类双眼视觉，让使用者亲身体验所测量、建模的特性，如三维世界中的“真实”对象，并与之互动。这样的体验就像手握海洋盆地一般，可从各个角度打开它、测量它。在渔业海洋学中，这样的现代途径能够快速高效地展现：①浮游植物等被猎生物的空间斑块结构；②地势附近的三维流动；③个体生物或被猎生物途经上述路径的空间轨迹。当前技术发展通过网络服务器的沉浸式可视化服务，纵使数据存储相隔半个地球，科学家也能通过合作在三维数据中“畅游”。利用沉浸式可视化可探究额外洞察力的获得，同时了解收入不高的科学家是如何利用低成本的沉浸式技术的。更多例子和资源详见以下网址：http：//www.pmel.noaa.gov/people/hermann/vrml/stereo.html。

10.1.1　3D模型对比2D图像

渔业海洋学家对找到数据可视化的具体方法有着浓厚的兴趣。现代观测网络得到了大量海洋数据，而数值模型则产生了数量更为巨大的输出资料（这些输出资料在严格意义上是否应称为“数据”属于语义认证，但对于此次研究目的来说属于数据）。那么如何将这些庞大的数据文件进行可视化？在过去的三个世纪中，海洋学家热衷于使用水平和垂直面的二维平面图（从Ben Franklin墨西哥湾流图表到如今的图表），但是这些图表甚至无法捕捉到二维数据集中的许多细节。

海洋测深学包括大尺度特征和小尺度特征。具体来说，与小尺度特征相比较，大尺度特征具有更大的振幅。因此，简单的大洋底等值线图，只能显示大尺度特性，而不能显示小尺度特性（或称之为更大尺度，图10.1）。其中等值线图中的等值水平是根据最大振幅信号确定的。通过比较，倘若依托海洋测深学来呈现海洋三维表面，那么大尺度特征和小尺度特征就能一次性显现。实际上，所呈现出的三维表面等同于无限等值线数量。

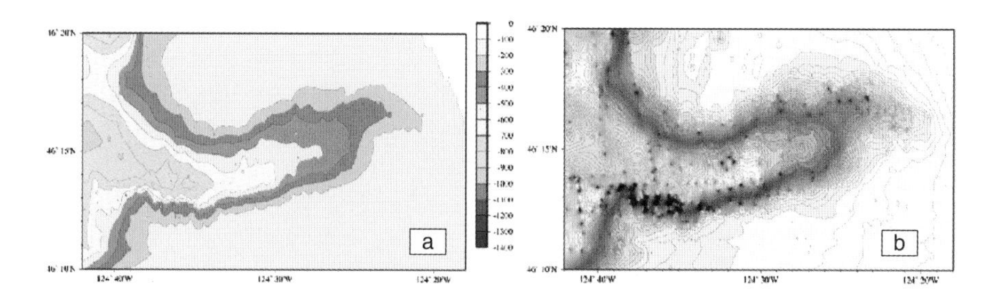

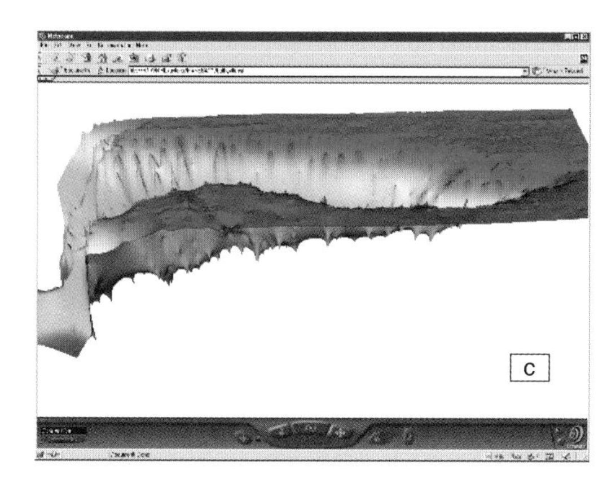

图10.1

与网格等深测数据3D表面相较的等值线图。数据包含了伪精密最小值和伪精密最大值等重要抽样数据。只有若干等值水平线的标准等值线图（图10.1a）缺少这些精密数据；具有大量等值水平线的等值线图（图10.1b）呈现了诸多地方特征，但忽略了振幅或信号。包含所有数据点的海洋表面（图10.1c）既显示了大尺度特性，又表现了小尺度特征。凭借合适的软件，该3D表面可自由旋转、放大。为此采用了VRML观察器。

现在，呈现出这样的三维表面并通过电脑显示器对其进行测验是较为容易的，同时将三维表面打印在平面纸张上也并非难事。很多科学期刊上也有类似插图。然而这样的技术实际上是多么原始。数十亿年的进化赋予了人类观察物体深度的能力（其他许多物种也具有这项天赋）。我们可以准确地区别某物体离我们较远而非仅仅只是较小。人类具有这种能力是因为人类拥有两只眼睛，一个大脑，可以将每个物体的信息进行整合（立体视觉）。观察平面纸张上的三维表面就如同闭着一只眼睛看世界，因为立体视觉赋予的深度知觉消失了。而通过双眼远距离观察三维物体，比如从高海拔喷气飞机上观察山脉，与单眼观察也相差无几。观测海洋三维表面或其他三维物体的最有效方法是双眼从各个角度近距离观察，就好像将物体拿在手里一般。通过双眼观察，你可以清晰地发现哪些部分位于其他部分的前面或后面，同时也能正确地辨别出物体的上下、左右、前后方向。在这种情况下，你将不会单单因为物体距离远而混淆小尺度特征。多年以来，区域策划者一直使用分离式地势图像，以达到对地面的“上帝视角”（尽管是静态的）。

显而易见，为每个观察物体的三维表面建造塑料模型，使之具体化是不现实的。相反地，现代电脑硬件、软件能轻易地将图片在电脑显示器中呈现出来，且这些图片的外观与实物相同，即“虚拟现实”。当然这不是指你在现实生活中遇到的触感“真实”，而是指倘若你建造3D表面、矢量、容量等实体模型时在你视野里出现的真实，这些实体模型表示在数据集中你所想研究的不同方面内容。

对虚拟现实的追求已经不是新鲜事了。3D照片、3D电影始于19世纪，已经陪伴我们很多年了。最早出现的3D物件是立体明信片，它们在大众文化中的出现随着时间的推移经历了跌宕起伏的过程，其中包括20世纪50年代一些被人遗忘的影片。如今，IMAX 3D影剧院的流行预示着3D影片已经变成科学教育的中坚力量。在过去的10年里，最新出现的是拥有强大力量和低成本的现代计算平台，这为3D世界的交互浏览提供了可能。相关图表表明，10年前觉得不可思议的事情，10年后已经成为了常态。只要你拥有私人电脑，即使是廉价的电脑，也可以创造出复杂的曲面，以呈现出大型数据集（百万字节至千兆字节）的若干方面—事实上，很多人在日常电脑游戏中也会做同样的事情。只要增加适度的额外投资，你就可以拥有通过沉浸式立体感官观察这些3D表面的能力。实际上，只要你睁大双眼，就会拥有在虚拟世界畅游以及翻转虚拟世界的能力。这种幻想很难用语言表达。想象你自己正在海洋中畅游，可以选择任何特征进行观察，无论是低空、远距离还是从任何角度观察均可。

在该领域中，我们的目标可以被定义为“大众科学虚拟现实”。我们旨在通过价廉方式，寻求数值模型输出（或数据）的沉浸式可视化方式。该方式必须足够强大，能够掌握大型世界，并可以通过某种方式进行各地联网。只有在联网的情况下，该方式才能为偏远地区的同事提供庞大的数据集，并与之进行合作。我和我的同事们并未完成所有目标，但是我们取得了巨大的进步。首先，我们收集了一些渔业现象的例子，这些现象插图得益于3D图像的使用。接着，我们密切注意这些图像，对基础图像概念进行简要陈述，并对一些低成本的硬件、软件进行描述，这些硬件、软件可以创造、探索沉浸式世界，并与之相互作用。

10.1.2　渔业海洋学实例

真正的鱼类是生活在三维空间的，其中存在着复杂的流速和空间路径。在这里，我们列举了渔业海洋学相关3D特征和现象的若干实例，并详述了相对于简单的2D可视化技术，3D可视化是如何与新信息进行交流的。在本次研究中，我们感兴趣的特征包括物理环境（如海底地形地貌、洋流、温度、营养成分、被动粒子径迹等）、被猎动物（如浮游生物）、鱼类生活轨迹（如位置、生命阶段、体积大小）等。三维可视化，尤其是沉浸式可视化，能够帮助渔业科学家快速检测出所研究、建模鱼类生活环境中的流速场和动态空间路径。沉浸法能够快速呈现空间关系（左右、上下、远近），从而促进该数据集的探寻工作。

10.1.2.1　海洋测深学

海洋测深学中包含了诸多空间尺度特征，影响海洋流通和鱼类生活轨迹。简单的等值线图只能显示大尺度特征，无法显示小尺度特征。更专业地讲，等值线图也许能够展示出某特定区域的最小、最大全局特征，但却无法显示最大、最小局部特征。在图 10.1 中，我们将简单的等值线图和 3D 表面进行比较，展示了 3D 表面是如何清晰显示小尺度误差的（在特定情况下，这些误差是由于网格重新规划，其中该网格重新规划是指将不规则间隔深度数据转换为规则的经纬度网格）。倘若该深度数据在数值模型中直接使用，那么这些误差就会对研究结果产生实质影响，而将数据呈现为 3D 表面的做法能够预先标记这些误差。

10.1.2.2　鱼类生活轨迹

鱼卵和鱼苗本质上即是浮游生物，通过海洋洋流被动输送。而在浮力和向前运动的作用下，海洋产生垂直运动，导致该输送加剧。在真实海洋情况以及数值模型中，该输送运动随着时间的推移会产生复杂的三维轨道（亦称“个体生活轨迹”）。在输送建模过程中，人类已研究出了多种生活轨迹（Hermann et al.，1996，2001；Hinckley et al.，1996，2011）。这些 3D 信息在 2D 图像中只能显示部分，而在 2D 海洋深度等值线图中，人类采用彩色多边形来呈现海洋深度的第三个维度。然而，彩色多边形很难呈现出流经三维平面的天然型复杂循环路径以及鱼类的生物属性。根据以往经验，3D 动画是了解鱼类复杂生活轨迹更为有效的方法（图 10.2）。

10.1.2.3　水循环与水文学

不管是真实海洋还是海洋模型都向我们展示了跨越巨大空间尺度范围的运动—事实上，在海洋中，该运动范围可从上万米海底延伸至海平面下几毫米。在流速和温度、盐分等物理标量的共同作用下，不同规模的垂直运动呈缀块分布。渔业科学家熟知的 3D 循环现象实例包括近岸上升流（为食物链提供养分）、潮汐运动（通过海水混合提供养分以及相互作用以影响鱼类迁徙行为）、混合层湍流（影响食物供给）等。通过 3D 等位面和 3D 矢量的应用，能够更加高效地呈现某些现象（见 10.2.1.1 节、10.2.1.2 节、10.2.1.3 节）。

10.1.2.4　掠食场

浮游生物是诸多鱼类的主要食物。浮游生物领域受海洋中各式各样运动的影响；此外，它们还会受到繁殖、捕食、死亡等因素的影响。因此，相较于物理标量，浮游生物领域在空间上更加不完整（如 Powell et al.，2006）。就像大气云层，它们在三维空间中是散乱的。然而，等值线图与 3D 图像都无法展示上述结构。事实上，2D 大气湿度等值线图呈现的云层空间结构信息（或者至少是不同的信息）甚至比从地面上观测到的简单斜视图所蕴含的信息量还少。

图 10.2

科迪亚克岛附近流域中白眼狭鳕（明太鱼）3D 透视图实例（图片右上角）。灰色表面表示采用水动力模型所获得的海洋深度，其中最大深度为 500 m（右下角）；蓝线代表海岸线；鱼类形状和颜色表示体积大小和生命阶段。而框架，源自 6 个月生物物理模型修改版动画，表示 1978 年 6 月中旬的鱼类数量。3D 动画主要呈现了在简单的 2D 图像中无法实现的循环轨迹。对图像的沉浸式观察还能提供额外的海洋深度线索。

10.2　生物物理三维空间计算机透视图

在此，我们对 3D 图像中呈现的基本对象以及展现 3D 图像的硬件进行描述。该讨论中并无详细描述沉浸式可视化，而是对沉浸方式的相关优点进行讲解。

10.2.1　3D 图像概念

10.2.1.1　等值面

等值面是指 2D 等高线的 3D 等价物。等值线图表示沿着 2D 表面连接数值点的线路，具有某种特性的相同数值。最常见的例子就是等高线图，即地表等高线。海洋学家经常使用海面高度等值线图或海面温度等值线图。在三维空间中，等值面则表示连接数值点的平面，具有某种属性的相同数值。例如，一名赤道海洋学家期望对海洋温度为 10℃的海平面进行检测，以诊断出厄尔尼诺现象的力度。一名渔业海洋学家也会使用相似信息，从而对特定温度范围和猎食密度的若干物种栖息地进行检测，其中等值面即表示该栖息地的边界。

10.2.1.2　体渲染

在某些情况下，若想呈现出散乱的 3D 领域，最有效的方法即呈现出它属性值最高的不透明点。实际上，我们看到的云层，其水蒸气密度非常高，因此在电脑上，我们可能在标量属性高于特定值的地方呈现出虚拟“雾”（用颜色标记出）。这是展现散乱分布的常见方法，如叶绿素的分布等。在图 10.3 中，我们采用了这些方式，来探寻阿拉斯加湾建模结果（Hermann et al.，2008；Hinckley et al.，2008）。

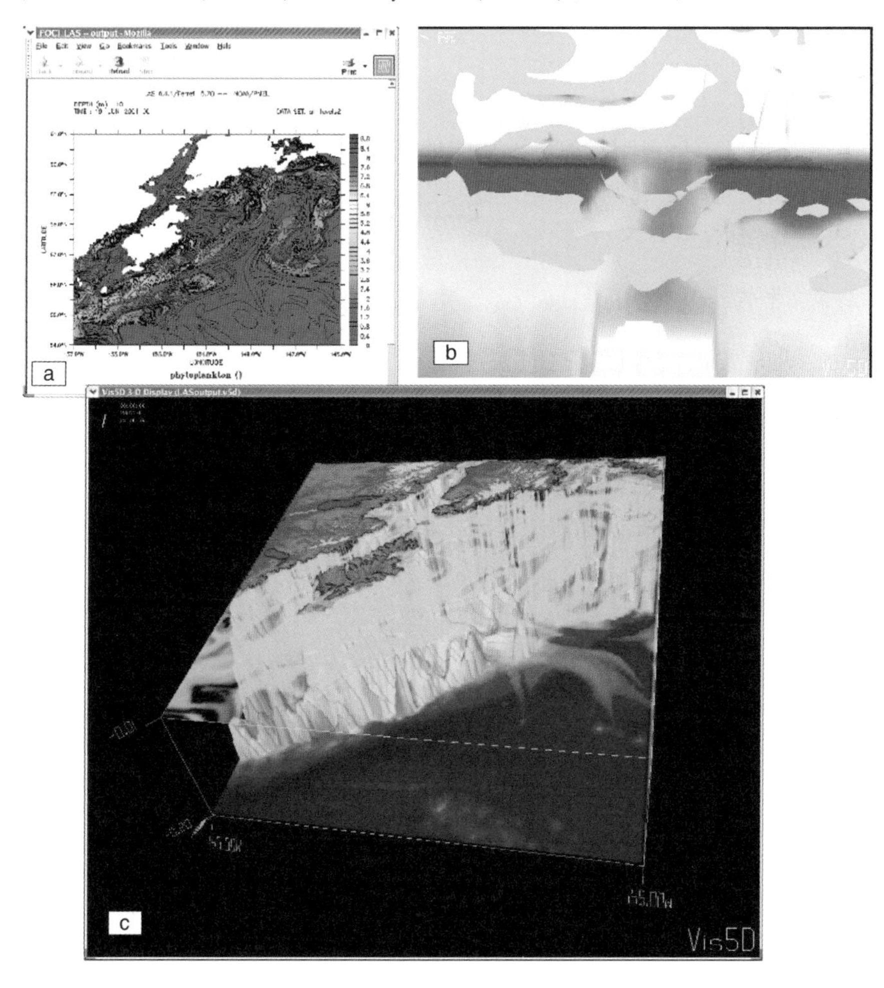

图 10.3

分别通过 2D 图像和 3D 图像呈现的阿拉斯加湾建模叶绿素。（图 10.3a）水面叶绿素的阴影等值线图；（图 10.3b）3D 倾斜视图（向下看东南方向）观察科迪亚克岛东南部 Portlock 河岸附近的生物特性。叶绿素等值面（绿色）叠加在海洋深度（灰色）和养分垂直切片上（蓝色/橙色表示养分浓度低/高）。（图 10.3c）叶绿素 3D 倾斜视图，呈现为虚拟雾。注意 3D 视图是如何同时表达水平和垂直范围的。同时注意倘若无沉浸式方法或动画提供空间线索，等值面视图（图 10.3b）就会令人困惑。

10.2.1.3 矢量

海洋学家通常将速度作为矢量—在图像上，箭头代表矢量，其长度和方向表示特定区域洋流的速度和方向。该箭头通常表示水平速度：向东速度，u；向北速度，v；在3D图像中，矢量也可呈现（u，v，垂直速度w）。3D矢量呈现在2D纸张上会引起困惑，这是因为这很难识别出矢量到底是实际比较短，还是仅表示指向远离观察者的方向。在这种情况下，通过电脑旋转3D图片或沉浸式观察图片能够提供有价值的海洋深度线索，而这种能力是2D图像所缺少的。

10.2.1.4 照明

通过3D特性投影，呈现阴影部分，从而展示其空间结构。通常来说，场景是通过单一光源呈现的，而该光源从观察者所站之处投射。各方面的多重光源额外增加了阴影和线索，如同真实世界一般。

10.2.1.5 导航

快速导航，即轻易改变角度，这对快速探究复杂的3D世界来说十分必要。事实上，此“简易操作”通常用来区分常用软件和不受欢迎软件。在自然界中，我们（以及诸多食肉动物）转变视角，以便对环境空间布局有一个更好的感观。试想一下，猎猫是如何左右摇晃脑袋，从而判断潜在猎物的方向距离的。而在虚拟世界中，观察者可以“翱翔”或“遨游”在所呈现的世界中，或操控该世界的某一物体。这些动作可以通过键盘、鼠标或其他输入设备来完成。

10.2.1.6 动画

3D动画一举两得。首先，也是最明显的，3D动画呈现出研究对象的时间轨迹（如建模鱼类个体）；其次，即使研究对象的位置并无明显移动，3D动画也能提供物体位置的额外线索。在某种意义上，这相当于为测验某静止对象而转变视角。

10.2.1.7 协作观察

现如今，人类发明的3D协作观察技术，虽然复杂但并不昂贵。这样的途径是桌面共享软件的自然延伸。事实上，这种共享与在线互动游戏相似。协作观察技术允许不同机构的研究者试验、讨论相同3D世界。观察者通过“替身”呈现，与多人游戏中的虚拟角色相似。

10.2.2 3D计算机硬件问题

10.2.2.1 中央处理器、存储器、图形处理器

在当下，只要拥有现代笔记本电脑，即可呈现、探索复杂的3D世界。很明显，电脑越强大，呈现3D世界或浏览3D世界的速度就越快。相对不明显的是，在3D世界的呈现

过程中，原始 CPU、拥有快速存取的存储器或图形处理器功能可能存在瓶颈。通常来说，后者作为电脑的独立元件存在，促使 3D 对象的透视呈现（或者更加精确地，组成 3D 数字对象的个体多边形），提供其位置、颜色、结构。残酷的市场竞争带来更好更快的电脑游戏。受这一因素驱使，廉价却强大的显示卡已在消费者间广泛使用。渔业科学家当然也得益于这些发展。

10.2.2.2　数据存取

若要呈现大型虚拟世界中精准的空间细节，就需要大量储存空间。某些图形程序（以及许多电脑游戏）通过在磁盘上储存 3D 世界缩略版和高清版的方式解决这个问题。缩略版存入储存空间。倘若观察者需要查看 3D 世界的大尺度结构，即可呈现缩略版本（如“远离”世界）；高清版信息同样存入储存空间，一旦观察者想要放大局部地区，即可呈现高清版本。数据可在本地储存，也可储存于远程服务器中。若干深受好评的地理观察者和天文浏览器均使用这样的交互性“资料群享”中转站。大量数据集储存于远程服务器中，只需将要查看部分数据下载至本地计算机。在某些情况下，根据查看者的浏览轨迹，软件会预测、预载入下次所需的数据。

10.2.2.3　并行/分布式渲染

要想仔细探索一个虚拟世界，研究人员就需要一个广阔的空间视图，以及放大细节的能力。就算他们拥有高效访问远程数据的途径，想用单一的 CPU 或图形处理器来渲染复杂世界还是非常困难的。处理复杂世界的一个方法就是用单独的处理器做单独部分的渲染。这会影响同一台电脑的多个处理器，甚至会影响使用同一个网络的众多处理器，就算它们是分离的。因为它们都是用一个中央处理器或者图形处理部件连接在一起的。

10.2.2.4　导航硬件

除了键盘和鼠标控制，还可以通过简单的游戏控制器在虚拟世界进行导航，比如操纵杆（图 10.4）。在某些情况下，它能够提供在 3D 世界中最自然的“飞行”方式。在其他情况下，最好用标准鼠标旋转虚拟世界，用于探索特征。人们已经制造了许多专业的控制器，用于促进三维导航。近来，简单的手持设备在足球和排球等电子游戏中变得十分流行。它们可以测量位置、方向，以及用户手臂操纵虚拟球棒和球拍的加速度；亦可以想象其在科学软件方面的潜在应用。

10.3　立体沉浸可视化方法

为了达到沉浸可视化，我们特别关注它对硬件及软件的要求，它利用自然的人体能力获得双目（“立体”）视觉。那些用于渲染并展示沉浸式 3D 世界的硬件及软件，过去只在复杂的可视化中心才能看到，而现在对科学家来说已经变得十分平常。毫无疑问，将会出现大量复杂（及高成本的）科技；在本文中，我们主要研究那些可以从当地电脑经销商处买到的较低成本的装置。一般来说，一个足够强大的中央处理器以及一个带有立体驱动程序的显卡是单用户的最低配置。如果一个团队想要实现沉浸式观察，就要外加两个投影

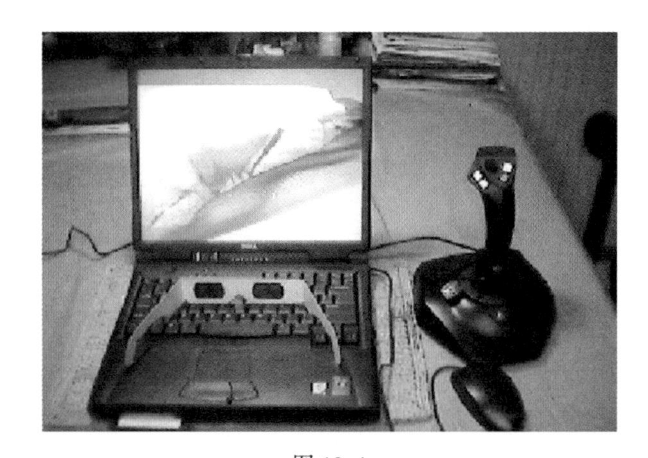

图 10.4
便携式电脑上的虚拟海洋在笔记本电脑的虚拟世界中，通过沉浸式控制杆导航实例。

仪和一个适当大的屏幕。

如果你期待看到一个场景，并想要为你的左眼和右眼分别渲染其中的两张快照，那么就要采用沉浸式技术。相对于物体的大小，两张快照之间的差别取决于看到物体与自己的距离，以及你“虚拟”双眼之间相隔的距离。得到两张快照后，你要把它们分别放到合适的眼睛前面。在 20 世纪初早期，有一种旧的技巧曾非常受欢迎，那就是制作一个超大的明信片，然后让左眼看左半边，让右眼看右半边。后来又出现一种简单的机械装置，让眼睛集中注视对应的快照：立体照片。经过训练（但通常会产生视觉疲劳），不用任何机械辅助，你的眼睛可以从两张立体图片挑选出正确的图片，并集中到这上面。有时候，左眼的视图会渲染到右眼的视图，而右眼的视图会渲染到左眼的视图；然后观察者就会转变视线，用对的眼睛看对的那张图像。再次声明：此法会产生视觉疲劳。

10.3.1　立体可视化硬件

在目前的电脑中，图形对象的 3D 场景是中央处理器、存储器和图形处理器共同生成的；而渲染同一个场景的两个不同视图（并可能会将它们发送到不同的监视器或投影仪中）的任务通常是由图形处理器执行的。我们在这里描述 3 种常见的用于电脑的立体可视化方法：立体照片、主动式快门眼镜、无源偏振法。

10.3.1.1　红/蓝立体照片

获取沉浸式 3D 的简单技巧就是打印左眼和右眼视图中的灰度级场景，但要用不同的颜色堆叠在一起（图 10.5）。这种图片就叫做立体照片。然后用便宜的滤色眼镜从右眼中过滤掉左眼的照片，从左眼过滤掉右眼的照片。这是 20 世纪 50 年代实现 3D 电影和漫画的基本方法。

事实上，电脑显示器播放立体照片是很容易的，并且对于灰度级世界来说，结果也逼真得惊人。在这样的世界中，有限的颜色程度也有可能得到呈现。图 10.5 所示的是一些

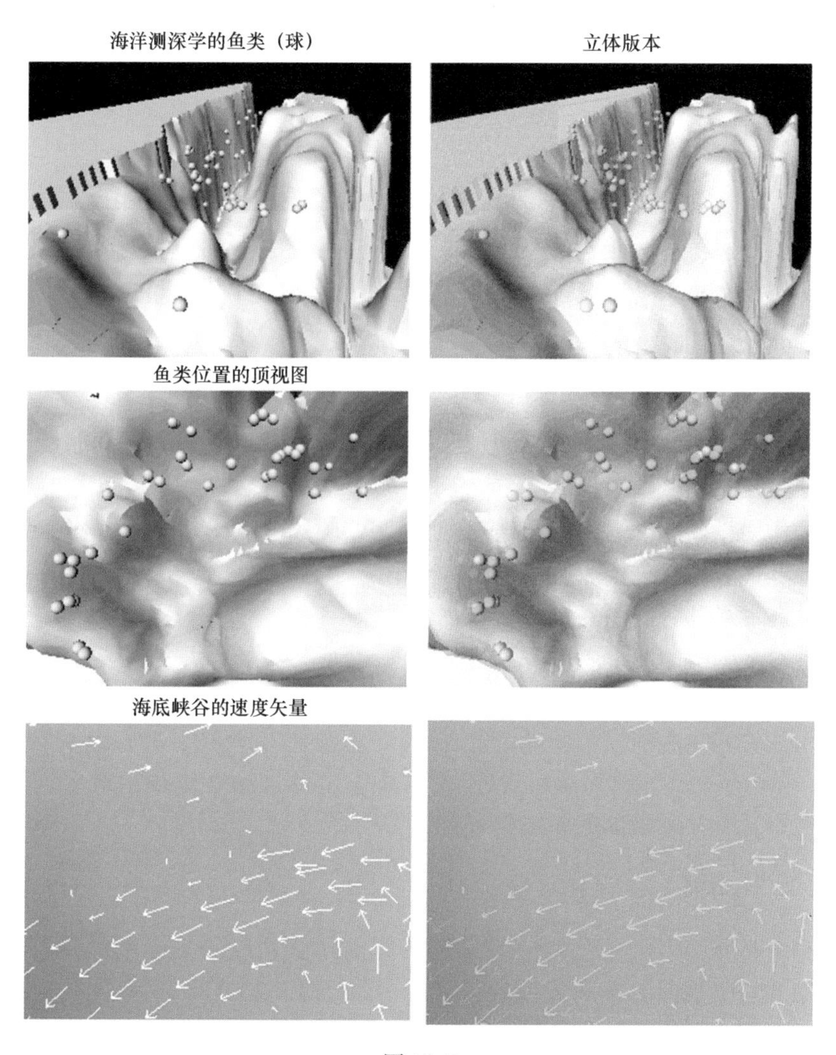

图 10.5
3D 世界中粒子与矢量的立体和非立体图像对比。在立体视图中，使用红/蓝立体照片，右眼用红透镜，左眼用蓝透镜。

虚拟世界和灰度级立体照片的例子，都是我们从生物物理模型输出结果创造得出的。顶部的图片显示了鱼的位置（由球体代表），这些鱼类是阿拉斯加州的舍利科夫海峡狭鳕直观的 3D 个体空间位置模型（Hermann et al.，1996，Hinckley et al.，1996）。右上图的显著地物为科迪亚克岛；我们的观察点是看向东北部。底下的图片是白令海 Pribolof 峡谷的环流模型（Hermann et al.，2002）。戴上一副便宜的红/蓝色眼镜就能使球体和矢量弹出页面，向你扑来，展示模型鱼真实的 3D 位置、海洋测深学的陡坡以及海底峡谷附近的垂直运动。

10.3.1.2 主动快门式眼镜

在主动快门眼镜法中，静止的图片和动画在电脑显示器或投影屏幕上呈现出来是全彩的。电脑显像原理同一台电视机，屏幕上的图片每秒钟都会更新很多次，这一方法基于主动快门眼镜法。电脑会交替显示左眼和右眼的视图，而电控镜片（使用电压能使它们不透明）能使左眼和右眼交替看到电脑展示的左右眼视图，与交替的图片同步。同步信号会通过电线或红外发射源传发送到眼镜。如果图片交替速度足够快的话（假如说每秒钟 120 次），那么观察者就能在立体照片中看到一个稳定影像。

使用快门式眼镜共有 3 种技术。①画面切换：显示器（或投影仪）上所有可用像素都能依次渲染两个视角的图像。在 20 世纪 90 年代，此方法曾用于许多高端可视化环境中，比如虚拟现实-洞穴状自动虚拟系统和虚拟仿真系统。②交替显示：显示器使用偶数列（或行）的像素为左眼视图，奇数列（或行）的像素为右眼视图，交替呈现左右眼的图像。与画面转换法相比，所需图形存储器更小，但对特定显示器而言分辨率过低。③同步倍频：电脑在屏幕上半部分生成左眼视图，下半部分生成右眼视图。然后用一个同步倍频器将上半部分和下半部分的图片铺开填满整个屏幕—它们会以显示器原始刷新速度的一半交替呈现。这对电脑中的图形硬件没有特殊要求，但和交替显示一样，它的图像分辨率也比画面转换更低。

交替显示法的变化能连续不断地在奇/偶列上呈现左/右视图，并在显示器上配置特殊透镜，将奇/偶列的图像呈现到观察者左/右眼中。这种自动立体技术对眼镜没有特殊要求，但需要观察者坐在屏幕前的固定位置上。

10.3.1.3 无源偏振：大地之墙

还有一种非常有吸引力的技巧，它通过带有偏光滤光镜的不同投影仪投射出不同图像，产生左眼和右眼视图的不同偏振效果（Leigh et al.，2001）。两张图片对齐后会被投射到同一保偏屏幕上（图 10.6）。简易的偏光镜片（像太阳镜）通常用于立体视图，让双眼看到合适的图像。不像多数的立体照片，这能呈现全彩色图像。因为投影仪和屏幕成本都很低，所以大家都用得起这种方法；事实上，这种选择现在非常吸引人，它可以代替 10.3.1.2 节中所描述的快门式眼镜系统。人们使用 DLP（数字光处理）投影仪是因为它们能发射自然的非偏振光，随后再经过滤波器偏振化。这种排列通常叫做“大地之墙”，已在世界各地广泛应用（社团网页：http：//geowall.geo.1sa.umich.edu/）。这个系统简洁轻便，既可以安装在单个研究者的办公室中（图 10.7），还可以在会议、车间以及科学展览上高效地展示海洋学和天体物理学的资料（Hermann and Moore，2004）。因为无源保偏法操作简单、成本低廉，已经得到快速普及，现已成为许多大型 IMAX 3D 影院使用的基本方法。

10.3.2 立体照片制作软件

市场上有大量可购买的程序包，都能用于渲染使用上述硬件的立体照片系统中的 3D 世界。其中一个用于网格化数据最早的（在我们看来并且还是最好的）开源可视化程序包

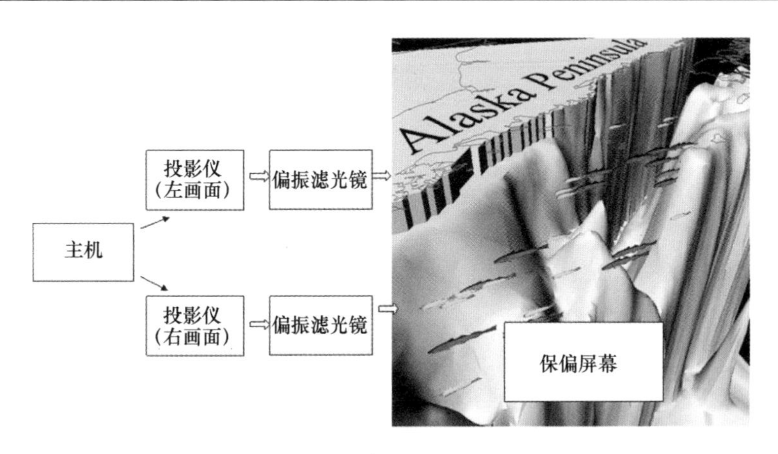

图 10.6
无源双投影立体显示系统原理图。大地之墙（详见 http：//geowall. geo. 1sa. umich. edu/）组件包括主机（个人或工作站的电脑）、数字光处理投影仪、偏光滤光镜、保偏投影屏幕。为了将正确的图像呈现到每只眼睛，观察者需要戴无源偏光眼镜。宽箭头表示光路。

最初是由威斯康星州大学的比尔·赫巴德及其同事开发出来的。那就是 Vis5d（Hibbard and Santek，1990；http：//vis5d. sourceforge. net/），见图 10.3 和图 10.7。这个程序包的 C 代码刚开发出来时，几乎没有电脑能够快速运行这些编码，除了那些最小的网格，互动显示等所有其他功能都难以实现。但是，时代在进步（也就是说硬件已经跟上了软件的脚步），带 Linux 操作系统的现代电脑可以轻易地运行这个程序，导航效果平稳，网格点达到甚至超过百万。在开发带有类似 3D 功能的软件时，比如像集成数据浏览器（http：//www. unidata. ucar. edu/software/idv/），使用了基于 Java 相关工具箱 VisAD（Hibbard，2002；http：//www. ssec. wisc. edu/billh/visad. html）。这种基于 Java 的工具箱能够通过网络与大型数据集交互，因为如果没有本地存储数据，网络就能够提供强大的帮助。据我们自己的经验来看，在可视化本地存储数据时，基于 Java 的工具箱比基于 C 代码的老工具箱速度更慢，前提是它能适应本地存储器。

10.3.2.1　基于网络的 3D：虚拟现实建模语言

虚拟现实建模语言（VRML）是一种场景描述语言，用于描述简单 ASCII 格式中的三维环境，允许用户访问、操控、探索网上三维空间中的环境数据，并与它交互。1997 年国际上为 VRML 制定了一个开放式标准。在 3D 海洋数据可视化的过程中，这种语言非常有用（Moore et al.，2000a，2000b）。本章节中展示的许多虚拟世界都是基于这个标准构建的。无论是个人电脑还是在高端工作站的平台中，VRML 都是可扩展的，并且能够通过网页浏览器插件或单独的软件观看。一个典型的 VRML 世界包含多边形表面，能够模仿真实环境。海洋学/大气分析中呈现的对象包括波状外形和阴影的面片、矢量场、等值面以及代表漂浮物或生物体的球体。通过浏览器提供的控制器，就能够触摸、旋转和移动这些对象。VRML 对象可以是简单的图形（如立方体和球体等），也可以是由用户自定义的（如高程栅格、多边形表面或线），并且还能够赋予像颜色、纹理、声音和视频等特性。最后

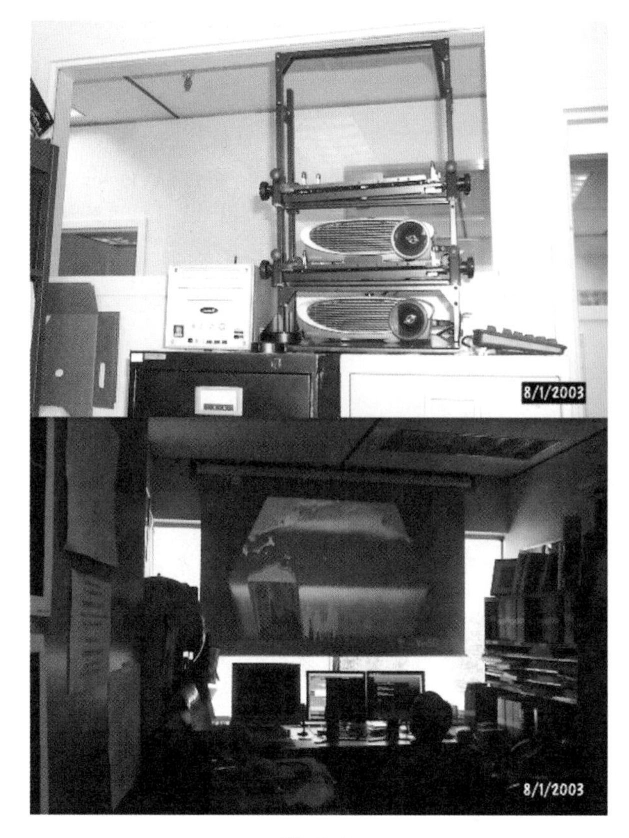

图 10.7
一间中等规模办公室内“大地之墙”系统的设置。带滤波器的投影仪放置在办公室后方，用带有支持双显示器显卡的 linux 电脑驱动。办公室另外一头的窗户前安装着一个保偏下拉屏幕。屏幕上展示的是北太平洋模型。

通过改变它随时间变化的对象定义坐标，使用高速缓存或使表面变形，就能交换任意形体的表面从而创建出动画。用户可以定义触敏感应，并分配行为（典型地通过简单的 Javascript 程序实现），允许用户和虚拟世界进行互动。VRML 也可以与 Java 互动，从而创造出大量的 2D 和 3D 用户界面。目前，仍然可以免费获取 VRML 插件程序，并且有些电脑已经默认自带该程序。

一个 VRML 文件把三维对象描绘成一连串坐标，不受视角约束；因此，实质上并不存在立体 VRML 文件，而是观看 VRML 文件的立体浏览器。如先前提到的，通常显卡（带有合适的驱动程序）能够渲染某一特定场景的两个视图。VRML 世界可由像 Matlab 等流行的数据分析软件生成。我们研发出了一种网站界面，可以通过现场访问服务器为那些急需我们数据集的 VRML 世界提供服务（图 10.8）。

通过实时访问服务器访问我们的某些数据集所需的 VRML 虚拟世界（Hermann et al.. 2003；图 10.8）。

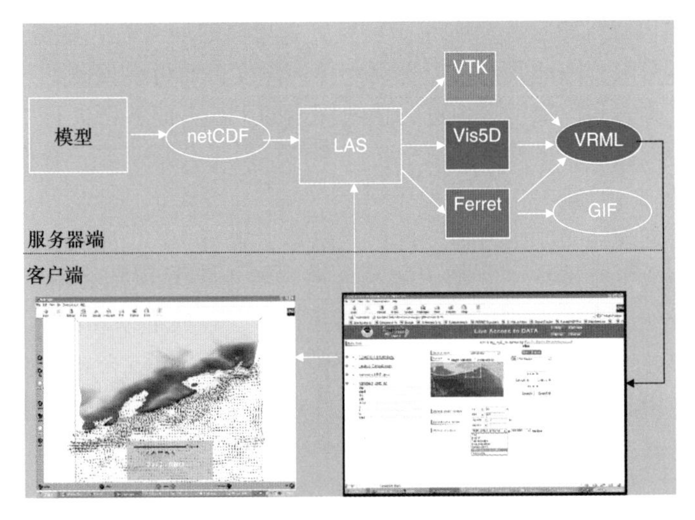

图 10.8

远程数据的实时访问服务器（LAS）的实现架构，LAS 可为客户端视图传输所需的沉浸式红蓝视图，模型生成 NetCDF 文件格式的数据，然后存储在远程服务器上。实时访问服务器通过用服务器运行图形软件（VTK，Vis5D 和 Ferret）提取图形对象（这里指盐度等值面和速度矢量）。图形对象会转化为 VRML 文件，为本地客户端提供沉浸式展示。

10.3.3　立体图形编程接口（API）

目前，从计算机软硬件件水平来说，有几个软件标准（编程接口，API）用于图形操作。OpenGL（开放图形语言）已经成为科学应用的一个选择标准，并且有许多“专业”显卡都支持这种语言。大型玩家市场中所供应的多数现代显卡支持一个叫做 DirectX 的编程接口。如前所述，这种卡能够执行旋转和渲染显示对象所需的数学运算（矩阵乘法和光线追迹）；这比你在中央处理器上计算所有东西都更加高效。值得注意的是，目前立体图形编程有两种不同的流派：一个基于 DirectX（全屏立体）；还有一个基于 OpenGL（窗口内立体）。多数用户的显卡（和 3D 游戏）至少支持前者，目前许多显卡都能够用两种中的任意一种模式进行渲染。

10.4　建模和可视化未来

我们能够为海洋和渔业建模，在一定程度上依靠了计算机硬件的原始速度。根据摩尔定律，每 5 年计算机处理速度就会翻 8 倍。到那个时候，我们探索全球海洋的水平比例将翻倍，坐标格网点将达到现在的 4 倍，数值稳定性是目前的 2 倍。存储数据花费不高，我们发展的速度似乎比摩尔定律所说的更快；在撰写本文的时候，存储成本大约为 0.15 美元/GB，模型输出和现场测量数据都将在未来的几十年内呈指数式发展，对这些数据结果的高效探索将是一个巨大的挑战。考虑到在真实的海洋中，我们无法同时测量一切，因此就将注意力集中到容易观察到的东西上（如表面性质），或那些包含了整体系统的大量信息的现象上（如次表层流测量，众所周知它与更大规模的环流模式紧密关联）。在海洋模型中，由于技术不受限，因此我们可以探测到任何深度，而可供探测的广度也极大。沉浸式可视化是促进在真实和模拟世界中进行快速探索的工具，能够帮助识别其所包含的新出现的或者不寻常的现象。它虽然无法取代传统图形，但为公众研究、合作、交流提供了一个强大的探索工具。

尽管单一中央处理器的原始处理速度已经倍增，最近10年的数值模型执行速度也更快，但是事实上，这主要得益于新型大规模并行运算框架和更高效率的代码并行化的推广。新的可视化硬件和软件也都是利用了这一并行性。双处理器和四处理器电脑的出现，以及更强大的图形处理装置将进一步推动实验室或办公室中单一台式计算机的图形处理功能，这使得远程专用制图中心（即使可能还很贵）日益失去其必要性。事实上，沉浸式可视化可能作为程序或工具，广泛运用于诸多科学研究中。

计算机硬件正变得越来越强大，也越来越便宜，因此可以更详尽地呈现大型数据集。全新技术（如全息）的研发，将消除对任何类型特殊眼镜的需求。如果过去10年是导向，那么在新技术背后起推动作用的经济力量就是电脑游戏市场；尤其是那些大型多玩家在线游戏市场。人们早已拥有了功能强大的图形硬件，它们一经面世，就得到了科学界的使用。

致谢：感谢美国国家海洋和大气局/太平洋海洋环境实验室的 Nancy Soreide 多年来对此项工作的鼓励支持，以及 Glen Wheless、Nancy Lascara 和大地之墙的朋友与同事始终如一的工作热情与支持。此外，还要特别感谢电脑博彩团体，他们是许多电脑图形图像发展背后的经济引擎。大部分工作得到了国家海洋和大气局的高性能计算集群（HPCC）项目支持。同样还要感谢国家科学基金会海洋生态系动态项目（OCE-0624490）的支持。

参考文献

C urchitser EN, Haidvogel DB, Hermann AJ, Dobbins EL, Powell TM (2005) Multi-scale modeling of the North Pacific Ocean I: Assessment and analysis of simulated basin-scale variability (1996-2003). J. Geophys. Res. 110 (C11021) doi: 101029/2005JC002902.

Hermann AJ, Hinckley S, Megrey BA, Stabeno PJ (1996) Interannual variability of the early life history of walleye pollock near Shelikof Strait, as inferred from a spatially explicit, individual-based model. Fish. Oceanogr. 5 (Suppl. 1): 39-57.

Hermann AJ, Hinckley S, Megrey BA, Napp JM (2001) Applied and theoretical considerations for constructing spatially explicit Individual-Based Models of marine larval fish that include multiple trophic levels. ICES J. Mar. Sci. 58: 1030-1041.

Hermann AJ, Stabeno PJ, Haidvogel DB, Musgrave DL (2002) A regional tidal/subtidal circulation model of the southeastern Bering Sea: Development, áensitivity analyses and hindcasting. Deep-Sea Res. II (Topical Studies in Oceanography) 49: 5495-5967.

Hermann AJ, Moore CW, Dobbins EL (2003) Serving 3-D rendered graphics of ocean model output using LAS and VTK. In 19th International Conference on Interactive Information Processing Systems (IIPS) for Meteorology, Oceanography, and Hydrology, 2003 AMS Annual Meeting, Session 5.3, Long Beach, CA, 9-13 February 2003.

Hermann AJ, MooreCW (2004) Commodity passive stereo graphics for collaborative display of ocean model output. In Proceedings of the 20th International Conference on Interactive Information and Processing Systems (IIPS) for Meteorology, Oceanography, and Hydrology, 2004 AMS Annual Meeting, Seattle, WA, 12-15 January 2004, paper

8.13.

Hermann AJ, Hinckley S, Dobbins EL, Haidvogel DB, Mordy C (2008) Quantifying crossshelf and vertical nutrient flux in the Gulf of Alaska with a spatially nested, coupled biophysical model. Deep-Sea Research Part II, in press.

Hibbard W, Santek D (1990) The Vis5D system for easy interactive visualization. In Proc. Visualization '90, IEEE CS Press, Los Alamitos, Valif., pp.28-35.

Hibbard W (2002) Building 3-D user interface components using a visualization library. Comput. Graph. 36(1): 4-7.

Hibbard W (2002) Building 3-D user interface components using a visualization library. Comput. Graph. 36(1): 4-7.

Hinckley S, Hermann AJ, Megrey BA (1996) Development of a spatially explicit, individual-based model of marine fish early life history Mar: Ecol Prog Ser, 139: 47-68.

Hinckley S, Hermann AJ, Meir KL, Megrey BA (2001) The importance of spawning location and timing to successful transport to nursery areas: a simulation modeling study of Gulf of Alaska walleye pollock. ICES J. Mar. Sci. 58: 1042-1052.

Hinckley S, Voyle KO, Gibson G, Hermann AJ, Dobbins EL (2008) A biophysical NPZ model with iron for the Gulf of Alaska: Reproducing the differences between an oceanic HNLC ecosystem and a classical northern temperate shelf ecosystem. Deep-Sea Research Part II, in press.

ISO/IEC 14772-1: 1997 (1997) Information technology - Computer graphics and image processing - The Virtual Reality Modeling Language - Part 1: Functional specification and UTF-8 encoding

Leigh J, Dawe G, Talandis J, He E, Venkataraman S, Ge J, Sandin D, DeFanti TA (2001) AGAVE: Access Grid Augmented Virtual Environment, Proc. AccessGrid Retreat, Argonne, IL, January 16, 2001.

Moore CW, McClurg DC, Soreide NN, Hermann AJ, Lascara CM, Wheless GM (2000a) Exploring 3-dimensional oceanographic data sets on the web using Virtual Reality Modeling Language. In Proceedings of Oceans '99 MTS/IEEE Conference, Seattle, WA, 13-16 September.

Moore CW, Soreide NN, Hermann A, Lascara C, Wheless G (2000b) VRML techniques and tours: 3D experiences of oceans and atmospheres. In Proceedings of the 16th International Conference on IIPS for Meteorology, Oceanography, and Hydrology, AMS, Long Beach, CA, 9-14 January 2000, 436-438.

Powell TM, lewis CVW, curchitser E, Haidvogel D, Hermann A, Dobbins E (2006) Results from a three-dimensional, nested biological-physical model of the California Current System: Comparisons with Statistics from Satellite Imagery. J. Geophys. Res. 111 (C07018), doi: 10.1029/2004JC002506.

第 11 章　计算机在渔业种群动态中的使用

Mark N. Maunder，Jon T. Schnute 和 James N. Ianelli

11.1　介绍

鱼类种群动态理论通常会涉及计算（Quinn，2003）。例如，Beverton 和 Holt（1957）的经典分析中使用了简单的书面记录来展示生长、捕捞以及死亡等生物过程。这样的计算方法对于分析有着惊人的效果。本书的第一版中，Hilborn（1996）引用了 Beverton 和 Holt（1957，第 309 页）中的“熟练的计算机用户”可以在“大约 3 个小时之内”完成一个特定的产量计算。上文中的“计算机用户”指的是一个使用“手工计算工具”的人。他们不可能用数百种类似的计算来测试基础参数值的方差。当代，随着电子计算机的使用，敏感度分析变得微不足道，现代的分析师可能会设计出更周密的分析方法，用来评估结果的不确定性。

计算机很大程度上影响了当前的鱼类种群动态理论，而且可以指导理论的发展和管理最后的实际操作。如今，该领域的学生面临着越来越多的软件环境和方法，这些软件与方法大多出现在 1996 年本书第一版之后。本章提供了可行性前景指导。从 1957 年起就已经对相关术语进行过修改，所以书中的计算机器变成了计算机，计算人员变成了分析师，但是基本的方案保持不变。计算设备的使用有助于开展鱼类种群的研究。假定当代计算机可以完成广泛的大范围探索，那么这些探索真的会提升我们的认知吗？它们就不会出现误导吗？我们最后会对这些问题做进一步的探讨。

基本上，在运行程序和执行计算能力方面，现代计算机相较机械计算器在功能上有了很大升级。这把重心从限定分析结果和书面记录转移到巧妙设计计算方法上来，并能通过精密计算来获得想要的结果。Efron 和 Tibshirani（1993）在他们的教科书序言中就表达了对自助法的观点。

> 统计学是一门学科，它有许多的惊人用途但很少有人能充分发挥它的效率。用传统方法学习统计学知识困难重重，多半是因为强大的数学运算壁垒。我们的方法打破了这个壁垒。自助法是一种以计算机为基础的统计推断方法，它不需要公式就可以解答许多现实中的统计学问题。本书旨在帮助科学家、工程师以及统计员通过这种计算技术来分析和理解复杂的数据集。

计算速度的提升，一定程度上取决于跨多个中央处理单元（CPUs）的分布式计算，它有望实现更精确的分析和更灵活的运算。运算时间的减少促进了研究、测试以及新老方法的对比。这种运用使鱼类种群动态理论和应用发生了巨大的变化，尤其是在贝叶斯统计领域（Punt and Hilborn，1997）。类似于辅助程序法，贝叶斯统计法被运用到一些统计学频率计算，同时它可以用计算机来完成密集型计算，从而具有强大的通用性。正如 Clifford（1993，第 53 页）的表述“我们可以通过我们真正想用的模型对比数据，而不是使用计算形式方便的模型”。

贝叶斯统计法被广泛运用的一部分原因是因为它具有适应性。Kendall 和其他合著者编制的传统统计学（大量的频率学派）综合参考书中涉及新的贝叶斯统计（O'Hagan and Forster，1994，2004）。用于抽取贝叶斯统计法后验分布（Robert and Casella，2004）的蒙特卡罗法已经增加到 600 多页。

计算机通过提供精密计算来评估管理政策，因此它对鱼类种群管理有着直接的影响（de la Mare，1986；Butterworth et al. 1997；De Oliveira et al. ，1998；Butterworth and punt，1999；Smith et al. ，1999；Schnute and Haigh，2006）。正常情况下，鱼群评估归结为用运算来决定指导政策，比如通过可利用的数据得出捕捞限额。数百或数千个历史数据值（如丰度指数、捕捞、年龄与/或大小比例）可能会下降到单一的变量。假如可以完全实现数据简化运算（一种管理策略），那么运算过程的验证可以通过带高级生物复杂性的模拟模型（被称作操作模型）来完成。管理策略评估（MSE）这种现代技术正试着确定对各种生物学场景具有良好鲁棒性的控制运算。尽管这个理念已根植于传统的动态系统控制理论（Luenberger，1979），但是它在渔业管理文献中以特别专业的形式出现。Schnute 和 Haigh（2006）有简单案例的技术细节。

用于实施渔业模型的各种软件环境将在本章节中一一进行验证。文中涉及的这些软件都可以运用到多个领域中。我们还论述了一些专为渔业数据分析量身定做的程序包。在论文的后半部分，我们根据这些材料来评价模型设计和应用程序的最新发展。文章结尾还对当前的软件、理论、应用程序做了论述，同时还为发展前景提出了一些推断与建议。

11.2 建模环境

渔业群体动态的数量分析中运用了不同的软件环境。其中包括传统的程序语言（如 Fortran，BASIC 以及 C 语言），普通电子制表程序（如 Excel）、用于解决渔业群体动态数量分析的第四代语言（AD 建模工具，下文中有论述）。第四代语言的重要特征主要是通过拟合数据模型来估算参数，它是探测鱼类种群动态软件的基础。例如，一些软件或许有高效的说明或教育功能，但是无法为渔业管理者提供科学合理的指导。不同的建模环境会改变计算的效率、使用和文档的质量。

许多分析人员认为“你自己会使用的软件就是世界上最好的软件”。当代的种群评估人员应学习新的软件系统，从而有效解决各种与日俱增的渔业问题。它强调了熟练使用软件和理性选择软件重要性。尽管我们已经对群体环境进行了很多探讨，但是我们没有确切地通过各种可利用软件来开展综合调查。

11.2.1 编程语言

标准编程语言在渔业种群动态定量分析中发挥了重要作用。例如，最初运用的 Pella-

Tomlinson 剩余生产模型（Pella and Tomlinson，1969）采用 Fortran 来拟合可利用数据模型。但是，该语言的使用过程中需要对所有分析对象进行编程。现在，可以利用许多可靠的存储库来完成最重要的建模部分（如非线性规划、随机数生成、矩阵代数）。例如，NETLIB 和 STATLIB 网站（http：//www. netlib. org/，http：//lib. stat. cmu. edu/）为许多有用的计算机语言库提供了站点。一般群体评估模型 CASAL（见下文）用 C++写成，同时还运用了免费的 ADOL-C 自动微分程序库（Walther et al.，2005）.

Fortran、C 或 C++等第三代语言编程不仅耗时，而且还需要精通代码和简单操作指令。应用程序通常需要很长的开发时间，但是凭着操纵员对语言的熟练程度，节省计算机内存和 CPU 周期的效率很高。但是用这类语言编写的渔业模型可以进行合理扩展。因此，它们可能只需要一定的附加资源就可以完成增加尺寸或复杂程度的操作（如计算机内存）。

11.2.2 AD 建模工具

目前，在复杂及高度参数化的渔业资源评估模型参数估算中，被用作软件环境的 AD 建模工具（ADMB - http：//otter - rsch. com/admodel. htm）发挥着主要作用。Maunder（2007）根据通用的文献列表和设计软件来估算模型的参数，ADMB 使用自动微分（AD）来优化微分函数。基于链式法则（通常被微积分学习者学习和遗忘）C++类结构被用于收集中间结果和执行 AD 算法的内部运算。与基于有限差分的数值导数计算相比 ADMB 运用“反向”AD 法显得更快速精确。比如，如果一台计算机需要时间 T 来估算一个带 n 个参数的函数，那么它需要时间 nT 来估算出数值梯度，因为 n 个方向坐标上的每次偏移都需要一次估算。“反向”AD 大约用 5T 的时间就可以完成类似的操作，忽略数值 n，并且没有涉及有限差分的四舍五入错误。在理解论据的主旨之前，这个结果看似神奇（Griewank，2000）。类似于其他的当代计算机算法，“反向”AD 使用了大量的计算机内存来提升计算效率。

ADMB 同时包含了高配置的贝叶斯定理 MCMC 算法、似然曲线计算、模拟功能以及大量的矩阵代数功能。最近的 ADMB 扩展使用拉普拉斯近似或重要性取样来增加建模随机效应功能（Skaug，2002；Skaug and Fournier，2006）。ADMB 允许非线性动态模型中有数千个参数（Maunder and Watters，2003a）或成百上千个数据点（Maunder，2001a），但是规模问题无法预先解决。对比分析显示，ADMB 执行效率高于其他的建模工具（Schnute et al.，1998）。ADMB 学习曲线可以特别弯曲，同时文档的持续改进和举例都是很有帮助的。ADMB 在 C++基础上添加了其他结构，如关键字、函数和操作者等。C++知识并不是使用 ADMB 的必要条件，在简化的编码环境下，用户无需再去学习最新的 C++知识。但是，了解一些标准的 C/C++语法规则很有用，并且了解 C/C++原理还能加深对 ADMB 的理解。新建的 ADMB 基础网站 http：//admb-foundation. org/上有很多 AD 建模工具信息。

11.2.3 R、S 以及 S-PLUS

Venables 和 Ripley（2000）把 S 描述为“计算、分析和显示数据的高级语言。它是两个通用数据分析软件的基础，即商业 S-PLUS 以及开放源代码 R。”这些关系密切的程序包为统计学模型构造中的大量有用运算提供了路径。它们为新手提供了比第三代编程语言简单的软件环境，如 Fortran 与 C/C++。先进的图形用户界面和文档材料很清晰，而且使用方便。最重要的是，用户能够快速找到脚本的优势（编写程序所使用的指令集），并且在特定项目中可以把它作为积累技能和记录进程的方法。我们鼓励渔业数据分析人员至少熟悉免费程序包 R（可在 http：//www. r-project. org/获得）。它提供了完整的数据图示工具，并且（得益于不同运算方法的本地化支持）其数据分析的可利用范围大于电子制表程序。我们认为 R（与 S-PLUS）的脚本部分的使用比 Excel 的脚本（基于 VB）更简单。R 广泛用于各种渔业应用程序，它可以用于程序本身，也可以作为分析和显示其它程序结果的方法。种群评估人员无法在不使用快速生成连贯性摘要工具的情况下高效地完成工作。

适用性、文档以及可扩展性等影响着程序有效性。R 主要得益于一些具体描述程序设计技术和应用程序的文献（如 Venables and Ripley，1994，1999，2000；Dalgaard，2002；Maindonald and Braun，2003；Murrell，2006；Wood，2006）。此外，R 继续通过正常的用户系统服务于程序库，并且可以通过综合的 R 档案网站下载（CRAN，http：//cran. r-project. org/）。用户提交这些程序包之后可以用本地的 R 来编写代码，并且可以通过解释性运行或 C 语言、Fortran 来提升精密运算的性能。当程序包提交到 CRAN 时，后面的代码可以自动适应不同的操作系统。严格程序测试执行标准确保了文档和软件运行的质量。以上所引用的文献中都包含代码和与所列举的示例有关联的电子文档。我们的参考资料中提供了获取这些文件的具体信息，如通过 CRAN 程序库或明确的网站上的压缩文件来获取。写本章节的时候（2007 年 5 月），CRAN 提供了 1000 多个程序包，它可以执行不同领域的各种运算。

最近新建的 R 语言的渔业库（FLR，http：//flr-project. org/，Kell et al.，2007）提供了 R 工具的集合，这些工具有助于渔业和生态系统建模。尤其是这个程序包主要针对渔业管理策略的评估。它包含了评估鱼类资源和模拟群体动态的各种模型。这些软件以成套的 R 程序包和其他工具包的形式出现，并且可以通过项目网站下载，同时软件中还包含了有用的教程。一些组件完全由 R 写成，另一些则通过 C++或 Fortran 写成，从而适应现有程序或者为更高的效率而对程序重新编码。R 代码利用语言等级（技术上被称作 S4 级别）的优势来促进模块组件的集成。

程序包（JTS）在 CRAN 的两个程序库中发挥着重要作用。程序包 PBS 测绘（Schnute et al.，2004）支持了不同的空间算法并且显示海岸图的信息。尽管许多评估模型忽略了空间效果，但是除了可能对区域内的群体进行细分之外，当代渔业数据通常还包含与个体捕捞有关的精确经度和纬度坐标。因此，现在的种群评估中会考虑空间，比如集中在某个较小区域的捕捞（图 11.1）。一个 PBS 测绘模拟（图 11.2）体现了区域的计算受海底拖网的影响。每一个拖网捕捞都会对应一个简单的矩形，但是所有拖网捕捞结合在一起之后呈现的是一个带多个顶点及小孔的复杂多边形（特别像一堆棍子的轮廓）。它们组合在一起的面积小于每个部分叠加总和。为了处理问题，鱼类资源的估算，除了使用统计学理论之外，还大量使用几何学算法。

另一个 PBS 程序包建模（Schnute et al.，2006）易于建立带图解用户界面的模型（GUIs）从而促进了模型探测和数据分析。例如，提到的本章第一段中单位补充渔获量计算（Beverton and Holt，1957；Ricker，1957）以自然死亡率 M，4 个生长参数（W∞，K，T0，b），以及一个年龄参考 a（Schnute，2006，表 11.2）。我们提到过需要 3 个小时来完成一个计算的“熟练的计算机用户”可能很难测试出输入参数变化结果的灵敏度。

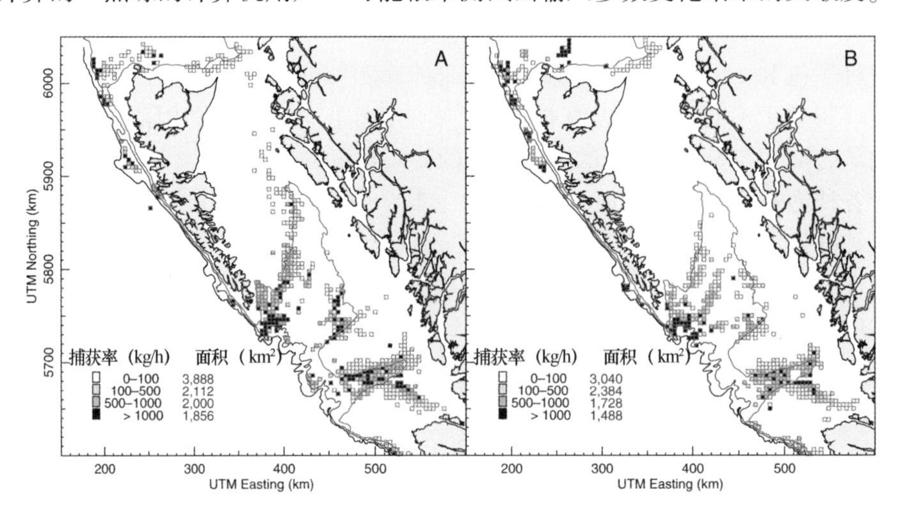

图 11.1

不列颠哥伦比亚北部底层拖网渔业中的太平洋鲈鱼（石斑鱼）捕获率（kg/h）年分布坐标轴显示了墨卡托方位法（UTM）区域 9 的坐标（km）。网格线尺寸 4 km×4 km。红色、蓝色以及黑色区域各自指的深度为 200 m、500 m 和 1 000 m。本图由 R 程序包中的 PBS 绘制，显示了两年：（左边）1997 年以及（右边）2005 年。一个靠近 1997 年中心的适度生产区看似在 2005 年不再活跃。

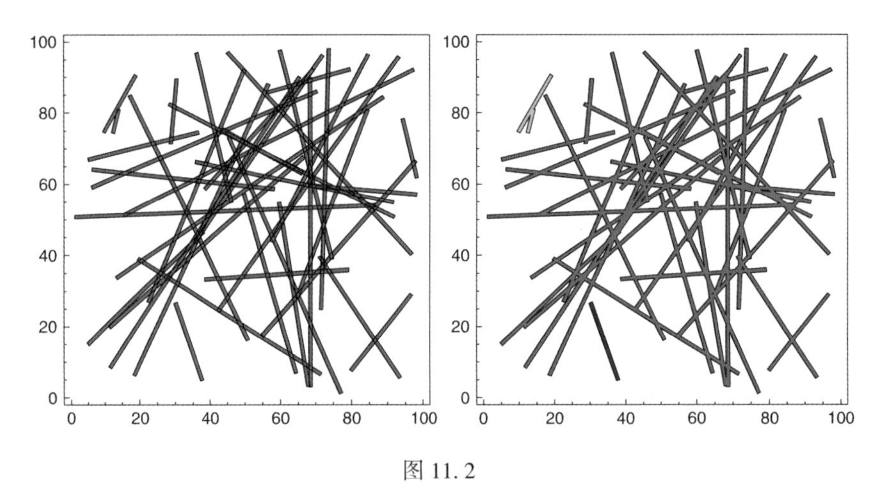

图 11.2

“R” 程序包 PBS 映射的模拟结果显示了一个边长为 100 的正方形内的 40 个随机拖网捕捞调查。每一个拖网长度为 1，并且矩形覆盖 10 000 个平方单位。左边：单个的矩形，160 个顶点，面积和达 2 243 个平方单位。右边：合并图中包含了一个复杂的多边形（红色）以及两个孤立的多边形（绿色、蓝色）仅覆盖 1，919 个平方单位。复杂的多边形（红色）有 730 个顶点及 123 个孔。绿色的多边形有 9 个顶点。

PBS 建模包括一个 GUI（图 11.3）来调节输入参数并且生成一个对应的单位补充渔获量等值线图，它取决于捕捞死亡率 F 以及增长年龄 tR 的管理选择。正如用户指南中所述，一个含有大约 20 行的简单文本生成了 GUI（Schnute et al.，2006）。

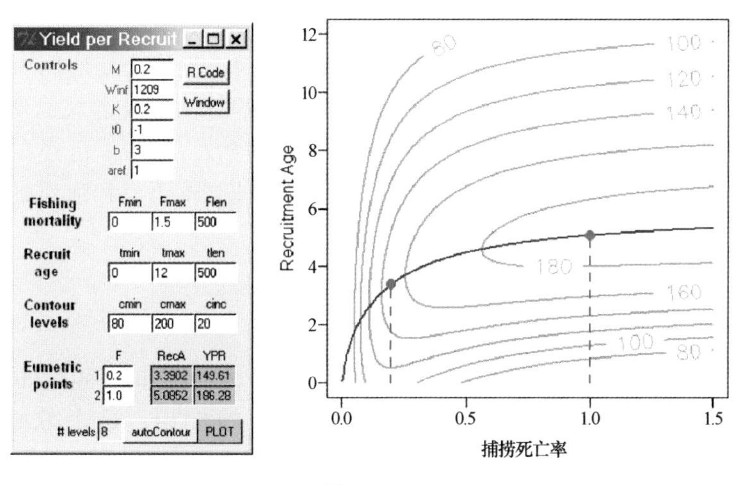

图 11.3

单位补充渔获量（YPR）计算类似于 Beverton 和 Holt（1957）提出的算法，它以 Schnute（2006，表 2）归纳的方程式为基础。生物量单位补充生产年龄参考 a = 1y，它取决于自然死亡率 M = 0.2y-1 以及鱼的生长之间的平衡，正如由 4 个贝塔朗菲参数确定的：W∞ = 1，209g，K = 0.2y-1，t0 = -1y，b = 3。左边：R 程序包中的图形用户界面（GUI）允许生物参数进入（蓝色控制）。政策选择对应选定的捕捞死亡率范围 F 以及新生鱼的年龄 tR（如首次捕获时的年龄）。曲线上的点对应的是指定捕捞死亡率 F 的最大产量，其中计算得出的两个 F 值可以在 GUI 中选择。红色强调的数量显示了对应的增长年龄 tR 和最大 YPR 的计算值。右边：点击绿色的“图表”按钮可以使 PBS 建模来计算 YPR（g），按策略空间（F，tR）上的 500 ×500 = 250 000 个点来计算并且绘制出插值的轮廓线。欧盟标准曲线上显示带垂直虚线的蓝色和红色的点，它们对应的是 GUI 中选定的两个 F 值。

所有种群评估分析中的可选择实验都可以从中获益，同时 PBS 建模简化了自定义 GUI 的对比。这个程序包中包含了带端口的其他实例：①运行图 11.2 中的模拟；②执行贝叶斯后抽样；③寻找近似最大估算；④不同微分方程基础上的模拟。许多实例都以其他的程序库为基础，因此，可以阐述可扩展的 R 环境。

11.2.4　Matlab、Scilab 以及其他

作为商业用途的软件 Matlab 及其免费副本 Scilab（http：//www.scilab.org/）Octave（http：//www.gnu.org/software/octave/）提供了另一个类似于 R 和 Splus 的模型及数据分析平台，但是该平台对软件的依赖度更大。该平台利用了代数算法、微分方程、随机数生成、控制理论、优选法以及其他多个领域的优势。与 R 一样，Scilab 有合理的文档、网络资源和综合文献中（如 Gomez，1999；Campbell et al.，2006）的示例代码。程序库（被称为工具箱）可以提供语言扩展，从而使 Scicos 工具箱构建视觉流框架模型。在 Windows

平台中，开源代码 Octave 程序包需要 UNIX 模拟器 Cygwin（http：//www. cygwin. com/）。

Matlab 广泛用于渔业实验室，并且受物理海洋科学的青睐。例如，阿拉斯加渔业科学中心（AFSC）使用 Matlab 回声集成数据（声学）进行估算调查。另一个产品 Gauss（http：//www. aptech. com/index. html）被当作"数学和统计学系统"来出售，并且用于开发复杂迁移模型（如 Heifetz and Fujioka，1991）。该软件因速度快、易使用、脚本工具以及模拟估算实验高效而占据着独特优势。最后，象征性解释的软件环境，例如 MATHCAD（http：//www. mathsoft. com/），其高效性（Thompson，1992，1999）已经在渔业中得到验证。这个软件允许用户象征性地写方程，因此不需要其他脚本语言和晦涩难懂的语法规则对数据进行完整存档，并且易于读取和理解。

11. 2. 5 BUGS、WinBUGS 以及 OpenBUGS

BUGS 项目（使用吉布斯采样的贝叶斯端口；http：//www. mrcbsu. cam. ac. uk/bugs/）提供的软件方便了普通分析员对贝叶斯采样技术的使用。这个软件有 WinBUGS（Spiegelhalter et al.，2004）以及 OpenBUGS 两部分，都可以在 BUGS 网站上获取。目前，R 使用者通过安装 BRugs 程序库就能自动获得 OpenBUGS 程序包（Thomas，2004）。

PBS 建模库包含了使用 OpenBUGS 库生成贝叶斯后验样本案例。最简单的标记恢复实验是，M 鱼被做了记号之后释放，S 按群体取样，然后简单地生成 R 恢复。软件生成未知群体尺寸 N 的后验分布。OpenBUGS 模型包含了两条关键的线：

```
P<-M/N
R ~ dbin (p, S)
```

其中："p 是做过标记的鱼的比例，R 是概率 p 和样本尺寸 S 的二项分布"；另一个更复杂的例子分析的是捕鱼曲线（Schnute and Haigh，2007），其模型线如下：

```
y [1 : g] ~ddirch (alpha [1 : g] )
```

其中："所观测比例的矢量 y 以狄利克雷分布的参数矢量 α 为基础，并且两个矢量都有长度 g"。

这两个例子解释了 BUGS 语言的特征。它包含两个预先定义的词汇分布，例如二项式和狄利克雷。因此使用者不需要去定义它们的解析形式。这使编码变得简单，而且支持所需要的分布。当前文档列出了语言中的 23 个分布图，包含单变量和多变量，离散型和连续型实例。

复杂模型的 BUGS 运行缓慢，并且模型指定的语言不同于鱼群评估中的通用语言。从技术上看，一个 BUGS 模型必须对应一个直接的有向无环图（DAG），这个模型中的随机变量相互影响并生成观测数据。普通复杂度的模型可以通过少量按 R 语法分析的代码来建立。BUGS 代码至少为两个相关的综合评估模型而开发（Nielsen，2000；Lewy and Nielsen，2003）。

11. 2. 6 电子数据表

电子数据表程序对大部分电脑用户来说并不陌生，并且它在鱼群动态中发挥着不可替代的作用。Beverton 和 Holt（1957，第 309-311 页）用一系列的工作表来演示“三小时”的产量计算，这些都是“作者依据经验得出的算法”。有顺序的簿记方式几乎都模仿类似 Microsoft“Excel”程序或免费的 OpenOffice 程序“Calc”（http：//www. openoffice. org/product/calc. html）。

稍有编程基础或无编程经验的人通常会发现电子制表程序很吸引人，因为它的计算布局很直观。这些即时显示的结果很容易理解和调试（Prager and Williams，2003）。但是电子制表程序容易出现编程错误，并且代码很难保存、检查和维护（Prager and Williams，2003）。Haddon（2001）在书中把电子制表程序大量运用到渔业定量法。他在附录中为 Excel 在渔业调查领域的应用提供了有用的辅导，并且在他的网站上可以下载 Excel 工作手册。Punt 和 Hilborn's（1996，2001）的生物量动态模型和贝叶斯种群评估 FAO 操作手册也提供了大量的 Excel 实例。

电子制表程序一般具备有助于渔业数据分析的附加特性，例如随机数生成以及（受一定限制）矩阵代数。尤其是 Excel 非线性求解程序可以通过函数优化进行参数估算。尽管很多时候这一算法运算可以接受，但当遇到涉及多参数的病态问题时表现就不尽人意了。Frontline Systems（http：//www. solver. com/）生产 Excel 求解程序的公司，出售可以分开购买的更先进版本。添加了“流行工具的”Excel（http：//www. cse. csiro. au/poptools/）为群体动态建模提供了附加性能。它结合了蒙特卡罗模拟、随机化测试以及自助统计的迭代电子表格计算。

电子制表程序通常会涉及综合的宏语言，它可以提供附加功能并且允许程序嵌入到簿记计算。例如 Excel 的宏语言用的是一个 Visual Basic 版本，同时 Haddon（2001，第 367 页）提供了一个执行分年龄组捕捞聚集模型的引导程序的例子。应用程序可以设计成用于数据输入或显示结果的工作表，同时可以用宏语言或其他软件产品创建种群动态模型。例如，普通的种群评估模型 Coleraine（下文会有论述）使用 AD 建模工具来创建群体动态模型，但是用户界面和结果显示中会用到 Excel。

总之，电子制表软件用于渔业分析的很多领域，且用于教学特别有效。该应用简单、直观且易于学习，并且简化了日常计算。但是，对于最难的种群评估应用程序来说，电子制表程序仍存在瓶颈。它们缺少评估不确定度的设备，并且复杂模型的运行耗时较长（尤其是非线性参数估算），同时可扩展性很差（如很难扩展到更大的问题上）。

11.2.7　总结

每个建模环境都有其自身的优缺点。为了高效工作，分析员通常会使用好几种建模环境。例如，评估种群的科学家通常会同时使用 ADMB、R（或 S-PLUS）以及 Excel。ADMB 用于最后的完整分析，但是通常会把模型复制到 Excel 或 R 中检查错误（通常是无参数估算）。按两种完全不同的方式对模型进行编码可以减少出现错误，因为两个环境下不可能出现相同的错误。R 和 Excel 通常用于处理数据输入、收集模型结果以及进行图形显示。R 在数据分析和复杂数据处理中的效果很好，并且它可以生成高端图形。Excel 有时候会提供更方便的工具来完成相同的任务，尤其在简单的模型分析中。

11.3 自定义种群评估软件

更好的鱼类资源管理需要更多的种群评估。但是由于评估中受人力资源的限制，人们装置了软件包来完成大范围的种群评价模型。软件包设计者试图让它包含不同类型的数据来处理不同类型的假设。最近的研讨会（Maunder，2005）通过美洲热带鲔鱼委员会（IATTC）所使用的标准评估方法（A-SCALA）对三种软件包（CASSAL，MULTIFAN-CL，Stock synthesis 2）进行了比较。

11.3.1 Stock Synthesis

Stock Synthesis（Methot，1990）涉及包含了多种数据类型的通用模型。它运用了函数优化和数值微分近似法，所以速度相对缓慢。开发人员已经在 ADMB 编程模型上对代码进行了彻底修改，并且开发了 Stock Synthesis 2（SS2），它是 NOAA 渔业工具箱的组件（NFT-http：//nft. ncfsc. noaa. gov/）。SS2 继承了 ADMB 的功能：高效稳定的参数估算以及用马尔可夫链蒙特卡洛法（MCMC）进行贝叶斯分析。此外，SS2 可以进行指令引导和前向投影。它允许鱼群的不同生长，这样特定长度的选择性可以改变长度-年龄分布。从整体来看，SS2 支持一般的参数结构。它允许大部分被估算的参数进行先验，同时可以适应不同环境变量、时段、鱼类性别或其他因素。这个软件提供了测试与不同因素变化相关假设的有效方法。SS2 最开始用于评估美国太平洋底栖鱼群，但是它也可以用于其他的物种（如金枪鱼和长嘴鱼）的评估。目前已经出现了更广阔的图形用户界面来帮助用户解读结果（图 11.4）。第三代 Stock Synthesis 软件当前已投入使用，而且它可以备注日期。

11.3.2 Coleraine

Coleraine（Hilborn et al.，2000）是第一个按 ADMB 环境开发的通用种群评估软件包。软件（MNM）主要进行 ADMB 编码。它同时还提供了第一个贝叶斯种群评估模型，包括管理策略模拟和决策分析的先验和前向投影。但是 Coleraine 用途比 SS2 少。Coleraine 通过 Microsoft Excel 提供用户界面及显示结果。澳大利亚、加拿大、智利、冰岛、新西兰以及美国的鱼群评估（如 Field and Ralston，2005）中都使用了 Coleraine。大学种群评估课程中还把这种软件作为教学工具，目前，该软件已经被纳入到联合国粮农组织贝叶斯种群评估用户手册（Punt and Hilborn，2001）。

11.3.3 MULTIFAN-CL

MULTIFAN-CL（MFCL-http：//www. multifan-cl. org/）是早期 MULTIFAN 程序的扩展，并且被用于分析体长频数分布数据（Fournier et al.，1990）。MFCL 用于分析金枪鱼群体（Fournier et al.，1998），因此它的重点主要集中在群体动态的空间结构以及拟合标注数据（Hampton and Fournier，2001）。它通过 AUTODIF 开发而成，并且属于由 ADMB 支持的自动微分软件。

随机效应型参数在捕捞死亡率模型中的使用通过数以千计的参数使可捕性发生了变

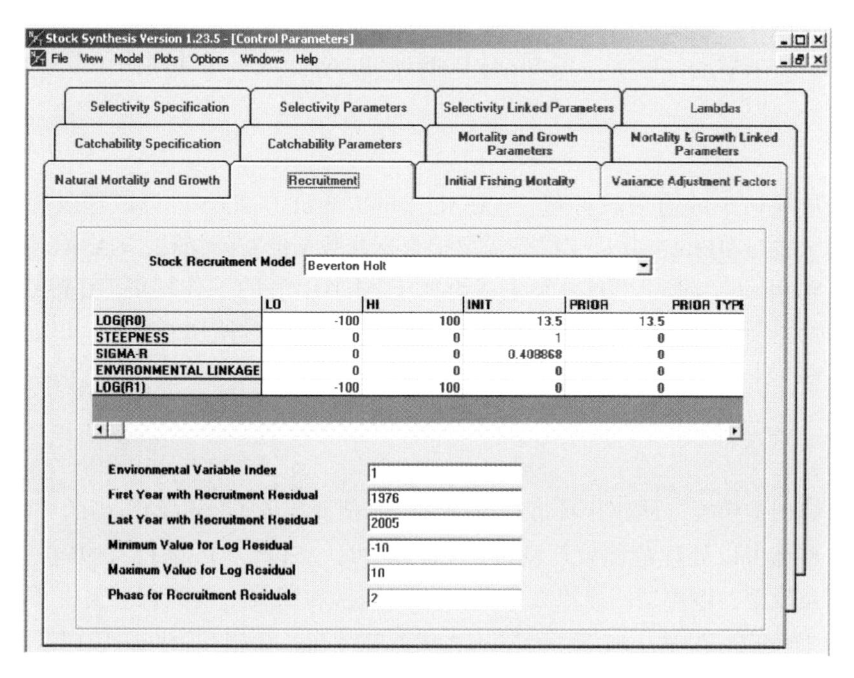

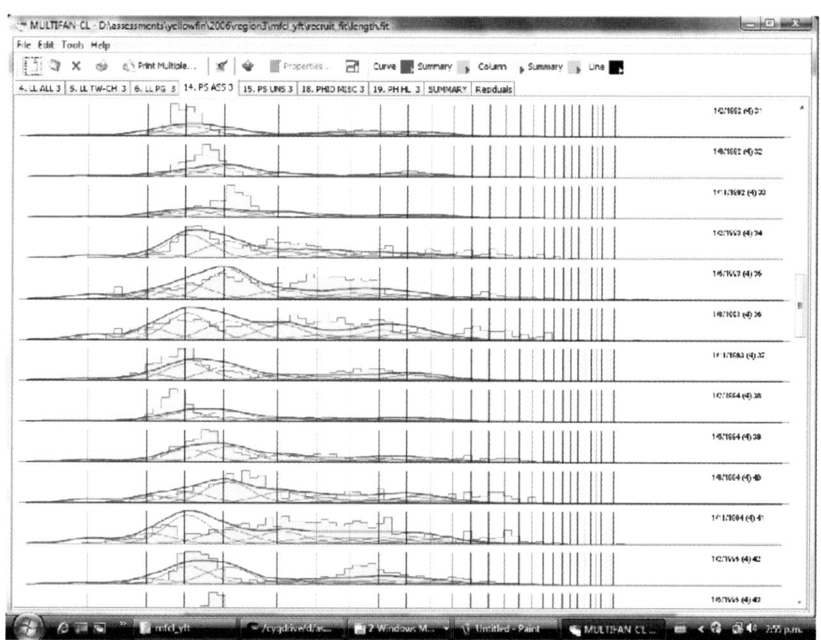

图 11.4

通用种群评估模型的用户界面。SS2 图形用户界面（上部分图片）由美国国家海洋渔业局的 Alan Seaver 开发，它允许用户指定数值来控制参数估算程序，包括参数界限、先验信息、初始值、估价阶段。MFCLJava 指示器（下部分图片）由太平洋共同体秘书处的 Fabrice Bouye 开发，它允许用户检查模型拟合到数据的具体细节。黄色条形区域是观测的长度频率，红线指的是每个群体的长度频率预测模型。

化。这些参数包含在最复杂的高参数化种群评估模型中，并且被用作管理建议。Java 程序可以允许用户对结果进行审核（图 11.4；Fabrice Bouye，太平洋共同体秘书处）。

11.3.4 CASAL

作为种群评估中的通用软件包，CASAL（Bull et al.，2005）可以提供强大的属性。它综合使用 SS2 与 MFCL，并且支撑着需要拟合标注数据的空间结构。CASAL 使用 ADOL-C 程序库（Walther et al.，2005）来生成类似于 AUTODIF 的工作环境。CASAL 已运用到鱼群和新西兰甲壳类动物种群的评估。其中的一些评估同时使用 CASAL 和 Coleraine，从而可以获得两个平台的综合结果。

11.3.5 其他

在这里我们会提及一些用于种群评价领域的其他通用模型。它们当中的一些焦点比较小，而另一些却可以处理范围较广泛的问题。例如，ASPIC（Prager，1995）主要完成非平衡群体产量模型，该模型的重点在于获得鱼类捕捞和相关丰度数据。另一方面，Gadget（Begley and Howell，2004）提供了一个用于研究物种相互作用和空间结构种群动态的统计工具箱。其中许多模型已经被广泛使用，扩展的存活率分析（XSA）已服务于国际海洋勘探理事会中的许多个成员国（Shepherd，1999）。其他模型主要通过替代性发挥作用。

例如，继 Hoggarth 等（2006）的 FAO 框架之后，MRAG 股份有限公司已经开发了 5 个软件包，并且已成为英国国际发展部渔业管理科学项目的一部分。这包括 LFDA（长度频率分布分析）、CEDA（渔业捕捞努力量数据分析）、Yield 、ParFish 以及 EnhanceFish。同样，FAO 已经协同欧盟支持 FiSAT 的发展，它是一个主要为长度频率数据分析而开发的软件包（http://www.fao.org/fi/statist/fisoft/fisat/index.htm）。NOAA 渔业工具箱（http://nft.nefsc.noaa.gov/）包含了许多 SS2 之外的软件包，其中一些类似于 SS2 但是选项比 SS2 少。其中（AMAK）的一个软件包提升了指定时间变化选择的灵活度（如 Butterworth et al.，2003），这个特性无法在其他软件包中使用。国际大西洋金枪鱼资源保护委员会（ICCAT）运用一些软件包进行种群评估，包括广义虚拟群体分析（VPA），它可以模拟两个内部混淆的群体及性别结构 http://www.iccat.int/AssessCatalog.htm。

一些模型最初提供了建模工具。例如，TEMAS 提供了一个开放源码场景管理的普通模型，并且其程序由丹麦渔业研究院的 Per Sparre 通过 Visual Basic 编写。它利用 FAO BEAM 模型（http://www.fao.org/fi/statist/fisoft/BEAM 4.asp）来显示渔业中的收获和效益情况。ISIS（Mathévas and Pelletier，2004）提供了类似的模型，它用 Java 编程，并且带空间显示组件。

11.3.6 优势

普通的软件包提供实施种群评估流线型发展路径。它消除了开发自定义代码的需求，因为代码需要调试及测试。不要求用户熟悉程序运作或前端开发，但是用户需要适当地了解渔业资源评估的方法，以确保能合理使用规模型。如果模型接收的数据都以评估为目的，那么利益团体可以更好地理解评估结果。通用模型大概都已经通过多种应用程序进行测试，并且出现的编程错误的风险低于定制模型。

11.3.7　劣势

不幸的是，通用程序包的优势有时候可能会变成劣势。有效性可能会因缺乏理解而导致误用。经验和技能有限的人可能会采用通用软件，并且轻易按结果作出管理建议。用户可能会在关于群体的问题上做出不合适的假设。同样，不熟悉软件也可能会导致变量的控制出现错误设置。文档、易于使用的图形界面以及自动查错和一致性检验的改进可能会有助于解决这些问题。

在一些案例中，一个“通用”软件包可能会缺少用于特定评估环境的独特功能。这时，用户通常会被迫把评估放到模型中，有可能还会作出无理由的假设。假如一切按计划进行，通用种群评估软件包会为每个建模应用程序设定一些未使用的特性。这样会导致经费增加，并且会引起模型实施的速度比专为解决眼前问题编写的单一程序要慢。

11.3.8　总结

渔业科学家已经投入了大量的精力去开发处理最普通种群评估情况的软件包。如果理解和使用正确，这些程序可以让有限的资源深入到更广阔的种群中，包括那些用其他软件无法评估的物种。例如，2005 年，SS2 被用于估定美国太平洋底层鱼群。该软件不仅完成了种群评估而且还完成了后续的审核过程。创新能够消除运用通用模型中的一些劣势，例如，提供在线辅导或者设计出用于避开缺陷的智能系统。新一代的软件可能会帮助操作者建立和测试他们自己的评估模型，并且模型中还融入了操作者自己的理念（Schnute et al.，2007）。

11.4　模型设计及应用程序的最新发展

计算机和软件效率的提升已经很大地扩大了种群评估分析方法的范围。本章节重点概述了软件在近两年出现的重大发展。

11.4.1　综合分析

为适应不断增加的数据数量和类型（Quinn，2003），渔业资源评估模型在不断发展。过去，每一个类型的数据都会进行单独分析，然后再根据结果的范围做最后对比。在一些例子中，一项分析的输出变成了另一项分析的输入。参数估算法的发展和计算能力的提高允许把多个数据集或分析合并为一个项单独的分析（如 Fournier and Archibald，1982；Methot，1990；Hampton and Fournier，2001）。

过去的两步法存在着各种潜在问题，例如，归纳过程中信息遗失，假设的不一致、未定义的错误结构；以及诊断能力的减弱等（Maunder，1998，2001a）。综合的方法能够克服这类问题或找出解决途径。但是它同样也带来了一些新的技术挑战，例如高精度计算要求、稳定的收敛方法、混杂的参数、模型选择、数据集之间的加权以及合适的数据抽象度。

例子中的分年龄组渔获量无法直接利用，但是最新的模型可以直接利用长度分组捕捞数据（如 Fournier et al.，1998），而且这些数据通常容易获得。单步处理中不需要把长度频率数据转换成年龄频率数据的中间步骤，这些中间步骤是多步骤分析法中的常见难题。其他的复合分析法包括：

- 增加评估模型中种群与新生率之间的关系（Francis，1992；Smith and Punt 1998；Ianelli，2002）；
- 把标注模型合并到评估模型（Maunder，1998，2001b；Hampton and Fournier，2001）；
- 在评估模型中植入 CPUE 标准化处理（Maunder，2001a；Jiao and Chen，2004；Maunder and Langley，2004）；
- 把环境数据整合到评估模型（Maunder and Watters，2003b）；
- 将生长量数据用于以长度为基础的模型（Bentley et al.，2001）。

综合法提供了更全面的数据分析，同时还可以更好地显示结果。例如，太平洋东部的大眼金枪鱼评估（Maunder and Watters，2003a）把环境、渔业以及渔业中使用的不同捕捞方式等影响丰度变化的因素分开（图 11.5）。

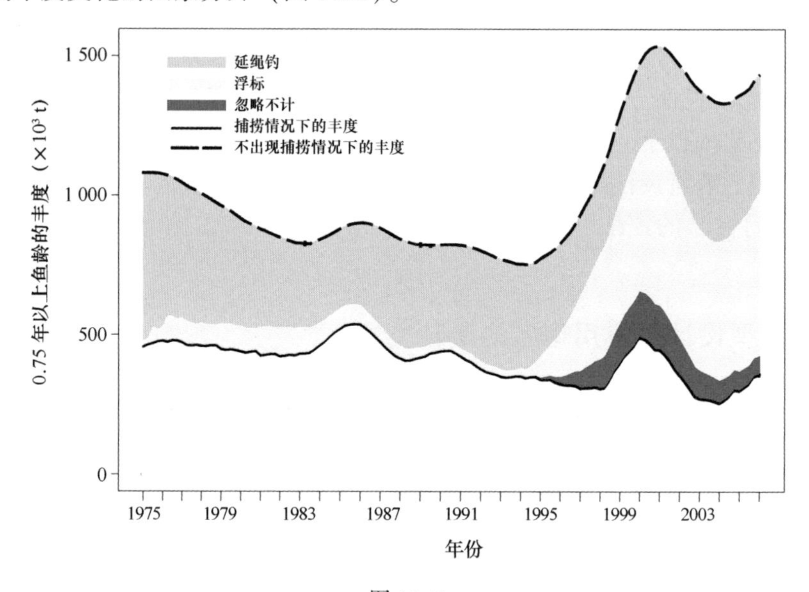

图 11.5

太平洋东部大眼金枪鱼的渔业影响（源自 Maunder and Hoyle，2007）。黑色实线表示的是一段时间内的丰度估算。黑色虚线表示的是不出现捕捞情况下的丰度。两条线之间的部分表示的是渔业的影响。虚线在不同时间段的变化代表的是环境对鱼群的影响。阴影区域代表渔业影响所占的比例，并且这些影响由不同的捕捞方法所导致

11.4.2　过程误差

在渔业群体动态分析中通常会忽略大量的过程误差，包括新生率的年变化、自然死亡率、渔业选择以及鱼的生长。例如，许多的年龄结构种群评估模型只包含了生产率的过程误差，并且有可能通过对数正态分布中的时态偏离来建模（如 Ianelli and Zimmerman，1998）。该分布的标准偏差通常固定在预设值内，因为合适的参数估算方法需要整合随机效应，是一个精确计算的过程（Maunder and Deriso，2003）。程序包 ADMB-RE（Skaug，2002；Skaug and Fournier，2006）包含了拉普拉斯近似法以及重要性采样法来实现分析。完整贝叶斯 MCMC 法虽然自动整合了随机效应，但是需要对所有的模型参数进行先验。

11.4.3　不确定度估算

估算数值中的不确定度包括未来预测，在渔业种群动态的定量分析中发挥着重要作用(图 11.6 和图 11.7)。估算不确定度的常用方法包括：①从参数协方差矩阵中获得常态近似值；②自助估计；③似然曲线中的置信区域；④后验样本中的完整贝叶斯分析。近似常态值法中最少涉及精密型计算；它只需要一个参数估算以及在模型中估算海赛矩阵。然而经常在实际问题的处理中经常表现不佳，比如会出现偏离参数中的同线性与/或偏离似然面。剩余的方法涉及密集型计算，例如，自助抽样法需要对目标函数进行数百次优化，似然曲线法需要对每个数量的目标函数进行数十次的优化，贝叶斯后验采样法需要对函数进行成千上万次的估算（Punt and Hilborn，1997）。对于包含数千个参数的种群评估，只能采取第一种方法，并且分析员必须借助常态近似值（Maunder et al.，2006）。

所有的不确定度评估法都以近似值和未知的抽样属性为基础。似然近似值的常规理论事实上都违背了渔业模型，理论中说参数的数量随着观测的数量增加。自助取样的贝叶斯取样法中的样本必须“足够大”，但是应该有多大呢？尽管这些方法需要大量的计算资源，但是可以通过模拟来试验这些测量不确定度的各种方法（如 Maunder et al.，2006）。

11.4.4　数据集加权

随着多数据集综合分析以及对不确定度测量需求日益上升，分析过程中已经把重点放到了根本问题上。模型应通过什么样的加权才能使每个数据集得到分析？严格按照似然理论对相关的变量参数进行加权；从传统理论中的变量误差来看，在没有提供更多信息的情况下，许多案例中的误差无法消除（Schnute and Richards，1995）。而且，这个分析借助用于模型中的分布来显示与频率数据有关的比例。Schnute 和 Haigh（2007）指出多项式不是一种好的选择，并且他们用边界条件和正态分布进行验算。对模型组件进行加权的研究还在继续，并且都以测量和过程误差的结合为基础（Pennington and Volstad，1994；McAllister and Ianelli，1997；Pennington et al.，2002；Francis et al.，2003；Miller and Skalski，2006；Deriso et al.，2007）。

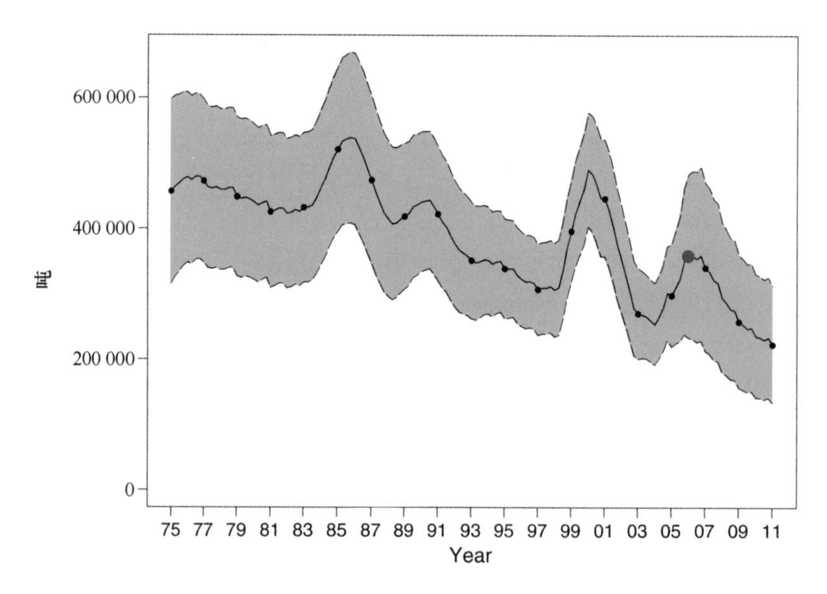

图 11.6

太平洋东部大眼金枪鱼过去丰度以及未来丰度的估算（源自 Maunder and Hoyle，2007）。红色的大圈指的是当前的丰度估算（从 2006 年开始）。模型中按现在的努力水平对过去时间的丰度进行推算。阴影区域代表的是 Delta 法中接近 95%的不确定间隔。

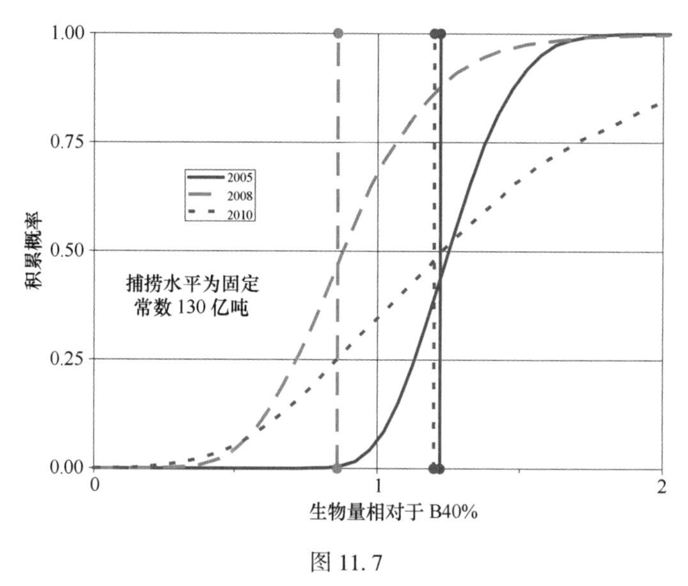

图 11.7

按照捕捞水平的固定常数 130×10^8 t 估算积累概率，白令海东部的狭鳕产卵量水平下降，并且低于 $B_{40\%}$。从稀疏的 MCMC 链基础上的全链接后验分布中的边际分布中估算得到积累概率。对应期望值（平均值）用带封闭圈的垂直线来表示（源自 Iannelli et al.，2005）。

11.4.5　贝叶斯分析

许多渔业科学家都采用了贝叶斯统计结构（Punt and Hilborn，1997）进行研究。一项分析的标准执行需要一些后验采样法（如 SIR、MCMC、吉布斯采样法）。这些方法都需要密集计算，有些甚至需要高参数化的种群评估方法（如 Fournier et al.，1998）。MCMC 成为首选方法，一部分是因为它的通用性、简易操作以及可测量更大的问题。因此许多大的群体目前使用 MCMC 来解决各种类型的问题（Gelman et al.，1995）。ADMB 包含了一个便捷的安装启用。WinBUGS，正如软件包的名字（使用吉布斯采样法的贝叶斯界面）所指示的，以吉布斯抽样法作为开端，尽管在合适的环境下会运用到其他算法。高级 ADMB 用户很快就会弃用 WinBUGS，因为它的运行很慢，但是这两个软件包都极大地提升了对贝叶斯法的理解和应用。

MCMC 的引进已经把贝叶斯分析用于处理传统方法无法解决的情形。例如，非线性模型下的传统随机效应估算，并且需要最大化与整合，它属于高挑战和高耗时的数值处理。在这样的例子中，非线性层级贝叶斯分析通常会变成一种方便的分析方法，并且无需去考虑贝叶斯理论在计算中的作用。

由于综合分析对数据依赖性强，因此设立数据为基础的先验变得很棘手（Maunder，2003）。如果探测区域中获得的所有种群数据都已经综合到分析中，那么先验的信息只需要通过其他类似的环境或专家判断就可以获得（MinteVera et al.，2004）。贝叶斯分析通常需要对所有参数进行先验，并且用户需要对精心设计的软件包 WinBUGS 定义参数。在简单的线性回归中，它可以计算出先验中所需的截距 a 和斜率 p。

在没有合理先验信息的例子中，大量的统一或其他扩散分布都可以成为一个“无提供信息”先验。分析员可以检查每个参数并且可以发现后验和先验之间是否存在明显差异。如果不存在差距，那么通过模型和数据几乎得不到参数信息。例如，Schnute 和 Haigh（2007）用选择性参数阐述了一个简单的例子，例子中模型和数据结合的结构就看似与参数无关。但是，Maunder（2003）描述了一个渔业种群评估的例子，其中提到模糊的先验和参数化会极大地影响导出量的结果。

我们认识到严谨的重要性，因为在大量的“客观贝叶斯”统计（Bayarri and Berger，2004）研究试图确定不同标准。但是，这些方法都很难运用到渔业领域的高度参数化非线性动态模型中，并且这个领域的渔业研究工作毫无进展（Millar，2002）。唯一的有效方法就是把自助法和似然曲线中的置信分布用作客观的贝叶斯后验。这些都具备着很好的频率属性并且都属于参数变换中的不变量（Schweder and Hjort，2002；Maunder et al.，2006）。

11.4.6　元分析

我们之前讨论过，通用种群评估软件的变异性会导致种群评估数量的增加，这些评估实际上都是可执行的。最近出现了一种关于种群风险的新评估，并且也已应用于商业重要性较低且可用数据有限的物种评估。这些评估需要从其他可使用的资源上收集数据，并且与其他群体或类似物种共享信息。可用信息可以压缩成贝叶斯分析的先验分布（Hilborn and Lierman, 1998; Dorn, 2003; Minte-Vera et al., 2004)。先验可以通过对有关种群的多个数据集进行同步分析以及估算出分布的关键参数来完成，比如，种群与新生率关系间的坡度（Myers et al., 1999)。

许多元分析使用简单模型或概括性的数据。例如，通过种群评估模型来估算产卵群体大小以及增殖率，这需要拟合一个带参数的种群和增殖率关系模型，并且把模型作为一个产生种群和增殖率关系梯度分布的随机效应（如 Myers et al., 1999)。但是增殖鱼群或产卵鱼群大小的不确定度无法通过这种方法计算。一种更综合的方法可以同步计算出元分析中的所有源错误，同时可以生成一个新群体的贝叶斯模型，从而使计算更精密。

11.4.7　空间结构

最新的数据收集方法已经极大地增加了可利用信息的数量。尤其是最新的数据库，它包含了更高水平的坐标信息。与传统单区域的模型相比，由空间结构和鱼群运动构成的模型复杂性和计算要求更高，计算参数的空间结构模型中，标注数据已经成为了一些种群评估的标准工具（Maunder, 1998; 2001b; Hampton and Fournier, 2001)。它们同样在阿拉斯加州的底层鱼评估中发挥了作用，在小尺度空间中需要保护敏感的生态系统功能，例如，濒临绝种的北海狮。类似的模型会把年龄结构种群评估与误捕的空间结构和船队的动向结合在一起来评估可选择的管理方案（Anon, 2004)。

11.4.8　模型选择与求平均数

管理建议中对不确定度日益关注，从而使种群评估中包含了对模型不确定度的评估。比如，模型中可能会包含 Ricker 或 Beverton-Holt 增殖率曲线，同时数据不一定能为选择哪个更好提供信息（Spiegelhalter et al., 2002; Wilberg, 2005)。模型不确定度估算方法中可能涉及对模型结构敏感性分析，但是复合型贝叶斯分析可以平衡所有的模型选择并且测量出（预定义）不确定度（Parma, 2001)。根据不同的潜在规则配置模型，管理策略评估（MSE）可以处理模型的不确定度。

11.4.9　环境数据的作用

老的观点认为捕鱼对鱼群动态的影响大于环境因素，但是现代分析却把环境因素作为动态模型中的组成部分。例如，群体评估自身（Ianelli et al., 1999; Maunder and Watters, 2003b）或 CPUE 标准化处理（Maunder and Punt, 2004）的应用软件中包含了环境危险因素。因为环境变化会影响到小的时空尺度，并且对精密计算空间结构模型也起了一定影响（Lehodey et al., 1997)。在这类空间模型中，很难估算出所需模型参数或实施假设性测试，即“维度灾难”再次来袭。

11.4.10　政策设计与评估

不断加强的计算能力和可利用软件大幅增加了渔业模型的复杂度。这些发展重点在于研究人员和管理者在管理建议加入了对不确定度的思考。因此，设计的重心已经从估算方法转移到开发出包含不确定度的管理建议（de la Mare，1986；Butterworth et al.，1997；De Oliveira et al.，1998；Butterworh and Punt，1999；Smith et al.，1999，Schnute and Haigh，2006）管理策略评价（MSE）定义了一套潜在的管理策略，它通过真实的生物场景来进行测试。该策略证明了不确定度的稳定性并且提供了真实种群管理的合格成果。管理策略中确定了需要收集的数据、分析这些数据的方法以及管理措施，其中管理措施以数据分析结果为依据。提供评估标准的情况下，MSE 就像是在招聘：你能否完成工作？

包含或不包含随机效应和最新提出的创新会有关系吗？我们可以使用已经用了几十年的简单旧程序吗？增加的复杂度什么时候才可以发挥作用？来自 MSE 的答案很简单：我们通过实践来解答这些问题。

MSE 是一种集约型计算（图 11.8）。每年进行管理策略模拟测试时都需要完成对数据的虚拟与估算。每年都是这样的循环重复。因此完整的迭代过程需要对每个生物场景进行多次重复。完成之后，经常会在生成数据时出现随机测算误差或种群动态的过程误差。例如，在一个 10 年规划中，需要完成 10 次完整的种群评估，并且这样的重复会在每个潜在的生物场景中进行多次循环。完整的模拟需要在每个管理策略上完成数千次的种群评估，并且可能会出现多个作为被选的管理策略，很明显该过程涉及很多的计算。

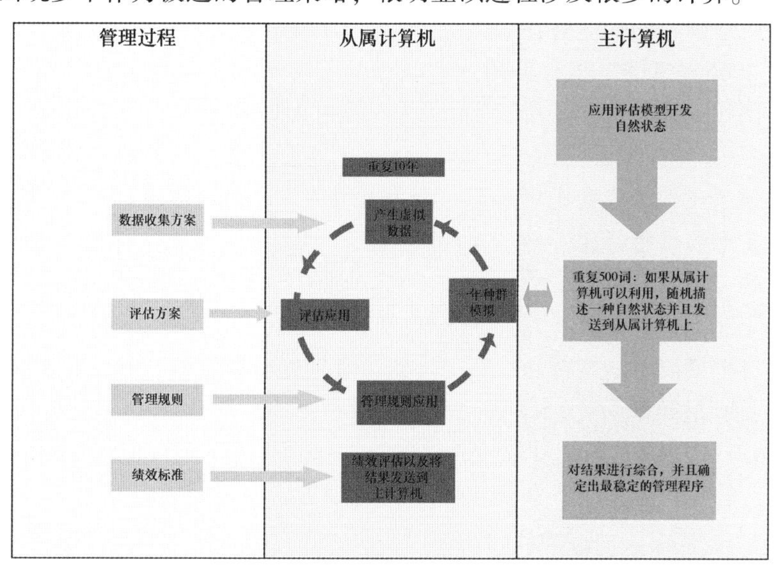

图 11.8

使用分布式计算环境下执行管理策略评价的信息流。主计算机控制解析，并且把单个可利用的解析发送到从属计算机上。

在这个初始阶段，MSE 会涉及相对简单的评估方法，并且这些方法不需要统计学的年龄结构模型。一些研究已证明简单的评估方法比复杂的方法执行效果更好，甚至复杂的方法经常会产生很多数据（Ludwig and Walters，1985；Hilborn，1979；Punt，1988，1993）。然而，本文没有对简单方法和用于当代种群评估的复杂方法进行同步对比。

任何评估都必须以生物场景的假设为基础，包括群体初始状态。这种选择只介绍了综合测试中多种维度中的一种。要考虑哪些可能性呢，会有什么样的可能性呢？有一种方法使用了对动态模型模拟的结果与当代种群评估模型的结果进行了比较，对比中的现代种群评估模型在种群动态、潜在模型参数的贝叶斯先验以及结构假设上都呈现出很大的复杂性（Parama，2002）。后验分布可能会显示出 MSE 测试中所用到的生物场景光谱。

11.5 论述

11.5.1 直觉与常识

我们已经强调过计算机通过完成复杂运算影响渔业群体模型。计算速度加快、软件的改善以及新计算方法的设计使它可以完成复杂的渔业数据分析。分析的结果可以显示对可利用数据的新解析，同时他们还可以偏离直观理解。本章作者参加过各种种群评估会议，并且会上一般会对结构性假设、似然要素加权、模型选择以及其他技术性问题进行热烈的讨论（如 Maunder and Starr，2002）。管理者和相关利益人员通常会留下这样的讨论，并且输入数据和政策选择之间的明显联系有时候会消失。尽管传统的书本（如 Beverton and Holt，1957；Ricker，1975）中有明确定义的解析，但是从现在的标准来看这些解析中存在着很大的局限性，它们的优势在于提供了明确的计算目标和清晰的生物学解释。

Schnute（2006）借助三本有影响力的手册中所主张的观点对 Ricker 在定量渔业模型的贡献进行了回顾。在第二本手册的序言中，Ricker（1958，第 14 页）为渔业科学家给出了长久建议：

> 生物学家应尽快找到比手册更复杂的生物情形，否则现有步骤中的数据会发生改变并且需要进行修改。经验或观察看似简单直观，但是仔细分析会发现其实很复杂，这可以当做常理，其中的复杂性主要来自于生物体的复杂度及变异性，并且这些变化会一直伴随着它们从生到死。

Ricker 通过把最简单的解析和程序运用到更复杂的分析来解决这一问题。他的方法对深层次的理解具有指导作用。

根据 Kendall 书中的先进统计学理论，O'Hagan 和 Forster（2004）以小说 The Tin Men（Frayn，1965）的引言为开端，并且展开了对贝叶斯统计法的研究。主要人物 Goldwasser 有“一定程度的忧郁症”。他害怕自己的大脑会在 30 岁的时候达到巅峰，并且他的大脑表现当前就已经在下滑。为了测试这个可能性，他从同事手中借了一套 *IQ* 测试集，记录完每次的表现，并把结果描绘在图上。当它看到图上下滑的曲线时，他怀疑自己可能是选择了错误的方法；然后他又再次完成了一次，这一次的曲线是上升的，他怀疑地告诉自己这有可能是实验误差所导致的结果。

与 Goldwasser 一样，渔业数据分析员有时候也会对自己的结论提出质疑。数据通常不完整而且存在着多种解析方法（Schnute，1978；Richards，1991；Schnute and Hilborn，2993）。没有一个论据可以支持用模型选择、似然成分加权或其他复杂方法来处理这个问题，甚至最复杂的软件也无法修复它。为此，我们认为问题的关键在于不能让分析和输入的数据偏离得太远。一个真正有用的模型可能会对原始数据进行绘图，因此其结论对于普通读者来说会很直观。

渔业对不列颠哥伦比亚港湾太平洋鲈鱼（石斑鱼）的影响可以解释一些长期存在的问题。假如使用年龄组渔获量模型，那么在普通操作中，数据可能会按年度来索引，并且还会集中在一个广阔的地理区域，如图 11.1 所示。但是，在特定渔业中，观测项目中会给出所有商业性拖网捕捞的空间坐标。图 11.2 的第二部分中显示了 1997 年到 2005 年之间渔业模式的改变，其中接近图中心的适量生产区域在 2005 年的时候已经不像 1997 年那么活跃了。

为什么呢？难道是鱼群数量下降了吗？难道是这个区域内对其他鱼种的捕捞限制使渔夫增加对这类鱼的捕捞？尽管我们可以建立模型来支持这些假设以及其他假设，但是无法作答。一个标准的聚集模型可能不包含任何图片上的空间信息，所有这一类的问题无法进行探讨。尽管可以使用更复杂的空间模型（如 Hampton and Fournier，2001），但是它们需要更多的信息来解决数据中存在的不确定性。如果分析中仍存在直觉意思，那么作出管理决策的时候可能需要考虑重要的外部信息。

11.5.2　软件与计算选择

计算机网络设计的两大发展已经极大地提升了计算机在许多分析中的使用，上节中也已经具体描述过。并行处理可以允许一个项目在多台计算机上运行。例如，在带有标注数据的空间构建种群评估中，每一个被标注的组只能按照一个独立的群体来建模。在参数优化处理中，每一个标注过的分组可以同步在分开的计算机上进行分析，并且可以得到目标函数的结果（D. Fournier pers. com）。AD 建模工具有并行处理的能力，但是这个特性还未能广泛使用。

第二大发展是分布式计算，它可以用于在大多数的研究。分布式计算允许单个项目通过单独的主机来控制，并且在多台计算机上运行。例如，闲置时间内，一个分布式计算机系统可以在员工的电脑上运行一个种群评估模型，这些闲置时间可以是晚上或午休的时候。分布式的计算机系统可用于任何情形下的分析，分析过程中可能会通过稍微的变化而进行多次运行，例如自动取样、MSE 模拟、似然曲线计算、生态系统模拟以及敏感度分析等。

我们已经发现 Condor（http：//www. cs. wisc. edu/condor/）在新统计方法的模拟测试中的重要性。E. J. Dick（pers. comm.）已经在西南渔业科学中心（SWFSC）的 Santa Cruz 研发了一个分布式计算机系统。他通过系统获得了刀切法的 CVs，并且把它运用到德耳塔方法的一般线性模型丰度指数中。Microsoft 最近提供用于高效能计算的 Windows 计算机集群服务，使分布式计算更方便普通用户的使用。

软件的利用取决于实用性和操作的简易性。我们已经看到许多免费的通用软件，如 R 和 OpenBUGD 等凭借其科学及学术属性而获得了大量的发展及支持。一些软件因专业化程度不高（如 MULTIFANCL）或商业成本（如 S-PLUS 、Gauss、MATLAB）而导致使用受限制。渔业种群动态软件的成就通常来自于免费可利用软件和通用模型的开发。

不幸的是，这样的成功往往会因为受到限制而低于我们的预期。按照 R 和 OpenBUGS 软件框架，基础工具必须是通用及免费的。当前限制发展的障碍包括了合格的定量渔业分析科学家数量有限以及缺少机构的广泛支持。一个可行的开源项目必须包含严格的软件框架来测试新的软件包，这样才能保证存储和操作标准的最小化。由于 R 已经具备了这些特征，它的程序库可以提供实现这些目标的潜在路径。R 中的渔业程序库表明已经在正确方向上迈出了具有重大意义的一步（Kell et al.，2007；Schnute et al.，2007）。作为汇聚了渔业和其他生态领域的分析方法（如 Maunder，2004）软件的应用可以使该学科获得更多的突破。

11.5.3 未来前景

我们已经看到了定量分析的一些明显趋势。新的数据资源已经变得可以利用，并且复杂的模型中包含了可用于各种丰富数据集的新思路。这类处理得益于空间数据分析（图 11.1）。研究方法将发展为通过使用先验和更复杂的元分析来实现物种间信息共享，并且可能更多地借助多物种模型。环境数据也将包含在受影响的规模合适的分析中。新的统计方法（当前通过拉普拉斯近似法、重要性采样法以及高效的 MCMC 法来阐释）允许分析员通过附加复杂性的处理来显示更真实的动态过程。当前的许多模型缺少处理过程误差和种群构成的随机性的能力。我们可以预见以后会有更广阔的软件框架来呈现所有资源的不确定度，包括模型本身的不确定度。尽管当前没有有效途径解除生态数据中存在的分歧，但是我们可以改进方法，并且对分歧投入更多的精力，从而使科学家能够对新的采捕程序作出长远推断。伴随着计算机功能的日渐强大，我们可以通过模拟来对新的方法进行更多的测试，并且这些改进会影响 MSE 科学。

我们对群体动态的探讨主要集中在单物种群体评估模型。同时我们还发现了计算机可以运用到鱼类种群动态的很多领域。例如，计算能力的提升极大地提高了我们在个体水平（基于代理的建模，http：//en. wikipedia. org/wiki/Agent_ based_ model）、单一物种、多物种（Stefanson，1998；Jurado-Molina et al.，2005）以及整个生态系统中的模型应用能力（第 8 章和第 12 章）。以微分方程为基础的理论研究同样需要计算机来获得数值解，并且计算能力和运算方法的改进已经使理念开发的方法得到了改进。通过两种方法的同时使用，该领域获益于科技发展，同时种群评估的方法也找到了在其他研究领域的应用，从野生动物科学到商品建模。随着收敛性的增加，我们期待着通过领域间的理念交流来改进各种方法在渔业中的应用。

渔业种群动态的前景很光明。文中涉及的发展已经指明了未来潜在的发展路径。不幸的是，渔业建模经常是孤立的，所以获得的结果不能运用到其他领域。也许科学总是以不同的方式发展，许多独立的研究都得出了同样的结果。然而，真实的成就需要积累，这样才能在旧的成果上建立新的研究并且获得新的开端。例如（Schnute and Haigh，2006），在不同的实验室对管理策略进行试验之后，我们获得了什么样的结果？什么是好的策略，在什么样的生物条件下才能更好地使它们发挥作用？在什么样的环境下我们才可以颇有信服力地说数据不足以制定出一个可行策略？未来的学生会教授种群评估标准吗，是通过大量的可复制的实验吗？可以效仿工程师来培训吗，谁会在已知材料的属性中学到构建标准？

为了回答这些问题，我们需要更具有综合性的合作，这样才能通过政府、研究组织和学校把有限的知识进行延伸。最重要的是项目应该按照使 R 和其他项目获得成功的资源开放的理念来展开。这样才会吸引世界各地的科学家参与其中，并且科学界才能吸收到更多的知识。项目应充分利用当代的算法和计算系统的优势，并且这可以为渔业种群动态模型的开发提供主要工具。鼓励新的发展时，应提供通用的适应性强、可扩展且保存完整的种群评估模型。文件材料应包括由多个作者独立写成的书本，就像当前可用于 R 软件的材料一样，也许为模型创建专家系统会有助于评估的发展、MSE 软件框架的链接以及防止使用不当。在电脑群上操作可以使远程用户能够免费运用这些资源，并且能够鼓励可复制的实验，而且获得的实验结果可以记录到文献或特定的网络期刊上。那么到了最后，种群评估可能会发展为一门真正的学科而不是各种专有技术的不同集合。

致谢： 非常感谢 Rowan Haigh 制作了图 11.1、图 11.2、图 11.3，并且还为本章节的早期版本提出了宝贵的建议。Clara Ulrich-Rescan 提供了欧洲所使用的模拟模型信息。Adam Langley 提供了观察器显示屏的截图。

参考文献

A non (2004) Alaska Groundfish Fisheries Final Programmatic Supplemental Environmental Impact Statement.http://www.fakr.noaa.gov/sustainablefisheries/seis/intro.htm.7000 pp

Bayarri MJ,Berger J (2004)The interplay between Bayesian and frequentist analysis.Statistical Science 19:58-80

Begley J,HowellD(2004) An overview of Gadget,the Globally applicableArea-Disaggregated General Ecosystem Toolbox ICES CM 2004/FF:13.See http://www.hafro.is/gadget/

Bentley N,Breen PA,Starr PJ,Kendrick T (2001) Assessment of the CRA3 and NSS stock of red rock lobster (Jasus edwardsii) for 2000.New Zealand Fisheries Assessment Report 2001/69

Beverton RJH,Holt SJ (1957) On the dynamics of exploited fish populations.U.K.Ministry of Agriculture,Fish & Fisheries Investigations (Series 2) 19

Bull B,Francis RICC,Dunn A,McKenzie A,Gilbert DJ,Smith MH (2005) CASAL (C++ algorithmic stock assessment laboratory):VASAL user manual v2.07-2005/08/21.NIWA Technical Report 127.See http://www.niwascience.co.nz/ncfa/tools/casal

Butterworth DS,Cochrane KL,De Oliveira JAA (1997) Management procedures:a better way to management fisheries? The South African experience.In:Pikitch EL,Huppert DD,Sissenwine MP (eds) Global Trends:Fisheries Management.American Fisheries Society Symposium 20,Bethesda,pp 83-90

Butterworth DS,Punt AE (1999) Experiences in the evaluation and implementation of management procedures.ICES Journal of Marine Science 56:985-998

Butterworth DS,Ianelli JN,Hilborn R (2003) A statistical model for stock assessment of southern bluefin tuna with temporal changes in selectivity.African Journal of Marine Science 25:331-361

Campbell SL,Vhancellier JP,Nikoukhah R (2006) Modeling and simulation in Scilab/Scicos.Springer,New York (Software available at http://www.scicos.org/book.html)

Clifford P (1993) Discussion on the meeting on the Gibbs sampler and other Markov chain Monte Carlo methods. Journal of the Royal Statistical Society (Series B) 55:53-102

Dalgaard P (2002) Introductory statistics with R.Springer-Verlag,New York (Software in the R package "ISwR")

de la Mare WK (1986) Simulation studies on management procedures.Reports of the International Whaling Commission 36:429-450

De Oliveira JAA,Butterworth DS,Johnston SJ (1998) Progress and problems in the applicationof management procedures to South Africa's major fisheries.In:Funk F,Quinn II TJ,Heifetz J,Ianelli JN,Powers JE,Schweigert JJ,Sullivan PJ,Zhang CI (eds) Fishery Stock Assessment Models.Alaska Sea Grant College Program Report No.

AK-SG-98-01, University of Alaska Fairbanks, pp 513-530

Deriso RB, Maunder MN, Skalski JR (2007) Variance estimation in integrated assessment models and its importance for hypothesis testing. Canadian Journal of Fisheries and Aquatic Science 64:187-197

Dorn MW (2002) Advice on West Coast rockfish harvest rates from Bayesian meta-analysis of stock-recruit relationships. North American Journal of Fisheries Management 22:280-300

Efron BE, Tibshirani RJ (1993) An Introduction to the Bootstrap. Chapman&Hall, NewYork

Field JC, Ralston S (2005) Spatial variability in rockfish (Sebastes spp.) recruitment events in the California Current System. Canadian Journal of Fisheries and Aquatic Science 62:2199-2210

Fournier D, Archibald CP (1982) A general theory for analyzing catch at age data. Canadian Journal of Fisheries and Aquatic Science 39:1195-1207

Fournier DA, Sibert JR, Majkowski J, Hampton J (1990) MULTIFAN a likelihood-based method for estimating growth parameters and age-composition from multiple length frequency data sets illustrated using data for southern bluefin tuna (*Thunnus maccoyii*). Canadian Journal of Fisheries and Aquatic Science 47:301-317

Fournier DA, Hampton J, Sibert JR (1998) MULTIFAN-CL: a length-based, age-structured model for fisheries stock assessment, with application to South Pacific albacore, *Kjhunnus alalunga*. Canadian Journal of Fisheries and Aquatic Science 55:2105-2116

Francis RICC (1992) Use of risk analysis to assess fishery management strategies: a case study using orange roughy (*Hoplostethus atlanticus*) on the Chatham Rise, New Zealand. New Zealand Journal of Marine and Freshwater Research 49:922-930

Francis RICC, Hurst RJ, Renwick JA (2003) Quantifying annual variation in catchability for commercial and research fishing. Fishery Bulletin 101:293-304

Frayn M (1965) The Tin Men. Collins, London

Gelman A, Varlin BP, Stern HS, Rubin DB (1995) Bayesian Data Analysis. Chapman and Hall, London

Gomez C (ed.) (1999) Engineering and scientific computing with Scilab. Birkhäuser Boston (Book includes software on CD ROM.)

Griewank A (2000) Evaluating derivatives: principles and techniques of algorithmic differentiation. Frontiers in Applied Mathematics 19. Society for Industrial and Applied Mathematics, Philadelphia, PA.

Haddon M (2001) Modelling and quantitative methods in fisheries. Chapman & Hall/CRC Press, Boca Raton (Software available at http://www.crcpress.com/e_products/downloads/download.asp? cat_no=C1771)

Hampton J, Fournier DA (2001) A spatially disaggregated, Length-based, age-structured population model of yellowfin tuna (*Thunnus albacares*) in the western and central Pacific Ocean. Marine and Freswater Research 52:937-963

Heifetz J, Fujioka JT (1991) Movement dynamics of tagged sablefish in the northeastern Pacific. Fisheries Research 11:355-374

Hilborn R (1979) Comparison of fisheries control systems that utilize catch and effort data. Canadian Journal of Fisheries and Aquatic Science 36:1477-1489

Hilborn R (1996) Computers in fisheries population dynamics. In: Megrey BE, Moksness E (eds) Computers in Fisheries Research. Chapman and Hall, London, pp 176-189

Hilborn R, LiermannM (1998) Standing on the shoulders of giants: Ŝearning from experience in fisheries. Reviews in Fish Biology and Fisheries 8:273-283

Hilborn R, Maunder MN, Parma A., Ernst B, Payne J, Starr PJ (2000) Documentation for a general age-structured Bayesian stock assessment model: Code named Coleraine. Fisheries Research Institute, University of Washington,

FRI/UW 00/01.Software available at http://fish.washington.edu/research/coleraine/

HoggarthDD, Abeyasekera S, Arthur RI, Beddington JR, BurnRW, Halls AS, KirkwoodGP, McAllister M, Medley P, Mees CC, Parkes GB, Pilling GM, Wakeford RC, Welcomme RL (2006) Stock assessment for fishery management: a framework guide to the stock assessment tools of the Fisheries Management Science Programme. FAO Fisheries Technical Paper 487 (ftp://ftp. fao. org/docrep/fao/009/a0486e/a0486e00. pdf). Software available at http://www.fmsp.org.uk/Software.htm

Ianelli JN (2002) Simulation analyses testing the robustness of productivity determinations from West Coast Pacific ocean perch stock assessment data.North American Journal of Fisheries Management 22:301-310

Ianelli JN, ZimmermanM (1998) Status of the Pacific Ocean Perch Resource in 1998.Pacific Fishery Management Council, Portland

Ianelli JN, Fritz L, Calters G, Williamson N, Honkahleto T (1999) Bering Sea-Aleutian Islands Walleye Pollock Assessment for 2000.In: Stock Assessment and Fishery Evaluation Report for the Groundfish Resources of the Eastern Bering Sea and Aleutian Island Region, 2000.North Pacific Fishery Management Council, Anchorage

Ianelli JN, Barbeaux S, Honkalehto T, Lauth B, Williamson N (2005) Assessment of Alaska pollock stock in the eastern Bering Sea. In: Stock Assessment and Fishery Evaluation Report for the Groundfish Resources of the Bering Sea/Aleutian Islands Regions.North Pacific Fishery Management Council, Anchorage, pp 31-124

Jiao Y, Vhen Y (2004) An application of generalized linear models in production model and sequential population analysis.Fisheries Research 70:367-376

Jurado-Molina J, Livingston PA, Ianelli JN (2005) Incorporating predation interactions in a statistical catch-at-age model for a predator-prey system in the eastern Bering Sea Canadian Journal of Fisheries and Aquatic Sciences 62:1865-1873

Kell LT, Mosqueira I, Grosjean P, Fromentin J-M, Garcia D, Hillary R, Jardim E, et al. (2007). FLR: an open-source framework for the evaluation and development of management strategies.ICES Journal of Marine Science, 64:640-646

Lehodey P, Bertignac M, Hampton J, Lewis A, Picaut J (1997) El Niño Southern Oscillation and tuna in the western Pacific.Nature 389:715-718

Lewy P, Nielsen A (2003) Modeling stochastic fish stock dynamics using Markov Chain Monte Carlo.ICES Journal of Marine Science 60:743-752

Ludwig D, Calters CJ (1985) Are age-structured models appropriate for catch-effort data? Canadian Journal of Fisheries and Aquatic Science 42:1066-1072

Luenberger DG (1979) Introduction to dynamic systems: theory, models, and applications. John Wiley and Sons, New York

Mahévas S, Pelletier D (2004) ISIS-Fish, a generic and spatially explicit simulation tool for evaluating the impact of management measures on fisheries dynamics.Ecological Modelling 171:65-84

Maindonald JM, Braun J (2003) Data analysis and graphics using R: an example-based approach.Cambridge University Press, Cambridge (Software in the R package "UsingR".)

Maunder MN (1998) Integration of Tagging and Population Dynamics Models in Fisheries Stock Assessment.PhD dissertation, University of Washington

Maunder MN (2001a) A general framework for integrating the standardization of catch-perunit-of-effort into stock assessment models.Canadian Journal of Fisheries and Aquatic Science 58:795-803

MaunderMN (2001b) Integrated Tagging and Catch-at-Age ANalysis (ITCAAN).In: Kruse GH, Bez N, Booth A, Dorn MW, Hills S, Lipcius RN, Pelletier D, Roy C, Smith SJ, Witherell D (eds) Spatial Processes and

Management of Fish Populations, Alaska Sea Grant College Program Report No. AK-SG-01-02, University of Alaska Fairbanks, pp 123-146

MaunderMN(2003) Paradigm shifts in fisheries stock assessment: from integrated analysis to Bayesian analysis and back again. Natural Resource Modeling 16:465-475

MaunderMN (2004) Population viability analysis, based on combining integrated, Bayesian, and hierarchical analyses. Acta Oecologica 26:85-94

Maunder MN (ed.) (2005) Inter-American Tropical Tuna Commission Workshop On Stock Assessment Methods, La Jolla, California, 7-11 November 2005. Available at http://iattc.org/PDFFiles2/Assessment-methods-WS-Nov05-ReportENG.pdf

Maunder MN (2007) A reference list of papers that use AD Model Builder and its precursor AUTODIF. Available at http://admb-project.org/community/bibliography

Maunder MN, Starr PJ (2002) Industry participation in stock assessment: The New Zealand SNA1 snapper (*pagrus auratus*) fishery. Marine Policy 26:481-492

Maunder MN, Deriso RB (2003) Estimation of recruitment in catch-at-age models. Canadian Journal of Fisheries and Aquatic Sciences 60:1204-1216

Maunder MN, Langley AD (2004) Integrating the standardization of catch-per-unit-of-effort into stock assessment models: testing a population dynamics model and using multiple data types. Fisheries Research 70:389-395

Maunder MN, Punt AE (2004) Standardizing catch and effort data: a review of recent approaches. Fisheries Research 70:141-159

Maunder MN, Watters GM (2003a) A-SCALA: an age-structured statistical catch-at-length analysis for assessing tuna stocks in the eastern Pacific Ocean. Inter-American Tropical Tuna Commission Bulletin 22:433-582 (in English and Spanish)

Maunder MN, WattersGM(2003b) A general framework for integrating environmental time series into stock assessment models: model description, ấimulation testing, and example. Fishery Bulletin 101:89-99

Maunder MN, Harley SJ, Hampton J (2006) Including parameter uncertainty in forward projections of computationally intensive statistical population dynamic models. ICES Journal of Marine Science 63:969-979

Maunder MN, Hoyle SD (2007) Status of bigeye tuna in the eastern Pacific Ocean in 2005 and outlook for 2006. Inter-American Tropical Tuna Commission Stock Assessment Report 7:117-248

McAllister MK, Ianelli JN (1997) Bayesian stock assessment using catch-age data and the sampling/ importance resampling algorithm. Canadian Journal of Fisheries and Aquatic Sciences 54:284-300

Methot RD (1990) Synthesis model: an adaptable framework for analysis of diverse stock assessment data. International North Pacific Fishery Commission Bulletin 50:259-277

Millar RB (2002) Reference priors for Bayesian fisheries models. Canadian Journal of Fisheries and Aquatic Science 59:1492-1502

Miller TJ, Skalski JR (2006) Integrating design- and model-based inference to estimate length and age composition in North Pacific longline catches. Canadian Journal of Fisheries and Aquatic Sciences 63:1092-1114

Minte-Vera CV, Branch TA, Stewart IJ, Dorn MW (2004) Practical application of metaanalysis results: avoiding the double use of data. Canadian Journal of Fisheries and Aquatic Sciences 62:925-929

Murrell P (2006) R Graphics. Chapman & Hall/CRC Press, Boca Raton (Software in the R package "RGraphics")

Myers RA, Bowen KG, Barrowman NJ (1999) Maximum reproductive rate of fish at low population sizes. Canadian Journal of Fisheries and Aquatic Sciences 56:2404-2419

Nielsen A (2000) Fish Stock Assessment using Markov Chain Monte Carlo. MSc Thesis, University of Copenhagen

(http://www.dina.kvl.dk/~anielsen/master/)

O'Hagan A, Forster J (1994; 2004-2nd edition) Kendall's advanced theory of statistics, Volume 2B: Bayesian inference. Arnold, London

Parma AM (2001) Bayesian approaches to the analysis of uncertainty in the stock assessment of Pacific halibut. American Fisheries Society Symposium 24: 111-132

Parma AM (2002) In search of robust harvest rules for Pacific halibut in the face of uncertain assessments and decadal changes in productivity. Bulletin of Marine Science 70: 423-453

Patterson K, Cook R, Darby C, Gavaris S, Kell L, Lewy P, Mesnil B, Punt A, Restrepo V, Skagen DW, Stefansson G (2001) Estimating uncertainty in fish stock assessment and forecasting. Fish and Fisheries 2: 125-157

Pella JJ, Tomlinson PK (1969) A generalized stock production model. Inter-American Tropical Tuna Commission Bulletin 13: 421-458

Pennington M, Volstad JH (1994) Assessing the effect of intra-haul correlation and variabledensity on estimates of population characteristics for marine surveys. Biometrics 50: 725-732

Pennington M, Burmeister LM, Hjellvik V (2002) Assessing the precision of frequency distributions estimated from trawl-survey samples. Fisheries Bulletin 100: 74-80

Prager MH (1995) User's manual for ASPIC: a stock-production model incorporating covariates, program version 3.6. NMFS, Southeast Fisheries Science Center Miami Lab Document MIA-92/93-55, Miami

Prager MH, Willaims EH (2003) From the golden age to the new industrial age: fishery modeling in the early 21st century. Natural Resource Modeling 16: 477-489

Punt AE (1988) Model Selection for the Dynamics of Southern African Hake Resources. MSc thesis, University of Cape Town

Punt AE (1993) The comparitive performance of production-model and ad hoc tuned VPA based feedback-control management procedures for the stock of Cape hake off the west coast of South Africa. In: Smith SJ, Hunt JJ, Rivard D (eds) Risk Evaluation and Biological Reference Points for Fisheries Management. Canadian Special Publication in Fisheries and Aquatic Science 120, pp 283-299

Punt AE, Hilborn R (1996) Biomass Dynamic Models - User's Manual. FAO Computerized Information Series (Fisheries) No.10, Rome

Punt AE, Hilborn R (1997) Fisheries stock assessment and decision analysis: the Bayesian approach. Reviews in Fish Biology and Fisheries 7: 35-63

Punt AE, Hilborn R (2001) BAYES-SA - Bayesian Stock Assessment Methods in Fisheries -User's Manual. FAO Computerized Information Series (Fisheries) No. 12, Rome (http://www. fao. org/docrep/005/Y1958E/Y1958E00.HTM)

Quinn TJ II (2003) Ruminations on the development and future of population dynamics models in fisheries. Natural Resource Modeling 16: 341-392

Restrepo NR, Patterson KR, Darby CD, Gavaris S, Kell LT, Lewy P, Mesnil B, Punt AE, Cook RM, O'Brien CM, Skagen DW, Stefá nsson G (2000) Do different methods provide accurate probability statements in the short term? ICES CM 2000/V: 08

Richards LJ (1991) Use of contradictory data sources in stock assessments. Fisheries Research 11: 225-238

Ricker WE (1958) Handbook of computations for biological statistics of fish populations. Bulletin of the Fisheries Research Board of Canada No.119

Ricker WE (1975) Computation and interpretation of biological statistics of fish populations. Bulletin of the Fisheries Research Board of Canada No.191

Robert CP, Vasella G (2004-2nd edition) Monte Carlo statistical methods. Springer, New York, NY

Schnute J (1987) Data uncertainty, model ambiguity, and model identification: Mirror, mirror on the wall, what model's fairest of them all?". Natural Resource Modeling 2:159-212

Schnute JT (2006) Curiosity, recruitment, and chaos: a tribute to Bill Ricker's inquiring mind. Environmental Biology of Fishes 75:95-110

Schnute JT, Haigh R (2006) Reference points and management strategies: Lessons from quantum mechanics. ICES Journal of Marine Science 63:4-11

Schnute JT, Haigh R (2007) Compositional analysis of catch curve data with an application to *Sebastes maliger*. ICES Journal of Marine Science 64:218-233

Schnute JT, Hilborn R (1993) Analysis of contradictory data sources in fisheries stock assessment. Canadian Journal of Fisheries and Aquatic Sciences 50:1916-1923

Schnute JT, Richards LJ (1995) The influence of error on population estimates from catch-age models. Canadian Journal of Fisheries and Aquatic Sciences 52:2063-2077

Schnute JT, Richards LJ, Olsen N (1998) Statistics, software, and fish stock assessment. In: Funk F, Quinn II TJ, Heifetz J, Ianelli JN, Powers JE, Schweigert JJ, Sullivan PJ, Zhang CI (eds) Fishery Stock Assessment Models. Alaska Sea Grant College Program Report No. AK-SG-98-01, University of Alaska Fairbanks, pp 171-184

Schnute JT, Boers NM, Haigh R (2004) PBS Mapping 2: User's Guide. Canadian Technical Report of Fisheries and Aquatic Sciences 2549 (Software in theRpackage "PBSmapping", which includes this report as "PBSmapping-UG.pdf")

Schnute JT, Vouture-Beil A, Haigh R (2006) PBS Modelling 1: User's Guide. Canadian Technical Report of Fisheries and Aquatic Sciences 2674 (Software in the R package "PBSmodelling", which includes this report as "PBSmodelling-UG.pdf")

Schnute JT, Maunder MN, Ianelli JN (2007) Designing tools to evaluate fishery management strategies: can the scientific community deliver? ICES Journal of Marine Science, 64:1077-1084

Schweder T, Hjort NL (2002) Confidence and likelihood. Scandinavian Journal of Statistics 29:309-332

Shepherd JG (1999) Extended survivors analysis: an improved method for the analysis of catch-at-age data and abundance indices. ICES Journal of Marine Science 56:584-591

Skaug H (2002) Automatic differentiation to facilitate maximum likelihood estimation in nonlinear random effects models Journal of Computational and Graphical Statistics 11:458-470

Skaug H, Fournier D (2006) Automatic approximation of the marginal likelihood in nonlinear hierarchical models. Computational Statistics and Data Analysis 51:699-709

Skud BE (1975) Revised estimates of halibut abundance and the Thompson-Burkenroad debate. International Pacific Halibut Commission Scientific Report 56:36 pp (Available at http://www.iphc.washington.edu/HALCOM/pubs/scirep/SciReport0056.pdf)

Smith ADM, Punt AE (1998) Stock assessment of gemfish (*Rexea solandri*) in easternAustralia using maximum likelihood and Bayesian methods. In: Funk F, Quinn II TJ, Heifetz J, Ianelli JN, Powers JE, Schweigert JJ, Sullivan PJ, Zhang CI (eds) Fishery Stock Assessment Models. Alaska Sea Grant College Program Report No. AK-SG-98-01, University of Alaska Fairbanks, pp 245-286

Smith ADM, Sainsbury KJ, Stevens RA (1999) Implementing effective fisheries-management systems: management strategy evaluation and the Australian partnership approach. ICES Journal of Marine Science 56:967-979

Spiegelhalter DJ, Best NG, Varlin BP, Van der Linde A (2002) Bayesian measures of model complexity and fit. Journal of the Royal Statistical Society (Series B) 64:583-639

Spiegelhalter D, Thomas A, Best N, Lunn D (2004) WinBUGS User Manual, version 2.0 (http://mathstat.helsinki.fi/openbugs/)

Stefansson G (1998) Comparing different information sources in a multispecies context. In: Funk F, Quinn II TJ, Heifetz J, Ianelli JN, Powers JE, Schweigert JJ, Sullivan PJ, Zhang CI (eds) Fishery Stock Assessment Models. Alaska Sea Grant College Program Report No. AK-SG-98-01, University of Alaska Fairbanks, pp 741-758

Thomas N (2004) BRugs User Manual (the R interface to BUGS), version 1.0 (http://mathstat.helsinki.fi/openbugs/, Software in the R package "BRugs")

Thompson GG (1992) A Bayesian approach to management advice when stock - recruitment parameters are uncertain. Fishery Bulletin 90:561-573

Thompson GG (1999) Optimizing harvest control rules in the presence of natural variability and parameter uncertainty. NOAA Tech. Memo. NMFS-F/SPO-40

Venables WN, Ripley BD (1994, 1999-3rd edition) Modern applied statistics with S-PLUS. Springer Verlag New York (Software in the R package "MASS")

Venables WN, Ripley BD (2000) S Programming. Springer Verlag, New York (Software available at http://www.stats.ox.ac.uk/pub/MASS3/Sprog/)

Walther A, Kowarz A, Griewank A (2005) ADOL-C: a package for the automatic differentiation of algorithms written in C/C++, version 1.10.0. Report and software available from: http://www.math.tu-dresden.de/%04adol-c/

Wilberg MJ (2005) Improving statistical catch-at-age stock assessments. PhD Dissertation, Michigan State University

Wood S (2006) Generalized Additive Models: An Introduction with R. Texts in Statistical Science 67. Chapman & Hall/CRC Press, Boca Raton (Software and data available in the R packages "mgcv" and "gamair")

第 12 章 鱼类种群的多物种建模

Kenneth A. Rose 和 Shaye E. Sable

12.1 简介

20 世纪 70 年代，多物种渔业建模获得了初步发展，而计算机在其中发挥了关键作用，随着近期人们对于多物种建模的兴趣再次被点燃，计算机将很有可能再次在其中扮演重要角色。始于 70 年代的数字计算打开了多物种建模的大门。在实现数字计算之前，人们投入大量精力，以期获得渔业模型的解析解（封闭解），或是通过进行主要的简单假设在计算器上获得近似解。从数值点角度来考量涉及多物种的模型是绝无可能的。渔业科学家们早已认识到，多物种的种间相互作用（竞争和捕食）对于种群动态关系重大，但是求解多物种模型极其困难，或是获得解的各项假设的限制性太强。在数字计算实现之后，由于数值模拟成为了一个可用于众多领域的选项，因此立即出现了与大量多物种模型相关的研究。大部分此类初始模型都以论证或例证的形式说明了种间相互作用会如何影响种群动态（如 May et al.，1979）。

在最初阶段的众多研究之后，多物种建模不再盛行，因为此类建模普遍被视为与当时拥有的先验信息牵强相关甚至全然不符，此外，还因为管理的重心是种群法。从 70 年代起，多物种建模就通常倾向于理论分析（如 Matsuda and Katsukawa，2002）。渔业管理几乎只注重种群建模。在美国，针对《麦格纳森．史蒂文森渔业保育管理法》的实施指导方针导致所有研究机构全都使用种群模型来评估渔获储量、设置捕捞配额和评价其他管理行为（Rose and Cowan，2003）。

如今，多物种建模的热情再度被点燃（Latour et al.，2003；Link，2002）。这一次的再度兴起源于多种原因：行业希望向基于生态系统的渔业管理转型（Alaska Sea Grant，1999；NMFS，1999）、渔业和海洋学科的趋同发展、计算机能力的提高、新的测量方法和有关系统动力学的新理念的出现。基于生态系统的渔业管理必须使用多物种模型来掌握食物网和环境变量如何影响相关种群的动态。此外，人们对于渔业和海洋学结合的跨学科方法的兴趣不断增长（如 Kendall et al.，1996；Runge et al.，2004）。虽然这方面的兴趣不一定会用到多物种模型，但确能推动超越种群级方法进行思考的总体势头。随着桌面计算的能力和可用性的迅速发展，几乎所有科学家都在利用强大的桌面个人电脑辅助进行研究，因此可能有一些新的测量技术（如个体标记、稳定同位素等）能帮助我们克服 70 年代时因多物种建模迅速超越现有先验知识而导致研究热潮消退的问题。最后，建模方法也得到了发展（如基于个体的建模方法），同时，我们对于生态系动力学的认识也有所增加。近期对于复杂系统理论（Ban-Yam，1997）的观点似乎能够更好地解释多物种对于干涉的反应，并能开始解释那些让生态学家“意想不到”的种群反应（Paine et a1.，1998）。

本章探讨了计算机在渔业种群多物种建模中发挥的作用。首先，我们简要概括了多物种相互作用以及渔业领域对于这些作用的看法。其次，我们将回顾各种可用的多物种模型的主要种类。这一回顾在 Rose 等（1996）的探讨基础上进行了更新。最后，我们提供了一个实例分析，将矩阵投影模型的种群版本和捕食版本与基于个体的模型（IBM）预测进行了对比。几十年来，矩阵投影模型被广泛用于单个物种种群的理论分析和管理，而类似投影矩阵的计算通常是采用年龄结构多物种模型。但是，多物种矩阵模型的性能很少在受控条件下进行评估。在结论中，我们提供了一个报告单，回顾了 10 年前我们在第一版（Rose et al.，1996）中预测的未来方向，并简短讨论了“经过更新的”未来新方向。

12.2　多物种相互作用

多物种相互作用通常涉及捕食和竞争。捕食通常被视为种间相互作用（除同类相食以外），而竞争要么是种内竞争，要么是种间竞争。捕食和竞争都可能导致相关种群的密度依赖性效应（Rose et al.，2001）。实际上，种间相互作用的复杂性通常是通过这一方式进行简化，以用于单一物种模型。能否全面捕获单一物种模型中的种间交互作用尚待商榷，而围绕单一物种模型中的密度依赖性存活率、生长率和繁殖率（Rose et al.，2001）的争论更证实了要对高耦合食物网中的种群制定单一物种模型有多困难。

人们对于鱼类种群之间相互作用的重要性已有了充分认识。对于单一物种种群模型的关注，尤其是对于管理的关注，并非是由于渔业科学家未意识到捕食和竞争在影响种群动态中发挥的作用。渔业科学家们很清楚鱼类生活在食物网中，而且竞争和捕食非常重要。更确切地说，对于种群级方法的强调是一种重视实效的决策。鉴于不常见的管理决策会招致审查，而大家都认为要在审查期间证明多物种模型的合理性太过困难，因此少被人选用。

许多情况下，海洋系统中相关物种的捕食死亡率会因时间和空间变化，这已是众所周知，而其重要性通常等同于或是超过捕获率；此外，自然死亡率在许多种群模型中常常被视作常量（Bax，1998）。明确捕食-被捕食的天然关系涉及功能响应，而功能响应本身一直以来都备受争议（Abrams and Ginzburg，2000）。我们对于淡水湖中的捕食死亡率似乎更为了解，这是因为淡水湖是封闭式的系统，更易于取样。营养级联的概念来自对湖中鱼类消失或增加的食物网影响的考虑（Carpenter and Kitchell，1993）。最近，有科学家记录了海洋生态系统中从顶级捕食者到营养素的此类级联效应（Frank et a1.，2005）。对于海洋生态系统的大规模干涉，例如通过捕捞清除某种鱼种，会导致食物网的重大变化，包括其他鱼种的变化（如 Fogarty and Murawski，1998）。Cury 等（2000）提及上升流生态系中的小型中上层鱼类对于它们的浮游生物猎物实行下行控制，而对其捕食者实行上行控制。此外，实验室元分析和实地研究提出了从鱼类一直到浮游植物的耦合度的问题（Micheli，1999）。Link（2002）将海洋食物网与淡水和陆栖食物网进行了对比，表示海洋食物网与许多弱小物种相互作用高度相关，并表示可能需要对典型的食物网模式重新进行思考。

鱼类的多物种建模之所以受到限制，并非由于不了解捕食和竞争关系，而是由于信息有限。种间相互作用的重要性具有有力、明显且众所周知的科学证据的支持。一直以来，相对较少的真正结构化的多物种建模工作［不包括 Ecopath with Ecosim（EwE），因为我们不认为它是针对鱼类构建的］都集中在已经过充分研究的河流中的鲑科鱼（Clark and Rose，1997a；Strange et ai.，1993）和存在密集长期数据的选定地点的食物网（如巴伦支海-Tjelmeland and Bogstad，1998）。

12.3 多物种模型

对于模型进行任何方式的分类都是危险的。一旦划分出明确的类别，随后就总会有一些模型会因介于两个种类之间，或因具有跨多个种类的特性，而被划归为混合型。为方便起见，也为了与之前的论述（Rose et al.，1996）保持一致，我们将按照以下类别对多物种渔业模型进行探讨：收支模型、耦合单一物种模型、基于个体的生物能学模型以及整体性或生态系统模型。

收支模型通常代表了食物网某部分中的生物量或能量流，它可能是静态的，也可能因时间而变化。耦合模型通常使用单一物种模型，将这些模型结合起来形成结构简单的群落模型。第三类基于个体的生物能学模型是一种新的类别，在之前的论述中，我们未对其明确定义，但曾将其作为实例分析对象进行过讨论，在 Latour 等（2003）的论述中被升级为一种独立的类别。整体性模型明确纳入环境变量和非鱼类生物变量作为食物部分（如营养物、浮游生物）。我们使用“整体性”而非“生态系统”一词，因为海洋学家将营养素-浮游植物-浮游动物（NPZ）模型（即无鱼类）视为生态系统模型。包括许多部分的收支模型与整体性模型之间的差别是主观性差异。收支模型倾向于以很简单的方式处理决定食物网不同部分间流动率的函数，有时候甚至采用一个固定比率，而且没有太多种群内结构。整体性模型会对决定不同部分间流动率的函数加上生物细节，而且通常内置了反馈。Whipple 等（2000）的评论中包含了一类生物量谱模型；我们在这里不考虑此类模型，因为它们未将物种作为状态变量。

受到广泛使用的 EwE 模型集（见第 8 章）列举了模型分类法的问题。按照我们的分类法，可能有人会认为 Ecopath 最初是收支模型，随着发展和不断改进而演变为整体性模型（Walters et al.，1997）。

近期有多篇关于鱼类多物种建模的评论（Latour et al.，2003；Whipple et al.，2000；Hollowed et al.，2000；Bax，1998）。我们将之分为 4 个类别，每个类别给出了一些示例，用以说明这些不同的方法。我们重新使用了许多之前 Rose 等（1996）给出的相同示例，并在适当的地方利用一些更近期的示例进行了更新。

12.3.1 收支模型

多种鱼类群落都采用了收支模型建模。乔治斯浅滩被人以从细菌到多个鱼类的大约 10 个部分表示（Cohen et al.，1982；Fogarty et al.，1987）。这些模型估计鱼类食用 60%~90% 的同类种群。Walsh（1981）对比了鳀鱼过度捕捞前后秘鲁沿海生态系统的 13 个分室碳流收支，并得出结论：由于过度捕捞导致的鳀鱼牧食压力下降明显导致浮游生物、沙丁鱼和狗鳕现存量增加，并最终导致水中的氧气和硝酸盐含量下降。Jarre 等（1991）也提供了一个秘鲁沿海上升流系统的收支模型。他们记录了 8 个鱼类部分，并将 3 个时期不同的收支和系统级指数与鳀鱼生物量进行了比较，探讨了鳀鱼在该收支模型中的改变作用，以及作为顶级鱼类捕食者猎物的角色如何被其他鱼类物种取代。Pace 等（1984）创建了一个 17 个部分（2 个鱼类部分）大陆架食物网的能量通量收支。然后通过为每个部分构建一个微分方程的方法来研究了该收支的时变版本，并模拟了在逐渐增加的氮输入条件下相比周期脉冲氮输入的条件下，鱼类种群如何会增加得多得多。

在一系列的 3 篇论文中（Polovina，1984；Atkinson and Grigg，1984；Grigg et al.，1984），构建和分析了一个 12 个部分（4 个鱼类部分）的珊瑚礁生态系统生物质流收支模型。他们的结论是珊瑚礁生态系统是由捕食行为而非营养素限制下行控制的。这些论文之所以重要，还因为它们是 Ecopath 模型的前身，而 Ecopath 模型随后被用于多种生态系统（见第 8 章）。

12.3.2　耦合单一物种模型

状态变量和结构化的单一物种模型已被耦合用于表示鱼类群落动态。在这一方面 May 等（1979）的论文经常被引用。他们利用了一系列的类似洛特卡-沃尔泰拉方程的捕食者-猎物模型来分析在捕捞涉及磷虾、头足类动物、长须鲸和抹香鲸的多种食物网组合中的作用。他们得出的结论是最大可持续产量（MSY）的概念对于除顶级捕食者以外的其他物种并不实用，不同的种群会按不同的固有时间尺度运行，已被开发的种群的复原力低于尚未开发的种群。如今，我们艰难地在构建可为基于生态系统的渔业管理所用的模型，而此论文中的这些观点仍然对我们非常有价值。

Collie 和 Spencer（1994）因为北太平洋狗鳕和太平洋鲱数量的波动受到启发，扩展了 Steele 和 Henderson（1981）提出的捕食者—猎物模型。他们的模型与 May 等（1979）的模型类似，将微分方程与猎物的逻辑斯谛增长和对于捕食行为的功能响应相结合。Collie 等 Spencer 加入了一个一阶自相关的随机变量，影响了捕食者的死亡率。模型模拟显示，多重均衡和随机性导致了丰度高低的改变。Spencer 等 Collie（1995）修改了这一模型，用以研究捕食者捕食建模猎物以外的其他猎物的情况，并分析了乔治斯浅滩的白斑角鲨和黑线鳕的相互作用。具有随机性的模拟还导致替代均衡之间的改变，并显示捕食者生物量即使在建模猎物生物量较低时也可能增长。对比了捕猎对于猎物和捕食者种群和产量的作用。

Allen 和 McGlade（1986）将一个基于洛特卡-沃尔泰拉方程的多物种鱼类模型与一个渔业动态模型相结合，在两个模型中都嵌入了一个空间直观单元网格。他们强调非平衡分析，以及除了对鱼类建模外还应构建渔民行为模型的重要性。Pope（1976）通过使用耦合逻辑斯蒂增长模型得出结论，一个相互影响的两种物种系统可以获得的总产出将不及每类物种最大可持续产量（MSY）的总和。Brander 和 Mohn（1991）对这一结论提出质疑，他们根据单一物种计算中捕食死亡率的表示方法提出了不同的结果。

Yodzis（1994）通过证明相互作用项的函数形式选择会对模型预测存在重大影响，从而极具说服力地说明了耦合单一物种模型的根本性缺陷。随后，Yodzis（1998）创建了一种使用耦合微分方程的通用建模方法，专用于猎物和捕食者的建模。他将此模型用于本格拉生态系统内选择性宰杀软毛海豹对于渔业的影响问题，方法是通过表示 29 种功能群或物种的动态。他的分析比较理论化，并且使用了一些简化假设（如固定捕获率）来论证群落如何响应渐增类扰动以及建模群落在复杂性中可能会如何减少。Koen-Alonso 和 Yodzis（2005）随后对南大西洋的巴塔哥尼亚地区（阿根廷大陆架）一个 4 种物种系统采用了相同的建模方式。乌贼和鳀鱼被表示为猎物（被称为基础方程），无须鳕和海狮被表示为捕食者。海狮也摄食无须鳕。猎物微分方程为逻辑斯蒂增长，因捕食行为和其他死亡原因导致额外损失。捕食者方程使用功能反应来决定猎物摄食率，因针对捕食者的捕食行为和密度依赖性死亡率导致额外损失。他们比较了功能反应的替代表达式，包括 EwE 使用的表达式。此类表达式与观测数据吻合意味着所有的表达式都能够与数据吻合。在收获率提高的条件下参数不确定性的增加表明不同的表达式会导致对于群落捕捞的影响的预测不同。

Matsuda 和 Katsukawa（2002）利用 3 个耦合微分方程对于随着时间过去会显示替代的长期中上层物种种群波动进行了建模。他们希望充分记录沙丁鱼、鳀鱼和日本鲐之间的周期。他们论证了优势物种变化的渔业可以避免过度开发并稳定捕获量。

每种耦合种群模型都可以加入龄级和阶段级结构。之后，每种种群均由多个部分表示。Murawski（1984）通过采用年龄结构的耦合种群模型提出了一个多物种的混合渔业模型。此模型被用于乔治斯浅滩的 4 种物种 6 个渔业群落（Murawski，1984）和缅因湾的 15 种物种 6 个渔业底层群落（Murawski et al.，1991）。他们的结论是丢弃渔获非常重要，即使部分渔业受到限制，丢弃渔获也会影响模型预测。

Wilson 等（1991a，b）使用了采用年龄结构的 5 种物种模型，在已开发物种的种群动态中产生复杂性理论的理念（混沌行为）。每年根据物种特定的亲体—补充量关系预测的各个新年龄级跟踪特定数量；根据生长方程曲线（Von Bertalanffy curve）指定特定年龄平均重量。这些物种通过一个用于调整补充量存活的群落捕食期限相关联。每一年都计算所有年龄和物种的总生物量。一旦总生物量超出指定的承载能力，物种的生物量会继而减少到 75% 的水华种，然后首先是 50% 的鳕鱼，接下来是绿鳕，随后是黑线鳕，最后是 25% 的红鲑鱼。这 5 种特定补充量的顺序减少会一直重复，直到总生物量不再超出承载能力，或者所有补充量降低至零。模拟显示，在一些情况下，在个体物种门年的生物量混乱变化的同时，总生物量相对稳定。Hilborn 和 Gunderson（1996）质疑这一分析，尤其是反对 Wilson 等（1994）随后的解释——他们的混沌种群动态结果暗示以控制收获或捕捞努力量的单一物种管理是误入歧途。Hilborn 和 Gunderson（1996）探讨了他们认为 Wilson 等模型中的几处不切实际的假定。

Thomson 等（2000）创立了南极软毛海豹和磷虾之间的捕食—被捕食相互关系模型，并模拟了捕捞磷虾会如何影响海豹。他们将软毛海豹种群分为 3 类（幼崽、亚成体和成年），将它们的存活率与可获得的磷虾资源量关联。他们利用一个简单的龄级模型来表示磷虾，并使用了一个“亲体—补充量”关系来开始各个龄级。基于均衡分析，他们得出结论，即与不捕捞磷虾的条件下可获得的程度相比，当时推荐的磷虾捕捞水平会导致海豹减少 50%。

Strange 等（1993）耦合了一个包含河鳟、虹鳟和塔霍湖亚口鱼 3 个物种系统的年龄结构矩阵投影模型。虹鳟和河鳟为食物竞争；成年河鳟捕食亚口鱼。每月具体的河流流量影响所有 3 个物种的生命早期存活。跟踪特定年龄平均体长，继而决定成熟；因与河鳟竞争而导致的虹鳟生殖力增长效应被间接建模为因河鳟丰度对虹鳟丰度的比率而异。河鳟捕食当年幼鱼（YOY）、1 岁龄和 2 岁龄的亚口鱼，对鱼类的捕食造成河鳟生殖力增强。Strange 等比较了两个关键月份期间一般和改变的高流动性河流流量条件，获得了两个初始条件集。不同月份中较高流量的提高频率影响了这些物种的相对丰度，替换的初始条件影响了塔霍湖亚口鱼的减少速度。

Jackson（1996）采用 Jones 等（1993）的模型模拟安大略湖食物网的 PCB。该生物模型利用捕食-被捕食相互关系耦合的年龄结构模型表示了 6 种鱼种。每年通过亲体-补充量关系更新猎物鱼种，并且利用一个功能响应关系表示了猎物鱼种因该模型中捕食者鱼类导致的死亡率。捕食者物种和猎物物种对之间的捕食死亡率取决于从猎物和捕食者游动速度、猎物对捕食者的体长比率以及生境重叠得出的一个函数。捕食者鱼类的年度补充量被处理为一个常数。原始模型（Jones et al.，1993）的结果显示大肚鲱生物量在当前的捕食者需求水平下可持续，猎物鱼类群落对于猎物物种大肚鲱的越冬存活非常敏感。Jackson（1996）进一步研究了越冬死亡率的作用，以及不同捕食者物种的现有量会如何影响鱼肉组织中的 PCB 浓度。

Bogstad 和 colleagues（Bogstad et al.，1997；Tjelmeland and Bogstad，1998）创建了一个毛鳞鱼、鲱鱼、鳕鱼、格陵兰海豹和小须鲸相互作用的年龄结构模型。体长和种类的增长取决于水温、鱼类大小和投喂水平。特定猎物物种的捕食者摄食取决于鱼类体长；人工投喂浮游生物作为食物。巴伦支海被分为 7 个区域，生物量的迁移通过迁移概率确定，而迁移概率会按月份以及龄级变化，但在较长时间内保持恒定不变。鱼种每年以亲体-补充量关系开始；海洋哺乳动物使用简单的繁殖力和成熟度计算，或是人工控制补充量。此模型用于估计毛鳞鱼的生殖群体规模。探索性模拟提出增加的鲸群会对鲱鱼产生最严重的影响，而增加的格陵兰海豹种群对毛鳞鱼和鳕鱼的影响相对较大。

Ault 等（1999）创建了一个云斑海鲑和紫虾的捕食者-猎物模型并将其嵌入了二维水动力模型。利用循环水流来移动附着前的紫虾和海鲑卵和卵黄囊仔鱼的集中度；对附着的虾和海鲑稚鱼和成鱼创建活跃行为模型。虾的生长基于其所生长处的积温；海鲑的生长基于所摄取虾消耗的生物能学。论文介绍了为期一年的模拟，证明了模型行为以及模型用于研究环境和生物因素如何影响捕食-被捕食动态的实用价值。6 月孵出的海鲑大多被运送到海湾，在一个较广的栖息范围定居，比 8 月孵出的同类生长更快。这些模拟还显示，生境质量的空间改变可能影响鱼类的生长速度，甚至导致个体与其他同期孵出的同类存在差异。

12.3.3　基于个体的生物能学模型

在 Rose 等（1996）研究中，基于个体模型（IBM）未被单独分作一类，这是因为在当时，只有较少的一些实例。Latour 等（2003）在他们的评论中赋予了这些模型完全的类别意义，虽然之后他们补充说明他们只了解一个（据信为海洋）实例。有一些研究淡水系统中多物种种群动态的基于个体模型。Rose 和她的合作者创建了小溪中北美溪鲑和虹鳟相互竞争的基于个体模型（Clark and Rose，1997a，b，c）、奥奈达湖中黄鲈鱼和白斑鱼的捕食-被捕食相互关系的基于个体模型（Rose et al.，1999；Rutherford et al.，1999）以及曼多塔湖的 6 种物种模型（McDermot and Rose，1999）。这些模型都使用了相同的基本生物能学方法决定个体的生长，并使用相同的繁殖率和死亡率决定个体的数量。Clark 和 Rose 的模型还研究了一个相当详尽的空间模型，表示包含一系列相互连通单元（按照其大小分别称为水洼、湍流或浅滩单元）的小溪。在所有 3 个实例中，种间竞争或捕食的作用对于结果存在重大影响。

Shin 和 Cury（2001）近期提出了一个更通用的鱼类群落模拟模型（OSMOSE），该模型使用了基于个体的方法。捕食者物种和猎物物种在同一空间单元出现时前者会捕食后者，根据捕食者大小比率，决定猎物是否易被摄食。体长的增长基于进食的猎物和冯·贝塔朗菲生长方程曲线，而不是基于真正的生物能学。除了捕食，还有饥饿和捕捞死亡率等条件。繁殖会通过在现存产卵鱼的基础上纳入新个体而结束生命周期；仔鱼和稚鱼的幸存率决定了补充量。他们提供了 7 种鱼种的实例模拟，并调查了对群落构成和收获的生物量的影响、物种相互作用的强度（通过调整网格内单位的大小），以及物种中的冗余。Shin 和 Cury（2004）将该模型用于一个 100 种物种的理论鱼类群落，研究这种生物量谱模型如何帮助评估群落级别捕捞的影响。

van Nes 等（2002）提出了用于模拟湖中的鱼类群落的通用的基于个体的模拟程序。与使用 OSMOSE 模型一样，用户决定鱼种的数量和种群之间的联系。个体的增长通过生物能学结合猎物捕食量（包括模型中的其他鱼类）依赖于功能响应关系。死亡率会因饥饿、捕捞和鸟类捕食上升。未表示为个体的猎物会被解读为驱动变量或使用生物量的逻辑斯谛种群增长公式建模。他们通过测验替代渔业方案如何影响挪威的一个浅水湖中梭鲈和鳊鱼之间群落制约相互关系来验证模型。

12.3.4　整体性模型

这种模型中包含许多种模型，包括我们在其他（尤其是收支）类别中讨论过的模型。Patten 等（1975）和 Patten（1975）创建了一个整体性模型，包括总共 33 个部分（6 个鱼类部分）。该模型为线性，由供体控制，并且具有时间变化驱动变量。他们研究了恒定湖水位下不同部分生物质中的预测变化，热污染导致 3℃ 的温度增加，富营养化导致氮磷输入增加，并引入一种新的食鱼动物。Ploskey 和 Jenkins（1982）模拟了 6 种鱼类的生物量，这些鱼类按照其食物来源（如植物、底栖生物、残屑）确定，将 YOY 与更成熟的鱼分别处理。他们将此模型用于阿肯色州的德格雷水库，并推论水库鱼类是高效率的掠食者，会过度消费其食物供给。

在海洋环境中，Laevastu 和他的同事创建了一系列基于生物量的模型用于白令海、阿拉斯加湾西部、巴尔斯峡湾（挪威）和乔治斯浅滩（Bax，1985；Bax and Eliassen，1990；Laevastu and Larkins，1981）。这些模型均基于生物量，在一些应用中为空间显式。通常表示 10 个到超过 20 个群体，包括多种鱼种、浮游动物和浮游植物。对微分方程按均衡假设进行数值求解，以获得特定生长速度、死亡率和被模型中其他群体捕食的消耗率的生物量年值。同时，也通过时间模拟生物量，方法是使用一个月度时间步长并采用环境条件或物种生物量的变化（如顶级捕食者生物量突然增加）导致的均衡干涉。分析重心是能量在食物网中是如何被分割的，以及捕捞中的变化会如何影响群落结构。有趣的是，Bax 和 Laevastu（1990）称 Polovina（1984）修改了这一模型，并开发出一种利用标准软件的求解方法，还将 Polovina（1984）视为 ECOPATH 的发起人。这些分析重点研究一个空间显式网格模型中的整个生态系统，而且这些分析在很多方面都具有超前的价值。

Andersen 和 Ursin（1977）的论文如今已被奉为经典。他们创建了一个包括营养素、浮游植物、浮游生物、残屑的模拟模型，以及与 Beverton-Holt 模型类似、按龄级模拟鱼类平均重量和数量的年龄结构模型。整个模型包含了 308 个耦合微分方程。他们将一个 21 种变量的版本（11 个鱼种）用于北海，估计了原始资源（即不包括捕捞）的状态，注明鳕鱼取代人类成为了主要的捕食者，在一个他们看来高得不足以置信努力量条件下，最大可能产出大约为 1970 年实际产出的两倍。

Andersen 和 Ursin 的分析不仅是整体性模型的优秀实例（而且完成于 30 年前!），还奠定了多物种实际种群分析（MSVPA）的基础。MSVPA 可被视为 Andersen 和 Ursin 模型的简化版（Sparre，1991），而且一直是“ICES 多物种评估工作组”（Anon，1990；Pope，1989）及其北海和波罗的海后续工作组研究重心的分析工具。MSVPA 仍被用于深入研究领域，例如乔治斯浅滩的研究（Tsou and Collie，2001），而且已逐渐扩大为包含了技术互动和空间方面（Vinther et al.，2001）。有趣的是，从年龄结构 Andersen 和 Ursin 模型中，还得出一个我们会称为耦合单一物种的模型（种群和生物量）（Horbowy，1996）。

12.4　基于个体的模型与矩阵模型之间的比较

12.4.1　相关背景

本节中，我们使用 IBM 来评估种群与捕食者—猎物矩阵投影模型的性能。对于应对鱼类种群动态多物种分析采用哪种建模方法，人们尚无统一的定论，而将来也很难有，这是合理的，因为决定采用哪种建模方法（或多种方法的组合）取决于：①相关问题或假设；②数据的可用性；③模型预测和预报的用途。虽然我们认为没有一个模型或建模方法是放之四海皆准的，但不得不承认 EwE 模型的广泛应用却是值得认可和赞同的。支持 EwE 的用户友好型软件的普及使得大众对这种模型不再陌生。然而，我们认为，EwE 模型仍然缺乏鱼类种群内部结构（年龄或阶段）和表示年内解析（季节性）的选项，而这是分析一些鱼类种群动态问题所必需的信息。因此，我们决定对种群与捕食者—猎物矩阵投影模型和 IBM 进行比较，以确定清楚掌握捕食者动态是否可以提高矩阵模型的预测。

基于个体的模型（IBM）和矩阵投影模型通常都用于模拟鱼类种群动态。数十年来，矩阵模型被广泛应用于鱼类和其他分类群（Caswell，2001），成为了很多渔业资源评估和管理的基础（Quinn and Deriso，1999）。IBM 在生态学领域得到了广泛应用，这主要是因为计算能力不断提高，以及它们能够更好地展现种群和群落所表现的复杂动态（DeAngelis and Mooij，2005）。每种方法各有利弊（DeAnglis and Rose，1992；Tyler and Rose，1994；

Caswell, 2001)。单一物种 IBM 本就已经对数据要求很高，而开发多物种 IBM 则对数据的需求更高。矩阵模型利用较容易获取的年龄或阶段所特定的统计数据进行存活率、生长及繁殖的分析。就单一物种和多物种矩阵模型相对于某些假定事实如何作用，人们很少关注。

12.4.2　常规方法

我们基于以前针对奥奈达湖中黄鲈鱼和白斑鱼而开发的基于个体的模型（IBM）来评估如何较好地将矩阵投影模型扩展到两个物种。我们将 IBM 的输出视为真实数据，并估计 IBM（以 200 年为基线进行模拟）输出的单一物种（仅黄鲈鱼）种群模型和捕食者—猎物（黄鲈鱼和白斑鱼）模型的参数。然后我们对 IBM 和两种矩阵模型应用相同的压力，并比较了 3 种模型对黄鲈鱼的预测响应。这一做法的目的是为了确定将捕食者的动态纳入其中之后，是否会与单纯的猎物种群动态模型产生相似的猎物响应预测。有关该方法及其他的分析与解释详情，可参阅 Sable 和 Rose（2008，印刷中）。本章中我们主要概述他们的系列分析结果。

奥奈达湖是测试模型的绝佳系统，因为人们对奥奈达湖中黄鲈鱼和白斑鱼的种群动态和营养相互作用的研究已长达 50 年之久。这些数据可用于配置和评估此处使用的 IBM (Rose et al.，1999)。这样，我们可以自信地认为，我们在矩阵模型分析中视为真实数据的 IBM 输出在一定程度上真实地反映了黄鲈鱼和白斑鱼的种群动态，也许在一定程度上也代表了那些普遍存在的简单鱼类群落的大小级结构捕食者—猎物竞争动态（Ebenman and Persson，1988）。

12.4.3　基于个体的模型

奥奈达湖基于个体的模型（Oneida Lake IBM）以日为时间步长，模拟 200 多年的时间线里黄鲈鱼和白斑鱼的捕食者-猎物竞争动态。所有的动态发生在单一而有序组合的空间内。该模型以每年黄鲈鱼和白斑鱼个体开始产卵的日期（4 月 10 日）为起点。每个成年个体产下与它们体重成一定比例的卵，幼体的孵出时间取决于水温。在同一时期生产的这些卵称为同生群卵。日常跟踪每一个同生群卵，记录水温、死亡率、存活率、个体的数量。卵孵化成卵黄囊仔鱼后，进入幼鱼阶段，这时仔鱼开始转向外源性营养，此时在模型中开始将它们作为个体进行跟踪。将记录每个模型个体整个生命周期（黄鲈鱼为 10 年，白斑鱼为 12 年）内其种类、长度、重量、性别、成熟状态等方面的数据。

每个模型个体的长度和重量根据生物能量学方程式预测的生长进行每日更新。黄鲈鱼被假定整个生命周期内以浮游生物和底栖生物为食，而白斑鱼以浮游生物、底栖生物、饵料鱼、其他当年幼鱼和一年龄模型个体（表 12.1）为食。白斑鱼能否捕食黄鲈鱼、同期白斑鱼或一年龄白斑鱼，取决于它们的相对长度。每天，根据捕食者的重量和水温，将可捕食的猎物归纳为下表中所限制的最大消耗期。采用多物种功能响应将猎物进行组合，被吃掉的每种猎物的数量取决于特定的脆弱性因素和摄食率参数。然后从消耗中减去呼吸、排泄和繁殖，并将由此得出的体重变化添加到个体的重量，从而获得新的体重。只要体重的变化为正值，便根据新的体重确定新的长度。

表 12.1　奥奈达湖基于个体的模型（Oneida Lake IBM）中黄鲈鱼和白斑鱼之间的捕食者—猎物相互作用

猎物	捕食者					
	黄鲈鱼			白斑鱼		
	幼体	当年幼鱼和一年龄鱼	成鱼	幼体	当年幼鱼	一年龄和成鱼
浮游生物	X	X	X	X	X	
底栖生物	X	X	X	X	X	
饵料鱼					X	X
YOY YP			X		X	X
YOY WA					X	X
一年龄 YP						X
一年龄 WA						X

注：YOY 指当年幼鱼（20 mm 及更长）；YP = 黄鲈鱼；WA = 白斑鱼。

黄鲈鱼和白斑鱼幼体的死亡率是确定的。死亡的黄鲈鱼、白斑鱼幼仔和一年龄鱼是被建模的白斑鱼吃掉。2 岁龄和更大年龄的黄鲈鱼的自然和捕捞死亡率是恒量，而成年白斑鱼的捕捞死亡率取决于饵料鱼的生物量（包括黄鲈鱼和白斑鱼幼体）。在矩阵模型中，我们依据一年龄黄鲈鱼的丰度和成年白斑鱼的生物量描述 4~12 岁之间白斑鱼的死亡率。

IBM 按照生物期预测丰度、存活率和平均长度，并选取特定的日期进行，即可用的现场数据稳定保持在接近长期监测数据的平均值时（Rose et a1.，1999）。奥奈达湖经历过几次长达 10 年之久的丰硕期：高的饵料鱼丰度、高的蜉蝣丰度（鲈鱼和白斑鱼的猎物）、斑马贝入侵、高的鸬鹚丰度（捕食鲈鱼和白斑鱼），同时奥奈达湖也经历过所有这些都处于低丰度的基线时期。我们所选择的是基线时期，因为这个时期黄鲈鱼和白斑鱼最有可能形成捕食者—猎物关系，因为其他的捕食者—猎物关系达不到要求的丰度水平。

12.4.4　矩阵投影模型

我们使用年龄阶段矩阵模型建立种群和捕食者—猎物关系模型。当年幼鱼阶段（卵、卵黄囊仔鱼、摄食仔鱼、当年幼鱼稚鱼）采用以日为时间步长进行模拟；一年龄以上采用以年为时间步长进行模拟。在捕食者—猎物关系模型中，黄鲈鱼和白斑鱼各自均建立独立的矩阵，某些元素依赖于各自的生物量或丰度，或依赖于其他物种的生物量或丰度。在种群模型中，这些元素仅可依赖于黄鲈鱼的生物量或丰度（也即仅是密度依赖性）。对于这两种模型，均以年为时间步长对密度依赖性和种间依赖性进行更新（即：矩阵元素在每年伊始调整一次）。对黄鲈鱼跟踪的时间为其达到 10 年龄，对白斑鱼跟踪的时间为其达到 12 年龄。每一年以 4 月 10 日为起点（公历日第 100 天）。

我们对传统的矩阵投影模型进行了非标准修改，以适应密度依赖性成鱼的成长及其对成熟度和繁殖力的影响。在传统的矩阵投影模型中，使用部分成熟度和繁殖力确定矩阵的第一行（Caswell，2001），且假定随着年龄的增长而固定。这隐含地表明，4 岁龄的个体在几年内均保持相同的长度和体重，而这些却是决定成熟度和繁殖力的因素。在 IBM 中，成熟度被指定为长度的函数，而繁殖力则被指定为体重的函数。在基线 IBM 模拟中，体重和长度均随着年龄的增长而变化，而且，有时体重还随着长度而变，因为个体的重量有时会损失，但长度不会变。因此，我们按照一定的方法修改了传统的矩阵模型，这种方法是：依据黄鲈鱼的年度生长量和黄鲈鱼丰度（密度依赖性竞争）、白斑鱼的生长量（捕食者—猎物）和白斑鱼（竞争）丰度建立年龄相关的特定函数，从而模拟随着年龄的增长这些鱼类体重和长度的变化。每年，在矩阵模型模拟中，将长度和体重进行更新，并通过更新结果按照年龄确定新的成熟度和繁殖力，这样，矩阵第一行中的元素每年都会发生变化。

我们根据 IBM 基线模拟的日产量和年产量对两种模型（3 个矩阵）的元素均进行了估量，包括密度依赖性和种间依赖性。将日产量的值进行平均从而获得模拟中每一年的对应值。我们系统地探索了 IBM 的输出，以了解阶段特定或年龄特定的生命率之间的关系，从而确定黄鲈鱼和白斑鱼的矩阵元素以及它们年度丰度和生物量的各种组合。然后，对于捕食者—猎物模型，我们使用逐步回归法对所有的重要解释变量进行了分析，以确定是否应使用多变量模型。最后，仅其中的一组组合被认为是值得包含在矩阵模型中的（表 12.2）。一个例子就是黄鲈鱼幼鱼的日均死亡率，在种群模型中，这与黄鲈鱼生产的卵的总数相关（$Y=0.0138+5.35 \times 10^{-10} * X1$）；在捕食者-猎物模型中，这与每年伊始黄鲈鱼的卵以及成年白斑鱼的生物量有关（$Y=0.0091+4.4 \times 10^{-10} * X1-3.61 \times 10^{-8} * X2$）。

表 12.2 经分析确定下来用于指定矩阵投影模型的种群和捕食者-猎物模型中密度依赖性和种间依赖性关系的反应和解释变量的组合，在所有情况下，对 IBM 输出均进行了平均，以获得模拟中所有反应和解释变量的年度唯一值

反应变量	种群模型	捕食者—猎物模型
黄鲈鱼		
仔鱼死亡率	YP 产卵量	YP 产卵量
稚鱼死亡率	YP 产卵量	YP 产卵量和成年 WA 生物量
一年龄鱼死亡率	YP 一年龄	YP 一年龄和成年 WA 生物量
增长量/年龄	成年 YP 丰度	YP 一年龄和成年 YP 生物量
白斑鱼		
稚鱼死亡率	NA	WA 产卵量和 YP 一年龄
一年龄鱼死亡率	NA	成年 WA 生物量
增长量（1 年龄、3 年龄）	NA	YP 一年龄
增长量（2 年龄、5~8 年龄、10 年龄）	NA	成年 WA 生物量和 YP 一年龄
增长量（4 年龄、9 年龄）	NA	成年 WA 生物量
死亡率（4~10 年龄）	NA	YP 一年龄和成年 WA 生物量

注：一年龄指一年伊始（4 月 10 日）一年龄鱼的数量，其数目与上一年存活的同期鱼的数目相同。成鱼丰度和生物量是指一年伊始 2 年龄以上鱼的相应值。增长量是指鱼在长度和体重方面年龄特定的年度增量。YP＝黄鲈鱼；WA＝白斑鱼；NA＝不适用。

对于进行模拟的每一年，使用解释变量的值确定反应变量的值（表 12.2），然后再使用该值确定下一年矩阵相应元素的值。使用仔鱼和稚鱼死亡率及阶段持续时间定义种群和捕食者—猎物模型当年幼鱼部分的对角元素和子对角元素。概率分布产生的偏差增添随机性，密度依赖性和种间关系确定的反应变量的值会乘以该随机因子。拟合回归模型的残差及 IBM 输出等用于指定概率分布。每年伊始，对每个反应变量应用随机乘数。因为矩阵模型是非线性且随机的，所以在数值计算中以不同的方程式对它们求解。

12.4.5 模拟的设计

我们首先将种群和捕食者—猎物模型的预测与基线条件下 IBM 的输出进行对比。如果结果一致，则证明我们对矩阵模式进行的评估程序（基于 IBM 的基线输出）是合理的。将矩阵模型模拟运行了 200 年，然后与 IBM 的基线运行进行对比。

基于矩阵模型的预测与 IBM 的基线模拟一致，因此我们确定矩阵模拟得到了合理的估计，这样我们对 3 种模型（IBM、种群矩阵、捕食者—猎物模型）全部应用了相同的压力源。该压力源就是将黄鲈鱼的年产卵量降低 50%，将 2 岁以上黄鲈鱼的年存活量降低 10%，两者每年均采用压力模拟。每一次的压力模拟产生黄鲈鱼的年值，我们将每个 200 年时长的模拟中后 185 年的值进行平均。为了比较 3 种模型对压力条件的预测响应，我们计算了每次压力模拟中黄鲈鱼的关键输出平均值（Ys）与基线平均值（YB）之间的百分比变化：100 *（Y s-Y B）/Y B。

12.4.6　结果及意义

在基线条件下，种群矩阵模型对黄鲈鱼产卵鱼年度数量的动态模拟结果与 IBM 输出基本相似，而捕食者—猎物模型对黄鲈鱼和白斑鱼产卵鱼的动态模拟结果亦与 IBM 输出基本相似（图 12.1）。这与预期相同，因为 IBM 输出用于构建矩阵模型。无论如何，值得欣慰的是，看起来我们在 3 种模型中均捕捉了黄鲈鱼的主要动态，而且在 IBM 和捕食者—猎物模型中捕捉了白斑鱼的主要动态。这些几乎是成功的理想条件，因为我们已经拥有 185 年的 IBM 输出积累，不过即便如此，我们在说明密度依赖性和种间关系时仍面临一定的困难。

模拟压力条件时，种群和捕食者—猎物矩阵模型均获得与 IBM 输出基本相似的结果（图 12.2）。黄鲈鱼丰度（产卵鱼和 2 年龄幼鱼）对产卵量和成年存活量降低的预测响应与 IBM 的输出方向一致，但两种矩阵模型均存在低估情况。3 种模型中，对当年幼鱼存活量的两种压力源模拟的预测响应（仔鱼和稚鱼死亡率与阶段持续响应的净效应）结果相似（如存在约 60% 的提高）。IBM 预测到一年龄鱼存活量存在轻微减少，而两种矩阵模型均预测到存在轻微的增加。3 种模型对 5 年龄鱼成熟期变化的预测均为正值，只是 IBM 的预测响应更大。

我们的分析表明，结合不同的矩阵模型模拟多个鱼类种群的思路是可行的途径，同时也显示，有时种群模型具有与捕食者—猎物模型一样的性能。考虑到黄鲈鱼和白斑鱼在

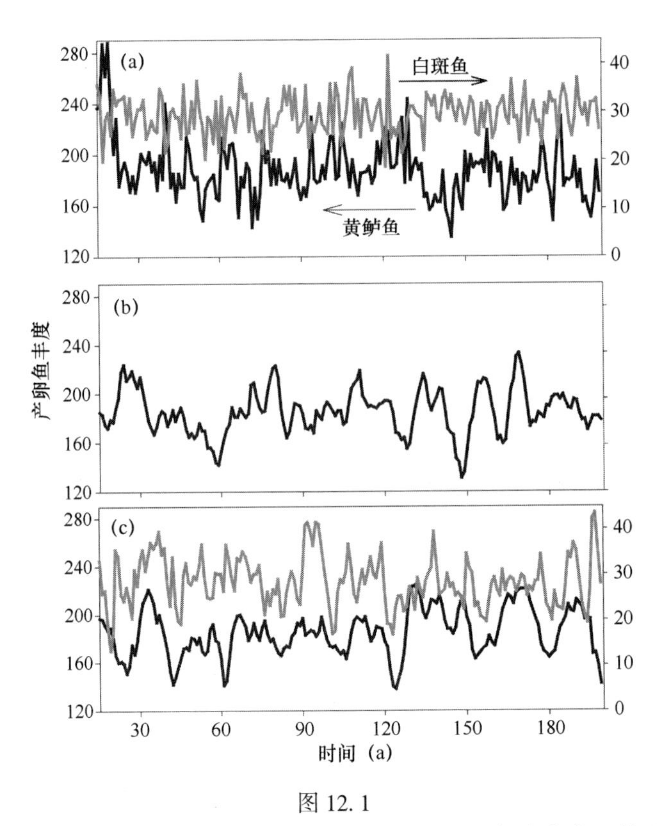

图 12.1

基线条件下：（a）IBM 输出的黄鲈鱼和白斑鱼产卵鱼的年度丰度（模型盒数值）；（b）种群矩阵模型输出的黄鲈鱼产卵鱼的年度丰度；（c）捕食者—猎物模型输出的黄鲈鱼和白斑鱼产卵鱼的年度丰度。

IBM 的虚拟世界中代表着高度结合的捕食者—猎物系统，这一点令人感到惊奇。我们曾希望捕食者—猎物模型较种群模型具有更优的性能。对于估计密度依赖性关系，一直存在困难，很难有把握（Barnthouse et al.，1984）；然而，密度依赖性对于建模实际响应却至关重要（Rose et al. 2001）。我们甚至尝试通过另一个模型生成的 185 年的"数据"进行估计，该模型不包括会对密度依赖性关系的探测造成影响的多种变异来源。另一个挑战在于必须另外指定种间关系。我们的结果说明，借助 185 年的数据，可以通过密度依赖性关系同时明确考虑捕食者动态来捕捉猎物的重要动态。我们推测，如果使用降低的数据集进行类似的分析，种群模型和捕食者—猎物模型之间可能会产生较大的差异。也许我们会再次面临与数十年前相同的境况—我们具有模拟多物种状况的建模技术，但却困于数据和知识的限制之中。

12.5 未来的发展方向

本节简要回顾了鱼类种群多物种建模范例，简单分析了将经典的矩阵投影模型方法进行改进并用于多物种建模的可能性。20 世纪 70 年代，随着数字计算的出现，人们燃起对多物种建模的兴趣，但由于经验性信息造成的限制，这种兴趣随之偃旗息鼓。目前，由于

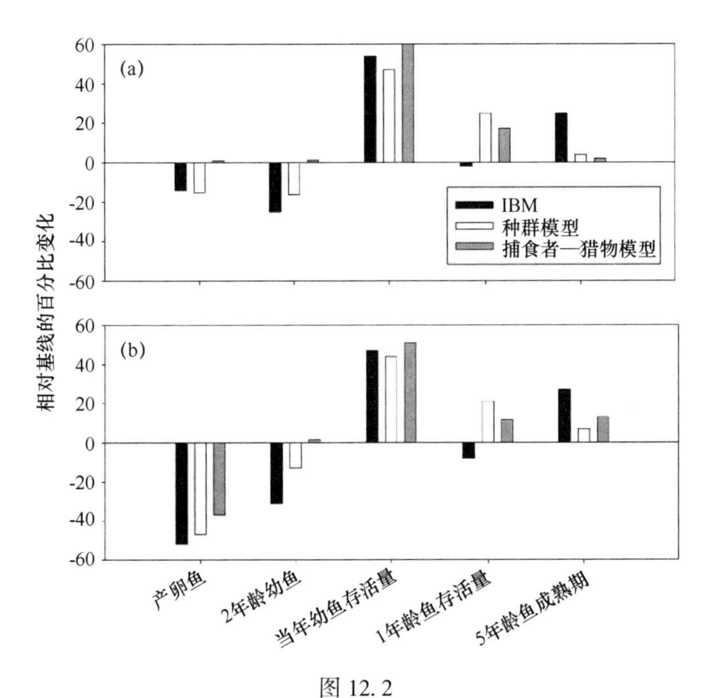

图 12.2

IBM、种群矩阵模型和捕食者—猎物矩阵模型对以下（a）、（b）两种压力模拟预测响应的百分比变化（相对于模型输出基线）：（a）降低黄鲈鱼的产卵存活量；（b）降低黄鲈鱼成鱼存活量。

要求使用基于生态系统的渔业管理，而非单一物种方法，这种压力迫使人们重新燃起对多物种建模的兴趣。过去 10 年，计算能力和测量技术均取得了飞速的发展，尽管如此，开发多物种模型并将它们应用到管理方面仍存在缺乏足够信息等限制因素。和以前一样，只有少数地方得到了专门深入的研究（如乔治浅滩、北海），这些地方通常是早在 20 世纪 70 年代就已经开始使用多物种方法的地方，他们至今沿用这种方法。人们开发示范型多物种模型的工作一直在持续（如 Matsuda and Katsukawa，2002），而且人们对多物种方法的呼声日渐高涨（如 Latour et al.，2003），但是多物种模型实际应用于管理的建议却没有进展，仍保持在最初的状态。一个值得注意的例外是 EwE 在许多地方的广泛应用（参见第 8 章），不过这是完全不同的论文主题。如果有人要求使用多物种建模来进行实际的储备或场所特定的管理建议，我们的意见是：我们尚未取得足够的进展，虽然有些夸张，但确实如此。

我们决定回顾一下第一版中的相关章节，看看 1996 年的时候我们是如何陈述我们的“未来的发展方向”的。

第一，我们正确预见了人们会对多物种建模再次感兴趣，但我们没有预见到推动人们再次燃起这种兴趣的动力来自对基于生态系统的渔业管理的呼声。我们当时认为物种多样性问题和对气候变化的关注将成为推动人们对多物种建模感兴趣的主要原因。

第二，我们当时也指出，IBM 将广泛应用于渔业种群的多物种建模，时至今日，我们不得不说，我们只是部分正确。相比 1996 年，现在多物种 IBM 的示例很多，但不足以用

“广泛应用”来形容。

第三，我们曾表示，尽管人们对面向对象的程序设计感兴趣，但预计软件开发的进展不大。现在可以说我们是正确的。除了个别没有被广泛传播的例外（如 Shin and Cury，2001），大多数渔业模型和 IBM 都超出了简单的演示模型，仍要求自定义编码，尤其在特定的细节至关重要的管理领域内应用时更是如此。

第四，我们当时暗示，并行计算和硬件进步会影响建模，尤其是 IBM。桌面计算能力的进步超出了我们的想象。尽管目前并行机的数量远远超出 1996 年的时候，但这些机器仍然主要掌握在计算机专家的手中。这一点不得不承认我们基本错了，同时希望软件开发取得重要进展，让萧条的并行计算得到更广泛的应用。

预测计算相关的进步总是棘手的问题，但可以说，我们第一版书中对未来发展方向的预测大方向基本正确。

我们对未来 10 年的预测是什么？读者在看我们对未来发展方向的新预测时，可能希望将上次我们采用的方法作为因素纳入其中。我们预测会有以下发展：

第一，使用多物种方法进行鱼类和渔业建模的需求会越来越紧迫（容易预测）。

第二，计算能力会持续提高（无需用脑），但是我们不再期望软件的进步会让复杂的多物种模型开发变得容易，也不期望高端计算会对大众普及。将会需要自定义编码，尤其在管理应用中捕捉场所特定的固有细节时。

第三，新的测量方法获取的数据将促进多物种模型的进一步发展。不过，信息的这种增加很可能会导致那些已经深入研究的位置的信息量进一步加大，另外，这也不会将那些长远基线（历史）信息有限的场所提升到允许进行广泛的多物种建模的水平。

第四，我们预测，测量方法的加速进步将持续，未来 10 年，我们在多物种方面的努力将在外科基础层面（特定位置某些物种的某个关键生命阶段）影响管理决策。很可能，多物种评估会得到传统的单一物种评估的支持（Ho1lowed et al.，2000）。

我们不希望将门槛设置得太低。现在该是基于真实的物种及其生命历史和实际环境条件将理论付诸实际应用的时候了。尽管在少数例外情况下，软件仍受到顺序语言自定义编码的限制，但目前的计算能力却足够。我们在第一版书中就提及过将基于个体的建模方法应用于单个多物种建模的情形，在此我们也证明：处于相同的捕食者-猎物情况下的结构化矩阵模型也可扩展应用至多物种情形。

让我们将这些建模方法和其他方法应用到真实条件中，从而推动它们的发展，无需过分计较和担心模型结果会对管理决策带来困难和争议。我们需要一些时间来弄清楚不同类型的模型和方法适合与不适合的情况（“安全的游戏场所”，Doll，1993）。近来渔业管理方面出现一些反对的声音，除了少数深入研究的场所已开展的多物种项目，我们难以看到多物种方法如何坚守阵地并取得进展。我们强烈呼吁在纯理论和真正的场所层面继续探索多物种模型。在计算能力不存在限制而软件仍然会限制参与者的情况下，关注的重点应是创造足够的空间，基于实际情况进行探索，从而确定所需的准确信息及适应的情况，然后在此基础上开发模型。

参考文献

A brams PA，Ginzburg LR（2000）The nature of predation：prey dependent，ratio dependent or neither？Trends in Ecology and Evolution 15:337-341

Alaska Sea Grant (1999) Ecosystem approaches for fisheries management. University of Alaska Sea Grant Program, Report No.99-01, Fairbanks

Allen PM, McGlade JM (1986) Dynamics of discovery and exploitation: the case of the Scotian Shelf groundfish fisheries. Canadian Journal of Fisheries and Aquatic Sciences 43:1187-1200

Andersen KP, Ursin E (1977) A multispecies extension to the Beverton and Holt theory of fishing, with accounts of phosphorus circulation and primary production. Meddeleser fra Danmarks Fiskeri - og Havundersogelser 7: 319-435

Anon (1990) Report of the Multispecies Assessment Working Group. ICES C.M.1991/Assess:7

Atkinson MJ, Grigg RW (1984) Model of a coral reef ecosystem, II. Gross and net benthic primary production at French Frigate Shoals. Coral Reefs 3:13-22

Ault JS, Luo J, Smith SG, Serafy JE, Wang JD, Humston R, Diaz GA (1999) A spatial dynamic multistock production model. Canadian Journal of Fisheries and Aquatic Sciences 56(Suppl.1):4-25

Ban-Yam Y (1997) Dynamics of complex systems. Addison-Wesley, Reading, Massachusetts

Barnthouse LW, Boreman J, Christensen SW, Goodyear CP, Van Winkle W, Vaughan DS (1984) Population biology in the courtroom: the Hudson River controversy. Bioscience 34:14-19

Bax NJ (1985) Application of multi- and univariate techniques of sensitivity analysis to SKEBUB, a biomass-based fisheries ecosystem model, parameterized to Georges Bank. Ecological Modelling 29:353-382

Bax NJ (1998) The significance and prediction of predation in marine fisheries. ICES Journal of Marine Science 55: 997-1030

Bax N, Eliassen JE (1990) Multispecies analysis in Balsfjord, northern Norway: solution and sensitivity analysis of a simple ecosystem model. Journal du Conseil International pour l'Exploration de la Mer 47:175-204

Bax NJ, Laevastu T (1990) Biomass potential of large marine ecosystems: a systems approach. In: Sherman K, Alexander LM, Gold BD (eds) Large marine ecosystems: patterns, processes and yields. American Association for the Advancement of Science, Washington, District of Columbia, pp 188-205

Bogstad B, Hauge KH, Ultang O (1997) MULTSPEC - a multi-species model for fish and marine mammals in the Barents Sea. Journal of Northwest Atlantic Fisheries Science 22:317-341

Brander KM, Mohn RK (1991) Is the whole always less than the sum of the parts? ICES Marine Science Symposia 193:117-119

Carpenter SR, Mitchell JF (1993) The trophic cascade in lakes. Cambridge University Press, Cambridge

Caswell H (2001) Matrix population models: construction, analysis, and interpretation. Sinauer Associates Inc., Sunderland, Massachusetts

Clark ME, Rose KA (1997a) Individual-based model of sympatric populations of stream resident rainbow trout and brook char: model description, corroboration, and effects of sympatry and spawning season duration. Ecological Modelling 94:157-175

Clark ME, Rose KA (1997b) An individual-based modelling analysis of management strategies for enhancing brook char populations in southern Appalachian streams.4North American Journal of Fisheries Management 17:54-76

Clark ME, Rose KA (1997c) Factors affecting competitive exclusion of brook char by rainbow trout in southern Appalachian streams: implications of an individual-based model. Transactions of the American Fisheries Society 126:1-20

Cohen EB, Grosslein MD, Sissenwine MP, Steimle F, Wright WR (1982) Energy budget of Georges Bank. In: Mercer MC (ed) Multispecies approaches to fisheries management advice. Canadian Special Publication for Fisheries and

Aquatic Sciences 59:95-107

Collie JS, Spencer PD (1994) Modeling predator-prey dynamics in a fluctuating environment. Canadian Journal of Fisheries and Aquatic Sciences 51:2665-2672

Cury P, Bakun A, Crawford RJM, Jarre A, Guinones RA, Shannon LJ, Verheye HM (2000) Small pelagics in upwelling systems: patterns of interactions and structural changes in "wasp-waist" ecosystems. ICES Journal of Marine Science 57:603-618

DeAngelis DL, Mooij WJ (2005) Individual-based modeling of ecological and evolutionary processes. Annual Review of Ecology, Evolution, and Systematics 36:147-168

DeAngelis DL, Rose KA (1992) Which individual-based approach is most appropriate for a given problem? In: DeAngelis DL, Gross LJ (eds) Individual-based models and approaches in ecology. Routledge, Chapman and Hall, New York, pp 67-87

DollWE(1993) Apost-modern perspective on curriculum. Teachers College Press, New York

Ebenman B, Persson L (1988) Size-structured populations: ecology and evolution. Springer, New York

Fogarty MJ, Murawski SA (1998) Large-scale disturbance and the structure of marine systems: fishery impacts on Georges Bank. Ecological Applications 8:S6-S22

Fogarty MJ, Sissenwine MP, Grosslein MD (1987) Fish population dynamics. In: Backus RH, BourneDW(eds) Georges bank. MIT Press, Vambridge, Massachusetts, pp 493-507

Frank KT, Petrie B, Vhoi JS, Leggett WC (2005) Trophic cascades in a formerly coddominated ecosystem. Science 308:1621-1623

Grigg RW, Polovina JJ, Atkinson MJ (1984) Model of a coral ref ecosystem, III. Resource limitation, community regulation, fisheries yield and resource management. Coral Reefs 3:23-27

Hilborn R, Gunderson D (1996) Chaos and paradigms for fisheries management. Marine Policy 20:87-89

Hollowed AB, Bax N, Beamish R, Collie J, Fogarty M, Livingston P, Pope J, Rice JC (2000) Are multispecies models an improvement on single-species models for measuring fishing impacts on marine ecosystems? ICES Journal of Marine Science 57:707-719

Horbowy J (1996) The dynamics of Baltic fish stocks on the basis of a multispecies stockproduction model. Canadian Journal of Fisheries and Aquatic Sciences 53:2115-2125

Jackson LJ (1996) A simulation model of PCB dynamics in the Lake Ontario food web. Ecological Modelling 93:43-56

Jarre A, Muck P, Pauly D (1991) Two approaches for modeling fish stock interactions in the Peruvian upwelling ecosystem. ICES Special Symposia 193:171-184

Jones ML, Koonce, JF, O'Gorman R (1993) Sustainability of hatchery-dependent salmonine fisheries in Lake Ontario: the conflict between predator demand and prey supply. Transactions of the American Fisheries Society 122:1002-1018

Kendall AW, Schumacher JD, Kim S (1996) Walleye pollock recruitment in the Shelikof Strait: applied fisheries oceanography. Fisheries Oceanography 5(Suppl 1):4-18

Koen-Alonso M, Yodzis P (2005) Multispecies modelling of some components of the marine community of northern and central Patagonia, Argentina. Canadian Journal of Fisheries and Aquatic Sciences 62:1490-1512

Laevastu T, Larkins HA (1981) Marine fisheries ecosystem: its quantitative evaluation and management. Fishing News Books Ltd., Farnham, England

Latour RJ, Brush MJ, Bonzek CF (2003) Toward ecosystem-based fisheries management: strategies for multispecies modeling and associated data requirements. Fisheries 28:10-22

Link J (2002) Does food web theory work for marine ecosystems? Marine Ecology Progress Series 230:1-9

Matsuda H, Katsukawa T (2002) Fisheries management based on ecosystem dynamics and feedback control. Fisheries Oceanography 11:366-370

May RM, Beddington JR, Clark CW, Holt SJ, LawsRM (1979) Management of multispecies fisheries. Science 205: 267-275

McDermot D, Rose KA (1999) An individual-based model of lake fish communities: application to piscivore stocking in Lake Mendota. Ecological Modelling 125:67-102

Micheli F (1999) Eutrophication, fisheries, and consumer-resource dynamics in marine pelagic ecosystems. Science 285:1396-1398

Murawski SA (1984) Mixed-species yield-per-recruitment analyses accounting for technical interactions. Canadian Journal of Fisheries and Aquatic Sciences 41:897-916

Murawski SA, Lange AM, Iodine JS (1991) An analysis of technological interactions among Gulf of Maine mixed-species fisheries. ICES Marine Science Symposia 193:237-252

NMFS (National Marine Fisheries Service) (1999) Ecosystem-based fishery management. A report to Congress by the Ecosystems Principles Advisory Panel. United States Department of Commerce, Silver Spring, Maryland

Pace ML, Glasser JE, Pomeroy LR (1984) A simulation analysis of continental shelf food webs. Marine Biology 82: 47-63

Paine RT, Tegner MJ, Johnson EA (1998) Compounded perturbations yield ecological surprises. Ecosystems 1:535-545

Patten BC (1975) A reservoir cove ecosystem model. Transactions of the American Fisheries Society 104:569-619

Patten BC et al. (1975) Total ecosystem model for a cove in Lake Texoma. In: PattenBC (ed) Systems analysis and simulation in ecology, Volume III. Academic Press, New York, pp 205-421

Ploskey GP, Jenkins RM (1982) Biomass model for reservoir fish and fish-food interactions, with implications for management. North American Journal of Fisheries Management 2:105-121

Polovina JJ (1984) Model of a coral reef ecosystem, I. The ECOPATH model and its application to French Frogate Shoals. Coral Reefs 3:1-11

Pope JG (1976) The effect of biological interaction on the theory of mixed fisheries. International Commission for the Northwest Atlantic Fisheries Selected Papers 1:157-162

Pope JG (1989) Multispecies extensions to age-structured assessment models. American Fisheries Society Symposium 6:102-111

Quinn TJ, Deriso RB (1999) Quantitative fish dynamics. Oxford University Press, Oxford

Rose, KA, Vowan JH (2003) Data, models, and decisions in US marine fisheries management: lessons for ecologists. Annual Review of Ecology, Âvolution, and Systematics 34:127-151

Rose KA, Cowan JH, Winemiller KO, Myers RA, Hilborn R (2001) Compensatory densitydependence in fish populations: importance, controversy, understanding, and prognosis. Fish and Fisheries 2:293-327

Rose KA, Rutherford ES, McDermott D, Forney JL, Mills EL (1999) Individual-based model of walleye and yellow perch populations in Oneida Lake. Ecological Monographs 69:127-154

Rose KA, Tyler JA, SinghDermot D, Rutherford ES (1996) Multispecies modeling of fish populations. In: Megrey BA, Moksness E (eds) Computers in fisheries research. Chapman and Hall, New York, pp 194-222

Runge JA, Franks PJS, Gentleman WC, Megrey BA, Rose KA, Werner FE, Zakardjian B (2004) Diagnosis and prediction of variability in secondary production and fish recruitment processes: developments in physical-biological modelling. In: Robinson AR, Brink K (eds) The global coastal ocean: multi-scale interdisciplinary processes, Volume 13, The Sea. Harvard University Press, cambridge, Massachusetts, pp 413-473

Rutherford ES, Rose KA, McDermot D, Mills EL, Forney JL Mayer CM, Rudstam LG (1999) Individual-based model simulations of zebra mussel (*Dreissena polymorpha*)-induced energy shunt on walleye (*Stizostedion vitreum*) and yellow perch (*Perca flavescens*) populations in Oneida Lake, NY. Canadian Journal of Fisheries and Aquatic Sciences 56:2148-2160

Sable SE, Rose KA (2008) A Comparison of individual-based and matrix projection models for simulating yellow perch population dynamics in Oneida Lake, New York, USA. Ecological Modelling 215:105-121

Sable SE, Rose KA (in press) Simulating predator-prey dynamics of walleye and yellow perch in Oneida Lake: a comparison of structured community models. In: Mills EL, Rudstam LG, Jackson JR, Stewart DJ (eds) Oneida Lake: Long-term dynamics of a managed ecosystem and its fisheries. American Fisheries Society, Bethesda, Maryland

Shin YJ, Cury P (2001) Exploring fish community dynamics through size-dependent trophic interactions using a spatialized individual-based model. Aquatic Living Resources 14:65-80

Shin YJ, Cury P (2004) Using an individual-based model of fish assemblages to study the response of size spectra to changes in fishing. Canadian Journal of Fisheries and Aquatic Sciences 61:414-431

Sparre P (1991) Introduction to multispecies virtual population analysis. ICES Marine Science Symposia 193:12-21

Spencer PD, Collie JS (1995) A simple predator-prey model of exploited fish populations incorporating alternative prey. ICES Journal of Marine Science 53:615-628

Steele JH, HendersonEW(1981) Asimple plankton model. American Naturalist 117:676-691

Strange EM, Moyle PB, Foin TC (1993) Interactions between stochastic and deterministic processes in stream fish community assembly. Environmental Biology of Fishes 36:1-15

Thomson RB, Butterworth DS, Boyd IL, Vroxall JP (2000) Modeling the consequence of Antarctic krill harvesting on Antarctic fur seals. Ecological Applications 10:1806-1819

Tjelmeland S, Bogstad B (1998) MULTSPEC - a review of a multispecies modelling project for the Barents Sea. Fisheries Research 37:127-142

Tsou TS, Collie JS (2001) Estimating predation mortality in the Georges Bank fish community. Canadian Journal of Fisheries and Aquatic Sciences 58:908-922

Tyler JA, Rose, KA (1994) Individual variability and spatial heterogeneity in fish population models. Reviews in Fish Biology and Fisheries 4:91-123

Van Nes EH, Lammens EHRR, SchefferM(2002) PISCATOR, an individual-based model to analyze the dynamics of lake fish communities. Ecological Modelling 152:261-278

Vinther M, Lewy P, Thomsen L, Petersen U (2001) Specification and documentation of the 4 M package containing Multi-species, Multi-fleet and Multi-area models. Danish Institute for Fisheries Research, charlottenlund

Walsh JJ (1981) A carbon budget for overfishing off Peru. Nature 290:300-304

Walters C, Christensen V, Pauly D (1997) Structuring dynamic models of exploited ecosystems from trophic mass-balance assessments. Reviews in Fish Biology and Fisheries 7:139-172

Whipple SJ, Link JS, Garrison LP, Fogarty MJ (2000) Models of predation and fishing mortality in aquatic ecosystems. Fish and Fisheries 1:22-40

Wilson JA, Acheson JM, Metcaffe M, Kieban P (1994) Chaos, complexity and community management of fisheries. Marine Policy 18:291-305

Wilson JA, French J, Kleban P, McKay SR, Townsend R (1991a) Chaotic dynamics in a multiple species fishery: a model of community predation. Ecological Modelling 58:303-322

Wilson JA, Kelban P, McKay SR, Townsend RE (1991b) Management of multispecies fisheries with chaotic population dynamics. ICES Marine Science Symposia 193:287–300

Yodzis P (1994) Predator–prey theory and the management of multispecies fisheries. Ecological Applications 4: 51–58

Yodzis P (1998) Local trophicdynamics and the interaction of marine mammals and fisheries in the Benguela ecosystem. Journal of Animal Ecology 67:635–658

第 13 章　计算机与渔业科学的未来

Carl J. Walters

13.1　简介

世界渔业的情形是混乱的。我们到处可以看到过度开发的景象，渔业监管和执法体系崩溃，在评估和科学研究方面投入严重不足。历史上有多个重要的渔业评估研究（Hutchings and Myers，1994；McGuire，1991；Parma，1993；Pauly，1994；Walters，1996）被证实在物种丰度和产量上存在严重的高估，导致了渔业科学的可信度受到质疑。大众认为是我们直接促使了渔业的过度开发，指责渔业管理为贪婪或愚蠢的管理。而在这些状况发生的同时，信息采集和分析的新局面通过计算机技术向我们展开。这让笔者想起依然贴在笔者办公室墙上的一幅老海报，这是 1979 年海鳗国际研讨会的参加者送给笔者的礼物，写了这样一句格言："是人都会犯错，要把事情彻底搞砸还需要一台电脑！"那个时候，此格言是指信息管理业，如银行这样的个人事务，信息方面的烦恼不断增加，我们不知道什么时候信息也能够很好地应用于模型来改善渔业的评估。

大家都知道，渔业是个复杂的系统，包含了人类、鱼类、水生生态系统的相互作用。但我们仍然假定渔业生物学在某种程度上是这种复杂性的核心，而最重要的解决途径是生物学家掌握的技术。大部分渔业专业的学生在获得此领域第一个真正的工作岗位时，都能很快地领悟为什么这个说法是错误的，他们通常会陷入想要通过凌乱的数据作出有效的评估和定量预测的困境；他们大部分会花费比研究鱼类更多的时间处理电子表格，并希望在统计学和计算机学方面具备更好的处理噪声数据的能力。他们此时做的工作是很基础的，很多渔业过程和问题是基本的统计问题，而不是生物学问题。然而，"种群兴衰过程"并不是将每个动物个体表现出来的影响在统计上简单加和，更不能仅仅通过了解大量相关典型动物就去进行时间和空间上的行为模拟，更何况在此之前我们也被灌输个体是千差万别的。计算机为我们监测和表达复杂的渔业系统统计动力学提供了新的解决途径，我们必须尽可能的利用这个新途径。希望类似这样的书能够促进复杂的教育过程的改变。

本章只回顾了计算机给渔业科学带来的一小部分机遇与缺憾，接下来的部分强调的是对于更好地管理渔业最直接并立即有效的计算机应用，而不是长远来看给予我们基本认识的应用。我相信努力响应并很好地专注于应用的问题是我们着手解决基本问题的最快方式。

13.2　为衡量渔业动态开启一扇窗

以下是一些目前我们采用计算机完成的事情，这在几十年前被认为是不可能实现的，或者实现起来出奇的昂贵。

（1）为每艘船装备应答器，形成捕捞船队，规定每几分钟或者每几小时便向计算机数据中心系统准确反馈渔船位置信息，计算机系统能够描绘出渔船作业分布图，并指出可能代表非法捕捞的活动。

（2）每位渔民通过相同的应答系统报告他们的捕捞量和海洋学相关的观察数据、提供准确的地理坐标，使每一艘渔船在某种意义上成为渔业调查或者“渔业试捕”操作的一部分（第 7 章）。

（3）将从海量的海洋学、气象学以及生物物理学（栖息地）数据库获得的信息与从渔船和生物学调查获得的直接信息进行比较（第 4，第 5，第 6，第 9 和第 11 章）。

（4）用计算机标签标记大量的鱼（或者将标签连接到我们的个人电脑），使我们能够在大量的细节中观察鱼的世界。

（5）对大量的鱼类个体进行复杂的原子配比，体长规格或者 DNA 片段特征的比较，来获得特定地域的鱼类起源，以及鱼类资源的组成，这些资源很多都是加和的（第 9 章）。

（6）使用图像处理方法将复杂的声呐、激光以及其他物理信号转变成多样性图及分布图（第 9 章）。

（7）对过去的管理活动以及鱼类和渔民对于这些活动的反馈保持细致精确的记录。

（8）采用不同的参数进行大量的种群模拟来确定与历史数据一致的参数组合（如关于参数值有多大的不确定性）。

（9）模拟数以千计的鱼群疏散和洄游模式，用以表示鱼群相对于捕捞发生时的空间动态分布（第 10 章和第 12 章）。

（10）在生态相互作用（预测、竞争等）方面采用信息数据组成多种类及生态系统模型，有助于在生态系统管理方面设计平衡策略（如不再将鱼类资源视为与捕捞量规划管理无关）（第 12 章）。

（11）以容易接受的模拟游戏的方式向渔业管理人员呈现空间与生态模拟技术，使他们可以使用鼠标在计算机屏幕上移动渔船作业时间和地域（第 4，第 8，第 10 和第 11 章）。

（12）为了实现渔业产量目标，设计出复杂的经验“规则”用于预测，同时保证监管措施的有效执行（第 3 章）。

考虑到上述任务都得以实现，其关键是我们现在可以收集到足够多的信息来摒弃那些陈旧且具有误导性的渔业资源模型。那些模型将渔业资源描述为一个“动态资源池”，其分布像化学反应器中行为简单的分子，使我们在渔业资源评估方面一次又一次陷入错误的境地。那些模型使我们坚信所研究的是一个正确的生长过程（生长，生息，死亡），但高效的利用信息数据、制定在时空维度上真正能够实施的正确策略都成为不可能实现的事情。从信息方面讲，我们鼓励使用池模型将渔业资源在某种程度上视为空间上的简单分布，并使用如单位捕捞总量这样的指数来描述资源的相对丰富程度。在政策规定方面，我们不可能提供更多建议，只可能粗略地预测持续产量、种群增长/衰落比例以及对于改变捕捞量规模可能需在管理措施上做出的反应。池模型从根本上缺失的是与每一位生物学家和渔民相关的因素：空间结构及动态变化。鱼类并不是随机分布的，它们的个体几乎总是呈现出一些复杂的轨迹，在一系列的栖息地与生态相互作用之间散布和洄游。我们担心的是，渔民对鱼类这样的分布和轨迹有非常好的了解，他们采用复杂的方式开发这些资源，但并不提供给我们捕捞量或者捕获率的数据，当这些数据不包含空间信息时便无法得出群体的行为方式。有时，由于鱼群的聚集转移，随着收获的进展捕获率下降很快，而不是渔业资源变化的影响。从另一方面讲，捕捞停止时鱼群的聚集形成得相当快，使鱼类的分布范围紧缩，我们通过粗略的统计认为各方面形势均良好，而实际上渔业资源在快速的衰竭。并且，鱼类种群逐渐远离各个捕捞口岸，而在传统的统计学中这种持续的减少并不明显。

每一位渔业科学家都对以下两种形势感到恐惧：第一个是数据在显著减少，令人担忧的是怎样扭转这个趋势并解决由此造成的社会经济困难；第二个是有些情况看起来非常良好（捕捞量稳定且有增长，单位捕捞量稳定），渔业管理人员对于他们的出色工作非常满意。笔者与这些管理人员们开了很多次管理计划会议，非常迫切地想要反映出哪怕是粗略的空间统计的缺失，以帮助证实鱼类的聚集是否在萎缩，或者周边的鱼类种群是否被持续地消耗掉。读者会发现，几乎世界上所有的渔业都存在这两种数据形势；仅有很少一部分情况我们不需要担心，一些复杂的空间结构（很多湖泊，河流，暗礁等）已经提供了很多机会来测试其他的可选择的管理模式，从而不会将整个体系都置于危险的境地。

很多渔业科学家目前正在转向配额管理系统的研究，目的是提高经济效益，简化管理者的工作，并通过鼓励渔民的积极性获得提高渔业资源量的可能性。然而，这些管理系统为了提供更精确的资源规模预测从根本上增加了评估需求，避免了配额削减的逆补偿效果（Pearse and Walters，1992）。大多数的渔业科学研究均满足不了管理者和渔民对于精确度的需求，笔者认为，配额管理在渔业发展史上是大多数破坏性的创新中较具有潜力的一个。

配额管理的风险性不在于渔民和公众观念的缺失，因为目前公众对于制定调控管理政策开始有更加频繁的需求。通过时空捕捞限制对配额管理进行补充，进一步明确捕捞死亡率的上限（如直接限制渔业捕捞的资源比例），使这些政策的推出完全杜绝了过度捕捞的可能性。“庇护”系统的设计需要相当详细的信息，关于鱼类是怎样分布的，怎样移动的，以及用来比较庇护的规模和时间的相应细节模型。在渔业方面，我们对于监管策略的发展模型缺少经验，除非是像太平洋鲑的洄游这样特殊的案例。预计详细的规则模型的发展，以及对模型能够运转所需的数据研究将会成为下一个 10 年或者 20 年渔业科学领域最令人兴奋和最重要的研究之一。

粗略地看了一下近期在渔业模型和评估模型方面的文献，有这样一个印象：我们在鱼群行为建模和通过详细的近似过程将不同来源的数据链接到模型这两个方面的研究做得越来越好。存量资源（Methot，1990）和辅助信息（Deriso et al.，1985；Fournier and Warburton，1989；本卷第 11 章）等模式的研究认可了满足配额管理需求的评估方法。但从某种程度上说，需求被满足了，形势并不像看起来那么明朗。近期很多在建模和数据分析方面的优势应用并不以实现更加精确的评估结果为目标，而在于精确真实地评价在丰富程度和产量方面的不确定性。我们开始质疑很多传统模型的假设，从质疑产量动态是否是固定的，到一些数据是否根本就不携带任何信息。贝叶斯估计方法允许以概率分布的方式呈现不确定性，但最近在分布方面有个明显的趋势是使分布更加宽泛。这样持续深入的不确定性认可，无疑将满足之前段落中提到的基于规则的模型和系统的需求，直接降低过度捕捞的风险。

13.3　针对不确定性设计有力策略

尽管通过计算机获得数据和建立模型系统可以得到更好的资源评估，并增加对渔业环境关系的理解，然而渔业似乎总是存在相当多的不确定性。尤其是在环境因素与气候变化的相互关系方面，以及这些因素怎样影响渔业方面，几乎没有准确预测的可能。在过去 20 年，计算机模拟以及最优化方法为了应对不可预测的变化，在设计反馈及自适应策略方面有了一些进展。这些策略设计的前提是我们能够以统计模式描述和预测变化，然而我们说不出来是什么引起了变化。确实，基于这种统计描述的策略设计如果从引起变化的原因不变这个角度来讲是有力的（我们采用了相同的策略设计试图解释变化是如何引起的）。

一个最近特别有趣的发现是关于典型的、固定的开发速度（或者固定的捕获率 F）策略如何提供有力的措施来解决气候变化对生物承载能力的影响问题（Walters and Parma. 1996；Parma and Dersiso，1990）。我们都知道这样的策略对于收获管理目标的风险规避是接近于最优的（Deriso，1985；Hilborn and Walters，1992），然而可能还存在另外一个（在不影响风险规避最长期收获目标的前提下）非常重要的额外风险。一般来说，成功地应用一个固定的捕获率策略需要对最适宜的种群规模进行特别紧密的跟踪，其中种群规模是与承载能力变化相关的。图 13.1 显示的是种群主体相对于承载能力的大幅波动（根据均衡非捕捞的存量规模进行衡量）的 100 年的模拟。繁殖群体规模在一个最优且固定的开发率策略下（种群的平均存量—增长关系按照位于低存量规模时的斜率计算）与承载能力波动趋势一致。然而有趣的是，这种繁殖群体规模怎样跟踪理论上的最优规模。这个最优通过模拟每一年的未来承载能力变化以动态编程的方式来实现。因此这个跟踪是不完善的，因为最优策略给予了较大的承载能力变化预期，并且需要在承载能力变化之前提前调整存量规模。不过至少像 13.1 图中的情况，环境的变化不是很快，固定的开发策略支持整体上长期的 90%或者以上理论上的最优捕获。这个发现对于在计算中使用的种群模型并不明显，除非环境变化的影响主要在参数上，而不是当临界点很低时种群增长的内禀增长率（增长曲线的斜率），是参数决定了最大的种群规模（承载能力）。当增长的内禀增长率同时跟随环境情况变化时，捕获率才会跟随着这样的变化而变化。

这样的模拟当然不能告诉我们怎样确定一个基于每年捕获规则的固定的捕获率。在配额管理系统中，必然会涉及为每一年设定配额来获得目标捕获率与资源规模估计的乘积。其他像太平洋鲑鱼，我们可以通过与渔业紧密相关的领域或时间直接控制捕捞风险。采用模拟和对资源规模估计的统计分析还有很多工作需要做，以决定是否应该向下调整基于配额管理的目标捕获率，来反映在资源规模估计中的不确定性。配额设定的错误方式也许会反映长期的管理效果，模拟的初步迹象表明目标捕获率应当通过一个因素的粗略指数值

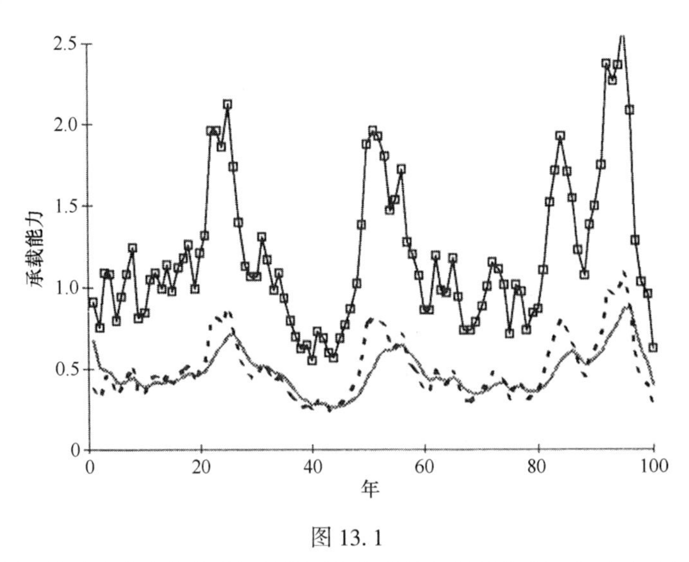

图 13.1

模拟一个固定的捕获率会使种群规模密切跟踪理论上的最优值，以响应由气候变化引起的承载能力的变化。承载能力（——）是根据气候影响的效果模拟的非捕捞资源规模的变化（由简单的自回归模型生成）。修正后的 U 线（……）表示存量规模，需要通过每年存量的最优恒定部分来获得。虚线（-----）表示对于未来气候变化具备完善知识背景的管理者应在每年努力完成的资源规模目标（采用动态编程实现）。

（CV^2）向下调整，CV 是资源规模估计的变化系数。

13.4 将非法捕捞纳入考虑范围：探索渔业的真实情况

非法渔业活动正在迅速成为世界渔业可持续发展的最大威胁之一。在历史上，渔业学家从未过多地担忧偷捕行为，当渔民能够在海洋、湖泊、河流中自由来回时，偷捕还不是一个大问题。但是现在的过度捕捞及亚洲市场的发展等因素使目前的鱼类产品更加昂贵，与此同时，我们通过配额管理与捕获量规则来努力确保渔业的可持续发展，这些因素促使了“地下”渔业市场体系的发展。削减渔业补贴的政治压力也同时存在，包括执法的管理成本，以及在很多情况下，不能支撑传统的、人力密集型系统的负担均交由渔业生产来承担。目前，几乎每一个公共机构现场执法和管理的人员都有一些危险经历，关于精心组织的非法捕鱼活动，将鱼转运到安全地点销售的复杂方案，甚至是通过拥有合法执照的渔民来获得常规合法的行为和配额共享。

少量关于捕获量的错误报道就可以搞砸我们现行的资源评估方法和模型。例如，在 1994 年破坏了不列颠哥伦比亚最大的鲑鱼资源。在亚当斯河占主导地位的红鲑（Oncorhynchus nerka），我们在其产卵洄游期最艰难的一段过多地估计了其数量。某个渔业区域（约翰斯通海峡）过高地上报了捕获量数据，由此导致了生物学家向上修正了运行规模的估算值，并且开放了下一个渔业区域（弗雷泽河口）；幸运的是，这下一个区域的统计数据显示渔业资源事实上已经被过度捕捞，这个领域被及时关闭才得以避免一场生态灾难。计算机模型的构建和评估结果在 1994 年的情况下明显是错误的。一方面原因是鱼类不同寻常的洄游路径，但是仍然有对约翰斯通海峡上报的捕获量过高的怀疑，这个数值不应是事实上合法的渔业捕捞量，而代表了在鱼类洄游过程中在很多封闭时间和海域的非法捕捞。简单来讲，在生物学家看起来高的捕获量有可能事实上代表了大规模的非法捕捞。

计算机能够采用两种戏剧性的方式来大幅降低非法捕捞。最明显的方式是要求所有的渔船安装位置感知装置，采用计算机解析应答位置信号并提供船只分布图。然而另外一个可以做到的是将搜集到的杂乱信息输入专家系统软件，根据渔船移动模式进行编程来查找或预警非法捕捞或运输。渔民必然会不太乐意接受这个理念，但是如果渔业机构可以在以下 3 个关键点上说服他们，最终渔民会支持：①海洋和鱼类仍然是公共资源，公众有监督这些资源如何使用的权利；②他们的合法生计确实正在受到非法捕捞的威胁；③当今的渔业技术和交通系统发展的如此迅速和高效，采用传统的实施方法已经不能从行为上辨别抓获非法捕捞。

13.5　探索选择和机遇：整合评估和管理

近几年，用于渔业评估的计算机密集应用和渔业管理者的实践之间产生了危险的间隙，这些管理者工作于产业和政策决策的一线。很多渔业管理者并不理解技术或分析结果的局限性，而这些分析结果被他们采用多种方式传达给政治家和渔民，他们通常在跟进可选择的管理模式和难点方面也没有举证的责任。从某些程度上说，这种事端造成的误解可以直接通过渔业产业代表和评估科学家的协同工作规避。

促成管理人员之间更好地交流和相互教育最有效的方式之一是从字面上使他们置于游戏的情境（Walters，1994），这种游戏使用计算机模型向用户表达可选择的管理策略可能引起的一些影响。这些游戏可以是一些非常有用的工具，如辨别富有想象力的新策略选择的工具，理解基础的动态原则和局限性的工具，甚至是一些特别不现实的模型工具。然而，我们目前不需要安于粗糙的模型；空间模拟和图形可视化技术可以将渔业动态在计算机屏幕上生动地展现出来。我们用于解释复杂图形、图表，或者方程式的理念目前可以用图片来表达，图片不仅能表达信息，还能帮助我们模拟新的理念。

在南澳大利亚与岩龙虾渔民和生物学家的一个研讨会期间，笔者通过一个完全偶然的机会采用游戏的方式尝试了管理的潜在力量。我们尝试着在研讨会上构建一个凌乱的渔业资源空间模型（Walters et al.，1993），生物学家们做数据分析的时候，渔民们无法参与。一个渔民建议让他来操作模型的早期版本，笔者同意提供给他们，并说明对这个版本不必过于认真。因此他们拿去操作，并在一个小时之内给了我们两个方面的反馈：一方面是一系列问题，关于为什么模型做出的预测超出他们的预料，他们对于捕获率减少时每个输入获得的输出结果表示很惊讶；另一方面是一系列令人惊喜的想法，关于怎样利用缩短的捕捞季节，改变捕鱼时间，当大幅减少开发率时怎样从空间上规避并维持经济效益（以及增加年产卵量并降低过度捕捞的风险）。坦白地讲，这个结果多少有些令人尴尬，因为渔民们自己发现的这些问题和想法正是我们这些生物学家们应该在第一时间提供给他们的建议。如果这些偶然的相互作用可以通过更加细致的计划和组织从管理玩家之间的相互交流获得一些迹象，那么这种游戏模式的前景是很明朗的。

13.6 误区：大模型，大信息以及大错误

真正的风险是我们会采用新的信息采集和建模功能来构建参数过多的模型用于基本数量的预测，例如最优捕获率和可持续产量。大部分生物学家仍然认为当实际的模型有合理的数据可用于估计参数时，更切合实际和详细的模型总是要比简单的更好。这个观点的谬误在很早就被提出（Hilborn，1979；Ludwig and Walters，1985），从实际的模型中产生假定的种群数量和捕获数据，这些模拟的种群数量通常通过采用更简单且不那么准确的模型估计管理参数（如最大可持续产量（MSY）和最佳努力量），这种方法会获得更好的管理结果。模拟显示，模型对于管理分析是否有用，取决于数据用于估计参数所提供的信息量，并且好的性能估计比在模型构建过程中刻意简化引起的偏差更加重要。

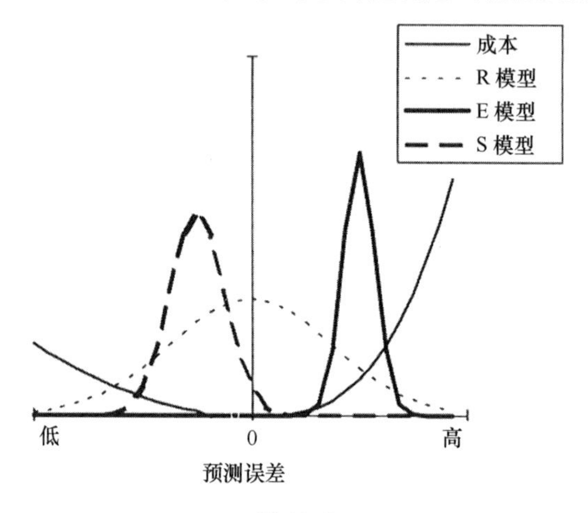

图 13.2

策略参数预测的统计学变化，例如依赖于预测模型的最大可持续产出，以及估计误差的成本。估计值可以变化很大（R），当实际模型被输入不携带信息的数据，会导致较高的预测成本（预测值远高于引起的高成本，产生这种情况的预测几率比较大）。简单的平衡模型（E）的估计对于相同的数据具有较好的精确性，但是可能产生危险的偏差。对于评估的一个理想的种群规模模型通常是刻意简单化的，这个简单的模型不产生过大的偏差（在可靠的范围内），但是比一个更实际的模型拥有更少的变量。

图 13.2 采用一个简单的方式来显示通常刻意选择“错误”模型的原因。当模型用于估计一个管理相关的参数时（如 MSY），若被管理者采纳，估计过程中相关的误差会相应地产生代价（错过捕捞机遇或过度捕捞）。对于不同的模型或数据质量（可行性类别，精确度），在参数估计上有一个可能的误差统计分布。对于更加切合实际的模型，估计值通常是无偏差的（分布集中在正确的值），但是由于参数过多会降低精确性（尝试从数据中估计太多的参数，因此每一个参数都不能准确估计，因为受其他被估计的参数的影响）。简单的模型通常会有更高的精确度（变量更少），但是一般有偏差估计。关于 MSY 估计的一个非常精确但存在偏差的模型典型案例是单位捕捞努力量渔获量的格兰德或福克斯平衡回归方程（福克斯模型）；这个平衡模型能够给出非常精确的估计，但是通常偏差会略大。

一个用于估计的理想模型应具备可靠的相对低的偏差（如低估 MSY），但允许估计值具有合理的准确度并不需要足够多的参数。达到预测先验在准确度与参数数量的最佳平衡不能仅仅依赖数据的可行性或所表达的生物机体；通过参考模型的模拟方法可以发现，模拟数据在某一点接近于实际情况数据，采用参考模型可替代评估模型的测试和错误检测（Hilborn and Walters，1992）。在渔业评估方面有很多这样的预测测试工作需要做，这方面会持续成为渔业计算机应用的主要领域。

在向我们开放的计算机数据中，采集和分析方面很多重要的优势主要在衡量相关数据的丰富程度上，通过占有更好的丰度模式的空间结构，资源规模也趋向于更加精确。我们在模拟研究中发现，仅是原本丰富的数据不准确，不会导致据实际模型做策略参数估计的不精确；的确，当向模拟的评估系统提供完全精确丰富的数据时，更简单的模型通常比实际模型具有更好的效果。参数的误差更重要的是受到历史数据的对比影响。例如，如果资源规模从没减少到能够支撑“资源的减少需要削弱平均资源补充量”这样的经验性实例，任何对于资源减少的预测模型，不管是否精确或实际，一定会产生一个不准确的预测，资源减少可能会代表资源补充的细节。简单来讲，对于构建更好的渔业模型，我们需要的不仅仅是更多样的数据；我们还需要将那些不乐观的情况中的数据物尽其用，利用像在资源规模较少情况下的资源补充曲线斜率这样的参数。

或许当今渔业最基础的问题和争议是两个因素的相对重要性：环境因素与引起渔业萎缩和政策失败的资源规模因素。北美东海岸底栖鱼类资源补充量下降的主要原因似乎与繁殖群体的数量下降有关，但是至少应部分归结于近几十年来的气候变化（Cushing，1982；Mann，1992；Myers et al.，1993）。孵化项目的支持者认为鲑鱼孵化养殖的存活率下降缘于环境因素，而反对者则认为是资源存量过多（自然承载能力的影响）（Emlen et al.，1990；Walters，1993）。如果我们打算在项目中有效推进重建或者维持自然生产系统，这些“Thompson-Burkenroad 争论”必须能够以某种方式解决。高技术含量的环境监测和计算机模拟方法能够使我们了解环境因素是如何影响到群体规模和生存率的下降的。更好的监测和建模技术无疑能够使我们构建更细致的机械模型，并推测鱼类怎样与环境相互影响。但可惜的是，仅仅因为我们能够建立更加可靠的模型并无法保证我们能够严密科学地测试模型的这些假设。尤其是将在某些生命阶段、地点、时间的生存和生长与环境因素相关联并不能以任何方式排除代偿反应在其他阶段推翻这种关系的可能性。也就是说，机械模型是不完备的，它通过实际与可行的数据保持高度一致而使我们相信。最后，没有复杂的计算机模型或者数据采集系统能够替代对基础科学的需求，真正的领域经验和实验可能会挑战和否定我们的模型。大的海洋学家和渔业学家团体并没有告知渔业管理者和基金资助机构这个遗憾，他们纷纷涌入环境影响的旗下寻求资助。我们能够采用这些精心设计的模型和数据系统迷惑管理者，并且在需要时为不采取强有力的监管行动提供借口，但是最终自然界是不会在这个游戏中饶恕我们的。

简而言之，之前的段落是在警告我们技术无法替代科学完善的方法。但是也许会有人质疑，当计算机检测和分析方法（伴随着谨慎的生物学过程研究）使我们能够在很大程度上看到鱼类怎样与环境相互作用的时候，关键的模式和关系也仅仅会引起我们的注意，结果显而易见，而不需要再经过严格的测试。的确，这也许是一个带有一些相对简单的过程的案例，例如移动以及通过对环境因素的响应来组建迁移/分布模式。但当应用于渔业科学和资源补充领域最严格和复杂的过程的时候，这会是很危险的误导。在资源补充研究中，发现虚假关系是一个悠久的传统，而拥有更多的数据和精密分析方法只会加速这种传统。事实上，对于大部分渔业资源，我们甚至无法对那些细致的资源补充—环境模型做出最简单的测试，即看它们是否能重现历史的资源补充数据。例如，多年以前，我们实现了赫卡特海峡 B. C 的底栖鱼类资源基于个体的模型构建。我们利用环境基础数据和相当详细的流体动力学模型来重建海峡的历史趋势和热状态，进行分析。随后我们是用 Walters 等（1992）的模型在 1950—1990 年的制度上引入了模拟幼体。我们发现，通过模型预测的幼体分布/存活模式和实际的资源恢复历史数据仅存在非常微弱的相关性。年轻时的我们尝试着通过调用代偿死亡率的可能性对于我们的“失败”进行辩解，但是一位明智的评论家指出我们甚至还没有权利使用这个借口。评论家指出，就像大多数渔业规模的案例一样，我们没有关于产卵时间和地点的足够详细和丰富的历史数据，来将幼体合适地放入我们重建的物理空间中。因此我们的环境模式分析和过程模型甚至不能越过第一生活史阶段，从而导致仅仅依据最基础历史数据开展想象的资源补充。而且接下来处理幼鱼的情况是最困难的部分，幼鱼由于对于环境变化，如捕食风险具有复杂的行为和反应。当开始采集更多详细的产卵数据需要核查幼体阶段的计算结果时，我们必然只能继续维持错误的结果；但是我们强烈怀疑，发现新数据需求会耗费几辈子的时间，而在渔业资源补充预测方面不存在一个可信的并且具有良好测试结果的值来帮助解决 Thompson-Burkenroad 争论。

本节所讨论的风险并不只是我所担心的计算机建模的不确定性。我们没有理由期待直观的渔业分析会找到更具有兼容性的方法来分析数据，以避免一些如过度参数化、了解整体而错失可用细节、基于合理的假设的策略等基础性工作。这些策略与事实非常一致，但是会产生非常危险的误导。计算机赋予我们机会将渔业科学从一个猜测的学科、教条以及行为科学转变为一门真正的科学，我们必须学会明智地应用计算机。

参考文献

C ushing DH (1982) Climate and fisheries. Academic Press, London. 373p.

Deriso RB (1985) Risk averse harvesting strategies. In: Mangel M (ed.) Resource Management, Proceedings of the Second Ralf Yorque Workshop. Lecture Notes in Biomathematics No.61, Springer-Verlag, Berlin. pp 65-73.

Deriso RB, Quinn TJ, Neal PR (1985) Catch-age analysis with auxiliary information. Canadian Journal of Fisheries and Aquatic Sciences 42: 815-842.

Emlen JM, Reisenbichler RR, McGie AM, Nickelson TE (1990) Density-dependence at sea for coho salmon (*Oncorhynchus kisutch*). Canadian Journal of Fisheries and Aquatic Sciences 47: 1765-1772.

Fournier DA, Warburton AR (1989) Evaluating fisheries management models by simulated adaptive control-introducing the composite model. Canadian Journal of Fisheries and Aquatic Sciences 46: 1002-1012.

Hilborn R (1979) Comparison of fisheries control systems that utilize catch and effort data. Journal of the Fisheries Research Board of Canada 36: 1477-1489.

Hilborn R, Calters C (1992) Quantitative fisheries stock assessment and management: choice, dynamics, and uncertainty. Chapman and Hall, New York, NY.

Hutchings J, Myers RA (1994) What can be learned from the collapse of a renewable resource? Atlantic cod, Gadus morhua,of Newfoundland and Labrador.Canadian Journal of Fisheries and Aquatic Sciences 51:2126–2146.

Ludwig D,Calters C (1985) Are age–structured models appropriate for catch–effort data? Canadian Journal of Fisheries and Aquatic Sciences 42:1066–1072.

Mann KH (1992) Physical oceanography,food chains,and fish stocks:a review.ICES Journal of Marine Science 50:105–119.

McGuire TR (1991) Science and the destruction of a shrimp fleet.Marine Anthropological Studies 4:32–55.

Methot RD (1990) Synthesis model:an adaptable framework for analysis of diverse stock assessment data.International North Pacific Fisheries Commission Bulletin 50:259–277.

Myers RA,Drinkwater KF, Barrowman NJ, Baird JW (1993) Salinity and recruitment of Atlantic cod (*Gadus morhua*) in the Newfoundland region.Canadian Journal of Fisheries and Aquatic Sciences 50:1599–1609.

Parma A (1993) *Retrospective catch–at–age analysis of Pacific halibut:Ĥmplications on assessment of harvesting policies.* Proceedings of the International Symposium on Management Strategies for Exploited Fish Populations,Alaska Sea Grant College Program,AK–SG–93–02,pp 247–265.

Parma AM,Deriso RB (1990) Experimental harvesting of cyclic stocks in the face of alternative recruitment hypotheses.Canadian Journal of Fisheries and Aquatic Sciences 47:595–610.

Pauly D (1994) On the sex of fish and the gender of scientists. Fish and Fisheries Series 14, Chapman and Hall,UK.

Pearse PH,Calters C (1992) Harvesting regulation under quota management systems for ocean fisheries:decision making in the face of natural variability, úeak information, risks and conflicting incentives. Marine Policy 16:167–182.

Walters CJ (1993) Where have all the coho gone? In: Berg L, Delaney P (eds.) Proceedings of the Coho Workshop, Nanaimo B. C., May 26 – 28, 1992. Dept. Fisheries and Oceans, Communications Directorate, Vancouver,B.C.,pp 1–9

Walters CJ (1994) Using gaming procedures in the design of adaptive management policies. Canadian Journal of Fisheries and Aquatic Sciences 51:2705–2714.

Walters CJ (1996) Lessons for fisheries assessment from the northern cod collapse. Reviews in Fish Biology and Fisheries 6:125–137.

Walters CJ,Collie JS (1988) Is research on environmental factors useful to fisheries management? Canadian Journal of Fisheries and Aquatic Sciences 45:1848–1854.

Walters CJ,Hall N,Brown R,Chubb C (1993) Spatial model for the population dynamics and exploitation of the Western Australian rock lobster,Panulirus cygnus.Canadian Journal of Fisheries and Aquatic Sciences 50:1650–1662.

Walters CJ, Hannah CG, Thomson K (1992) A microcomputer model for simulating effects of physical transport processes on fish larvae.Fisheries Oceanography 1:11–19.

Walters CJ,Parma AM (1996) Fixed exploitation rate policies for responding to climate impacts on recruitment.Canadian Journal of Fisheries and Aquatic Sciences 53:148–158.

Walters CJ,Pearse P (1994) Uncertainty and options for insuring sustainability of quota management systems.Reviews in Fish Biology and Fisheries 6:21–42.

附录 1　生物词汇表

A

Anchovy（*Engraulis japonicus*）　鳀鱼
Antarctic fur seals　南极软毛海豹
Antarctic krill（*Euphausia superba*）　南极磷虾
Argopecten purpuratus　紫贻贝
Auxis　鲣

B

Bay anchovy（*Anchoa mitchilli*）　湾鳀鱼（浅湾小鳀）
Brown trout（Salmo trutta）　河鳟
Bowhead whales　北极露脊鲸

C

Calanus finnmarchius　飞马哲水蚤
Cape anchovy（Engraulis capensis）　角鳀鱼（好望角鳀鱼）
Cape gannet　峡角鲣鸟
Cape hake　狗鳕
Cephalopods　头足类
Cetaceans　鲸类
Chaetognaths　毛颚类动物
Chilean hake　智利鳕鱼
Chinook（*Oncorhynchus tshawytscha*）　大鳞大麻哈鱼
Chokka Squid　浅水鱿鱼
Chondrichthyans　软骨鱼
Chub mackerel　日本鲐
Cod（*Gadus morhua*）　鳕鱼
Coscinodiscus wailesii　威氏圆筛藻

D

Doliolids　海藻
Dolphin　海豚

Dorado 鲯鳅
Dragonflies 蜻蜓

E

Emperor (*Lethrinus*) 皇帝鱼(裸颊鲷)

F

Flying fish 飞鱼

G

Giant scallop larvae (*Placoplecten magellanicus*) 巨型扇贝(哲伦海扇)
Goby 虾虎鱼

H

Hake (*Merluccius merluccius*) 狗鳕
Herring (*Clupea harengus*) 鲱鱼
Horse mackerel 竹荚鱼

J

Jellyfish 水母

L

Limacina pteropods 翼足类动物
Loligo opalescens 枪乌贼鱼属

M

Manila clam (*Tapes philippinarum*) 菲律宾蛤仔
Marlin 枪鱼
Meganyciphanes norvegica 挪威水蚤
Mesopelagic fish 中层鱼类
Meyenaster gelatinosus 海星
Mnemiopsis leidyi 胶体生物

N

Neocalanus spp 浮游生物
Northern anchovy (*Engraulis mordax*) 北部鳀鱼(美洲鳀)
Northern shrimp (*Pandalus borealis*) 北方对虾(北极虾)
Norway lobster (*Nephrops norvegicus*) 挪威龙虾(挪威海螯虾)

O

Oithona spp. 长腹剑水蚤
Oncaea spp. 飞马哲水蚤

P

Pacific ocean perch (*Sebastes alutus*) 太平洋鲈鱼（石斑鱼）
Pacific salmon 太平洋鲑鱼
Pacific sardine (*Sardinops sagax*) 太平洋沙丁鱼
Pelagic goby (*Sufflogobius bibarbatus*) 双须多棘虾虎鱼
Pepino (*S. fuscus*) 生物量
Pink salmon (*Oncorhynchus gorbuscha*) 阿拉斯加州鲑鱼（大麻哈鱼）
Plaice (*Pleuronectes platessa*) 比目鱼
Pleurobrachia 有孔虫类
Pseudocalanus sp 桡足类动物

R

Radiolaria 放射虫类
Rainbow trout (*Oncorhynchus mykiss*) 虹鳟
Red drum 红鼓鱼
Rhizosolenia 根管藻类
Rock lobster 岩龙虾
Round herring 圆腹鲱

S

Sardine (*Sardina pilchardus*) 沙丁鱼
Seabird 海鸟
Sea cucumber (*Isostichopus badionotus*) 海参（美国肉参）
Seals 海豹
Sea scallops (*Placopecten magellanicus*) 大扇贝（海扇贝）
Shark 鲨鱼
Silver hake (*Merluccius bilinearis*) 大银鳕鱼
Silver perch 银鲈
Snoek 梭鱼
Sockeye salmon 红大麻哈鱼
sole (*Solea solea*) 欧洲鳎
Sperm whales 抹香鲸
Spotted sea trout 云斑海鲑

Striped bass (*Morone saxatilis*)　银花鲈鱼（条纹鲈）
Striped mullet (*Mugil cephalus*)　鲻鱼（对鲻鱼）

T

Tahoe sucker (*Catostomus* sp.)　塔霍湖亚口鱼
Thysanoessa inermis　磷虾
Trichodesmium　束毛藻属

W

Walleye (*Stizostedion vitreum*)　白斑鱼（大眼狮鲈）
Walleye pollock (*Theragra chalcogramma*)　狭鳕（明太鱼）
White perch (*Morone americana*)　白鲈

X

Xantochorus cassidiformis　海螺

Y

Yellow perch (*Perca flavescens*)　黄鲈鱼

Z

Zebra mussels (*Dreissena polymorpha*)　斑马贻贝（斑马贝）

附录 2　综合词汇表

A

Acoustic bottom-classifier system　声学水底分类系统
Acoustic Doppler current profiler（ADCP）　声学多普勒海流剖面仪（ADCP）
Acoustic SONAR system　声呐系统
Acoustic SONAR techniques　声呐技术
Acoustic survey　声学调查
Acoustic-lens-based sonars　透镜声呐
Active shutterglasses　主动快门式眼镜
AD Model Builder（ADMB）　AD 建模工具
Adams River　亚当斯河
ADCP（acoustic Doppler current profiler）　声学多普勒海流剖面仪（ADCP）
ADIAC project（Automatic Diatom Identification and Classification）　自动硅藻识别与分类项目
ADOL-C　ADOL-C 程序库
Age determination　鱼龄
Age/size structured　年龄/大小级结构
Age-structured models　年龄结构模型
Age-structured　年龄结构
Aircraft Platform　航空平台
Alternative management policies　可选择的管理政策
Analysis of management policies　管理政策分析
Anisotropy　各向异性
Annual growth　年增长率
Apple Macintosh　苹果麦金塔电脑
Application Program Interfaces　（APIs）　编程接口
Aquaculture　水产养殖
Aquatic Science and Fisheries Abstracts（ASFA）　水产科学与渔业文摘
Arc Marine（the ArcGIS Marine Data Model）　ArcGIS 海洋数据模型
Archival computer tags　计算机档案标签
Area/time closures of fishing　渔业紧密相关的领域或时间
Artificial Intelligence（AI）　人工智能

Ask^{TM}　“问问”搜索引擎
Atlantic Meridional Transect（AMT）　大西洋子午线样带
Automatic Mass Balance Procedure（AMBP）　质量自动平衡步骤
Auxiliary data　辅助数据（参见 Population Dynamic model）

B

BASIC　基本的
Bathymetric　深测
Bayes′ theory　贝叶斯理论
Bayesian posteriors　贝叶斯后验
Bayesian statistics　贝叶斯统计
Bees　蜜蜂
BEI（Bergen Echo Integrator）　卑尔根回声积分器
Biological Abstracts　生物学文摘
Biosis　生物学文摘的电子版本缩写“Biosis”
Boolean searching　布尔逻辑检索
Bootstrapping　指令引导
British Columbia　不列颠哥伦比亚
Budget models　收支模型
Budget　收支

C

Carrying capacity　承载能力
CASAL　群体评估模型
Catch at age data　分年龄组渔获量
CD-ROM　光盘只读存储器
CEDA（Catch Effort Data Analysis）　渔获努力量数据分析
Centre for Earth Observation　地球观测中心
Chaotic series　混沌序列
Cite Seer　资源名称“电子预印本”
C language　C 语言
Classification of GIS functions　GIS 功能的分类
Climate change　气候变化
Coastal zone　海岸带
Coastal zone Management　海岸带管理
co-kriging　协同克里格法
Coleraine　种群评价软件“科尔雷恩”
Combined acoustic and egg production survey　声学调查与产卵量调查的结合

Comprehensive R Archive Network (CRAN) 综合的 R 档案网站
Computer-Aided Design (CAD) 计算机辅助制图
Computer-aided microscopy 计算机辅助显微镜方面
Computer Architecture 计算机架构
Computer Language 计算机语言
Computer Hardware 计算机硬件
Constrained variogram 受约束的变差函数
Continuous Plankton Recorder 浮游生物连续记录器
Continuous Underway Fish Egg Sampler (CUFES) 连续航行鱼卵取样器
Copyright 版权
Coral reef ecosystem 珊瑚礁生态系统
Coupled logistic population models 耦合种群模型
Coupled single-species models 耦合单一物种模型
Cross-variogram 互变异函数

D

D2-variogram D2-变差函数
Daily growth 日生长
Data loggers 数据记录器
Data Sources 数据源
Databases 数据库
DBMS (Database Management System) 数据库管理系统
Decision theory 决策论
DeGray Reservoir. Arkansas 德格雷水库，阿肯色州
Delay difference models 延迟差分模型
Delta rule 德尔塔定律
delta-GLM abundance indices 德耳塔方法的一般线性模型丰度指数
Dempster-Shafer theory D-S 证据理论
Depletion methods 耗竭法
Desk-top printers 台式打印机
Digital cartography 数字制图
Digitisers 数字化仪
DLP (Digital Light Processing) DLP (数字光处理)
Dual-beam 双波束
The Dual-Frequency Identification Sonar (DIDSON) 双频识别声纳
Dynamic programming 动态编程

E

Echo integrator 回声积分器

Echo sounder 回声探测器（渔业声学系统中的一个设备，参见附录 2Scientific Acoustic Systems）
Echo-integration survey data 回声集成测量数据
Ecopath and Ecosim modelling tool (EwE) 环境科学技术模型建模工具
Ecosystem management 生态系统管理
Ecosystem models 生态系统模型
Effort data 渔业捕捞努力量
Egg and Larval Surveys 鱼卵和幼鱼调查
El Nino 厄尔尼诺现象
Electronic chart display 电子航海图
Electrostatic plotters 静电绘图机
Energy flux budget 能量通量收支
EnhanceFish 软件名，可用于渔业的定量分析
Environmental change 环境变化
Environmental variability 环境差异性
Estimation of variance 方差估计
Ethernet 以太网
European Space Agency 欧洲航天局
EVA 地质学统计软件 Estimation variance 由 Petitgas 和 Lafont 在 1997 年开发，用于鱼量评估调查的精度分析
Expendable Bathy-Photometer (XBP) 一次性深海光度计
Experimental variogram 实验变差函数
Exploitation rates 开发率
Extended survivors analysis (XSA) 扩展的存活率分析

F

Factorial Correspondence Analysis (FCA) 因子对应分析
FAO (Food and Agriculture Organisation of the UN) 联合国粮农组织
FAO BEAM 生物经济模型名
Feedback and adaptiver policies 反馈及自适应策略
Feed-back-estimation-control algorithms 反馈估计控制方法
FFT (Fast Fourier Transform) 快速傅里叶变换
Fin rays 鱼鳍
Fish and Fisheries Worldwide 世界鱼类渔业数据库[①]
Fish scales 鱼鳞

① 数据库名，学科包含：水产业、渔业、生理学、污染研究、生生与环境、试验研究、鱼类学、鱼类疾病、渔业经济学等。收录资料类型包含期刊文章、书籍、会议论文、政府报告、研究报告等。译者注。

Fisheries assessment 渔业评估
Fisheries GIS 渔业地理信息系统
Fisheries management and regulation 渔业管理和监管
Fisheries stock assessment 渔业资源评估
Fishery Data 渔业数据
Fishery independent survey data 渔业独立调查数据
Fishery population dynamics 渔业种群动态
Fishing in Balance（FIB） 渔业捕捞平衡
Fitting variogram models 拟合变差函数模型
Fixed exploitation policy 固定的开发策略
Fixed exploitation rate 固定的开发率
Flat-fiel dillumination 平面场照明
Flow Cytometer and Microscope（FlowCAM） 流式细胞分析仪显微镜
Forth 向前
FORTRAN 一种程序语言
Fourier transform 傅里叶变换
Fox model 福克斯模型
Fraser River 弗雷泽河
FT（Fourier Transform） “傅里叶变换”的简称
Fuzzy logic 模糊逻辑
Fuzzy set theory 模糊集理论

G

GA（genetic algorithms） 遗传算法
Gadget Gadget（Begley and Howell 2004）提供了一个用于研究物种相互作用和空间结构种群动态的统计工具箱
Game playing 博弈
General Electric RTV-602 通用电气 RTV-602
Genetic algorithms（GA） 遗传算法
GeoCrust 2.0 地理信息系统名，由葡萄牙阿尔加维大学开发
Geographical Information Systems（GIS） 地理信息系统
GEOMAP 地理制图系统名
GEOMAP 地理制图系统名
Geometric anisotropy 几何各向异性
Geo-referencing 地理参考
George´s Bank 乔治浅滩，是新英格兰海岸外鱼的高产地区
GEOS-3 altimeter 微波雷达高度计名
Geosat altimeter 微波雷达高度计名

Geostatistical analysis 地球统计分析
Geowall 大地之墙，指无源偏振技术
Gestalt perception 形状感知
GIS (Geographical Information Systems) 地理信息系统
GISFish 网站名，将是一个汇集渔业 GIS 所有方面的“一站式”网站
Global index of collocation (GIC) 数据收集的全球索引
GLOBEC (Global Ocean Ecosystem Dynamics) 全球海洋生态系统动力学
Goodness-of-fit criterion 拟合优良度
Google Scholar™ 谷歌学术搜索引擎
Google ™ 谷歌移动服务
GPS (Global Positioning System) 全球定位系统
Grey literature 灰色文献
GRID 地理制图系统名
Growth information 生长信息
Growth-rate measurements 生长速度测定
Gslib 软件包名
GUI (Graphical User Interface) 图形用户界面
Gulland's method 格兰德方法

H

Harvest regulation 捕获监管
Harvest strategies 捕获策略
Harvesting rules 捕获规则
Hierarchical Cluster Analysis 聚类分析
High-Intake, Defined Excitation Bathyphotometer (HIDEX-BP) 高进气激活深海光度计
Holistic models 整体性模型
Hybrid coordinate ocean model (HYCOM) 海洋混合协调模型
Hydrodynamic model 水动力模型

I

IA (Image Analysis) 图像分析
IBM 基于个体的模型
ICES (International Council for the Exploration of the Sea) 海洋探索国际委员会
Identifying phytoplankton 浮游藻类识别
Identifying species from Echo Sounders 从回声探测仪中识别物种
IdentifyIt ™ Linnaeus II 系统的搜索模块
IDRISI Kilimanjaro 地理信息系统名，由马萨诸塞州克拉克大学开发
Illegal fishing 非法捕捞

3-D imagery 3D 图像
Image processing 图像处理
IMAX 3D 立体影片的放映技术
IMMERSADESK 虚拟仿真系统
Individual-based modeling 基于个体的建模方法
Inertiogram 惯性图
Ingenta™ 外文数据库名
INGRES 多媒体交互系统名
Institutional repositories (IR) 机构知识库
Integrated acoustic and trawl survey 声学和拖网综合调查
Integrated Data Viewer 集成数据浏览器
Integrated expert systems 集成专家系统
Isatis 地质统计软件包
ISI Science Citation Index ISI 科学引文索引
ISIS 模型名，Mahevas and Pelletier 2004
Isosurfaces 等值面
IWC (International Whaling Commission) 国际捕鲸委员会

J

Johnstone Strait 约翰斯通海峡
JSTOR 数据库名

K

Kriging 克里格法

L

LAN (Local Area Network) 局域网（参见 Computer Hardware）
Laser Optical Plankton Counter (LOPC) 激光浮游生物光学计数器
Least Squares Procedures 最小二乘法计算程序
Length frequency analysis 长度频率分析
Length frequency data 长度频率数据
LFDA (Length Frequency Distribution Analysis) 长度频率分布分析
Lidar 激光雷达
Likelihood profile. 似然曲线
Linear estimation (linear kriging) 线性估计（线性克里格法）
Linear regression 线性回归
Linnaeus Ⅱ 交互式多媒体分类系统
LISTSERV© 邮件用户清单服务

Lotka-Volterra　洛特卡-沃尔泰拉方程
LUT (Look-Up Tables)　查找表

M

Macintosh　苹果公司生产的一种型号的计算机（简称 Mac，1984 年 1 月 24 日发布）
Management strategy evaluation (MSE)　管理策略评估
MAPS (The Multiple Acoustic Profiling System)　多声波性能分析系统
Marine Explorer　多功能海洋渔业软件
Marine GIS　海洋地理信息系统
Marine Protected area (MPA)　海洋保护区
Mark recapture data　标记重捕数据
Mark repacture　标记重捕
Markov chain Monte Carlo (MCMC)　马尔可夫链蒙特卡罗法
MATHCAD　数学辅助设计软件
Matlab　统计软件名
Matrix projection models　矩阵投影模型
Maximum likelihood　极大似然
Meta database　元数据
Meta-analysis　元分析
MFLOPS (Million Floating Point Operations Per Second)　每秒百万浮点运算
Microwave radar altimeter　微波雷达高度计
Microwave scatterometers　微波散射计
MINIMization package　最小化程序包
MIPS (Million Instructions Per Second)　每秒百万指令
Mixed Trophic Impact (MTI)　混合营养效应
Model complexity　模型的复杂度
Model variogram　模型变差函数
Momentum factor　趋势
Monte-Carlo testing　蒙特卡罗法
MS EXCEL™　Excel 软件
MSVPA (Multispecies Virtual Population Analysis)　多物种实际种群分析
MS-Windows™　操作系统名
MSY (Maximum Sustainable Yield)　最大可持续产量
The multiple acoustic profiling system (MAPS)　多声波性能分析系统
Multispecies biomass-based models (PROBUB and DYNUMES)　基于多物种生物量的模型
Multispecies example of an individual based model　多物种样本（基于个体的模型）
Multibeam sonars　多波束声呐
MULTIFAN-CL　早期 MULTIFAN 程序的扩展

Multiple Opening and Closing Net and Environmental Sensing System (MOCNESS)　多元开发闭合网状环境传感器系统
Multiple-frequency echo integration　回声集成
Multispecies Assessment Working Group of ICES　多物种评估工作组
Multispecies biomass based models　基于多物种生物量的模型
Multispecies interactions　多物种相互作用
Multispecies VPA　多物种虚拟种群分析

N

National Information Services Corporation (NISC)　国家信息服务组织
Nautical charts　航海图
NETLIB　网站名
NetVibes　信息集合器
NETWORK　网络
Neural Network Models　神经网络模型
Neural Networks　神经网络
NEXUS　神经网络软件
Nodes　节点
Noise　噪声
Non-stationary geostatistics　地质统计学（非静态法）[1]
Non-stationary　非静态
Nugget　间断性
Numerical simulation　数值模拟

O

Observation error　观测误差
Oneida Lake IBM　奥奈达湖基于个体的模型
OpenBUGS　软件名
Operations involving computers　涉及计算机的操作
Optical Plankton Counter (OPC)　浮游生物光学计数器
Ordinary kriging　普通克里格法
OSMOSE model　OSMOSE 模型
OSMOSE　Shin and Cury (2001) 提出的一个通用的鱼类群落模拟模型
Otolith microstructure　耳石微结构
Otolith　耳石

---

① Isatis 软件提供的分析方法。译者注。

P

Parallel architecture 并行运算框架
Parallel processing 并行处理
ParFish 软件包名
Passive polarization 无源偏振法
Pattern Recognition 模式识别
PBS Mapping R 中用于渔业分析的工具包
PBS Modelling R 中用于渔业分析的工具包内嵌模型
PC/XT/AT IBM 在 20 世纪 80 年代推出的电脑系列
Peer-reviewed journals 同行评审期刊
Pella-Tomlinson model Pella and Tomlinson 于 1969 提出的模型
Penrose staircase 彭罗斯梯子①
Penrose 英国数学家名
Pentium 美国英特尔公司生产的微处理器，中文译名为“奔腾”
Perception systems 观察系统②
Peruvian coastal ecosystem 秘鲁沿海生态系统
Peruvian upwelling system 秘鲁沿海上升流系统
Photogrammetry 摄影测量
Photography 摄影
Photoshop™ 图像处理软件名
Planning systems 规划③
Polar orbiting 极地轨道
Population Dynamic Model 种群动态模型
Population model for assessment 种群评估模型
Population simulations 种群模拟
PowerPC 个人计算机
Predator-prey interactions 捕食者-猎物相互作用
Predator-prey models 捕食者-猎物模型
Pre-season forecasts 季前预测
Process error 过程误差
PubMed Central 文献存储服务④

---

① 彭罗斯梯子，参见 https：//en. wikipedia. org/wiki/Penrose_ stairs。译者注

② 指人的观察力。译者注。

③ 指渔业规划。译者注。

④ 美国国立卫生研究院提供的一项服务，存档生物医学，生命科学科研文献等，主要存储形式是电子副本。译者注。

Q

Quantitative Fisheries Research Surveys　定量渔业研究调查
Quick navigation　快速导航
Quota management systems　配额管理系统

R

Raster data format　栅格数据格式
Raster format　栅格格式
Raster-based GIS (OSU-MAP)　基于栅格的地理信息系统
Reality Modeling Language (VRML)　现实建模语言
Recruitment overfishing　过度捕捞
Recruitment-environment models　资源补充-环境模型
Red-blue anaglyphs　红-蓝立体照片
Regional variogram　区域变差函数
Regression model　回归模型
Regulatory models　基于规则的模型
Remote Environmental Measuring Units (REMUS)　远程环境测量装置
Remote sensing　遥感
RESON SeaBat 8101　多波束测深系统名
RISC (Reduced Instruction Set Computer)　精简指令集计算机
RISC-based CPU　基于 RISC 的中央处理器
Risk averse harvest management objectives　收获管理目标的风险规避
RoxAnn　设备名称，带有声学水底分类系统
RS (Remote Sensing)　遥感
R. S, and S-PLUS　程序语言名
RSS (real simple syndication or rich site summary)　简单信息聚合①

S

S-PLUS, Gauss, MATLAB　统计软件名
Scales　标准化
Scanmar system　SCANMAR 系统
Scanners　扫描仪
Scanning multichannel microwave radiometer (SMMR)　多通道微波扫描辐射计
ScienceDirect　学术期刊数据库名
Scientific Acoustic Systems　声学系统

---

① 种文献订阅方式。译者注。

Scilab　软件名[1]

Scirus　学术搜索引擎名[2]

Scopus ™　学术期刊数据库名

Sea Benthic Exploration Device (SeaBED)　海洋底栖生物探测设备

Sea surface temperature (SST)　海面温度

Seasat Radar Altimeter (ALT)　Seasat 雷达高度计

Seasat satellite　Seasat 卫星[3]

SEM (Scanning Electronic Microscope)　扫描电子显微镜

Shadowed Image Particle Profiling and Evaluation Recorder (SIPPER)　颗粒影响分析和评估记录仪

signal-to-noise (SNR)　信噪比

Simple equilibrium models　简单的均衡模型

Simple kriging　简单惯性图

SIMRAD BI500　回声探测器的名称

Simrad EK500　回声探测器的名称

Simrad Integrated Trawl Instrumentation　(ITI)　SIMRAD 集成拖网仪器系统

Simrad ME70　回声探测器的名称

Simrad MS70　回声探测器的名称

Simrad PS18 Parametric Sub-bottom Profiler　Simrad PS18 浅底地层参数剖面仪

Simrad SA950 sonar　声呐系统名

Simrad SM2000　回声探测器的名称

SIMRAD Subsea AS　回声探测器的名称

Simulated Annealing　模拟退火

Simulation games　模拟游戏

Simulation models　仿真模型

Single-beam transducer　单光束传感器

Single-species models　单一物种的模型

SMAST Video Survey Pyramid　SMAST 视频调查金字塔

Sonar　声呐系统（参见附录2 Scientific Acoustic Systems）

Southern Oscillation (ENSO)　厄尔尼诺南方涛动

Spaceborne instruments　航天平台搭载的传感器设备

SPARC site　SPARC 网页

Spatial allocation　空间分布

Spatial analyses　空间分析

---

① 科学工程计算软件，http://www.scilab.org/。译者注。

② Scirus 是专门用于科技信息检索的世界上最全面的科技搜索引擎。Scirus 已于2014年初停止服务。译者注。

③ 美国航宇局（NASA）在1978年6月发射的海洋卫星。译者注。

Spatial autocorrelation 空间自相关
Spatial dynamics 空间动力学
Spatial model 空间模型
Spatial stock structure 空间种群结构
Spatial structure 空间结构
Spatial visualisation 空间可视化
Spawner-recruit relationships 亲体-补充量关系
Split-beam modes 分裂光束模式
Split-beam transducer 分裂光束传感器
SQL (Structured Query Language) 结构化查询语言
Stationary geostatistics 地质统计学（静态法）
STATLIB 计算机语言库名
STD (Salinity-Temperature-Depth sonde) 盐分-水纹-水深探测器
Stereo APIs 立体图形编程接口
Stereo-Immersive approaches 立体沉浸法，可视化的一种方法
Stochastic recruitment 随机补充量
Stochastic search algorithm 随机搜索算法
Stock assessments 种群评估
Stock recruitment models 种群补充模型
Stock SYNTHESIS 种群评价模型
Stock synthesis 种群评价模型
Stock-assessment models 种群评估模型
Surplus production modes 剩余生产模型
Sustainable fisheries 可持续渔业
Sustainable yields 可持续产量
SVD (Singular-Value Decomposition) 奇异值分解
SYMAP 地理制图系统名
Synthetic aperture radar (SAR) 合成孔径雷达
Synthetic Aperture Sonar (SAS) 合成孔径声纳

T

Target strength analyzer 目标强度分析
Target strength 目标强度
Taxonomy of spatial variation （空间变化）分类信息
TCP/IP (Transport Control Protocol/ Internet Protocol) 传输控制/网络通讯协定
Technical interactions 技术互动
TEMAS 种群评价领域的通用模型
Terrestrial and marine-based data 基于陆地和海洋的数据

Time series regression model 时间序列回归模型
Total System Throughput (TST) 系统总生产能力
Transducers 传感器
Transfer Efficiency (TE) 转化效率
Transponders 应答器
Transport control 传输控制
Trawl mensuration 拖网测定，渔业声学系统应用中的一个技术方法（参见 Scientific Acoustic Systems）
Trawl survey 拖网调查
Triangulated Irregular Networks (TINs) 不规则三角网络
Trophic Levels (TL) 营养级
TS (Target Strength) 目标强度
The turning bands method 转带法
TVG (Time-Varied Gain) 时变增益
Type II functional response 第二类功能响应

U

UDP/IP (User Datagram Protocol/Internet Protocol) 用户数据报协议/网络协议
Uncertainty in parameter estimates 参数估计中的不确定性
Underwater vehicle as platform (AUV) 水下机器人
Universal kriging 泛克立格法
UNIX 一种操作系统的名称

V

Variogram models 变差函数模型
Variowin 地质统计学软件名
Vector format 矢量或向量
Vessel Monitoring Systems (VMS) 船舶监测系统
VIBES (Viability of exploited pelagics in the Benguela Ecosystem) 项目名——本格拉生态系统中提升中上层鱼存活能力
Video Plankton Recorder (VPR) 浮游生物录像机
Virtual Population Analysis (VPA) 虚拟群体分析
Visual circuitry 视觉回路
Visualisation 可视化
von Bertalanffy 冯·贝塔朗菲[1]
VPA (Virtal Population Analysis) 虚拟群体分析

---

① 德国渔业科学家，提出了著名的冯·贝塔朗菲生长方程曲线。译者注。

VR-CAVE 虚拟现实-洞穴状自动虚拟系统

W

WAN (Wide Area Network) 广域网络
Web of Science© 数据库名
Web of Social Science 数据库名
Westem Gulf of Alaska 阿拉斯加湾西部
Westinghouse SM2000 西屋电器 SM2000 一种传感器系统
WinBUGS 统计软件名
Windows Live Academic 学术搜索引擎
Workstation 工作站
World Wide Web (WWW) 万维网
xWindow System X Window 系统

Y

Yahoo© 雅虎搜索引擎
Yellow perch-walleye model 黄鲈鱼-白斑鱼模型
Yield 渔获
Yield-per-recruit 单位补充渔获量
YOY (Young Of the Year) 当年幼鱼[1]

Z

Zeus™ 图像分析系统名
Zonal anisotropy 带状异向性
Zooplankton Visualization System (ZOOVIS) 浮游动物可视化系统

---

① 一般长度在 20 mm 及更长。